岩石风化碳汇与气候变化

白晓永　王世杰　等著

科学出版社
北　京

内 容 简 介

本书针对当前岩石风化碳汇与气候变化相关研究中亟待解决的问题，系统论述了多时空尺度的岩石风化碳汇量级与演变机制、陆海有机碳迁移对气候变化的响应。全书共分五篇14章，主要内容涉及碳酸盐岩、硅酸盐岩、12类主要岩石的风化、外源酸的影响和陆海有机碳运移。本书绘制了岩石风化碳汇的时空动态图谱，系统评估了其量级及演变机制，明确其在全球碳循环中的贡献，并定量评估了气候变化及生态修复的影响。此外，本书还揭示了主要河流有机碳的陆海迁移机制，更新了各洲从陆地向海洋运移有机碳贡献率的认识。

本书可供从事碳循环和气候变化等相关研究领域的科研人员、教学人员，以及自然地理学、环境科学和全球变化生态学等相关专业的本科生、研究生阅读参考。

审图号：GS 川(2022)93 号

图书在版编目(CIP)数据

岩石风化碳汇与气候变化 / 白晓永等著. —北京：科学出版社，2023.2

ISBN 978-7-03-070730-7

Ⅰ.①岩… Ⅱ.①白… Ⅲ.①岩石-风化作用-二氧化碳-排气-影响-气候变化-研究 Ⅳ.①P467

中国版本图书馆 CIP 数据核字（2021）第 244080 号

责任编辑：李小锐 / 责任校对：彭 映

责任印制：罗 科 / 封面设计：墨创文化

科学出版社 出版

北京东黄城根北街16号

邮政编码：100717

http://www.sciencep.com

四川煤田地质制图印务有限责任公司印刷

科学出版社发行 各地新华书店经销

*

2023年2月第 一 版 开本：787×1092 1/16

2023年2月第一次印刷 印张：15 3/4

字数：397 000

定价：218.00 元

（如有印装质量问题，我社负责调换）

《岩石风化碳汇与气候变化》
编委会

前　言

岩石风化碳汇是陆地生态系统碳汇的重要组成，精确评估其量级与演变机制是解决遗失碳汇问题的关键，在缓解全球变暖和平衡碳收支方面发挥着重要作用。此外，阐明硫化物氧化对岩石风化的影响，对准确评估岩石风化碳汇量、完善全球碳循环模型、科学应对全球变暖也具有不可忽视的意义。同时，有机碳是陆地和海洋碳循环的重要组成部分，是制约全球气候变化的关键因素。因此，从陆地到海洋的有机碳在全球范围内的迁移量级和分布特征也影响人们对陆海碳循环以及全球气候变化的理解。

国内外众多学者对全球岩石风化碳汇与全球变化相关内容进行了研究，并取得了显著成果。然而，目前仍有一些问题亟待解决，主要表现在：①碳酸盐岩风化碳汇的量级、演变特征和对全球碳收支的贡献仍然不确定，对气候变化及生态修复的具体响应还缺乏系统分析；②全球硅酸盐岩风化碳汇，尤其是花岗岩和玄武岩风化碳汇的量级及演变特征依然不清晰，其关键影响因子(物理侵蚀通量和硅酸盐岩地区碳酸氢根离子通量)反演模型存在不确定性，从而限制了全球硅酸盐岩风化碳汇的有效评估；③由于观测站点数据和模型的局限性，目前对各类岩石(包括碳酸盐岩、混合沉积岩、酸性深成岩、中性深成岩、基性深成岩、酸性火山岩、中性火山岩、基性火山岩、疏松沉积物、硅质碎屑岩、火山碎屑岩、变质岩 12 类)风化碳汇的演变趋势及其对近年来气候变化与生态修复响应的理解仍然具有挑战性；④量化硫化物氧化对岩石风化的贡献一直是理解外源酸对陆地碳循环机制影响的关键和难点，硫化物氧化对全球岩石化学风化碳汇的影响仍不明确；⑤从主要河流到海洋的有机碳通量[溶解有机碳(dissolved organic carbon，DOC)和颗粒性有机碳(particulate organic carbon，POC)]特征仍不明确，因而对陆地运输到海洋的溶解有机碳通量的评估存在巨大争议。为此，我们开展了全球变化下岩石风化碳汇相关研究。

本书包括五篇，分别为碳酸盐岩(第一篇)、硅酸盐岩(第二篇)、主要岩石的风化(第三篇)、外源酸的影响(第四篇)和陆海有机碳运移(第五篇)，总共 14 章。第一篇中碳酸盐岩是全球分布面积最大且化学风化速率最快的一类岩石，是影响岩石风化碳汇贡献的“排头兵”和“主力军”。第二篇中硅酸盐岩是风化碳汇中最稳定且容易成岩的岩石类型，其贡献量虽不大，却是在地质时间尺度上影响气候变化的“稳定器”和“压舱石”。第三篇中对全球包括碳酸盐岩和硅酸盐岩在内的 12 类岩石进行了全面系统的评估。第四篇中外源酸对岩石风化有很强的加速作用，但是却可以降低岩石风化碳汇对全球气候变化的贡献。第五篇从更大尺度上来看陆海有机碳的运移输送。

第一篇由第 1～4 章构成。本篇首次制作了全球碳酸盐岩风化碳汇动态图谱，系统评估了碳酸盐岩风化碳汇量级及其演变规律，明确了碳酸盐岩风化碳汇在全球气候变化中的贡献。

第二篇由第 5～8 章构成。本篇修订了花岗岩和玄武岩风化碳汇估算方法，填补了全球硅酸盐岩风化碳汇长时间序列演变趋势的研究空白，科学揭示了全球硅酸盐岩风化碳汇的过去和未来。

第三篇由第 9 章和第 10 章构成。本篇量化了近年来全球不同岩性岩石风化碳汇的量级，阐明了其对全球碳排放的贡献，并定量评估了气候变化及生态修复对碳汇通量的影响。

第四篇由第 11 章构成。本篇攻克了硫化物氧化对岩石风化碳汇的贡献率难以量化的关键和难点，科学回答了外源酸对陆地碳循环机制的影响。

第五篇由第 12～14 章构成。本篇揭示了全球河流有机碳从陆地到海洋的迁移通量，提供了陆海碳循环中有机碳循环的数据清单，更新了全球各洲从陆地向海洋运移有机碳贡献率的认识。

本书的学术贡献在于：①从全球和区域尺度科学回答了岩石风化碳汇的量级、空间格局及其演变趋势，丰富了岩石风化碳汇的相关研究，向传统的岩石风化固碳评估方法与量级提出了新的挑战；②从全球角度量化了外源酸对岩石风化碳汇的影响，更新了硫化物氧化对于岩石风化速率及其碳汇功能的认识，为科学评估岩石风化碳汇及硫化物氧化贡献量化研究开辟了新的视角；③阐明了有机碳陆海运移的空间通量、格局及各大洲贡献，更新了对陆海有机碳运移机制的认识，突破了全球尺度陆海有机碳输送运移评估的限制。

本书由白晓永研究员、王世杰研究员等共同完成。本书得到中国科学院战略性先导科技专项（XDB40000000、XDA23060100）、中国科学院“西部之光”交叉团队项目（xbzg-zdsys-202101）、国家自然科学基金（42077455、42167032）、贵州省省级科技计划项目（黔科合支撑[2022]一般 198）、贵州省高层次创新型人才（黔科合平台人才-GCC[2022]015-1、黔科合平台人才[2016]5648）、2020 年贵州省补助资金（GZ2020SIG）、环境地球化学国家重点实验室开放基金（SKLEG2022206、SKLEG2022208）等项目资助。

在本书写作过程中，引用和参阅了大量国内外学者的相关论著，在此对所有相关学者深表谢意。

目　　录

第一篇　碳酸盐岩

第二篇　硅酸盐岩

第三篇 主要岩石的风化

第四篇 外源酸的影响

第五篇 陆海有机碳运移

第一篇

碳酸盐岩

第1章　全球碳酸盐岩风化碳汇评估与国家计量

全球碳库和碳在大气圈、水圈、生物圈、土壤圈及岩石圈之间的迁移转化是全球碳循环的两个基础。岩石圈是全球最大的碳库(廖宏和朱懿旦，2010)，其中碳酸盐岩存储的碳不低于 6.0×10^7Gt(1Gt=10^9t)，分别是海洋碳库(3.84×10^4Gt)和化石燃料碳库(4.13×10^3Gt)的 1563 倍和 14528 倍，是陆地生物碳库(2.0×10^3Gt)和大气碳库(7.2×10^2Gt)的 3.0×10^4 倍和 8.3×10^4 倍(Falkowski et al.，2000)。碳在各碳库之间的迁移转化形成了全球碳循环系统，由于大气中 CO_2 浓度的变化是碳循环系统中最易直观测量的，因此大气 CO_2 浓度的变化就成为全球碳循环系统中最早被观测和记录的。自工业革命到 2016 年，大气 CO_2 浓度由 277×10^{-6} 升至 $(402.8\pm0.1)\times10^{-6}$(Quéré et al.，2018)。在工业革命前期，大气 CO_2 浓度的增加主要是树木砍伐以及其他土地利用变化导致的碳释放(Ciais et al.，2013)，虽然化石燃料燃烧导致的碳排放在工业革命之前就已存在，但从 1920 年左右开始，化石燃料燃烧导致的碳排放才成为大气 CO_2 浓度升高的人为主导因素。而且，化石燃料燃烧对大气 CO_2 浓度升高的贡献不断增加(Quéré et al.，2018)。21 世纪以来，全球气候变化日趋受到世界各国的关注，联合国政府间气候变化专门委员会(Intergovernmental Panel on Climate Change，IPCC)2018 年发布的《IPCC 全球升温 1.5℃特别报告》指出，人类活动的影响，使得全球气温相对于前工业化时代(1850～1900 年)升高了约 1.0℃(0.8～1.2℃)，若全球气温继续按此速度增加，那么 2030～2052 年全球气温将可能升高 1.5℃。这足以说明全面了解全球碳循环系统之间碳的迁移转换意义重大，即全面厘清全球碳循环收支对各国共同协作、公平合理地制定节能减排政策，以遏制全球气温的持续升高极其重要。

全球碳循环过程主要包括碳排放与碳吸收两部分，即碳源、碳汇两个部分。根据《2017 年全球碳收支报告》(Quéré et al.，2018)，2007～2016 年，全球总的碳排放量达 $10.7\text{PgC}\cdot\text{a}^{-1}$(1PgC=10 亿 tC)，其中，化石燃料燃烧的碳排放量为 $(9.4\pm0.5)\text{PgC}\cdot\text{a}^{-1}$(Boden et al.，2017；UNFCCC，2017)、土地利用变化的碳排放量为 $(1.3\pm0.7)\text{PgC}\cdot\text{a}^{-1}$(Houghton and Nassikas，2017；Hansis et al.，2015)，而碳汇系统中大气 CO_2 浓度的增量[$(4.7\pm0.1)\text{PgC}\cdot\text{a}^{-1}$](Dlugokencky and Tans，2018)与海洋碳汇量[$(2.4\pm0.5)\text{PgC}\cdot\text{a}^{-1}$]以及陆地碳汇量[$(3.0\pm0.8)\text{PgC}\cdot\text{a}^{-1}$](Quéré et al.，2018)的总和约为 $10.1\text{PgC}\cdot\text{a}^{-1}$。在碳源与碳汇系统中，目前存在约 $0.6\text{PgC}\cdot\text{a}^{-1}$ 的碳收支不平衡问题(Quéré et al.，2018)(图 1-1)。

对于陆地碳汇，现在全球的目光基本集中在植被碳汇方面。研究表明，全球森林的碳汇总量约为 $(2.4\pm0.4)\text{PgC}\cdot\text{a}^{-1}$[除去热带土地利用碳排放量 $(1.1\pm0.7)\text{PgC}\cdot\text{a}^{-1}$，森林净碳汇约为 $(1.2\pm0.85)\text{PgC}\cdot\text{a}^{-1}$](Pan et al.，2011)，那么陆地碳汇系统中剩下的 $(0.6\pm0.41)\text{PgC}\cdot\text{a}^{-1}$ 碳汇可能来自草地、耕地以及土壤等。需要说明的是，《2017 年全球碳收支报告》中的陆地碳汇是求取多个模型的均值最终确定的，并未考虑陆地系统中的岩石风化碳汇部分。

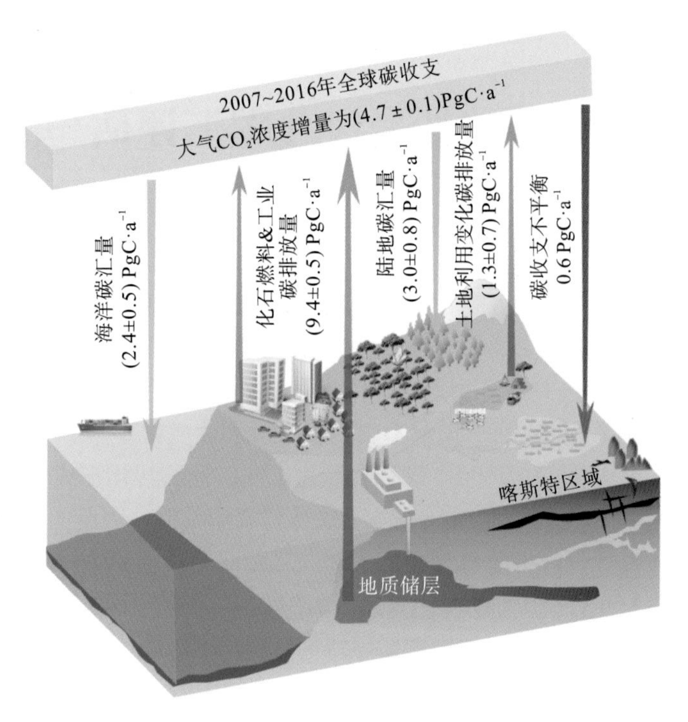

图 1-1 全球碳循环系统碳源碳汇及其量级分布(Ciais et al.，2013；Quéré et al.，2018)

注：红色箭头表示碳源，绿色箭头表示碳汇，灰色箭头为碳收支不平衡量。

根据其他研究观点，陆地碳汇等于全球碳排放量(化石燃料燃烧导致的碳排放+土地利用变化导致的碳排放)与其他碳汇系统碳吸收量(大气 CO_2 浓度的升高+海洋对 CO_2 的吸收量)的差值(Liu et al.，2018)，即陆地碳汇量可能达到 3.6PgC · a^{-1}，即将碳循环收支不平衡的部分纳入陆地碳汇系统中。其他部分的碳排放量、碳汇量相对于复杂的陆地生态系统而言，其计量方法更加简单，且其不确定性要小很多。但即便如此，也同样需要对陆地碳汇系统进行精确计量，以辨析其各个组成部分的具体量级。对于当前全球碳汇系统中的碳收支不平衡问题，许多学者开展了大量的研究，岩石风化碳汇，特别是碳酸盐岩风化碳汇成为一个重要的切入点。传统观点认为碳酸盐岩并不会产生碳汇，但越来越多的研究表明，由于水生生物与全球水循环的作用，碳酸盐岩溶蚀机制无论在短期还是长期都会产生碳汇(Pokrovsky et al.，2005；Liu et al.，2011；Martin，2016；Shen et al.，2017)，至少在千年尺度内表现为碳汇效应(Beaulieu et al.，2012)。因此，已经有越来越多的学者肯定了该碳汇是全球碳汇系统的重要组成部分(Liu and Zhao，2000；Martin et al.，2013；Liu and Dreybrodt，2015)，IPCC 第五次评估报告也已初步考虑了碳酸盐岩化学风化碳汇对全球碳循环的贡献(Ciais et al.，2013)，但其不同历史时期的具体量级、空间分布还存在较大的不确定性。

全球碳酸盐岩面积约为 2200 万 km^2，占全球陆地面积的 15%(曹建华 等，2017)，覆盖了全球五大洲，涉及 158 个国家和地区(Febles-González et al.，2012)。其中，中国喀斯特地貌的分布非常广泛，其分布面积约为 344 万 km^2，超过我国陆地总面积的 1/3(宋贤威 等，2016)，约占全球碳酸盐岩面积的 15.64%。中国同时也是全球连片裸露碳酸盐岩分布面积最大的国家之一。根据中国 1∶50 万地质图，中国的石灰岩面积占碳酸盐岩面积的74.86%，是我国碳酸盐岩中最主要的类型。因此，明确区域，特别是我国的石灰岩化学风化碳汇的空间格局、量级以及演变特征对于解决碳循环收支不平衡问题具有重要的意义。随着对全球碳循环研究的深入，遗失碳汇及其机制问题（Melnikov and O' Neill，2006）受到越来越密切的关注，同时国内外众多学者开始关注岩石的风化过程，特别是碳酸盐岩的化学风化碳汇在全球碳循环中的作用。

国家尺度方面的研究主要针对静态的量级和空间分布开展，如邱冬生等（2004）利用GEM-CO_2 模型计算了我国岩石风化碳汇及其空间分布，结果显示碳酸盐岩风化碳汇总量约为 7.48TgC·a^{-1}（1 TgC=1×10^6tC），并且呈现出由西北向东南递增的状态；Liu 和Zhao（2000）分别基于水化学-径流法、岩石试片法及打散边界层（diffusion boundary layer，DBL）模型计算了我国碳酸盐岩风化碳汇的量级，三种方法的结果显示碳酸盐岩风化碳汇总量分别为 17.94TgC·a^{-1}、17.54TgC·a^{-1} 及 64.2TgC·a^{-1}；在综合考虑地表水体水生生物的光合吸收作用后，刘再华和 Dreybrodt（2012）认为中国碳酸盐岩地区岩溶作用的净碳汇量可达 36TgC·a^{-1}；蒋忠诚等（2012）对我国岩溶区进行分区调查计算，结果显示岩溶区的碳汇总量为 3699.1 万 tCO_2·a^{-1}，即 10.09TgC·a^{-1}。

在全球尺度上针对岩石风化过程的研究相对较多，Gaillardet 等（1999）通过对全球最大的 60 条河流所在流域进行溶蚀碳汇研究，发现全球约 0.15PgC·a^{-1} 的碳汇来自碳酸盐岩溶蚀；运用 3 种不同的基于观测的建模方法，Liu 和 Zhao（2000）、Martin（2016）认为该溶蚀碳汇量的变化范围为 0.4～1.5PgC·a^{-1}；基于热力学平衡，Gombert（2002）根据全球266 个气象站点的数据估算了全球喀斯特碳酸盐岩溶蚀碳汇，其结果为 0.3PgC·a^{-1}；根据全球岩性分布，Martin（2016）计算得到全球碳酸盐岩区域的溶蚀碳汇为 0.8PgC·a^{-1}；Liu等（2010）根据全球雨量站点监测的溶解无机碳（dissolved inorganic carbon，DIC）浓度和径流数据，估计全球水循环系统带来的碳酸盐岩溶蚀碳汇约为 0.82PgC·a^{-1}。

本章基于改进的碳酸盐岩最大潜在溶蚀模型，结合碳酸盐岩分布数据对全球碳酸盐岩风化碳汇量级、时空演变特征进行评估，探究全球碳酸盐岩风化碳汇在全球碳循环系统中的贡献。

1.1　全球碳酸盐岩露头区分布特征

全球碳酸盐岩露头区分布数据来源于全球碳酸盐岩露头分布数据集 v3.0。该数据集由新西兰奥克兰大学地理与环境科学学院提供，相较于前两个版本的数据，该版本数据集质量有了较大的提升。

全球碳酸盐岩露头区分布数据显示，亚洲碳酸盐岩分布面积最大，占比为 46.78%；其次为北美洲，占比为 24.63%；非洲和欧洲碳酸盐岩分布面积相当，占比分别为 12.42%和 12.16%；南美洲和大洋洲碳酸盐岩分布面积较少，占比分别为 2.37%和 1.48%；其他区域碳酸盐岩分布面积占 0.16%（图 1-2）。

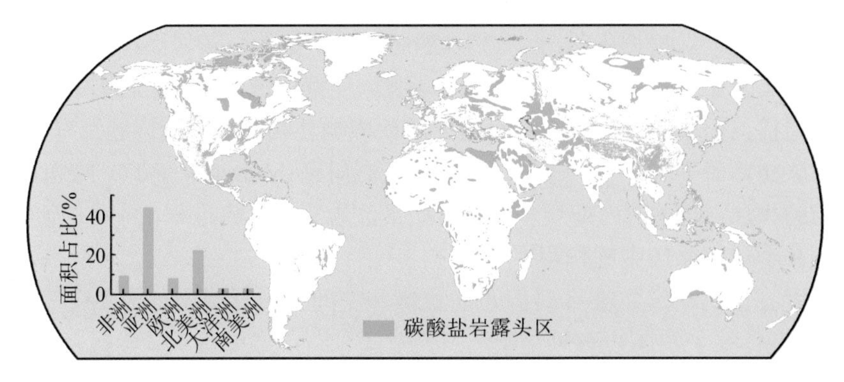

图 1-2 全球碳酸盐岩露头区空间分布

1.2 全球尺度离子活度系数反演

首先，我们基于 GEMS-GLORI 全球河流数据库(Meybeck and Ragu，2012)，获取了全球 257 个流域的离子浓度监测数据，该数据库在很多研究中得到了广泛的应用(Li et al.，2017；Qu et al.，2017；Manaka et al.，2015；Volta et al.，2016；Takagi et al.，2017；Moon et al.，2014)。在全球主要的河流中，pH 基本为 6～8.2，并且碳酸氢根离子占主导地位(Meybeck and Ragu.，2012)，因此本书主要使用了该数据库提供的多年平均 Ca^{2+}、Mg^{2+}、Na^{+}、K^{+}、Cl^{-}、HCO_3^-、SO_4^{2-} 浓度。主要流域边界及河流数据来源于美国地质勘探局，流域边界空间分辨率为(1/120)°，基于多个文献对部分流域边界进行了修正，对于缺失流域边界的部分区域，我们利用美国国家海洋和大气管理局(National Oceanic and Atmospheric Administration，NOAA)提供的分辨率为(1/120)°的全球数字高程模型(digital elevation model，DEM)(https://www.ngdc.noaa. gov/mgg/topo/ globe.html)进行了提取。此外，本书基于文献对提取的流域边界进行了校对，最终构建了全球 257 个流域边界数据及其对应的离子浓度监测数据。本书使用的监测流域分布广泛，除亚洲中部高原及干旱区域、非洲北部沙漠区域、澳大利亚中西部干旱区域以及极地区域外，监测流域基本覆盖了全球大部分陆地，因此监测数据能够较好地表征全球范围的地球化学特征。其中，北半球温带区域流域分布数量最大(共 134 个)，北半球及南半球热带区域监测流域数量共 66 个，北寒带区域监测流域共 45 个，南半球温带监测流域数量为 12 个。

除去亚洲中部高原及干旱区域外，监测流域的分布几乎覆盖了全球碳酸盐岩主要的露头区域。根据水化学类型分类，阳离子中 Ca^{2+} 占主导类型的流域有 214 个，在这些流域中，有 195 个流域的阴离子以 HCO_3^- 占主导；在剩下的 43 个流域中，仅有 11 个流域其 Ca^{2+} 不具有明显的贡献。因此，从整体看，综合利用各个流域的监测数据，对全球尺度的 Ca^{2+} 及 HCO_3^- 离子活度系数进行计算能够较好地描述全球喀斯特地区的实际特征。这一部分，本书将利用全球流域监测数据以及降水量、蒸散发量、温度、土壤湿度及植被覆盖度(fractional vegetation cover，FVC)构建一个融合机器学习的离子活度系数估算模型，对全球碳酸盐岩区域的离子强度进行逐像元的计算。

图 1-3 展示了监测流域的年均降水量、蒸散发量、温度、土壤湿度、FVC 及离子强度

I 的分布情况。北半球温带区域流域数量最多，占所有流域数量的 50%以上，从降水量、蒸散发量、温度及 FVC 分布可以看出，热带区域的流域上述特征值都处于高值区域，其次为温带区域的流域，低值区域主要集中在北半球寒带区域的流域。与此相反，对于土壤湿度(soil moisture，SM，即土壤含水量)，虽然南半球热带监测流域的年均土壤湿度处于各气候带的最大值(约为 330.44mm)，但北半球热带监测流域的土壤湿度则处于所有气候带的最低值(294.58mm)。值得注意的是，除了年均温度外，热带监测流域各项气候水文特征数值的跨度相对于其他气候带都更加分散，而其他气候带的数据则相对集中。此外，从流域的监测离子强度看，不论是南半球还是北半球，温带监测流域的离子强度均值都处于较高水平。其中，北半球温带监测流域的离子强度均值最高，约为 4.95×10^{-3}；其次为南半球温带监测流域，其离子强度约为 3.62×10^{-3}；北半球热带监测流域、南半球热带监测流域及北半球寒带监测流域离子强度分别为 3.19×10^{-3}、2.01×10^{-3} 和 1.48×10^{-3}。

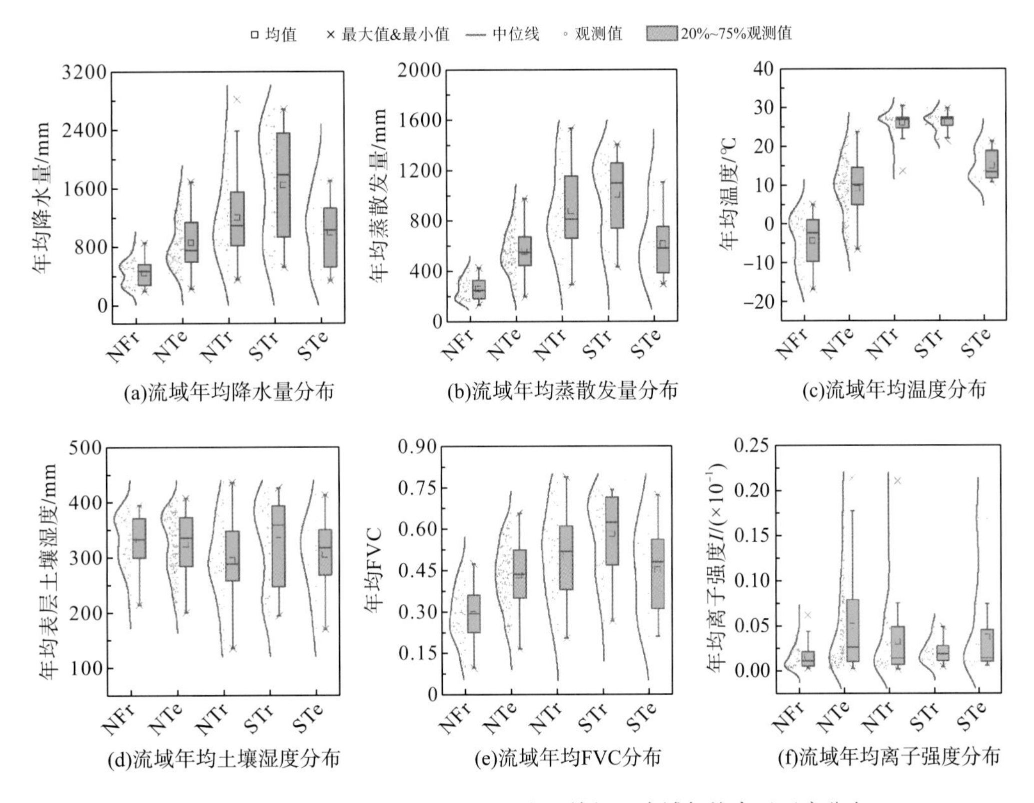

图 1-3　监测流域基础生态、气候水文特征及流域年均离子强度分布

注：图中红点为观测值，曲线为观测值的密度分布曲线，峰值代表观测值的聚集区。NTe 和 NTr 分别表示北半球温带和热带区域流域；STe 和 STr 分别表示南半球温带和热带区域流域；NFr 表示北半球寒带区域流域。

因此，为明确像元尺度的离子强度，本书以监测流域的离子强度、年均降水量、蒸散发量、温度、土壤湿度及 FVC 为输入数据，采用融合机器学习(随机森林算法)的离子活度系数算法，构建能够推广至像元尺度的离子强度估算模型，在此基础上对全球碳酸盐岩区域像元尺度的离子强度进行拟合计算。结果显示，随机森林算法的模型对带外数据的均方误差(mean square error of out of bag，MSE_{OOB})仅为 1.07×10^{-6}，而模型的方差解释度百分数(percent of var explained，PVE)达 94.78%。此外，模型结果显示(图 1-4)，流域尺度上拟合的离子强度与流域监测离子强度的偏差(Bias)仅为 1.85×10^{-5}，模型计算结果与监测离子强度的均方根误差(root mean square error，RMSE)约为 6.32×10^{-4}，模型估算的 Ca^{2+} 与 HCO_3^- 离子活度系数的偏差分别为 -3×10^{-3} 和 -9×10^{-4}，对应的 RMSE 分别为 1.4×10^{-2} 和 4×10^{-3}。针对流域尺度的离子强度 I，Ca^{2+}离子活度系数 γCa^{2+}与 HCO_3^- 离子活度系数 γHCO_3^-，模型拟合结果与实测值的相关系数 R 均达到了 0.99，$P<0.001$。整体而言，模型的拟合结果精度较高。通过该途径，本研究弥补了在全球尺度监测数据匮乏导致的岩石化学风化碳汇计算精度不高的问题。

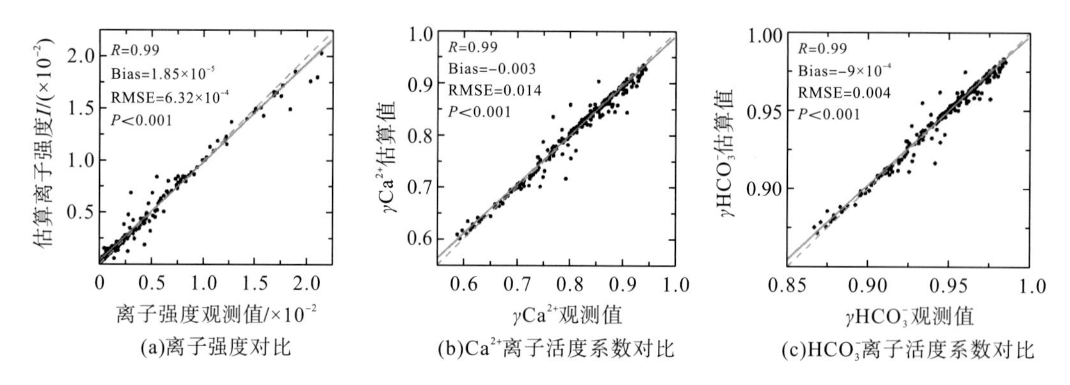

图 1-4 监测流域模型拟合离子强度、Ca^{2+}离子活度系数及 HCO_3^- 离子活度系数与监测结果对比

图 1-5 展示了模型计算的 2000～2014 年全球碳酸盐岩露头区年均离子强度、Ca^{2+}及 HCO_3^- 离子活度系数。离子强度与离子活度系数的空间分布呈现出明显的差异，大体上呈现出相反的特征，即离子强度较低的区域，其离子活度系数则表现为高值特征。

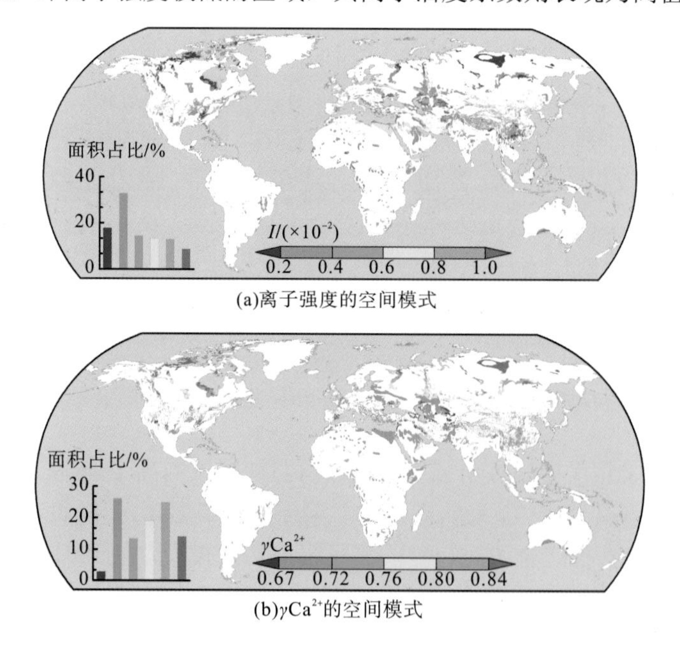

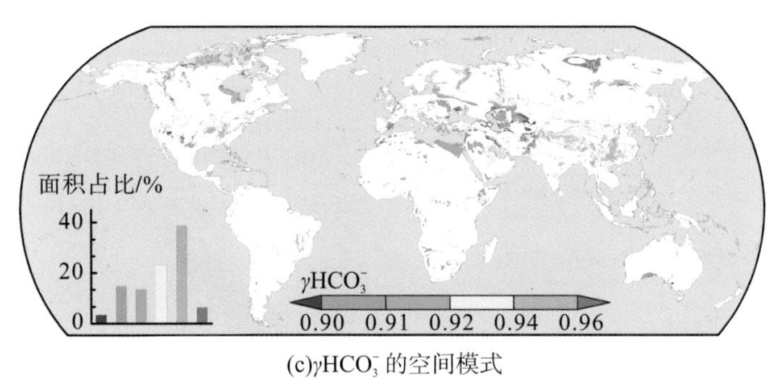

(c)γHCO_3^- 的空间模式

图 1-5　模型计算的离子强度、γCa^{2+}及 γHCO_3^- 的空间模式

全球碳酸盐岩露头区离子强度年均值约为 0.005，低值区域面积占比较大，高值区域主要分布在欧亚交界区域。γCa^{2+}年均值约为 0.77，γHCO_3^- 年均值约为 0.93。γCa^{2+}与 γHCO_3^- 具有相似的空间分布格局，在沙漠、高原等干旱、半干旱区域其离子活度系数呈现出低值分布的特征，而在水分较为充足的区域，离子活度系数呈现出高值分布的特征。通过上述研究途径，可以在全球尺度的研究中有效避免采用同一个经验系数带来的误差问题。

1.3　全球风化碳汇评估及其时空演变特征

基于改进的碳酸盐岩最大潜在溶蚀模型，结合改进的碳酸盐岩分布数据，对全球 2000～2014 年的碳酸盐岩风化碳汇进行估算。为评价模型的表现，本书将拟合结果与 56 个流域实测风化碳汇通量(carbon-sink flux，CSF)进行对比。对比结果(图 1-6)表明，模型计算结果与流域实测结果存在显著的正相关性，其相关系数达 0.92(P<0.001)，拟合结果与实测结果的偏差仅为-0.08tC · km^{-2} · a^{-1}，RMSE 也仅为 1.17tC · km^{-2} · a^{-1}。从其分布中可见，样本也主要集中于低值区域。改进模型的研究结果在数据精度方面与之前采用常规经验公式的研究相比有了较大的提升(Li et al.，2018)。此外，为了在像元尺度上进一步验证模型计算结果的精度，还将其与 2000～2014 年空间分辨率为 0.05°的中国石灰岩地区的风化碳汇通量(Li et al.，2019)进行了像元尺度的对比(图 1-6)。对比结果表明，在中国石灰岩区域，模型计算结果与对比研究数据存在着较高的相关性，其相关系数 R 达 0.90(P<0.001)，偏差约为 2.38tC · km^{-2} · a^{-1}，RMSE 为 4.71tC · km^{-2} · a^{-1}。本书的计算结果相较于对比研究结果稍微偏大，其主要原因是模型基础输入数据的不同，对比研究采用的蒸发数据为中分辨率成像光谱仪(moderate-resolution imaging spectroradiometer，MODIS)MOD16 月尺度数据，其空间分辨率较高，且在中国南方有高估的现象；而中国南方岩溶区域是中国喀斯特地貌集中分布的区域，温暖潮湿的环境对岩溶效应的发生非常有利，因此可能会导致计算结果略低。从分布格局上看，在中国，像元尺度上碳酸盐岩风化碳汇的量级主要集中在低值区域，特别集中在 25tC · km^{-2} · a^{-1}以内。

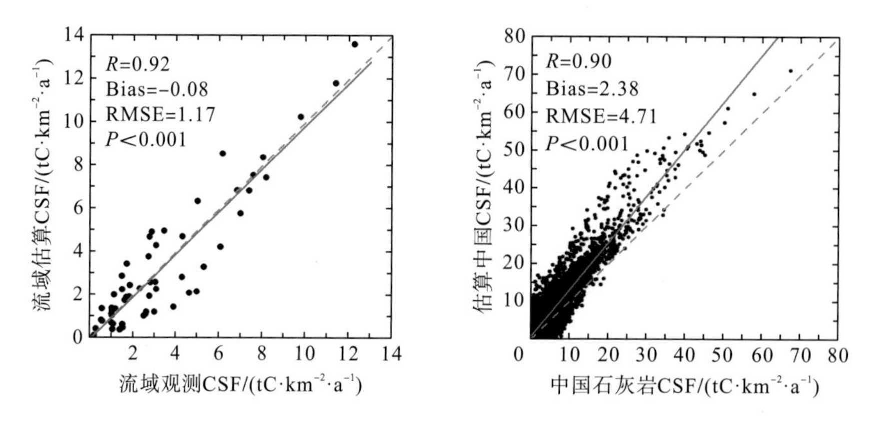

图 1-6 针对全球 56 个流域碳酸盐岩年均 CSF 的模型估算结果与观测结果的对比及模型结果与中国石灰岩 CSF 数据集对比情况

注：RMSE 和 Bias 的单位为 $tC \cdot km^{-2} \cdot a^{-1}$。

2000～2014 年全球喀斯特区域 CSF 均值约为 $3.08tC \cdot km^{-2} \cdot a^{-1}$，全球范围内碳酸盐岩露头区 CSF 高值主要分布在会促进溶蚀过程发生的温度较高和降雨较丰富的赤道附近地区；低值主要分布在水文条件较差的亚洲中部及非洲北部的高原及沙漠地带，以及北半球的寒冷地带(图 1-7)。其中，CSF 在 $2tC \cdot km^{-2} \cdot a^{-1}$ 以内的区域占全球喀斯特面积的比例最大，超过了 60%；其次是 CSF 为 $2～4tC \cdot km^{-2} \cdot a^{-1}$ 的区域，其分布面积约占 15%；CSF 为 $4～6tC \cdot km^{-2} \cdot a^{-1}$ 的区域，其分布面积占 8%。总体而言，全球碳酸盐岩风化碳汇以通量在 $10tC \cdot km^{-2} \cdot a^{-1}$ 以内的区域占主导，其总面积约占全球喀斯特面积的 92%。

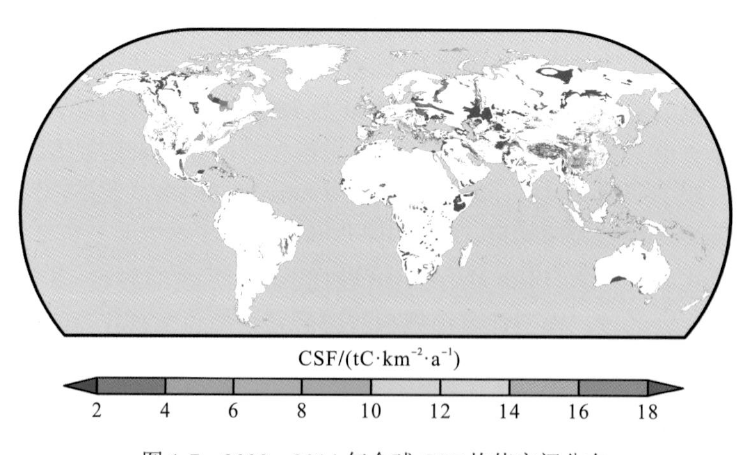

图 1-7 2000～2014 年全球 CSF 均值空间分布

通过统计全球不同纬度带上的 CSF(图 1-8、表 1-1)，本书发现，在赤道以南 0°～10°S 区域拥有全球最大的碳酸盐岩 CSF($0.20～49.15tC \cdot km^{-2} \cdot a^{-1}$)，该纬度带范围内 CSF 均值约为 $16.56tC \cdot km^{-2} \cdot a^{-1}$。一方面是该纬度带范围内的喀斯特分布面积较小，约为 31.09 万 km^2；另一方面，这些碳酸盐岩区域较为集中地分布于亚洲的东南亚区域，该范围内充沛的降雨及较高的温度营造了化学风化过程的良好条件。而在赤道以北 0°～10°N 区域，虽然东南亚区域也有一定的喀斯特分布，但是在该纬度范围内的非洲东部有连片大规模碳酸盐岩分布，且其 CSF 处于较低量级，使得赤道以北 0°～10°N 区域的 CSF 整体偏低，且该范围内的 CSF 波动较大，主要是受同纬度非洲 CSF 低值的影响，该范围内的 CSF 为 0.07～36.74tC·km^{-2}·a^{-1}，其均值约为 6.05tC·km^{-2}·a^{-1}，仅相当于南半球同纬度碳酸盐岩 CSF 均值的 36.53%。

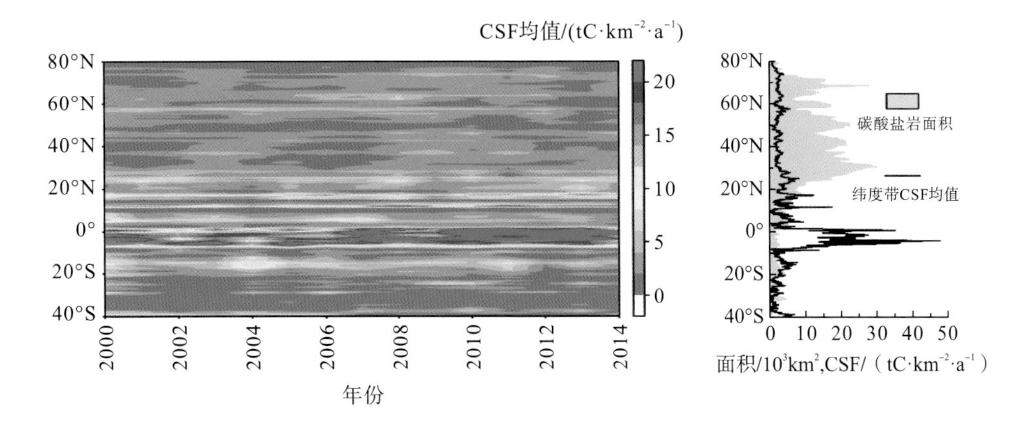

图 1-8　2000～2014 年不同纬度各年份 CSF 均值时空分布及各纬度年均 CSF 曲线及碳酸盐岩面积分布

表 1-1　2000～2014 年不同纬度带 CSF 分布特征及各纬度带碳酸盐岩总面积

纬度带	CSF 最小值 /(tC·km^{-2}·a^{-1})	CSF 最大值 /(tC·km^{-2}·a^{-1})	CSF 均值 /(tC·km^{-2}·a^{-1})	碳酸盐岩总面积 /万 km^2
＞70°N	0.55	5.84	2.35	112.59
60°N～70°N	0.93	4.63	2.61	243.77
50°N～60°N	0.90	5.81	2.72	301.94
40°N～50°N	0.58	4.42	2.18	357.69
30°N～40°N	1.17	4.20	2.35	409.33
20°N～30°N	1.95	8.58	4.43	308.89
10°N～20°N	0.33	18.01	4.63	88.58
0°～10°N	0.07	36.74	6.05	68.76
0°～10°S	0.20	49.15	16.56	31.09
10°S～20°S	0.56	8.32	3.59	41.50
20°S～30°S	0.02	6.28	1.85	27.58
＞30°S	0	8.84	1.79	27.03

10°N～30°N 区域的碳酸盐岩 CSF 相较于其他纬度带，整体处于较高的水平。其中，10°N～20°N 区域的 CSF 均值约为 4.63tC·km^{-2}·a^{-1}，而 20°N～30°N 区域的 CSF 均值也达 4.43tC·km^{-2}·a^{-1}。相较于南半球同纬度区域，该范围内北半球纬度带 CSF 均值更高，中国南方岩溶区是北半球 10°N～30°N 区域碳酸盐岩风化碳汇通量的主要贡献者(图 1-8、表 1-1)。但位于该纬度带的中东区域、非洲北部及北美洲南部的 CSF 值均处于较低水平，使得该纬度带内 CSF 均值被拉低，这与之前的研究结果(Li et al.，2018)存在区别。原因在于之前研究采用的全球尺度的蒸散发数据在中亚、非洲北部等沙漠干旱区域没有数据支

撑，导致该纬度内中国南方岩溶区的碳汇贡献率比较明显。本书研究采用的全球陆地数据同化系统(global land data assimilation system，GLDAS)全球蒸散发数据不仅解决了中国南方岩溶区碳汇贡献率被高估的问题，而且覆盖了全球所有陆面区域，因此考虑了中亚、中东、非洲北部等干旱区域之后，该纬度带内的年均值显著降低，并没有体现出非常明显的通量峰值分布情况。但从其空间分布格局上看，中国南方喀斯特分布广泛、集中，并且其CSF 整体上在北半球明显处于较高水平(图 1-9)。从喀斯特分布面积(图 1-2)看，北半球20°N 以北区域是全球喀斯特分布面积最多的区域，该区域内全球碳酸盐岩分布面积达1734.21 万 km^2，而 20°N 以南区域全球碳酸盐岩分布面积为 284.54 万 km^2，仅为 20°N 以北区域碳酸盐岩面积的 16.4%。因此，在全球尺度的碳酸盐岩风化碳汇方面，北半球中高纬区域(20°N 以北)是主要的贡献区。

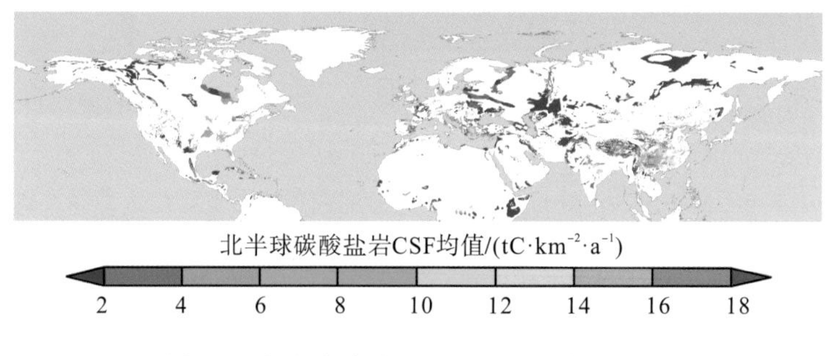

图 1-9 北半球碳酸盐岩 CSF 均值空间分布

全球气候变化与地区气候变化息息相关，为了探究碳酸盐岩 CSF 与气候的关系，本书计算了全球不同气候带碳酸盐岩 CSF 均值(表 1-2)。全球碳酸盐岩 CSF 最大值出现在赤道附近的热带雨林气候带，最低值出现在干旱气候带。全球碳酸盐岩 CSF 在 2000～2014 年内的均值大于 $8tC \cdot km^{-2} \cdot a^{-1}$ 的气候带主要为热带雨林气候带($28.46tC \cdot km^{-2} \cdot a^{-1}$)、热带季风气候带($13.15tC \cdot km^{-2} \cdot a^{-1}$)以及亚热带湿润气候带($9.16tC \cdot km^{-2} \cdot a^{-1}$)；CSF 均值在 $2～8tC \cdot km^{-2} \cdot a^{-1}$ 的气候带分别为热带湿润气候带($7.48tC \cdot km^{-2} \cdot a^{-1}$)、热带草原气候带($5.75tC \cdot km^{-2} \cdot a^{-1}$)和温带海洋性气候带($5.40tC \cdot km^{-2} \cdot a^{-1}$)；半干旱气候带($1.67tC \cdot km^{-2} \cdot a^{-1}$)、冻原气候带($1.32tC \cdot km^{-2} \cdot a^{-1}$)和干旱气候带($0.15tC \cdot km^{-2} \cdot a^{-1}$)是碳酸盐岩 CSF 最小的气候带。不同气候带碳酸盐岩 CSF 的演变情况各不相同，其中，亚热带湿润气候带、热带草原气候带、温带海洋性气候带、温带大陆性气候带、亚寒带针叶林气候带以及冻原区域的碳酸盐岩 CSF 整体处于减少的趋势，其他气候带的 CSF 处于增加的趋势(表 1-2)。

热带雨林气候带 CSF 的增加速率最大，约为 $0.73tC \cdot km^{-2} \cdot a^{-1}$，其在 2008～2012 年波动较大，2010 年 CSF 最大，达 $40.29tC \cdot km^{-2} \cdot a^{-1}$；2002 年 CSF 最小($17.7tC \cdot km^{-2} \cdot a^{-1}$)，仅为 2010 年的 43.93%。对于热带季风气候带的碳酸盐岩 CSF 变化过程，2000～2013 年均处于持续上升的态势，2013～2014 年则呈现出显著的降低趋势，从 2013 年的最高值 $16.92tC \cdot km^{-2} \cdot a^{-1}$ 降低至 2014 年的 $10.55tC \cdot km^{-2} \cdot a^{-1}$，减少了 37.65%。对于热带湿润气候带内的碳酸盐岩，其 CSF 在 2007($7.42tC \cdot km^{-2} \cdot a^{-1}$)～2009 年($3.89tC \cdot km^{-2} \cdot a^{-1}$)呈现出显著的降低趋势，之后又呈现出持续的上升趋势，到 2013 年达到最大值

(11.67tC·km^{-2}·a^{-1})。值得注意的是，热带草原气候带内的碳酸盐岩 CSF 处于持续降低的趋势，从 2000 年的 9.48tC·km^{-2}·a^{-1}一直减少至 2014 年的 3.25tC·km^{-2}·a^{-1}，减少了 65.72%，其减少速率达 0.25tC·km^{-2}·a^{-1}。

表 1-2　不同气候带类型下碳酸盐岩 CSF 均值及其演变特征

气候带	均值/(tC·km^{-2}·a^{-1})	演变速率/(tC·km^{-2}·a^{-1})
热带雨林气候	28.46	0.73
热带季风气候	13.15	0.21
亚热带湿润气候	9.16	−0.04
热带湿润气候	7.48	0.20
热带草原气候	5.75	−0.25
温带海洋性气候	5.40	−0.16
冰原气候	4.84	0.34
温带大陆性气候	3.22	−0.02
地中海气候	2.91	0.07
高原气候	2.66	0.03
极地气候	2.64	0.05
亚寒带针叶林气候	2.45	−0.03
温带季风气候	1.99	0.08
半干旱气候	1.67	0.02
冻原气候	1.32	−0.02
干旱气候	0.15	0.00

2000～2014 年，全球碳酸盐岩总碳汇约为 62.27TgC·a^{-1}，即 0.06PgC·a^{-1}(表 1-3)。亚洲碳酸盐岩面积是所有大洲中最大的，达到了 944.32 万 km^2，其每年贡献了全球碳酸盐岩总碳汇的 47.42%，约为 29.53TgC·a^{-1}。其中，中国碳酸盐岩面积仅占亚洲碳酸盐岩面积的 31.15%，但是其总碳汇却是亚洲碳酸盐岩总碳汇最大的贡献者，中国的总碳汇(13.76TgC·a^{-1})占到亚洲总碳汇的 46.60%。其次为东南亚区域，其碳酸盐岩面积仅为 43.44 万 km^2，约占亚洲碳酸盐岩面积的 4.60%，但是其总碳汇(8.00TgC·a^{-1})却贡献了亚洲 27.09%的总碳汇。虽然中亚碳酸盐岩面积(405.89 万 km^2)占亚洲碳酸盐岩面积的 42.98%，但是其每年产生的总碳汇仅为 3.33TgC·a^{-1}，与俄罗斯亚洲部分(碳酸盐岩面积约为 197.54 万 km^2)产生的总碳汇量级相当(3.36TgC·a^{-1})。其主要原因在于中亚与俄罗斯亚洲部分处于内陆高原、干旱、干寒区域，这些区域的气候水文条件对碳酸盐岩的化学风化过程有一定阻碍作用，导致该区域的 CSF 非常小，中亚的 CSF 约为 0.82tC·km^{-2}·a^{-1}，仅为亚洲平均水平的 26.20%。东南亚、日本及朝鲜半岛是亚洲 CSF 最大的区域，其 CSF 分别为 18.42tC·km^{-2}·a^{-1}和 16.62tC·km^{-2}·a^{-1}。中国的 CSF 约为 4.68tC·km^{-2}·a^{-1}，是俄罗斯亚洲部分 CSF 的 2.75 倍。

表 1-3 2000～2014 年全球大洲碳酸盐岩面积、CSF 及总碳汇分布情况

区域	碳酸盐岩面积 /万 km^2	CSF /($tC \cdot km^{-2} \cdot a^{-1}$)	总碳汇 /($Tg\ C \cdot a^{-1}$)
亚洲	944.32	3.13	29.53
中亚	405.89	0.82	3.33
俄罗斯亚洲部分	197.54	1.7	3.36
中国	294.2	4.68	13.76
东南亚	43.44	18.42	8.00
日本及朝鲜半岛	3.25	16.62	0.54
北美洲	497.17	3.85	19.13
加拿大	294.49	3.12	9.19
美国	158.88	4.75	7.55
墨西哥	43.8	5.45	2.39
欧洲	245.57	3.04	7.47
北欧	3.14	7.96	0.25
南欧	151.93	3.35	5.09
俄罗斯欧洲部分	90.5	2.35	2.13
非洲	250.74	1.4	3.51
南美洲	47.86	4.97	2.38
大洋洲	29.88	2.14	0.64
其他区域	3.22	4.66	0.15
全球	2018.76	3.08	62.27

北美洲碳酸盐岩面积达 497.17 万 km^2，占全球喀斯特面积的 24.63%，其总碳汇约为 $19.13TgC \cdot a^{-1}$，贡献了全球碳酸盐岩总碳汇的 30.72%。加拿大碳酸盐岩面积(294.49 万 km^2)占北美洲碳酸盐岩面积的 59.23%，贡献了北美洲 48.04%的总碳汇，量级约为 $9.19TgC \cdot a^{-1}$。美国碳酸盐岩面积约为 158.88 万 km^2，占北美洲的 31.96%，其总碳汇约为 $7.55TgC \cdot a^{-1}$，贡献了北美洲 39.47%的总碳汇。虽然墨西哥碳酸盐岩面积仅为 43.8 万 km^2，但是由于其地理位置的优势，其 CSF 达 $5.45tC \cdot km^{-2} \cdot a^{-1}$，总碳汇达 $2.39TgC \cdot a^{-1}$，占北美洲总碳汇的 12.49%。

欧洲碳酸盐岩面积约为 245.57 万 km^2，占全球碳酸盐岩面积的 12.16%，其总碳汇约为 $7.47TgC \cdot a^{-1}$。其中，南欧贡献最大，其总碳汇达 $5.09TgC \cdot a^{-1}$，占欧洲总碳汇的 68.14%。其次是俄罗斯欧洲部分，其碳酸盐岩面积约为 90.5 万 km^2，贡献了欧洲 28.51%的总碳汇。北欧 CSF 较高的原因在于其碳酸盐岩面积较小，且多分布于沿海区域，降雨充沛，促进了风化过程的发生。

非洲、南美洲及大洋洲等区域的碳酸盐岩面积达 331.7 万 km^2，产生的总碳汇共计 $6.68TgC \cdot a^{-1}$，占全球总碳汇的 10.73%。其中，非洲的碳酸盐岩面积最大，约为 250.74 万 km^2，但大部分碳酸盐岩分布于非洲北部沙漠、东部干旱区域，导致其总碳汇较低，

约为 3.51TgC·a^{-1}。

陆地残留碳汇是全球碳循环的一个重要议题，但是其具体的量仍有待讨论。为解决全球碳收支不平衡的问题，许多学者做了大量研究并取得丰硕的成果。然而到目前为止，该问题还存在一些待发现和解决的方面，一方面可能是数据和方法的不确定性导致的；另一方面可能依旧存在着一些被人们忽视的碳源及碳汇来源。本书估算的碳酸盐岩 CSF 并未纳入当前的陆地碳汇模型中，这一被忽略的碳汇量约占全球碳收支不平衡量的 10.38%，这个量级也许在全球碳循环系统的贡献中并未占主导地位，但对于喀斯特分布较为广泛的区域，如中国南方岩溶区等，其化学风化过程对当地的生态系统、水循环过程等具有重要的影响。因此，在未来的研究中，需要进一步深化喀斯特区域的风化过程及其对生态系统和水循环系统的影响研究。

第 2 章　中国碳酸盐岩风化碳汇时空演变特征

随着经济的高速发展，我国已经成为世界能源消费大国，同时也是 CO_2 等温室气体的排放大国，2000～2020 年我国碳排放量的增长速度不可避免地受到国际社会的普遍关注[图 2-1(a)]，在国际碳减排环境外交谈判中，我国面临着前所未有的压力，碳减排任务十分艰巨(方精云 等，2011，2015)。碳排放交易逐渐成为国际舞台上的新型政治博弈，2016 年签署的《巴黎协定》进一步推进了各国共同治理气候问题的决定，明确了各国承担的二氧化碳减排量的国际责任，进一步推进了碳排放交易市场的快速发展(何少琛，2016)。

虽然 2017 年中国的碳排放量占全球总量的 28%，是当时全球最大的碳排放国，但是我国人均碳排放量远低于美国等发达国家和地区(Peters et al.，2012，2017)，仅略高于全球平均水平[图 2-1(b)]。此外，我国碳排放总量在 2000 年以后才显著上升，在此之前我国年总碳排放量也远低于其他发达国家，并且在 2005 年以前我国人均碳排放量也一直处于世界平均水平以下。因此，有必要减少当前碳循环收支核算的不确定性问题，特别是在我国提出“碳达峰、碳中和”这一重大国家战略的背景下，需要首先解决碳收支不平衡的问题，即陆地碳汇中剩下的 $0.6PgC \cdot a^{-1}$ 不知来源的偏差碳汇(或遗失碳汇)问题。

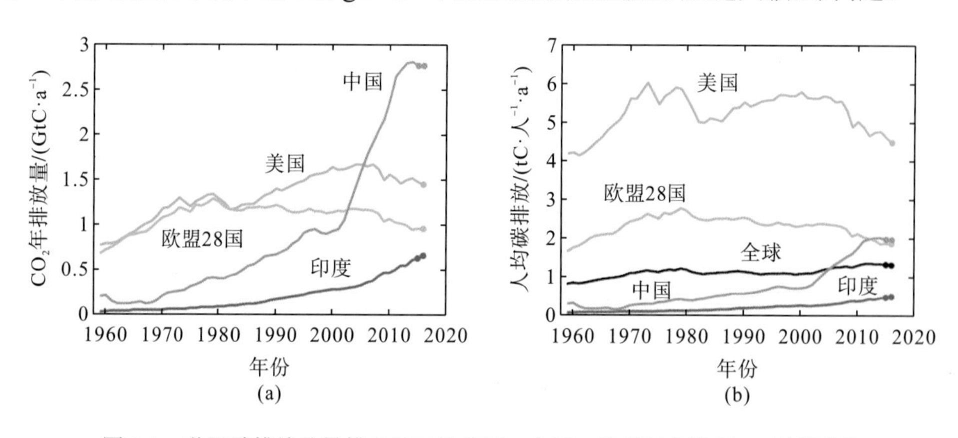

图 2-1　世界碳排放总量排名前三的美国、中国、印度以及欧盟 28 国碳排放与对应的人均碳排放与全球人均碳排放对比(Quéré et al.，2018)

陆地生态系统极为复杂，其碳汇也表现出极大的不确定性和年际间的较大波动。目前，普遍认为植被是陆地生态系统碳汇的主要来源，其中，森林净碳汇[$(1.2±0.85) PgC \cdot a^{-1}$]约占陆地碳汇[$(3.11±0.67) PgC \cdot a^{-1}$]的 38.59%，剩下的[$(1.91±1.09) PgC \cdot a^{-1}$]的陆地碳汇可能来自其他植被，如草地等的碳汇贡献(Pepper et al.，2005)、土壤碳库变化以及岩石风化过程产生的碳汇贡献(Liu et al.，2018)等。由于碳酸盐岩的风化速率相对于硅酸盐岩更加迅速，并且结合水生生物的光合作用，硅酸盐岩风化可能只占岩石风化过程吸收大气CO_2量的 6%，剩下 94%的量可能均为碳酸盐岩风化过程的结果(Liu et al.，2011)。全球碳酸盐岩面积约为 2200 万 km^2，占全球陆地面积的 15%(曹建华 等，2017)，而如此大面积的陆地碳酸盐岩化学风化过程能产生多少碳汇目前还没有统一的认知，在空间分布、时空演变以及对全球变化响应方面也缺乏明确的共识。因此，该碳汇一直没有纳入各个国家的碳汇计量中。中国喀斯特分布面积约为 344 万 km^2，超过我国陆地面积的 1/3(宋贤威 等，2016)，占全球碳酸盐岩面积的 15.64%。在空间上以中国南方岩溶区最为集中，这块区域温暖、湿润，对化学风化过程极其有利。若将该碳汇纳入各国碳汇计量，那么在一定程度上可以抵消我国部分的碳排放量，或者说能够增加我国未来的碳排放量，使我国在应对碳排放权益博弈时处于有利地位。此外，充分了解陆地生态系统中碳酸盐岩化学风化碳汇对平衡全球碳循环收支、探明遗失碳汇等问题也具有极其重要的作用。

中国学者在这方面做出了突出贡献，取得了大量显著的成果。在流域和区域尺度方面，如李晶莹和张经(2003)对黄河流域的岩石风化碳汇进行计算，发现碳酸盐岩与硅酸盐岩风化总碳汇为 $108\times10^9 mol\cdot a^{-1}$，其中，碳酸盐岩风化过程消耗的量占 81.8%，硅酸盐岩风化作用消耗的量占 18.2%；曹建华等(2011)对珠江流域的研究表明，该流域在 2011 年的碳酸盐岩风化碳汇总量为 $1.49TgC\cdot a^{-1}$，对应 CSF 为 $11.65tC\cdot km^{-2}\cdot a^{-1}$；基于 GEM-$CO_2$模型，覃小群等(2013)计算出珠江流域的碳酸盐岩风化碳汇总量为 $2.16TgC\cdot a^{-1}$，CSF 达 $12.36tC\cdot km^{-2}\cdot a^{-1}$，由于时间的问题，两个研究结果略有差别，但该结果量级与前述研究结果基本一致；张连凯等(2016)对长江流域的研究表明，长江流域碳酸盐岩风化总碳汇达 $9.14TgC\cdot a^{-1}$。

本章首先以中国典型碳酸盐岩区域——石灰岩区域为研究对象，对风化碳汇的量级、空间分布特征、时空演变情况开展研究，再对多个类型的碳酸盐岩风化过程进行评估，并分析其关键驱动因素。

2.1　中国典型碳酸盐岩风化碳汇通量时空演变特征

基于改进的碳酸盐岩最大潜在溶蚀模型，计算得到中国石灰岩(仅考虑有数据区域面积 165.28 万 km^2)CSF[图 2-2(a)]。计算表明中国 2000～2014 年石灰岩区域的 CSF 均值为 $4.28tC\cdot km^{-2}\cdot a^{-1}$。在空间上，CSF 高值区域主要分布在中国南方岩溶区(蒋忠诚 等，2012)，该区域 CSF 均值为 $8.56tC\cdot km^{-2}\cdot a^{-1}$，而北方岩溶区 CSF 均值为 $1.54\ tC\cdot km^{-2}\cdot a^{-1}$，青藏高原区 CSF 均值为 $2.20tC\cdot km^{-2}\cdot a^{-1}$。在区域上，台湾是中国石灰岩 CSF 最大的区域，其均值达 $27.15tC\cdot km^{-2}\cdot a^{-1}$(图 2-3)，这正是由其充沛的降雨和较高的年均温决定的。中国南方岩溶区的海南、福建、广东、江西、浙江、安徽以及湖南的 CSF 均值也均大于 $10tC\cdot km^{-2}\cdot a^{-1}$。而新疆($0.16tC\cdot km^{-2}\cdot a^{-1}$)是所有统计的区域中 CSF 均值最小的，紧随其后的是宁夏($0.74tC\cdot km^{-2}\cdot a^{-1}$)、青海($0.84tC\cdot km^{-2}\cdot a^{-1}$)、甘肃($0.94tC\cdot km^{-2}\cdot a^{-1}$)及内蒙古($1.04tC\cdot km^{-2}\cdot a^{-1}$)。值得注意的是，西藏虽然 CSF 均值仅为 $2.52tC\cdot km^{-2}\cdot a^{-1}$，但是其最大 CSF 达 $48.59tC\cdot km^{-2}$，这是一个相对较高的等级，其原因在于虽然西藏西北部严寒

干燥，但是其东南区域却拥有温暖湿润的气候特征(张娜 等，2017)。整体而言，中国各区域的 CSF 差别较大，高值区域主要为降雨充沛及气温较高的拥有对溶蚀效应具有促进作用的气候水文条件的区域，这也是我国各区域 CSF 呈现出由西北向东南逐级递增的原因。

在纬度带上，2000～2014 年中国各纬度带 CSF 均值波动(即年际变化程度)较大[图 2-2(b)]。其中，东北地区(47.44°N～51.54°N)存在一个轻微的波动区域，华北地区(39.95°N～42.49°N)是中国北方碳汇通量波动最大的一个区域。此外，中国南方(28.14°N 以南)是石灰岩 CSF 波动最大的区域，其中又以海南岛范围内波动幅度最大。中国纬度带上最大的波动区域出现在 19.69°N，即海南岛北部，该区域的最大 CSF($38.65tC·km^{-2}·a^{-1}$)出现在 2011 年；其次是 2009 年，为 $33.99tC·km^{-2}·a^{-1}$；最小 CSF($8.18tC·km^{-2}·a^{-1}$)出现在 2004 年，仅为最大 CSF 的 21.16%。海南岛 CSF 如此大的年际波动与其特殊的地理位置导致降水量、温度等气候条件波动有直接关系(孙瑞 等，2016)。海南岛范围内各纬度 CSF 最低值基本都出现在 2004 年，最大值基本都出现在 2009 年，该现象与 2000～2014 年海南岛在 2004 年出现最高年均温、最低年降水量、近 55 年历史最低年均相对湿度以及 2009 年出现最低年均温、较高的年降水量具有显著的一致性(孙瑞 等，2016)。虽然中国各纬度带各年 CSF 存在不同程度的波动，但从 2000～2014 年的 CSF 均值看，中国石灰岩 CSF 随着纬度的降低呈现出增加的趋势，在 19.69°N 其 CSF 均值最大，约为 $38.88tC·km^{-2}·a^{-1}$。除海南岛以外，28.14°N～21.29°N 是中国岩石风化最为活跃的区域，即南方岩溶区域[图 2-2(b)]，该区域的 CSF 波动与该时期波动的气候条件具有直接关系(李佩成 等，2011；刘少华 等，2016)。

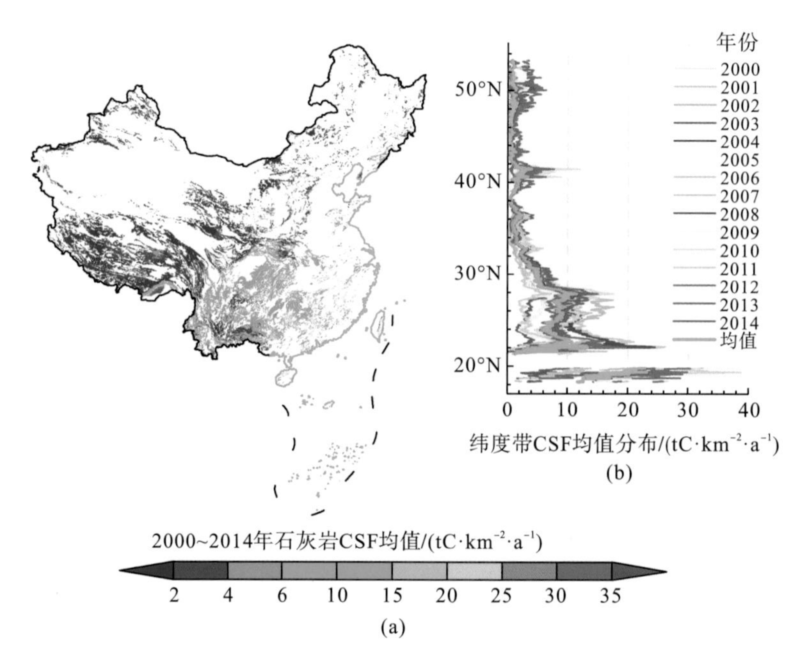

图 2-2 2000～2014 年中国石灰岩 CSF 均值空间分布及纬度带均值分布

阐明我国不同气候带石灰岩 CSF 特征具有重要意义，本书对中国 21 个气候带的 CSF 进行了分析，各个气候带的 CSF 均值如图 2-4 所示。其中，中亚热带季风性常绿阔叶林气候带的 CSF 最大($9.73tC \cdot km^{-2} \cdot a^{-1}$)；其次为热带雨林、季风雨林气候带($8.77tC \cdot km^{-2} \cdot a^{-1}$)；再次为南亚热带季风雨林气候带($8.32tC \cdot km^{-2} \cdot a^{-1}$)。这三个气候带是中国石灰岩风化最为活跃的区域，也是南方岩溶区域所在气候带区域。对于寒带、中温带、暖温带以及温带区域，荒漠气候带是这些气候类型中 CSF 最小的区域，而草原气候带及阔叶林气候带是这些气候类型中 CSF 较高的区域，如温带落叶阔叶林气候带($2.39tC \cdot km^{-2} \cdot a^{-1}$)、暖温带季风性落叶阔叶林气候带($3.57tC \cdot km^{-2} \cdot a^{-1}$)、中温带季风性针叶阔叶混交林气候带($2.70tC \cdot km^{-2} \cdot a^{-1}$)以及亚寒带草原气候带($1.75tC \cdot km^{-2} \cdot a^{-1}$)，这主要与这些气候带内相对温暖潮湿的气候特征有关。总体而言，从各气候带 CSF 的大小及其空间分布看，从西北向东南 CSF 随着气候带的南移逐渐增加。

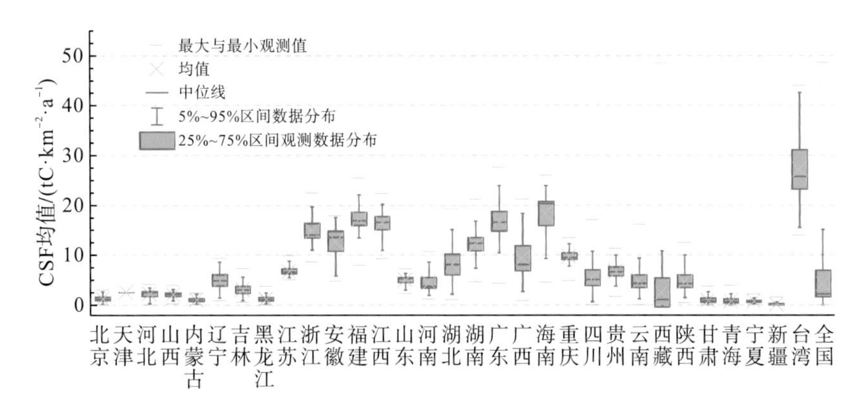

图 2-3　中国含石灰岩风化碳汇行政区域及全国 CSF 均值量级分布情况(上海、香港和澳门数据暂缺)

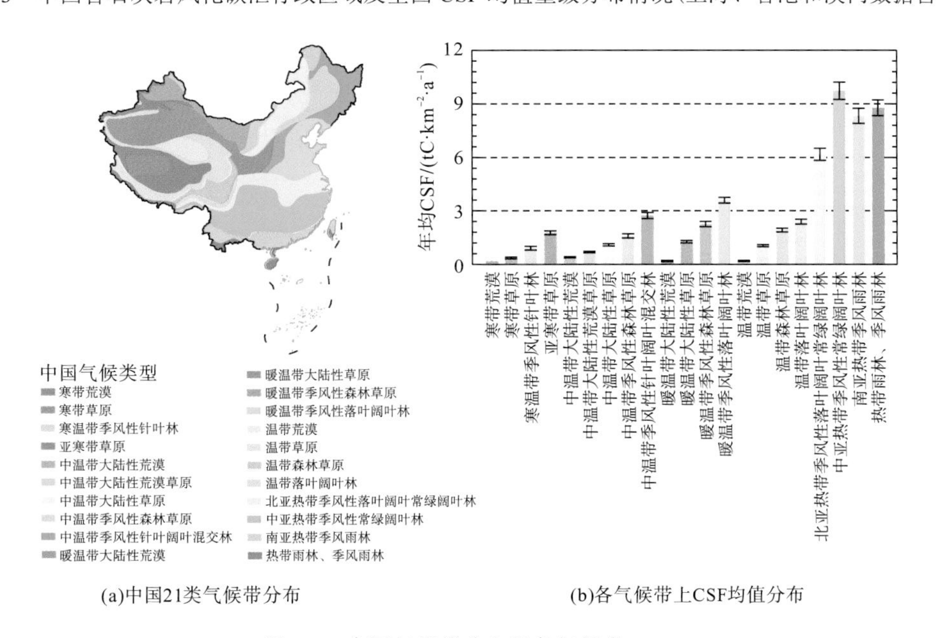

(a)中国21类气候带分布　　(b)各气候带上CSF均值分布

图 2-4　中国气候带分布及各气候带 CSF

为充分了解中国石灰岩风化碳汇时空演变格局，利用基于像元的趋势分析法对中国2000～2014年石灰岩CSF进行演变趋势分析，其变化趋势空间分布如图2-5所示。根据演变趋势等级面积占比[图 2-5(c)]可知，我国石灰岩区域面积显著减少(0.96 万 km^2，0.58%)、中度减少(8.89万km^2，5.38%)及轻微减少(21.88万km^2，13.24%)的区域占整体面积(中国有数据的石灰岩区域面积：165.28 万 km^2)的比例达 19.20%。在中国南方岩溶区的云南及湖南是通量减少最为显著的两个省份；湖北与河南交界区域、贵州东南部、四川西南地区为通量中度及轻微减少的主要区域。CSF基本稳定的区域面积(50.37 万 km^2)占整体面积的 30.48%，主要分布于中国西北、西藏南部以及广西和云南交界区域；轻微增加(53.27 万 km^2，32.23%)的区域是所有变化中面积最大的，主要分布于中国东北、西藏北部、川渝大部分区域；中度增加(9.29万km^2，5.62%)及显著增加(3.05万km^2，1.85%)的区域占整体面积的7.47%，主要分布于陕西、川渝交界带、东北地区、西藏西部、青海及西藏交界带以及东南沿海区域，其分布较为零散。2000～2014年，中国CSF轻微增加和基本稳定区域的总面积(103.64 万 km^2)占整体面积的 62.71%。此外，在西藏西部及中国西北部分地区约有17.57万km^2(面积占比约为10.63%)的石灰岩区域在研究期间几乎都不产生碳汇量，因此未将其纳入趋势分析。中国石灰岩CSF在研究期间处于波动状态，2002年、2008年及2010年为CSF较大的三个年份，2004年、2009年及2011年CSF处于较低水平，且2011年最低。整体而言，中国石灰岩风化碳汇表现出轻微增加的趋势[图 2-5(b)]，其CSF增长速率约为0.036tC·km^{-2}·a^{-1}。

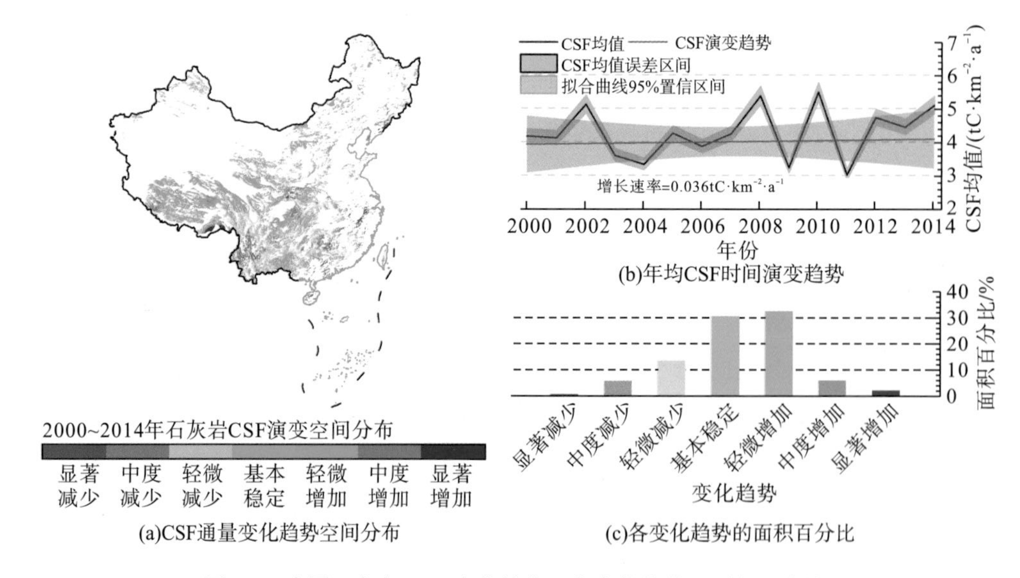

图 2-5 中国石灰岩 CSF 变化趋势及各变化趋势下面积百分比

2.2 中国石灰岩风化碳汇总量演变特征

明确岩石风化碳汇总量对于平衡区域乃至全球碳循环系统的收支具有极其重要的作用，而风化碳汇总量不仅与各区域石灰岩 CSF 有关，还与该区域的石灰岩分布面积有直接关系。为充分了解我国石灰岩风化碳汇总量及各区域的总量分布情况，本书对中国石灰岩风化碳汇总量进行了分区统计。结果显示(表 2-1)，中国的石灰岩风化碳汇总量达 707.183×10^4tC·a^{-1}。其中，西藏(119.816×10^4tC·a^{-1})、四川(77.468×10^4tC·a^{-1})、云南(77.371×10^4tC·a^{-1})及湖南(71.136×10^4tC·a^{-1})是碳汇量较大的四个区域。西藏的 CSF 虽然仅为 2.52tC·km^{-2}·a^{-1}，但是其石灰岩分布面积较大(47.613 万 km^2)，因此其年均碳汇总量较大，且西藏东南区域贡献较大。除以上区域外，碳汇总量在 30×10^4tC·a^{-1} 以上的区域还有广西、湖北、贵州、重庆、江西以及广东。

表 2-1　中国分区石灰岩年均风化碳汇总量分布及对应石灰岩面积

区域	碳汇总量/($\times10^4$tC·a^{-1})	面积/万 km^2	区域	碳汇总量/($\times10^4$tC·a^{-1})	面积/万 km^2	区域	碳汇总量/($\times10^4$tC·a^{-1})	面积/万 km^2
北京	0.113	0.088	福建	11.767	0.680	贵州	38.360	5.675
天津	0.006	0.003	江西	31.593	1.935	云南	77.371	16.270
河北	2.698	1.208	山东	3.705	0.740	西藏	119.816	47.613
山西	2.756	1.313	河南	7.408	1.633	陕西	23.445	4.975
内蒙古	10.382	10.023	湖北	39.826	4.885	甘肃	5.643	6.035
辽宁	6.693	1.363	湖南	71.136	5.838	青海	11.697	13.978
吉林	3.708	1.198	广东	31.533	1.880	宁夏	0.272	0.365
黑龙江	2.308	1.948	广西	63.158	6.748	新疆	1.546	9.493
江苏	1.197	0.178	海南	4.935	0.270	台湾	6.787	0.250
浙江	9.390	0.633	重庆	35.985	3.693			
安徽	4.482	0.348	四川	77.468	14.025			

注：表中不包括上海、香港与澳门数据。

根据中国岩溶分区(蒋忠诚 等，2012)，对中国三大岩溶分区内石灰岩风化碳汇进行分析。结果显示，南方岩溶区为碳汇最大的区域(4.95TgC·a^{-1})，其碳汇占中国石灰岩风化总碳汇的 70.01%，青藏高原区碳汇(1.56TgC·a^{-1})和北方岩溶区碳汇(0.56TgC·a^{-1})分别占中国石灰岩风化总碳汇的 22.07%和 7.92%。总体而言，南方岩溶区是中国石灰岩风化碳汇贡献最大的区域。

研究期(2000～2014 年)内，中国各区域的碳汇总量均存在一定程度的波动，其演变情况也存在较大差别。通过分析各区域研究期内碳汇总量的变化趋势发现(图 2-6)，除了河南、湖北、湖南、贵州、云南的石灰岩年均风化碳汇总量表现为降低趋势外，其他区域的石灰岩年均风化碳汇总量都表现为增加的趋势。其中，云南是碳汇总量减少最为剧烈的区域，其减少速率达 28.02×10^3tC·a^{-1}；其次是湖南，其减少速率达 10.16×10^3tC·a^{-1}。相反地，西藏是中国石灰岩风化碳汇总量增加最显著的区域，其增加速率达 35.76×10^3tC·a^{-1}；其次是陕西，其增加速率为 9.43×10^3tC·a^{-1}。

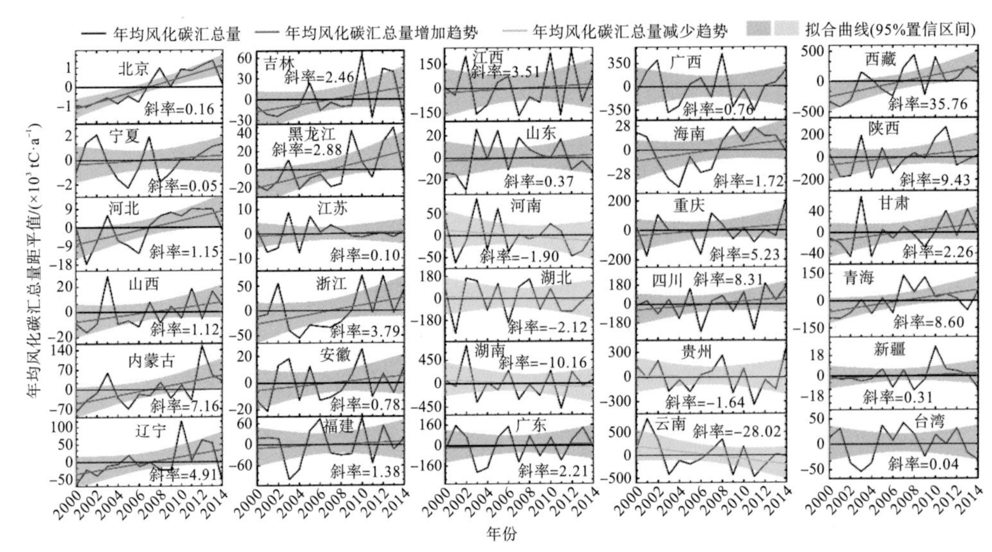

图 2-6　2000～2014 年中国各区域石灰岩年均风化碳汇总量距平值的演变趋势

注：红色趋势线表示增加，蓝色趋势线表示减少(不含天津、上海、香港、澳门)；斜率单位为 $10^3tC\cdot a^{-1}$。

2.3　不同岩性碳酸盐岩风化碳汇差异

中国碳酸盐岩主要由石灰岩、白云岩及石灰岩和白云岩混合类岩性组成，根据中国 1∶50 万地质图，中国石灰岩面积占碳酸盐岩总面积的 74.86%，白云岩面积仅占 2.50%，混合岩面积占 22.64%，空间上又以中国南方最为集中[图 2-7(a)]。

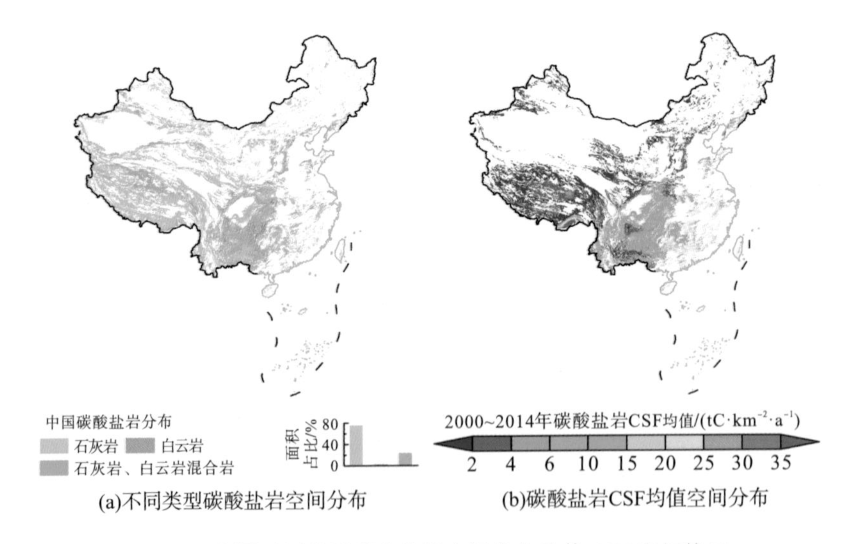

图 2-7　中国不同类型碳酸盐岩空间分布及其 CSF 空间格局

注：仅考虑有基础数据支撑的区域，面积约为 226.59 万 km^2。

不同类型的碳酸盐岩组成不同，石灰岩矿物成分主要为 $CaCO_3$，白云岩矿物成分主要为 $CaMg(CO_3)_2$，这就使得其化学风化过程有所差别，进而其风化碳汇能力也存在差别。

对于白云岩矿物 $CaMg(CO_3)_2$ 的化学风化环境，根据白云岩与石灰岩在各自纯水溶液环境下反应达到平衡时 HCO_3^- 的浓度关系，可以得到白云岩与石灰岩 CSF 的关系(刘再华 等，2005；Zeng et al.，2016)，根据该关系估算得到中国碳酸盐岩风化碳汇总量达 11.37TgC · a^{-1}(CSF 为 5.02tC · km^{-2} · a^{-1})。其中，石灰岩碳汇总量(7.07TgC · a^{-1})占 62.18%，白云岩碳汇总量(0.51TgC · a^{-1})占 4.49%，混合岩碳汇总量(3.79TgC · a^{-1})占 33.33% [图 2-7(b)]。因此，石灰岩风化碳汇是我国碳酸盐岩风化碳汇的主要来源。值得注意的是，中国碳酸盐岩风化碳汇相当于中国生物量碳汇(70.2TgC · a^{-1})(郭兆迪 等，2013)的 16.20%，这说明碳酸盐岩风化碳汇在我国是陆地碳汇系统中不可忽视的组成部分。

不同岩性风化碳汇具有显著的差异，一方面是由其 CSF 决定(石灰岩 CSF 约为 4.28tC · km^{-2} · a^{-1}，白云岩约为 7.26tC · km^{-2} · a^{-1}，混合岩约为 6.98tC · km^{-2} · a^{-1})；另一方面，与不同岩性的分布面积有关(本书仅考虑了含有基础数据支撑的碳酸盐岩，其面积为 226.59 万 km^2。其中，石灰岩面积为 165.28 万 km^2、白云岩面积为 7.02 万 km^2、混合岩面积为 54.29 万 km^2)。此外，陆地岩石化学风化是由多个因素影响的复杂过程，该过程不单单受气候变化、水文变化、岩性组成、土壤水分、植被覆盖等因素独立的影响，而是这些因子共同驱动下的复合结果(Beaulieu et al.，2012)。因此在探讨岩石风化过程及其碳汇效应时，应该综合考虑这些因素及其驱动力，本书在计算中国石灰岩风化碳汇效应时，采用的模型和计算过程综合了以上多个驱动因素，使得其量级和空间分布特征相对而言可能会更加接近实际情况。

2.4　中国碳酸盐岩风化碳汇关键驱动因素时空演变特征

2.4.1　中国气候水文特征时空演化

2000～2014 年中国年均温约为 8.61℃，最低年均温约为-5.6℃，最高年均温约为 23.77℃(图 2-8)。在空间上，高温区域主要分布于中国东南区域，低温区域主要分布于以青藏高原为主的中国西北区域以及东北区域。整体上呈现出以西北向东南逐渐增温的分布特征，但在北方存在几个高温分布区，空间分布上与我国北方的沙漠、戈壁等分布呈现一致。

我国年降水量在空间上呈现出从西北向东南逐级递增的趋势，2000～2014 年的年降水量为 20.44～2922.07mm，均值约为 546.05mm。台湾、海南岛及藏南地区是我国降水量等级最高的区域(图 2-8)，而我国西北、东北等地，降水量则处于较低水平，特别是新疆、甘肃、内蒙古以及青海与西藏的西北部，是我国降水量最低的区域。

2000～2014 年我国的年蒸散发量为 31.68～1258.39mm，均值约为 457.13mm(图 2-8)。高值区域主要分布于中国西南区域，在西藏—青海—甘肃—内蒙古形成了一条明显的分界线，分界线以南为蒸散发量的高值分布区，分界线以北为低值分布区。此外，实际蒸散发量在城市区域处于较低的等级。

对于我国气候水文在时间上的演化特征，我国年均温、年降水量以及年蒸散发量均处于增长的趋势，其中年均温的增长速率约为 0.01℃·a^{-1}，年降水量与年蒸散发量的增长速率分别为 3.4mm·a^{-1} 和 3.76mm·a^{-1}。研究期间，我国年均温整体变化趋势如下：2000～2007 年，年均温处于增长的趋势，其增长速率达 0.09℃·a^{-1}，在 2007 年达到最大值，约为 9.11℃；其后，我国年均温整体呈降低趋势，其降低速率约为 0.05℃·a^{-1}，其中，2007～2012 年年均温持续降低，其降低速率达 0.15℃·a^{-1}。研究期间，我国年总降水量整体上呈现增加的趋势，但年际波动明显；与此相反的是，蒸散发量年际波动较小，2005～2009 年，呈现出轻微减少的趋势(减少速率约为 4.93mm·a^{-1})。

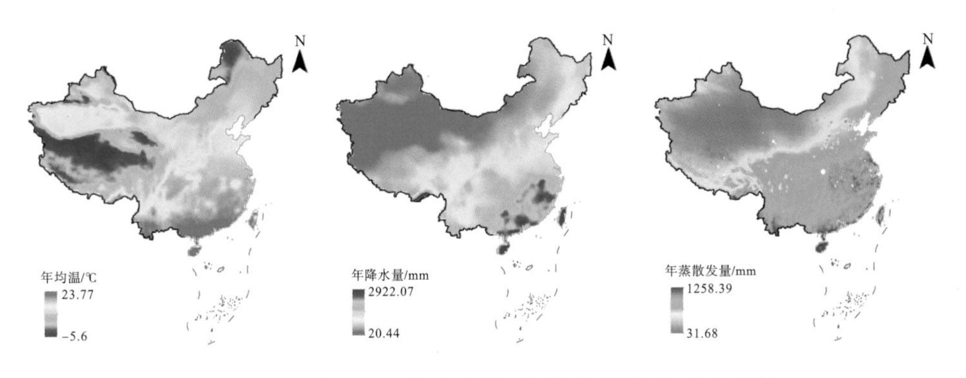

图 2-8　中国年均温、年降水量及年蒸散发量空间分布特征

在空间上，年均温、年降水量及年蒸散发量的演变趋势表现出不同的特征(图 2-8、图 2-9)。研究期间，我国有 65.69%的区域，其年均温处于增加的趋势，这些区域主要为我国西南、西北，南方的江西、浙江、福建、台湾，以及我国东北部分区域。升温区域中升温速率在 0.03℃·a^{-1} 的区域面积最大，其面积占比超过 38%，升温速率超过 0.03℃·a^{-1} 的区域面积约占 27.62%。中国有 34.31%的区域其年均温呈降低趋势，主要分布在我国沿海地带以及华中和华北区域，在四川中部、陕西、宁夏和河北等地降温趋势较为显著，大部分区域呈现轻微降温的趋势(降温速率在 0.03℃·a^{-1} 以内，面积占比约为 24.72%)。对于我国降水量空间演化，降水量增加的区域面积占比为 68.11%，有 31.89%的区域降水量在减少。其中，增加速率在 8mm·a^{-1} 以内的区域面积占比最大，达 44.62%。云南、河南、湖南等地是降水量增加最显著的区域，值得注意的是，西藏及新疆的降水量也呈增加的趋势。我国中部、东北和浙江、福建、广西、海南等地的降水量则呈减少的趋势。我国有超过 80%的区域蒸散发量呈增加的趋势，其分布较广，显著增加的区域主要在东北、广西、湖南和江西等地，大部分区域呈轻微增加的趋势(增速小于 5mm·a^{-1})；相反地，蒸散发量减少的区域面积占比仅为 18.58%，主要位于西藏西部、新疆南部及川渝和陕西、湖北的交界地带。气温、降水量与蒸散发量的变化会直接或间接地反映和影响区域的水环境，这些变化既是我国气候水文特征对全球气候变化的响应，也是我国气候水文对全球气候变化影响的体现。区域的水环境变化对喀斯特区域的岩石风化过程具有重要影响，因为岩石化学风化过程首先是受控于区域的水环境，它是影响岩石风化过程最主要的影响因素。

我国喀斯特区域分布较广，在各个区域基本都有分布，探究其基本的气候水文背景及其与非喀斯区域的差异，以及在全国尺度的差异对进一步探讨其化学风化碳汇过程及其对气候变化等的响应机制十分有必要。为此，在对我国气候水文特征进行分析之后，本书对喀斯特区域及非喀斯特区域的气候水文量级及其演化差异进行了分析(图 2-9～图 2-11)。在年均温方面，喀斯特区域的年均温(8.55℃)略低于非喀斯特区域的年均温(8.74℃)，处于全国年均温水平(8.61℃)以下。但喀斯特区域的增温速率(0.02℃ · a^{-1})较非喀斯特区域(0.006℃ · a^{-1})更高，处于全国年均水平(0.01℃ · a^{-1})以上。

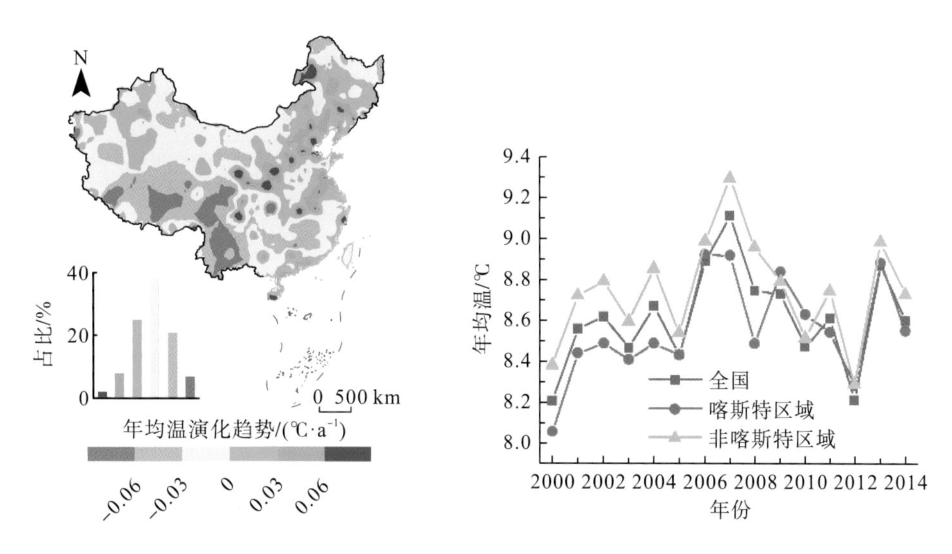

图 2-9　中国年均温空间演化趋势及喀斯特与非喀斯特对比情况

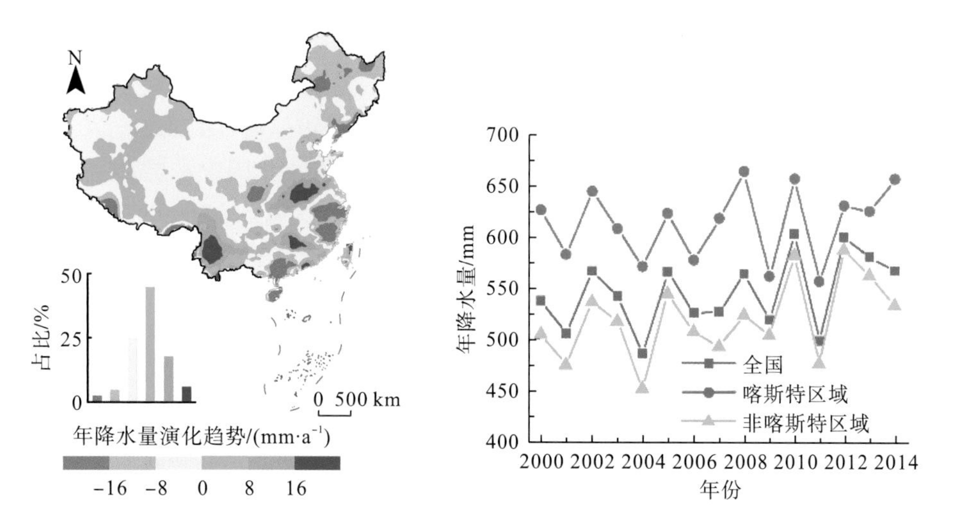

图 2-10　中国年降水量演化趋势及喀斯特与非喀斯特对比情况

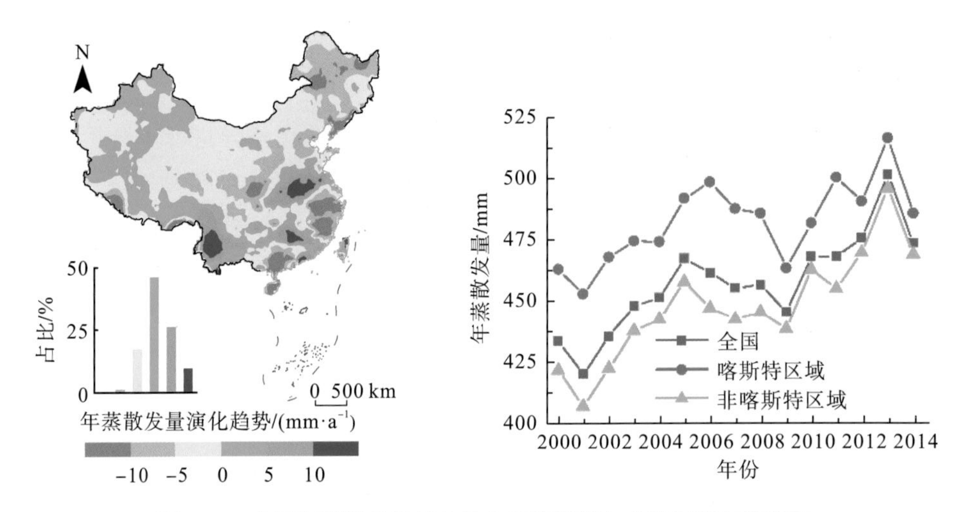

图 2-11 中国年蒸散发量演化趋势及喀斯特与非喀斯特对比情况

喀斯特区域的年降水量(613.97mm)远高于全国平均水平(546.05mm)，非喀斯特区域年降水量仅为 520.15mm。但是喀斯特区域的年降水量增加速率仅为 $1.50mm \cdot a^{-1}$，远低于非喀斯特区域的增加速率($4.09mm \cdot a^{-1}$)和全国平均水平($3.40mm \cdot a^{-1}$)。对于年蒸散发量，与年降水量类似，喀斯特区域年蒸散发量(482.15mm)同样高于非喀斯特区域年蒸散发量(447.31mm)及全国平均水平(457.13mm)，其增长速率($2.55mm \cdot a^{-1}$)处于非喀斯特区域($3.76mm \cdot a^{-1}$)及全国平均水平($4.25mm \cdot a^{-1}$)之间。

2.4.2 中国含水层 CO_2 分压分布格局及演化

我国含水层 CO_2 分压(pCO_2)的空间分布与年蒸散发量的空间分布呈现大体一致的格局，由西北向东南逐渐增加，但是在贵州中部及东北其量级偏低(图 2-12)。中国 pCO_2 的量级为 4.38×10^{-4}～2.40×10^{-2}atm，年均值约为 6.45×10^{-3}atm。我国含水层 CO_2 分压处于减少的趋势，其减少速率约为 $1.47 \times 10^{-5} atm \cdot a^{-1}$。在空间上，我国有 30.66%的区域其 pCO_2 处于增加的趋势，主要集中分布于甘肃、宁夏及东北等区域，在我国南方也有较为广泛的分布。相反地，有 69.34%的区域其 pCO_2 处于减少的趋势，减少的区域在全国分布较为广泛，其中，青海与西藏交界带、川渝交界带、湖北、河南及江苏等地减少显著；新疆、内蒙古及西藏等地减少轻微。

喀斯特区域的年均 pCO_2 水平(7.62×10^{-3}atm①)明显高于非喀斯特区域(5.93×10^{-3}atm)及全国平均水平。研究期间，喀斯特区域年均 pCO_2 处于持续减少的趋势，其减少速率约为 $2.38 \times 10^{-5} atm \cdot a^{-1}$，比非喀斯特区域($1.07 \times 10^{-5} atm \cdot a^{-1}$)及全国年均水平($1.47 \times 10^{-5} atm \cdot a^{-1}$)都大(图 2-13)，即在我国喀斯特区域，含水层 CO_2 分压减少显著，这对我国碳酸盐岩风化过程有一定的抑制作用。

① $1atm = 1.01325 \times 10^5 Pa$。

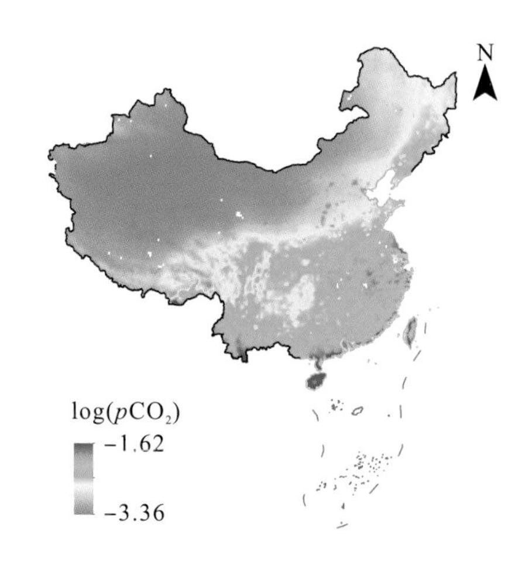

图 2-12　中国含水层 CO_2 分压分布格局

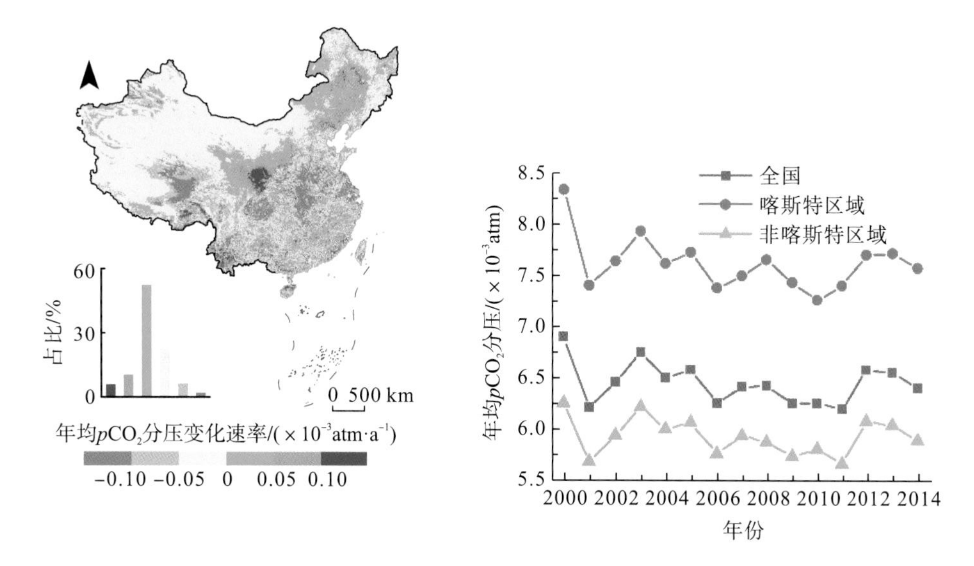

图 2-13　中国含水层 CO_2 分压演化趋势及喀斯特与非喀斯特对比情况

2.4.3　中国植被覆盖度演变特征

2000～2014 年，中国年均植被覆盖度为 0～0.91。在空间上，东南沿海及云南西南、藏南区域的年均植被覆盖度处于较高水平，整体上呈现出由西北向东南逐级增加的趋势(图 2-14)。中国西北干旱区域的植被覆盖度非常低，而西南区域植被覆盖情况整体较好。我国碳酸盐岩主要分布的南方岩溶区植被覆盖情况也较好，植被的恢复过程对岩石风化过程存在一定影响，但目前还没有研究较为详细地探讨该影响。

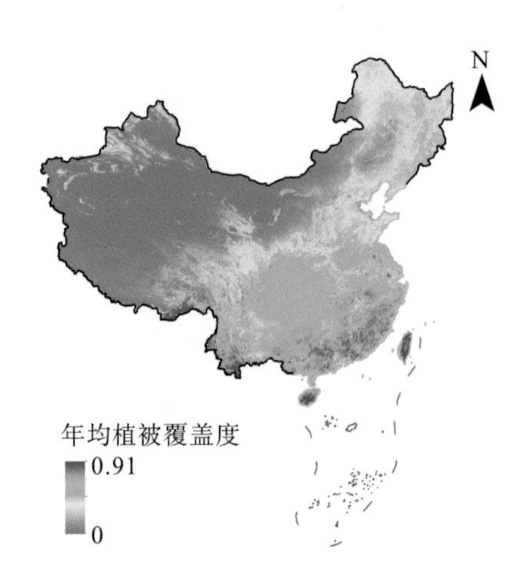

图 2-14 中国年均植被覆盖度分布格局

在空间上，我国 80.94%的区域植被覆盖情况均处于好转状态（图 2-15），虽然有 19.06%的区域处于恶化的状态，但是恶化区域的绝大部分区域（18.3%）的植被覆盖度减少速率都在 $0.005a^{-1}$ 之内，且主要分布在新疆沙漠区域以及西藏高原无人区。值得注意的是，在江苏、上海等地植被覆盖度呈现出了较为明显的减少趋势。而在河南和安徽交界区域，植被覆盖度增加显著。此外，西南喀斯特分布区域，其植被覆盖度也同样处于增加趋势。在时间上，喀斯特区域年均植被覆盖度（0.2408）高于非喀斯特区域（0.2068）和全国平均水平（0.2166），呈现出持续增加的趋势，其增长速率（$0.00229a^{-1}$）略高于非喀斯特区域（$0.00217a^{-1}$）与全国平均水平（$0.0022a^{-1}$）。

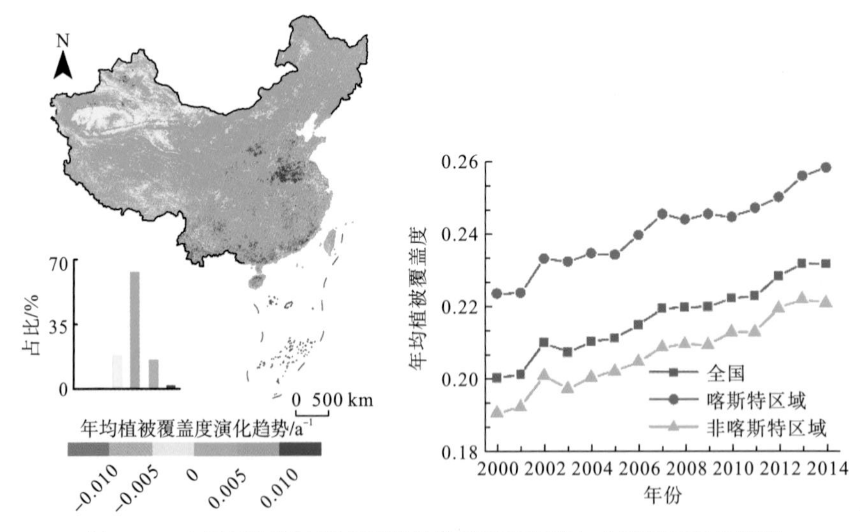

图 2-15 中国年均植被覆盖度演化趋势及喀斯特与非喀斯特对比情况

这说明我国喀斯特区域的植被恢复状况较非喀斯特区域以及全国平均水平更好。这一现象也在其他研究中得到了充分的研究和分析，主要与我国大量的生态修复及保护工程有关（蒋勇军 等，2016；Lu et al.，2018；Tong et al.，2018）。

2.4.4　中国表层土壤湿度空间格局及演变特征

我国表层(0～10cm)土壤湿度分布反映了我国干旱情况的基本分布，西南及东北处于较高水平，西北地区则处于较低水平，整体上呈现出由西北向东南逐渐增加的趋势(图 2-16)。我国表层土壤湿度为 57.47～469.27mm，其年均值约为 237.50mm。表层土壤湿度的分布基本代表了我国干湿分布情况，华南地区基本处于湿润的状态，而北方区域则表现为较为干旱的特征。土壤湿度对于大气 CO_2 的溶解量有一定影响，进而对区域的岩石风化过程产生进一步影响。

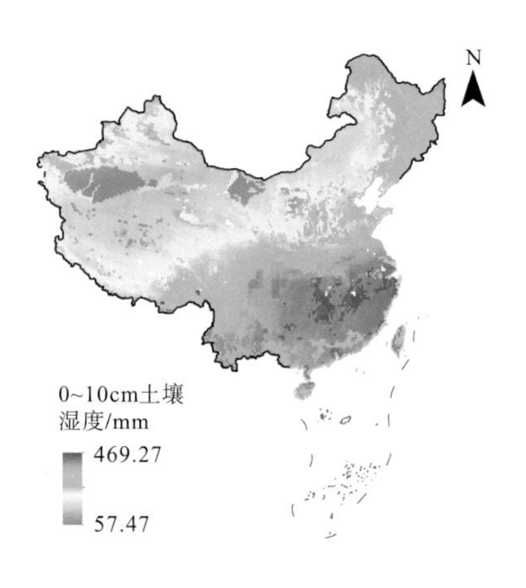

图 2-16　中国 0～10cm 土壤湿度分布格局

研究期间，我国表层土壤湿度处于轻微减少的趋势，其减少速率约为 0.17mm·a^{-1}(图 2-17)。在空间演变趋势上，有 52.97%的区域表层土壤湿度呈现减少趋势，主要分布在华南地区以及新疆、西藏及青海部分区域；此外，47.03%的区域表层土壤湿度呈现增加趋势，主要分布于华北及东北区域，在东北表现尤为明显。

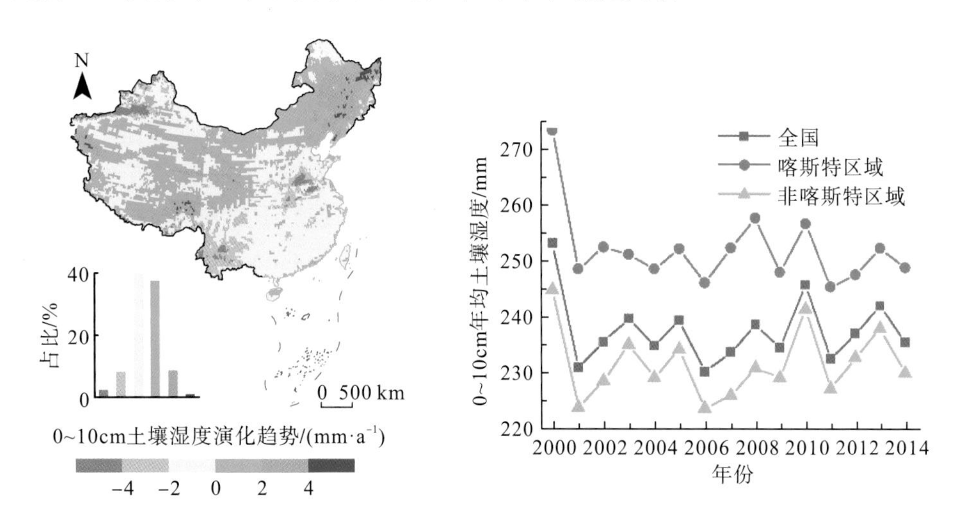

图 2-17　中国 0～10cm 土壤湿度演化趋势及喀斯特与非喀斯特区域对比情况

中国喀斯特区域与非喀斯特区域表层土壤湿度均表现为减少的趋势，但是喀斯特区域的年均土壤湿度相较于非喀斯特区域更高，其量级约为 252.04mm，非喀斯特区域约为 231.61mm，全国平均水平约为 237.5mm。喀斯特区域表层土壤湿度减少的速率达 $0.61mm \cdot a^{-1}$，显著高于全国平均水平($0.17mm \cdot a^{-1}$)以及非喀斯特区域表层土壤湿度减少的速率($0.01mm \cdot a^{-1}$)。

2.5 研究结果对比分析

为进一步说明计算结果的精度和可靠性，从流域尺度到国家层面，将计算结果与相关研究进行对比。值得深入探讨的是，由于数据的可获取性问题，本书假设径流深为负值的区域不产生化学风化碳汇，这样的假设可能存在一定局限性。但是，在像元尺度中的计算很难获取每个像元的实际径流深情况，因此本书采用了降水量与蒸散发量的差值来代替实际的径流深，但这二者实际上可能存在一定偏差，若将这部分结果为负值的通量加入统计过程，则可能导致区域尺度的通量均值被低估。鉴于此，本书在针对流域尺度通量对比过程中，仅讨论计算结果为非负值的区域。从与黄河、长江、珠江这三个流域的岩石风化碳汇相关研究对比可知(表 2-2)，在黄河流域，本书研究结果相对于其他研究结果(李晶莹和张经，2003)略低。主要原因在于研究时间和方法的区别，岩石风化处于一个波动变化的过程，其与当地、当时的气候水文条件，特别是降水量和径流深具有直接关系。如在黄河流域，本书研究计算的 2003 年黄河流域碳酸盐岩 CSF 约为 $4.63tC \cdot km^{-2} \cdot a^{-1}$，该结果与对比研究结果非常接近。在长江流域和珠江流域，本书研究结果与对比研究结果基本一致(张连凯 等，2016；曹建华 等，2011；覃小群 等，2013)。

此外，在与多项针对全国尺度的研究对比中可知，本书研究结果无论是在总量上还是通量上都与多项研究结果相当或处于相关研究结果之间(表 2-2)。特别地，本书研究通量与水化学径流法和岩石试片法的计算结果基本一致，说明本书研究结果的精度和可靠性较高。本书研究仅考虑了有数据支撑的碳酸盐岩区域，约有 67.61 万 km^2 的区域未被纳入计算，但是这些区域大多处于中国西北高原及荒漠区域，常年干旱的自然条件很难形成化学风化过程，因此这些区域可能很难甚至不会产生碳酸盐岩化学风化碳汇。与流域统计方法相似，针对全国尺度，若排除径流深为负值区域的影响，那么中国碳酸盐岩 CSF 可达 $6.54tC \cdot km^{-2} \cdot a^{-1}$。值得注意的是，目前针对区域及全国岩溶碳汇的研究方法各有差别，因此各个研究计算的结果差别也较大，如针对长江流域的碳汇研究表明，长江流域碳酸盐岩风化碳汇总量为 $9.14TgC \cdot a^{-1}$(张连凯 等，2016)，而基于 GEM-CO_2 计算得到的全国碳酸盐岩风化碳汇仅为 $7.45TgC \cdot a^{-1}$(邱冬生 等，2004)。岩石风化是受生态水文等多类因子共同交织驱动下的复合结果，因此在经验模型的推广使用上需要充分考虑其在本地的适用性和可靠性，并不能直接在大范围内套用，而需要充分结合当地的实际情况，充分考虑温度、植被等相关因素的影响(邱冬生 等，2004)。大量相关的研究对明确区域尺度、国家尺度乃至全球尺度的岩石风化碳汇做出了巨大贡献。正是在前人大量工作基础上，本书对 2000～2014 年我国石灰岩风化碳汇进行了基于像元的估算，并对其空间格局和演变过程进行了详细分析，本书的研究对明确区域及我国岩石风化碳汇状况及其在长时间尺度上的演变具有一定的科学意义；此外，对解决区域乃至全球碳收支不平衡问题也具有一定的参考价值。

表 2-2　不同尺度碳酸盐岩风化碳汇对比

<table>
<tr><th>区域</th><th>碳酸盐岩风化碳汇总量/($TgC \cdot a^{-1}$)</th><th>碳酸盐岩面积/万 km^2</th><th>CSF/($tC \cdot km^{-2} \cdot a^{-1}$)</th><th>本书研究碳酸盐岩面积/万 km^2</th><th>本书研究碳酸盐岩 CSF/($tC \cdot km^{-2} \cdot a^{-1}$)</th></tr>
<tr><td>黄河流域（李晶莹和张经，2003）[a]</td><td>1.06</td><td>18.47</td><td>5.74</td><td>4.73</td><td>2.65</td></tr>
<tr><td>长江流域（张连凯 等，2016）[b]</td><td>9.14</td><td>81.08</td><td>11.27</td><td>43.73</td><td>10.07</td></tr>
<tr><td>珠江流域（曹建华 等，2011）</td><td>1.85</td><td>15.84</td><td>11.68</td><td rowspan="2">11.86</td><td rowspan="2">12.17</td></tr>
<tr><td>珠江流域（覃小群 等，2013）</td><td>2.16</td><td>17.49</td><td>12.35</td></tr>
<tr><td>中国（GEM-CO_2 模型）（邱冬生 等，2004）</td><td>7.45</td><td>99.49</td><td>7.49</td><td rowspan="5">226.59</td><td rowspan="5">5.02</td></tr>
<tr><td>中国（水化学-径流方法）（Liu and Zhao，2000）</td><td>17.94</td><td rowspan="3">344.00</td><td>5.22</td></tr>
<tr><td>中国（岩石试片）（Liu and Zhao，2000）</td><td>17.54</td><td>5.10</td></tr>
<tr><td>中国（DBL 模型）（Liu and Zhao，2000）</td><td>64.20</td><td>18.66</td></tr>
<tr><td>中国（刘再华和 Dreybrodt，2012）</td><td>36.00</td><td>346.30</td><td>10.40</td></tr>
</table>

a. 该研究给出了黄河流域碳酸盐岩与硅酸盐岩风化碳汇总量为 $108 \times 10^9 mol \cdot a^{-1}$，碳酸盐岩风化作用消耗的量占 81.8%，硅酸盐岩风化作用消耗的量占 18.2%，因此其碳酸盐岩风化碳汇总量为 $1.06TgC \cdot a^{-1}$，该研究利用流域面积（75 万 km^2）计算得到碳酸盐岩 CSF 为 $1.41tC \cdot km^{-2} \cdot a^{-1}$，结合中国地质图，黄河流域碳酸盐岩面积约为 18.47 万 km^2，因此，其碳酸盐岩 CSF 约为 $5.74tC \cdot km^{-2} \cdot a^{-1}$；

b. 该研究给出长江大通水文站监测的长江流域（170 万 km^2）不考虑硫酸影响时，以流域面积统计碳酸盐岩风化过程中 CO_2 消耗量为 $448.04 \times 10^3 mol \cdot km^{-2} \cdot a^{-1}$，得到其碳酸盐岩风化碳汇总量为 $9.14TgC \cdot a^{-1}$，根据中国地质图统计得到的长江流域碳酸盐岩面积为 81.08 万 km^2，其碳酸盐岩 CSF 约为 $11.27tC \cdot km^{-2} \cdot a^{-1}$；

c. 本书研究中的碳酸盐岩面积为参与计算的碳酸盐岩面积，特别地，针对流域尺度的计算过程中排除了径流深为负值的区域影响，在全国尺度，本书假设径流深为负值的区域其风化碳汇总量为零，对应通量为总量除以参与计算面积的结果。

第3章　西南喀斯特风化碳汇对气候变化及生态修复的响应

陆地岩石化学风化是由多个因素影响的复杂过程，该过程不单单受气候变化、水文变化、岩性组成、土壤水分、植被覆盖、人类活动等因素独立的影响，而是这些因子共同交织驱动下的复合结果(Beaulieu et al.，2012)。其中，人类活动因素对风化碳汇的影响机制还有待探究，目前相关研究也主要集中在土地利用变化对岩石风化过程的影响方面(Zeng Q et al.，2017；Zeng et al.，2016；Zhang，2011；Raymond et al.，2008)。此外，大量研究也对影响岩石风化的自然因素，如出露岩性(Suchet et al.，2003；Martin，2016；Hartmann，2009)、降水量(Zhu et al.，2013)、温度(Catalan et al.，2014)以及植被覆盖度(Roelandt et al.，2010；Moulton，2000)等与岩石风化碳汇的关系进行了一定分析。不可否认，岩石化学风化碳汇与许多因素有着密切的关联，如气候变化(Gaillardet et al.，1999；François and Godderis，1998)、出露岩性(李汇文　等，2019)、土壤类型、土壤质地及含水层温度(White and Blum，1995)、植被覆盖(Roelandt et al.，2010；Moulton，2000)、土地利用(Zeng Q et al.，2017)等。针对典型的喀斯特区域，如中国南方喀斯特分布面积最大的槽谷区，长期以来，由于高强度的人类活动影响以及该地区独特的地质构造背景，以石漠化为特征的土地退化严重，使得槽谷区形成了“老、少、边、山、穷”的社会特征(蒋勇军　等，2016)。强烈的人类活动显著地改变了自然生态系统结构，其中以土地覆被的改变最为典型。而生态系统结构的变化会通过复杂的机制影响全球气候变化，全球气候变化反过来又会对人类赖以生存的生态环境产生影响。其中，气候变化对陆地生态系统碳循环的影响是最受关注的问题之一(White et al.，1999；Zhu et al.，2018；Bonan，2008)。相关研究为明确陆地碳循环系统中植被碳汇对气候变化的响应特征提供了非常重要的结论和极具参考价值的研究思路。近年来，随着岩石圈地球化学过程相关研究的逐步深入以及碳循环系统中岩石风化碳汇的重要性被发掘，也有学者对岩石风化碳汇过程对气候变化的响应开展了研究(Beaulieu et al.，2012；Zeng et al.，2016)。这些研究为探究碳酸盐岩风化碳汇对气候变化的响应提供了切入点。21 世纪以来，气候的快速变化使得陆地生态系统碳循环过程变得愈加难以评估及预测，因此，开展气候变化对典型喀斯特区域碳酸盐岩风化碳汇过程的影响评估就变得十分紧迫。另外，为保护环境及修复由于人类活动破坏而严重退化的生态系统，自 20 世纪 70 年代后期开始，中国陆续实施了一系列生态修复工程，如三北防护林项目、长江及珠江流域防护林体系工程、天然林保护工程、退耕还林还草工程、京津风沙源治理工程等(Lu et al.，2018；Yin and Yin，2010；Zhang et al.，2016)。喀斯特槽谷区是退耕还林还草工程、石漠化综合治理工程及天然林保护工程的重点实施区域，其中以退耕还林还草工程及石漠化综合治理工程最为集中和典型(蒋勇军等，2016；Lu et al.，2018；Tong et al.，

2018）。大量研究证实，这些大规模生态保护及修复工程能够通过造林和退耕还林等再造林途径显著地改善工程实施区域的植被覆盖情况，随着植被覆盖情况的有效改善，区域的植被碳储量也相应增加（Fang et al.，2001，2014）。同时，区域多种类型的生态系统服务功能也得以大幅度提升（Ouyang et al.，2016）。近年的研究也对我国生态修复工程的效果进行了评估，发现中国和印度是引导世界绿化率增长的主要贡献者，不同于印度由于农业的推进，农业种植面积扩大，使得绿叶植被增加，中国则是由于森林面积的显著增加，这正是得益于我国近几十年来多项生态修复工程的实施（Chen et al.，2019）。不仅如此，针对我国喀斯特地区的研究表明，西南喀斯特地区是世界上植被覆盖显著增加的热点区域之一（Brandt et al.，2018）。

碳酸盐岩风化碳汇对全球变化及生态系统的演化非常敏感（Beaulieu et al.，2012；Liu and Dreybrodt，2015）。生态修复工程会增加区域的植被覆盖情况，也对区域的植被碳汇具有促进作用，然而在喀斯特区域，生态修复对碳酸盐岩风化碳汇的具体影响还缺乏系统的评估。气候变化及生态修复对碳酸盐岩风化碳汇的复合影响机制还未被系统地探讨，这也是当前喀斯特生态系统碳循环及气候变化研究领域的一个重要任务。

本章针对我国西南典型的喀斯特槽谷，定量评估气候变化及生态修复因子对槽谷碳汇通量的贡献率；为辨析不同气候、水文及生态背景下的区域碳汇演变机制，将槽谷与黄土高原及珠江流域进行对比探讨。

3.1　气候及水文变化特征

空间分布上，槽谷年均温为 11.54～18.83℃，呈现东北向西南的一条低温带及东部和西部气温较高的状态，这一条低温带正处于三峡库区生态功能保护区内，是我国典型的水土保持生态功能保护区（图 3-1）。槽谷的降水空间分布呈现出由西北向东南逐级增加的趋势，年均降水量为 694.43～1456.85mm，槽谷内最小年降水量约为最大降水量的一半（47.67%）。槽谷蒸散发量为 545.38～880.58mm，空间上高值区分布于东北部，呈现出由北向南逐级递减的趋势。

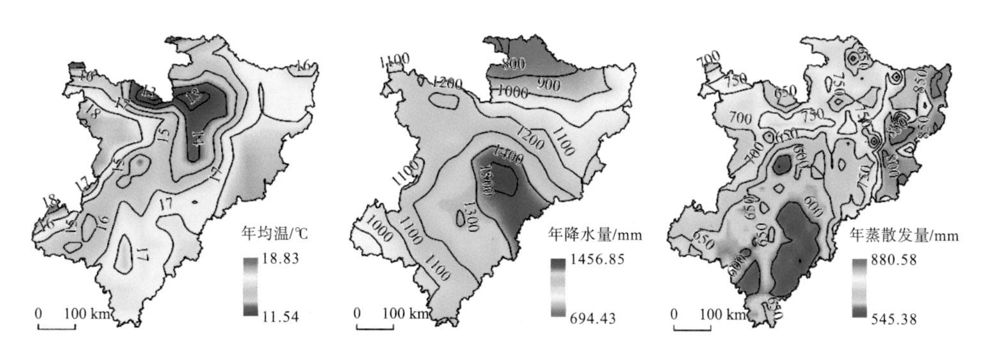

图 3-1　喀斯特槽谷气候水文空间分布特征

在时间演变上，槽谷年均温整体上呈现出升温的趋势(图 3-2)、1992～1999 年，年均温显著升高，2000 年以后槽谷的升温现象得到缓解，2000 年以前的升温速率(0.25℃·a^{-1})是 2000 年以后升温速率(0.03℃·a^{-1})的 8.3 倍。2007(16.55℃)～2012 年(15.51℃)，槽谷的年均温基本呈现出持续降低的趋势，其降温速率达 0.17℃·a^{-1}。槽谷最高年均温出现在 2013 年，约为 16.87℃。与温度变化类似，在研究期间，槽谷的年降水量整体上也呈现出增加的趋势，但其年际波动较大。1992～1999 年槽谷年降水量显著增加，其增长速率约为 31.58mm·a^{-1}，进入 21 世纪后，年降水量增长速率放缓，仅为 6.23mm·a^{-1}。此外，2000～2011 年，槽谷年降水量呈减少的趋势，其减少速率约为 4.22mm·a^{-1}，且年际波动较大。2011 年以后，槽谷年均降水量开始呈现出持续增加的趋势，其增加速率达 57.3mm·a^{-1}。1992～1999 年槽谷年蒸散发量呈现出增加的趋势，其增加速率约为 3.07mm·a^{-1}。相反地，进入 21 世纪以后，年蒸散发量则呈现出减少的趋势，其减少速率约为 0.54mm·a^{-1}。值得注意的是，2003～2006 年，年蒸散发量呈现出显著的增加趋势，其增长速率达 43.61mm·a^{-1}，其后整体上表现出减少的趋势，减少速率约为 4.9mm·a^{-1}。研究期间，年蒸散发量最大值出现在 2006 年(783mm)。

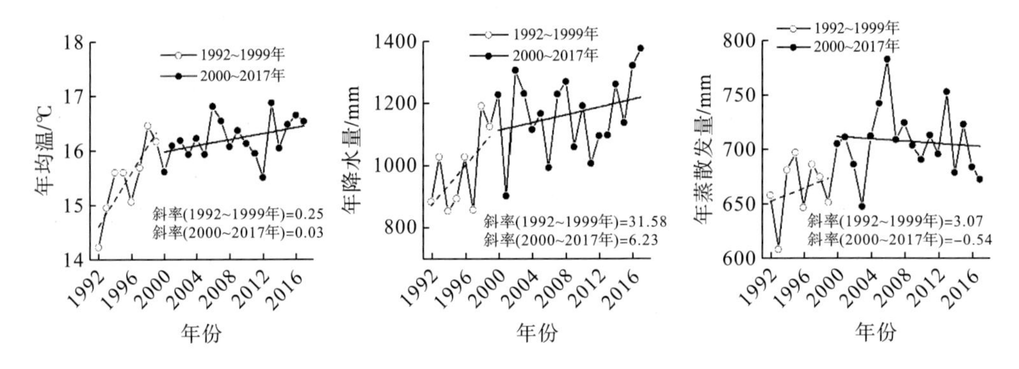

图 3-2 喀斯特槽谷气候水文时间演变特征

3.2 生态修复评价

为充分评价研究区生态模式演变情况，本书利用植被覆盖度(FVC)和土地利用变化两个指标进行评价。图 3-3 展示了槽谷在 1992～2004 年及 2005～2017 年两个时间段的年均 FVC 空间分布特征，第一个时期(1992～2004 年)槽谷年均 FVC 约为 0.43，而第二个时期(2005～2017 年)槽谷年均 FVC 约为 0.49，年均 FVC 从第一个时期到第二个时期增加了约 13.95%。空间上，2005 年之后槽谷植被覆盖情况较 2005 年之前有了非常明显的好转，特别是在槽谷北部湖北省与河南省交界地区、中部的长江两岸(特别是流经重庆的区域)以及南部贵州省与重庆和湖南省交界区域，植被覆盖情况有了大幅改善。第一个时期，FVC 为 0.40～0.45 的区域面积最大，其面积占比达 34.74%；其次是 FVC 为 0.45～0.50 的区域，其面积占比约为 31.07%。第二个时期，FVC 为 0.50～0.55 的区域最大，其面积占比约为 36%，其次为 FVC 在 0.45～0.50 的区域，其面积占比约为 32.66%。根据 FVC＞0.40 分布区域的面积占比情况看，第一个时期其占比约为 75.29%，第二个时期其占比达 92.81%；

对于 FVC＞0.45 分布区域的面积占比，第一个时期仅为 40.55%，而第二个时期达 78.77%。

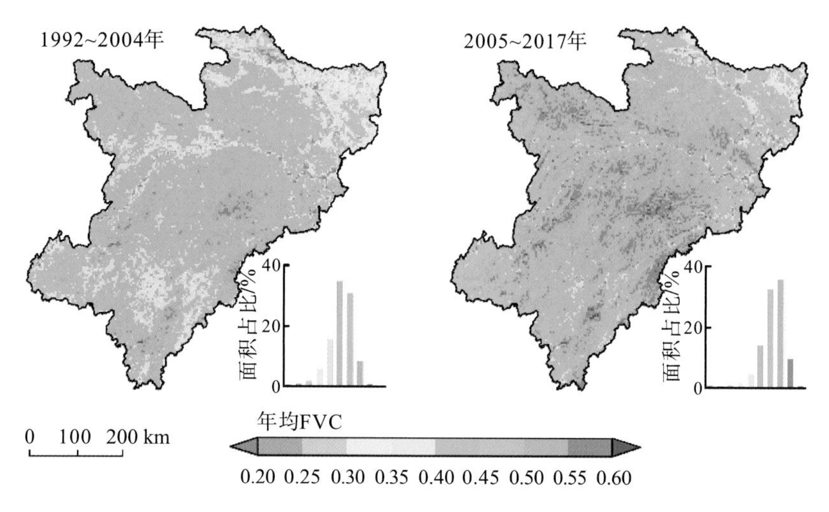

图 3-3　槽谷 1992～2004 年及 2005～2017 年年均 FVC 空间分布

研究期内，槽谷的植被覆盖情况改善显著(图 3-4)。1992～1999 年，槽谷年均 FVC 呈现出轻微增加的趋势，其增长速率约为 $0.0013a^{-1}$，进入 21 世纪以后，槽谷植被覆盖度呈现出显著改善的趋势，其增长速率达 $0.0051a^{-1}$，是 21 世纪前增长速率的 3.92 倍。值得注意的是，1992～2001 年槽谷年均 FVC 呈现出了轻微降低的趋势，其原因在于槽谷区域主要的生态修复工程退耕还林工程及河流防护林工程第二期是 2000～2001 年才开始正式启动(Lu et al.，2018)，因此 2001 年以后，槽谷 FVC 呈现出显著的持续上升趋势。

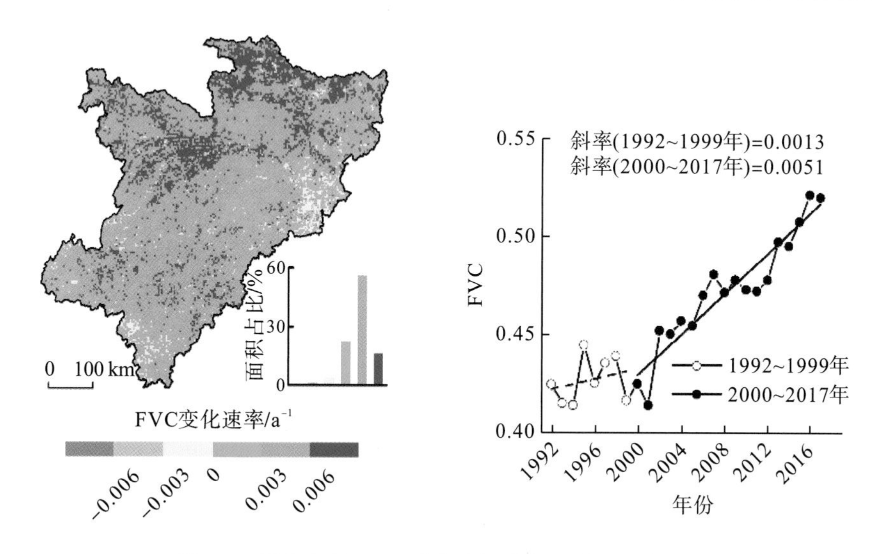

图 3-4　槽谷年均 FVC 演变空间分布及整体演变趋势

虽然槽谷整体上植被覆盖状况呈现好转的趋势，但在空间上并不尽如此。利用基于像元尺度的趋势分析方法，本书对槽谷的FVC进行了空间化的演变特征分析(图3-4)。结果显示，槽谷FVC增加区域的面积占比达95.07%，其中FVC增加速率为0.003～0.006a^{-1}的区域面积占比最大，超过了研究区面积的一半(56.15%)。在空间上，FVC增加最快的区域主要分布在重庆东北部长江沿岸以及湖北省西北部，其主要原因在于重庆东北部是我国三峡库区生态功能保护区，而湖北省西北部拥有南水北调中线工程水源区生态功能保护区以及与陕西省交界带的秦岭山地生态功能保护区，此外，这些区域也是退耕还林还草工程、天然林保护工程的重点实施区域(Lu et al.，2018)。因而上述区域为槽谷的生态修复贡献了最主要的动力。不能忽视的是，研究区内4.93%的区域其植被覆盖面积在减少，从空间上看，FVC减少的区域主要分布在槽谷东部湖南省与湖北省交界的区域以及研究区南部贵州省内的部分区域。FVC减少的区域基本都位于建设用地，这些区域生态系统本就十分脆弱，随着城市化的快速发展，其他生态系统类型向建设用地转换，导致这部分区域植被覆盖情况进一步恶化。但不可否认的是，随着我国对生态环境保护力度的加大，在一系列生态修复及保护工程的大力实施下，槽谷的生态环境得到了显著的改善。

植被覆盖度的改善是生态修复最直观的体现，但土地覆被的转换更能体现生态系统结构内部的复杂性及多元化。空间上，槽谷各年生态模式分布格局基本一致，林地面积占比最大，超过研究区面积的一半，主要分布在槽谷中部。其次是耕地，约占槽谷面积的1/3，主要分布在湖北省、湖南省及重庆市和四川省交界处。再次为草地，其面积占比约为9.5%，主要分布在重庆市及四川省(图3-5)。

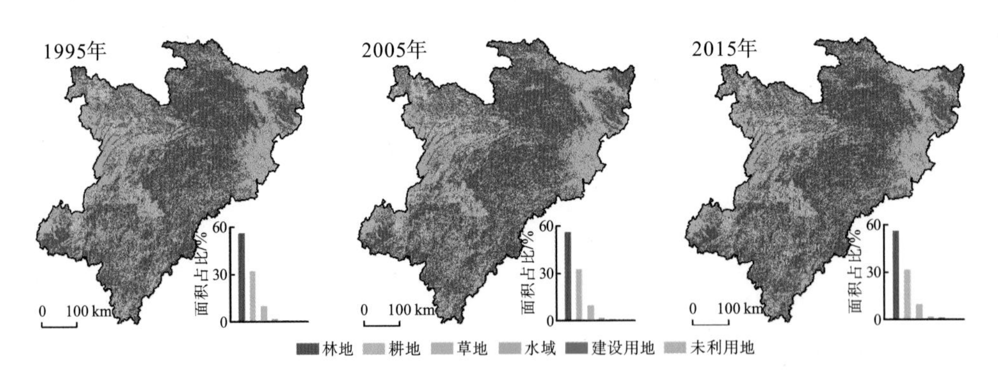

图3-5　槽谷1995年、2005年及2015年土地利用类型分布

1995～2005年林地、草地及未利用地面积减少，而水域、耕地及建设用地面积有所增加(表3-1)。其中草地面积减少最多，约为893km^2，减少率约为3.50%，除去27.86%的草地转换为了林地外，有6199km^2(24.27%)的草地转换为了耕地。林地减少了394km^2，其中17.66%的林地转换为了耕地，虽然耕地中有30.44%转换为了林地，但是其转换面积小于林地转换面积，因此这段时期，林地面积减少，而耕地面积有所增加，且在所有土地利用类型中，耕地面积增加最大，达1085km^2。此外，建设用地面积的增长率最高，达4.96%。因此，总体而言，1995～2005年，槽谷的生态系统还处于轻微的退化阶段。虽然耕地总体面积有所增加，但是我国实施的一系列生态修复及保护措施，特别是退耕还林还

草工程，使得耕地已经向林地、草地、水域等生态模式转换。虽然工程实施时间还不长，但是土地利用变化中耕地向林地和草地的转移量已是耕地转换过程中占比最大的，说明生态保护及修复工程成效较为显著。

表 3-1　槽谷 1995～2005 年土地利用转移矩阵　（单位：km²）

土地利用类型	林地	草地	水域	耕地	建设用地	未利用地	1995 年总面积
林地	111760	6734	816	25651	290	8	145259
草地	7118	12085	99	6199	44	1	25546
水域	731	93	2057	1364	126	12	4383
耕地	25002	5705	1405	48864	1140	13	82129
建设用地	244	35	108	1114	514	0	2015
未利用地	10	1	15	22	1	64	113
2005 年总面积	144865	24653	4500	83214	2115	98	259445
变化量	-394	-893	117	1085	100	-15	—
变化率/%	-0.27	-3.62	2.60	1.30	4.73	-15.31	—

2005～2015 年，由于生态修复工程进一步的强化以及城市化发展进程的加快，研究区林地、水域及建设用地面积呈现增加的趋势，而草地、耕地面积则呈现减少的趋势(表 3-2)。其中，建设用地面积增加最为显著，其增加率达 41.28%，是 1995～2005 年建设用地面积增加率(4.73%)的 8.73 倍，这充分体现了近 10 年来我国城市化进程的迅猛。在所有土地利用类型中，耕地面积减少最大，约为 1538 km²，其转移为林地、草地的面积占比依旧较大，分别为 33.97%及 7.31%。因此，总体而言，2005 年以来，随着生态修复及保护工程的进一步完善和加强，研究区的生态系统处于逐步改善的状态，同时城市化进程发展迅速。

表 3-2　槽谷 2005～2015 年土地利用转移矩阵　（单位：km²）

土地利用类型	林地	草地	水域	耕地	建设用地	未利用地	2005 年总面积
林地	105279	9582	1269	27812	905	18	144865
草地	9807	8576	169	5939	162	0	24653
水域	1147	124	801	2164	257	7	4500
耕地	28265	6080	2253	44625	1957	34	83214
建设用地	428	68	195	1104	317	3	2115
未利用地	15	2	9	32	4	36	98
2015 年总面积	144941	24432	4696	81676	3602	98	259445
变化量	76	-221	196	-1538	1487	0	—
变化率/%	0.05	-0.90	4.17	-1.88	41.28	0	—

3.3 碳酸盐岩风化碳汇时空演化动态

研究区 1992～2004 年与 2005～2017 年两个时期的碳酸盐岩 CSF 空间分布具有一定差异(图 3-6)。第一个时期(1992～2004 年)槽谷 CSF 均值约为 $8.57tC\cdot km^{-2}\cdot a^{-1}$，而第二个时期(2005～2017 年)槽谷 CSF 均值约为 $10.27tC\cdot km^{-2}\cdot a^{-1}$。空间分布上，第一个时期 CSF 的最大值约为 $14.92tC\cdot km^{-2}\cdot a^{-1}$，最小值约为 $0.75tC\cdot km^{-2}\cdot a^{-1}$，高值区域主要分布在槽谷中部湖南与湖北交界带以及重庆东南与贵州交界区域，低值区域主要分布在研究区北部湖北省与陕西省交界区域。第一个时期 CSF 为 $10\sim12tC\cdot km^{-2}\cdot a^{-1}$ 的区域面积最大，占比约为 27.09%，其次是 CSF 为 $8\sim10tC\cdot km^{-2}\cdot a^{-1}$ 的区域，其面积占比约为 26.25%。

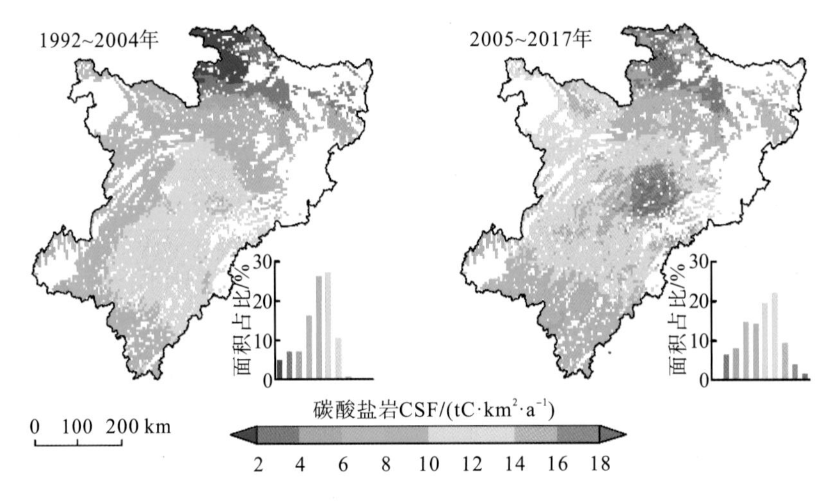

图 3-6 1992～2004 年及 2005～2017 年槽谷碳酸盐岩 CSF 空间分布格局

第二个时期 CSF 的最大值约为 $20.32tC\cdot km^{-2}\cdot a^{-1}$，最小值约为 $1.86tC\cdot km^{-2}\cdot a^{-1}$，与第一个时期类似的是，槽谷中部湖南省和湖北省交界带依旧是高值分布区，但其值域有了较大的提升，此外槽谷西北地区的四川和重庆交界区域的 CSF 相较于第一时期转换为了较高的水平。低值区域分布面积明显减少，主要分布于槽谷北方湖北与陕西交界区域，而槽谷南部贵州区域的 CSF 低值区域面积和强度都有增加。该时期内，CSF 为 $12\sim14tC\cdot km^{-2}\cdot a^{-1}$ 的区域面积最大，占比约为 22.12%；其次为 CSF 为 $10\sim12tC\cdot km^{-2}\cdot a^{-1}$ 的区域，其面积占比约为 19.54%；CSF 低于 $2tC\cdot km^{-2}\cdot a^{-1}$ 的区域面积占比(0.07%)很小，仅相当于第一个时期该等级 CSF 面积占比(4.83%)的 1.45%。第二个时期 CSF 大于 $10tC\cdot km^{-2}\cdot a^{-1}$ 的区域面积占比(56.29%)是第一个时期相应 CSF 区域面积占比(38.20%)的 1.47 倍。总体而言，槽谷的碳酸盐岩风化碳汇呈现增加的趋势，第二个时期年均 CSF 相较于第一个时期的年均 CSF 增长了 19.84%。

基于像元的趋势分析结果显示，槽谷 CSF 增加区域的面积占比约为 89.28%(图 3-7)，其中增长速率为 $0.1\sim0.3tC\cdot km^{-2}\cdot a^{-1}$ 的区域面积占比最大，达 46.08%，CSF 增长速率大于 $0.3tC\cdot km^{-2}\cdot a^{-1}$ 的区域面积占比约为 28.97%。在空间上，CSF 增加最明显的区域位于槽谷中部及槽谷西部重庆和四川交界的区域，CSF 减少的区域主要有 2 个，一个是槽谷南部贵州省境内，另一个是槽谷北部湖北省中部。该结果与李汇文等(2019)的研究结论类似。整体而言，槽谷的 CSF 处于增加的状态，研究期内其年均增长速率约为 $0.2\text{tC}\cdot\text{km}^{-2}\cdot\text{a}^{-1}$，但是不同时期其演变特征具有一定差异。1992～1999 年，槽谷 CSF 增长速率约为 $0.65\text{tC}\cdot\text{km}^{-2}\cdot\text{a}^{-1}$，而 21 世纪以后，槽谷 CSF 增长速率仅为 $0.19\text{tC}\cdot\text{km}^{-2}\cdot\text{a}^{-1}$(图 3-7)。研究期内 CSF 的年际波动较大，2002～2006 年，槽谷 CSF 整体上表现为显著减少的趋势，其减少速率达 $1.92\text{tC}\cdot\text{km}^{-2}\cdot\text{a}^{-1}$，这主要与该时期槽谷年均降水量显著减少导致的研究区水环境状态恶化有关，2002～2006 年槽谷降水量减少了 24.49%，其减少速率达 $69.23\text{mm}\cdot\text{a}^{-1}$。

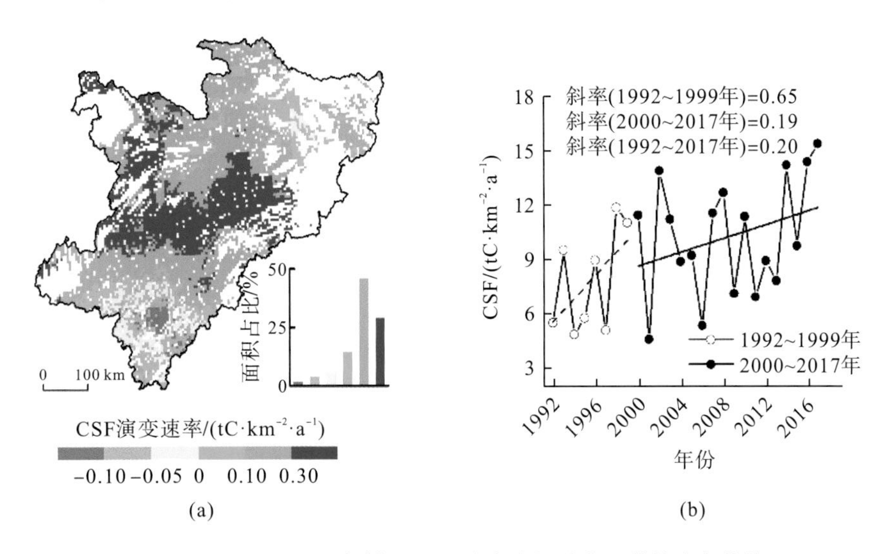

图 3-7　1992～2017 年槽谷 CSF 演变空间分布及整体演变趋势

3.4　气候变化及生态修复对槽谷风化碳汇的影响

研究期间，作者团队对研究区的气候、水文因子(温度、降水量、蒸散发量)及生态修复反馈因子(如 FVC)对碳酸盐岩化学风化的影响机制及其相对贡献率进行探讨。1992～2017 年槽谷喀斯特区域的碳酸盐岩风化碳汇及各因子均呈现增加的趋势。其中，CSF 增加速率为 $0.202\text{tC}\cdot\text{km}^{-2}\cdot\text{a}^{-1}$；降水量($P$)增加速率最大，约为 $12.005\text{mm}\cdot\text{a}^{-1}$；蒸散发量(ET)增长速率约为 $1.378\text{mm}\cdot\text{a}^{-1}$；温度($T$)和 FVC 增长较为缓慢，其增长速率分别为 $0.056℃\cdot\text{a}^{-1}$ 和 0.004a^{-1}(图 3-8)。

从演变趋势线上可见，CSF 演变曲线与降水量曲线走势大体一致，随着降水量的增减，CSF 呈现相同的增减趋势。相反地，CSF 演变特征与蒸散发演变具有相反的状态，随着蒸散发的增加，CSF 呈现减少的趋势。这一特征也体现在各因子与 CSF 的相关系数中，所有因子中，降水量与 CSF 的相关系数最高，达 0.968，其次是植被覆盖度，其与 CSF 的相关系数约为 0.478。随着槽谷区域生态系统的修复，在槽谷植被覆盖情况得到改善的同时，喀斯特地区的碳酸盐岩风化碳汇效应也得到了加强。蒸散发量和温度与 CSF 的相关系数

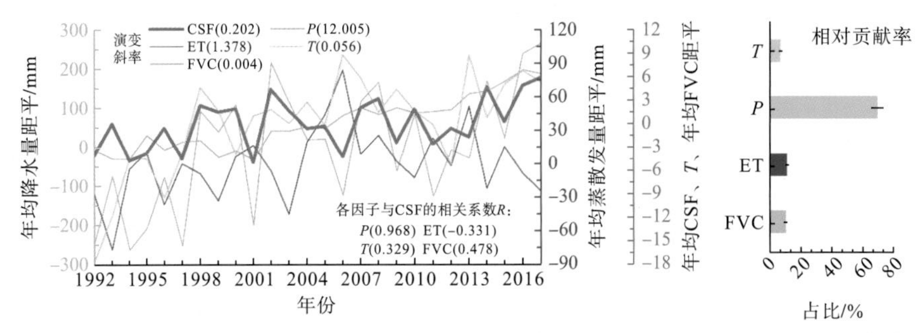

图 3-8　槽谷喀斯特区域降水量(P)、温度(T)、蒸散发量(ET)、FVC 和 CSF 的演变特征及各因子对 CSF 影响的相对贡献率

量级相当，但是蒸散发量与 CSF 呈负相关关系，其相关系数为-0.331；温度与 CSF 呈正相关关系，其相关系数约为 0.329。由林德曼-梅伦达-戈尔德(Lindeman-Merenda-Gold，LMG)模型计算得到的各因子对槽谷喀斯特 CSF 的相对贡献率结果(图 3-8)可知，降水量对 CSF 的贡献最大，其贡献率占 70.36%，与相关性不同的是，贡献率第二大的因子是蒸散发量，其贡献率比 FVC 的贡献率略大，约为 11.72%，FVC 对 CSF 的贡献率为 10.63%，温度对 CSF 的贡献率为 7.29%。总体而言，研究区内的碳酸盐岩风化碳汇受气候变化因素(降水量、蒸散发量、温度)及生态修复两方面的影响。其中，降水量、温度及植被覆盖度(FVC)对 CSF 有正面影响，蒸散发量对 CSF 有负面影响，并且降水量对研究区 CSF 的贡献率最大。

3.5　与中国两个典型生态系统的对比

槽谷是长江流域中部重要的组成部分，是长江下游营养物质的重要输入源，是我国中亚热带季风性气候的典型区域；黄土高原位于黄河流域，是北方干旱生态及气候系统的代表区域；珠江流域是我国南方温暖湿润的气候及生态系统代表，这三个区域均是我国多种生态功能保护工程的重点实施区域。对槽谷和我国两个重要生态系统的碳酸盐岩风化碳汇差异及其对气候变化和生态修复的响应异同进行探讨，对辨析不同气候、水文及生态背景下区域碳汇的演变机制具有重要意义。因此，本书对槽谷、黄土高原及珠江流域的碳酸盐岩风化碳汇及其对气候变化和生态修复反馈因子 FVC 的响应关系进行对比研究(图 3-9～图 3-12)。

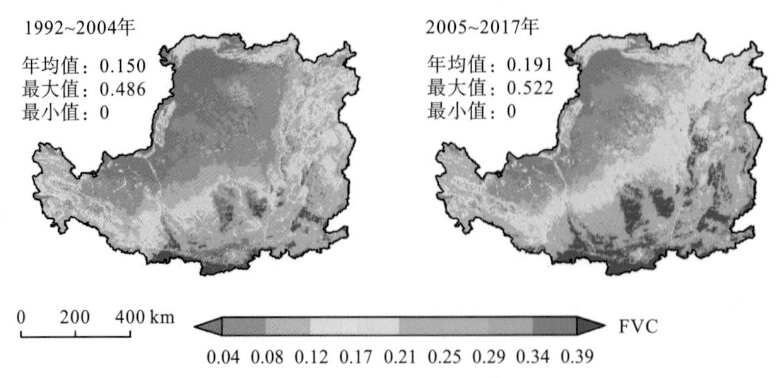

图 3-9　黄土高原 1992～2004 年及 2005～2017 年两个时期年均 FVC 分布情况

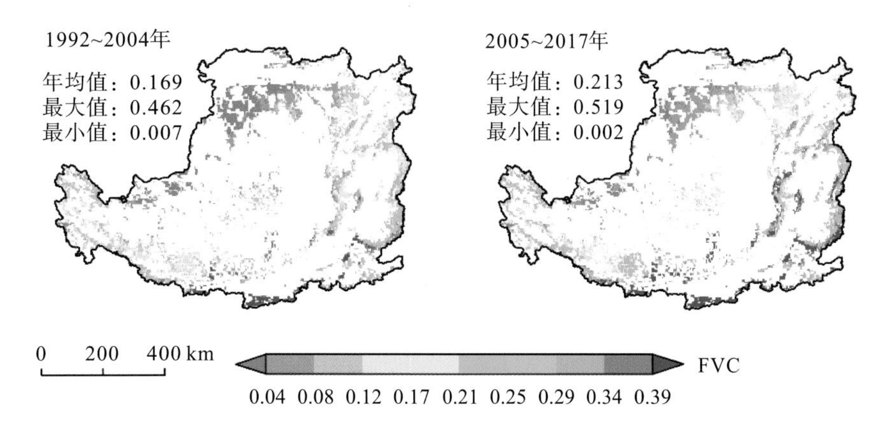

图 3-10　黄土高原喀斯特区域 1992～2004 年及 2005～2017 年两个时期年均 FVC 分布情况

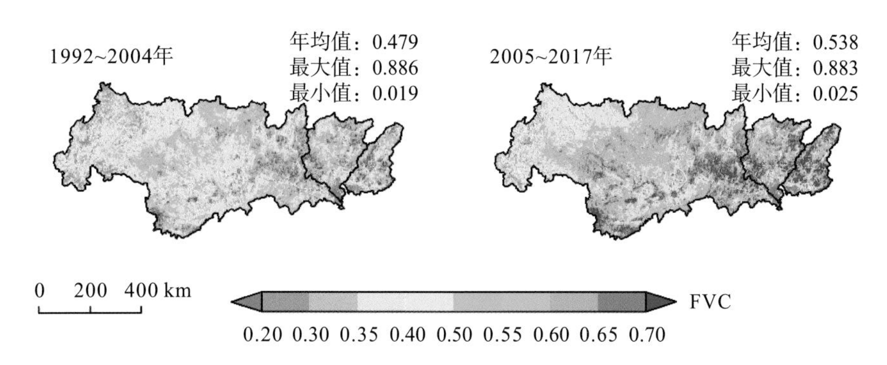

图 3-11　珠江流域 1992～2004 年及 2005～2017 年两个时期年均 FVC 分布情况

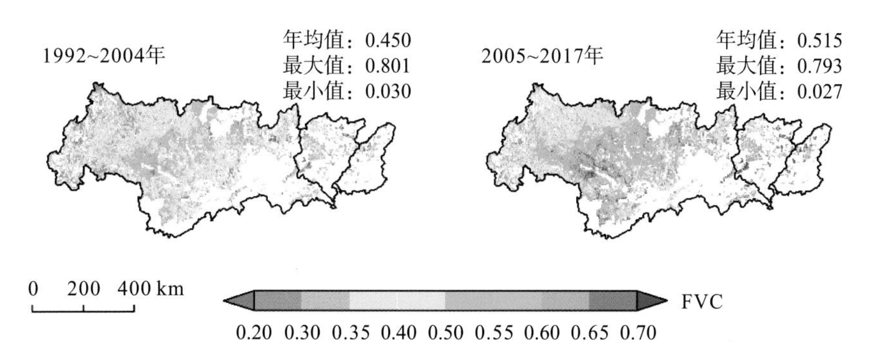

图 3-12　珠江流域喀斯特区域 1992～2004 年及 2005～2017 年两个时期年均 FVC 分布

对于气候及水文变化，从 3 个区域碳酸盐岩区域的年均降水量、年均蒸散发量及年均温的量级分布特征看，珠江流域和槽谷相较于黄土高原都处于较高水平(图 3-13)，黄土高原碳酸盐岩区域年均降水量约为 421.64mm，槽谷及珠江流域碳酸盐岩区域年均降水量分别为 1141.72mm 及 1315.95mm；黄土高原年均蒸散发量约为 410.96mm，槽谷及珠江流域碳酸盐岩区域年均蒸散发量分别为 671.76mm 及 734.01mm；对于年均温，黄土高原、槽谷及珠江流域的年均温分别为 8.13℃、15.76℃及 19.54℃。研究期内，3 个研究区的气候及水文参数均处于增加的趋势，对于年均降水量，槽谷增速最大，约为 $12\text{mm}\cdot\text{a}^{-1}$，珠江流域及黄土高原年均降水量的增加速率分别为 $8.51\text{mm}\cdot\text{a}^{-1}$ 及 $4.53\text{mm}\cdot\text{a}^{-1}$，但黄土高原的年际波动相对其他两个研究区更小；对于年均蒸散发量，珠江流域增速最大，约为5.79mm·a^{-1}，黄土高原及槽谷的增速分别为3.93mm·a^{-1}及1.38mm·a^{-1}，与其他两个研究区不同的是，2006年之后，槽谷蒸散发量呈减少的趋势，而其他两个研究区依旧呈上升的趋势；对于年均温，虽然3个研究区年均温量级差异明显，但是整体的增加速率相近，槽谷年均温增速略高，约为0.06℃·a^{-1}，黄土高原及珠江流域年均温增速均为0.04℃·a^{-1}。

生态修复方面，研究期间，3个研究区的植被覆盖情况都有明显好转(图3-13)。在碳酸盐岩区域的FVC量级上，珠江流域与槽谷均处于较高水平，其年均FVC分别为0.48和0.46，而黄土高原年均FVC仅为0.19。珠江流域FVC增速最大，约为0.005a^{-1}，槽谷次之，约为0.004a^{-1}；虽然黄土高原年均FVC不高，但是其FVC增速也达0.003a^{-1}。从FVC的演变趋势中可以看出，约在2000年以后，3个研究区的FVC均呈现显著上升的趋势，1992～1999年，槽谷及黄土高原的FVC增速均为0.001a^{-1}，但槽谷年均FVC波动加大，而珠江流域年均FVC呈减少的趋势，其减少速率达0.002a^{-1}；2000～2017年，黄土高原、槽谷及珠江流域年均FVC增速分别为0.004a^{-1}、0.005a^{-1}及0.007a^{-1}，分别是其整个研究期间FVC增速的1.33倍、1.25倍及1.40倍。

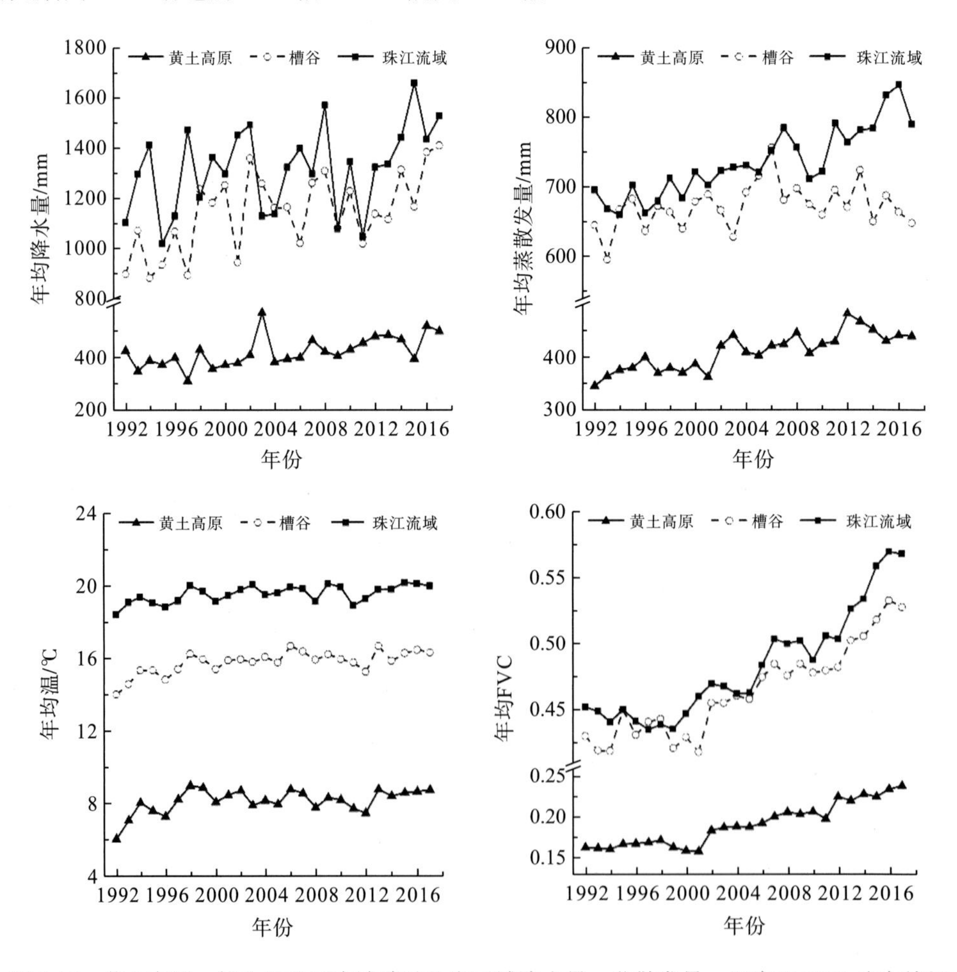

图3-13 黄土高原、槽谷及珠江流域碳酸盐岩区域降水量、蒸散发量、温度及FVC演变特征

对于槽谷及对比研究区碳酸盐岩 CSF，珠江流域 CSF 最大，约为 $10.34tC \cdot km^{-2} \cdot a^{-1}$；其次为槽谷，其 CSF 约为 $9.42tC \cdot km^{-2} \cdot a^{-1}$；黄土高原 CSF 相对较低，约为 $1.44tC \cdot km^{-2} \cdot a^{-1}$。整体而言，研究期间，3 个研究区 CSF 都表现为增加趋势(图 3-14)，槽谷增速最大，达 $0.20tC \cdot km^{-2} \cdot a^{-1}$，珠江流域与黄土高原 CSF 的增速相对较低，分别为 $0.07tC \cdot km^{-2} \cdot a^{-1}$ 和 $0.05tC \cdot km^{-2} \cdot a^{-1}$，但槽谷和珠江流域 CSF 相较于黄土高原存在更加显著的年际波动。值得注意的是，2008～2011 年，槽谷及珠江流域 CSF 都存在一个显著的减少趋势，并于 2011 年达到一个低谷，其后呈现显著增加的趋势。2011～2017 年，槽谷和珠江流域 CSF 增速分别为 $1.37tC \cdot km^{-2} \cdot a^{-1}$ 和 $1.74tC \cdot km^{-2} \cdot a^{-1}$，而黄土高原 CSF 则处于轻微减少的趋势，其减少速率约为 $0.15tC \cdot km^{-2} \cdot a^{-1}$。

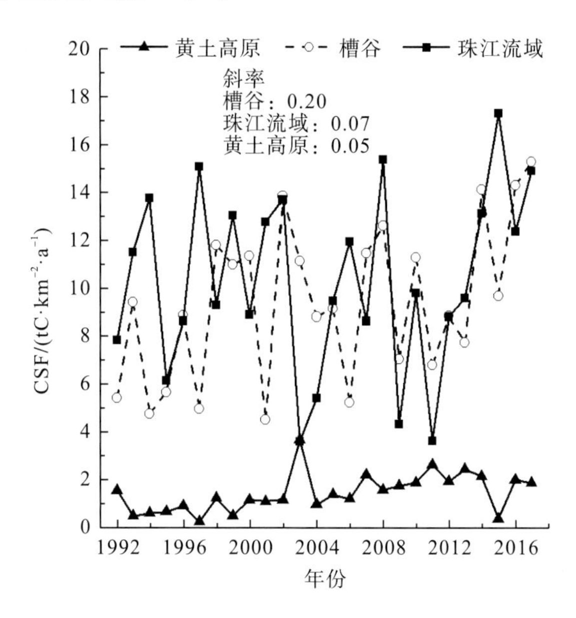

图 3-14　槽谷及对比研究区碳酸盐岩风化碳汇通量演变特征

整体而言，3 个研究区 CSF 均在一定程度上受气候变化及植被恢复的影响，其中降水量与区域 CSF 的相关性最高(表 3-3)。其中，槽谷 CSF 与降水量的相关系数是 3 个研究区中最高的，达 0.97。从较为干旱的黄土高原到较为湿润温暖的珠江流域，降水量与 CSF 的相关系数总体呈增加的趋势。从干旱区到湿润区蒸散发量与 CSF 的相关性总体呈减少的趋势。值得注意的是，槽谷 CSF 与蒸散发量的相关系数绝对值的量级虽然处于另外两个研究区之间，但是槽谷蒸散发与 CSF 的相关系数为负值，呈现出明显的负相关关系，而另外两个研究区对应的相关系数均为正值，然而这并不能简单地认为在黄土高原与珠江流域蒸散发与 CSF 呈正相关关系，即蒸散发量的增加会导致该区域 CSF 的增加。

碳酸盐岩风化过程与区域的水环境状况息息相关，在其他环境条件一定的情况下，水环境越丰盈，风化过程越活跃，相应的 CSF 会越高。因此，在判断蒸散发量与区域 CSF 的具体关系时，还需要根据其降水情况来综合判断。对于年均温，槽谷年均温与 CSF 的相关系数最高，达 0.33，珠江流域年均温与 CSF 的相关系数也显著地高于较为干旱的黄土高原。对于植被覆盖情况，从黄土高原到珠江流域可以明显看到 FVC 与 CSF 的相关性在减弱。

单纯从相关系数上可以大致看出，我国从北向南，干旱区域、半湿润区域及湿润区域影响 CSF 的因素及其贡献存在一定差异，通过 LMG 模型则能定量化地评价各个因子对各区域 CSF 影响的相对贡献率。结果显示，无论是干旱区还是湿润区，降水量都是影响碳酸盐岩风化碳汇最主要的影响因素，但是降水量在湿润区域的贡献率更显著；在干旱区蒸散发量的影响更加明显，越是湿润的区域，蒸散发量的贡献越低。

此外，温度对碳酸盐岩风化过程的影响相对较为复杂。对于温度过高的珠江流域，其年均温对 CSF 的贡献率较低，仅为 2.13%；对于年均温相对较低的黄土高原，其年均温对 CSF 的贡献率也偏低，仅为 1.12%，而温度适中的槽谷温度对 CSF 的贡献率相对最高，达 7.29%。

表 3-3 槽谷及对比研究区碳酸盐岩风化碳汇通量与各特征因子的相关性及各因子相对贡献率

区域	降水量		蒸散发量		年均温		FVC	
	相关系数	相对贡献率/%	相关性	相对贡献率/%	相关系数	相对贡献率/%	相关系数	相对贡献率/%
黄土高原	0.89	66.79	0.63	20.39	0.02	1.12	0.5	11.7
槽谷	0.97	70.36	−0.33	11.72	0.33	7.29	0.48	10.63
珠江流域	0.93	92.65	0.14	2.07	0.19	2.13	0.23	3.15

值得注意的是，人们常常认为植被恢复对岩石风化过程具有促进作用，这一点在本书的研究中也得到证明，3 个研究区 FVC 与 CSF 均呈正相关关系。但是在不同的气候背景下，FVC 的变化对区域 CSF 的贡献却有很大的不同，从较干旱的黄土高原到半湿润的槽谷，再到湿润温暖的珠江流域，FVC 对 CSF 的贡献呈降低的趋势。对于原本 FVC 较低的黄土高原区域，生态系统的修复能够显著地影响其碳酸盐岩风化碳汇过程，该区域 FVC 的贡献率达 11.7%。对于原本植被覆盖情况比较良好的珠江流域，其生态修复效果虽然更好(体现为 FVC 的增长速率)，但是其 FVC 对 CSF 的贡献率仅为 3.15%。而气候水文条件处于其他两个研究区之间的槽谷，其生态修复效果与珠江流域类似，也比黄土高原的生态修复效果更加显著，其 FVC 对 CSF 的贡献率虽显著地高于珠江流域，但还是略低于黄土高原。

第4章　世界主要流域碳酸盐岩风化碳汇评估与演变

目前，全球碳收支不平衡仍然是全球气候变化研究领域的难题(Peters，2018；Liu and Dreybrodt，2015；Zeng et al.，2019；Strefler et al.，2018；Maher and Chamberlain，2014)。很多研究已经表明大陆岩石风化(碳酸盐岩与硅酸盐岩)是陆地生态系统的重要碳汇，在全球海陆间碳循环中占据重要位置(Regnier et al.，2013)。碳酸盐岩风化碳汇的重要性在学界已经形成了广泛共识(Zeng et al.，2019)。根据2008～2017年全球碳收支相关研究统计(Quéré et al.，2018)，全球碳收支估算主要分为化石燃料与工业、土地利用、大气、海洋、陆地生态系统五个方面，人类活动排放的CO_2(包括化石燃料与工业和土地利用)大约43%保留在大气中，22%被海洋移除，29%被陆地生态系统移除，剩余的全球陆地不平衡碳汇总量达+0.5PgC·a^{-1}(图4-1)。全球碳收支处于不平衡的状态，精确估算陆地剩余碳汇来源进而平衡全球碳收支有助于认识人类活动对于全球气候变化的影响、支持制定气候政策和预测未来气候变化(WMO，2018)。因此，在全球变暖和极端气候事件频发的当下，精确估算碳酸盐岩风化碳汇尤为重要。

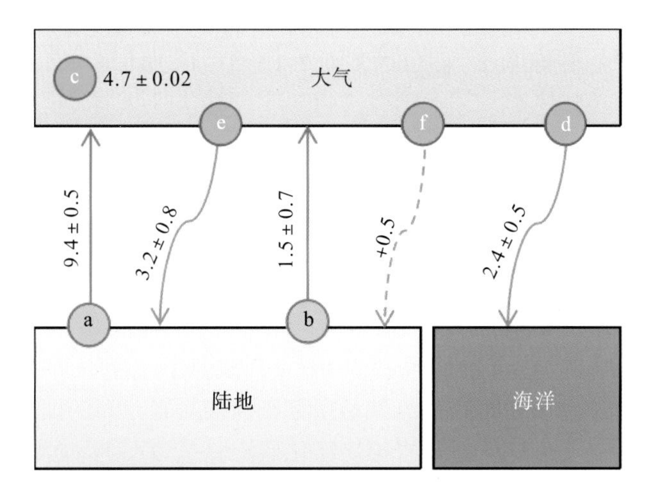

a. 化石燃料与工业排放；b. 土地利用变化排放；c. 大气增量；d. 海洋吸收；e. 陆地生态系统吸收；f. 碳不平衡量

图4-1　2008～2017年全球碳收支示意图(单位：PgC·a^{-1})

注：数据来源2018年全球碳收支报告(Quéré et al., 2018)。

目前，国内外许多学者已经对大陆岩石风化开展了研究并取得了显著成果。一般认为，全球岩石风化吸收的大气/土壤CO_2的估算值为0.23～0.29PgC·a^{-1}，岩石CSF均值约为1.9tC·km^{-2}·a^{-1}。全球碳酸盐岩风化的比例为49%～60%。全球碳酸盐岩面积约占全球陆地总面积的 15%(Ford and Williams，2007；Clifford and Williams，2015；Gombert，2002；袁道先，1997；曹建华 等，2017)。其中，碳酸盐岩出露的面积约占全球陆地总面积的13.4%($2.01\times10^7km^2$)(Amiotte et al.，2003)。现在多数研究已经表明了碳酸盐岩风化碳汇在大陆岩石风化碳汇中的重要性(刘再华，2012)。目前估算的全球碳酸盐岩风化碳汇总量为 0.15～0.70PgC·a^{-1}，占陆地碳汇的 7%～25%(Gaillardet et al.，1999；Zeng et al.，2019；Liu et al.，2010)。一些学者认为碳酸盐岩风化虽然在地质时间尺度上不产生净陆地碳汇(Arvidson et al.，2006；Berner et al.，1983)，但在千年尺度上影响碳在大气和海洋之间的分布(Berner and Berner，2012；Martin，2017)。碳酸盐岩风化速率较快，在所有岩石类型中其风化速率仅次于蒸发岩(Amiotte and Probst，1993a；Suchet and Probst，2003；Bluth and Kump，1994；Moosdorf et al.，2011)。计算碳酸盐岩风化碳汇的方法有很多，其中最为流行的方法是热力学溶蚀模型(最大潜在溶蚀法)(Gombert，2002)，最为经典的模型是水化学径流法(Liu and Zhao，2000；宋贤威 等，2016)，此外还有溶蚀试片等方法(Liu and Zhao，2000)。已经有学者运用并成功将热力学溶蚀模型计算到全球像元尺度，甚至预测了其未来的演变趋势(Martin，2017)。Li H W 等(2018，2019)和 Li Q(2020)基于热力学溶蚀模型对 2000～2014 年全球碳酸盐岩风化碳汇量进行了估算，之后修正了该模型并估算出中国石灰岩风化碳汇及其时空变化趋势。Zeng 等(2019)计算了 1950～2100 年两种碳排放情景下(RCP4.5 和 RCP8.5)的全球碳酸盐岩风化碳汇量级，并分析了碳酸盐岩风化对气候与土地利用变化的敏感性。水化学径流法的优势在于其估算方法相对简单，在较纯的碳酸盐岩流域可以较为快速地估算其 CSF。然而，受水文水化学监测数据样本的数量和质量的限制，目前该方法的运用仅仅停留在流域尺度层面，尚未推广到空间像元尺度。

本章基于水化学径流法估算全球主要河流的碳酸盐岩风化碳汇平均量级，并估算全球像元尺度的碳酸盐岩风化碳汇量级，同时分析该碳汇量在时间与空间上的变化规律。

4.1 全球主要流域的碳酸盐岩风化碳汇

本书基于水化学数据库对全球面积在 10 万 km^2 以上的流域进行筛选，最终选出 90 个大型流域，并基于全球喀斯特露头岩性分布图将这些流域划分成两类，分别命名为非喀斯特流域和喀斯特露头流域(李朝君 等，2019)。在本书中，非喀斯特流域指不存在碳酸盐岩露头分布的流域，而喀斯特露头流域是指存在碳酸盐岩分布的流域(图 4-2)。

本书估算出全球主要流域碳酸盐岩年均风化碳汇总量(T_{carb})为 0.12PgC·a^{-1}。从图 4-3 可以看出，主要流域 T_{carb} 在空间上具有显著的差异性，这主要是因为受不同流域径流量、温度和岩性等多种因素的影响(Gaillardet et al.，1999，2019)。从大洲分布上看，南美洲的 T_{carb} 最大值是亚马孙河流域(14.07TgC·a^{-1})，亚洲的 T_{carb} 最大值是长江流域(11.37TgC·a^{-1})，大洋洲的 T_{carb} 最大值是塞皮克河流域(8.63TgC·a^{-1})，北美洲的 T_{carb} 最大值是密西西比河流域(6.26TgC·a^{-1})；而 T_{carb} 最小值为北美洲的科罗拉多河流域以及非洲的尼罗河流域。此外，结合不同流域具体面积，估算出主要流域碳酸盐岩风化碳汇通量(F_{carb})，研究时段 F_{carb} 均值为 2.16tC·km^{-2}·a^{-1}。其中，F_{carb} 均值最大的两个流域分别是独龙江(伊洛瓦底江)流域($13.92tC \cdot km^{-2} \cdot a^{-1}$)与怒江(萨尔温江)流域($13.48tC \cdot km^{-2} \cdot a^{-1}$)；其次为大洋洲塞皮克河流域($10.97tC \cdot km^{-2} \cdot a^{-1}$)。东亚地区最主要的碳酸盐岩风化碳汇流域是珠江流域和长江流域，F_{carb} 分别为 $9.43tC \cdot km^{-2} \cdot a^{-1}$ 和 $6.27tC \cdot km^{-2} \cdot a^{-1}$。可以看出亚洲东南部为 F_{carb} 高值区，这与该区域喀斯特面积分布广且强烈发育密切相关。

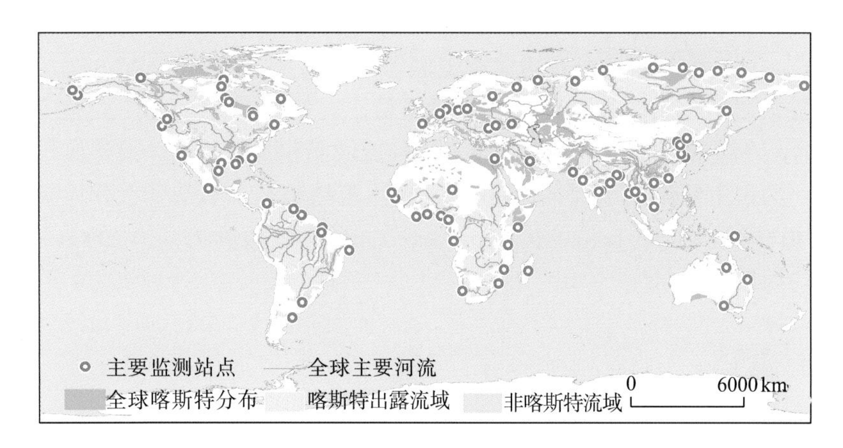

图 4-2　全球流域面积在 10 万 km^2 以上的流域及其出口监测站点汇编(李朝君 等，2019)

基于柯本气候分类(Peel et al.，2007)将主要流域分为五大类(热带、干旱带、暖温带、冷温带和极地带)。对于面积超过 10 万 km^2 的流域，其气候类型往往是多样的。为便于分析主要流域不同气候带的 F_{carb} 的气候带分布状况，选取其中气候类型面积占比最大的一类作为其主要的气候类型，以此为标准将主要流域划分为 18 种气候类型。在 5 种气候类型中，冷温带流域数量最多，占主要流域总数的 35.56%，它们主要分布于亚欧大陆北部和北美洲北部区域。这些区域主要是大陆性湿润气候和副极地气候。热带地区的流域量占主要流域总数的 22.22%，它们以热带干湿季气候类型为主，主要分布在南北回归线之间。然而，由于极地带的大陆面积相对较少，大型流域的分布相对稀疏(3.3%)。

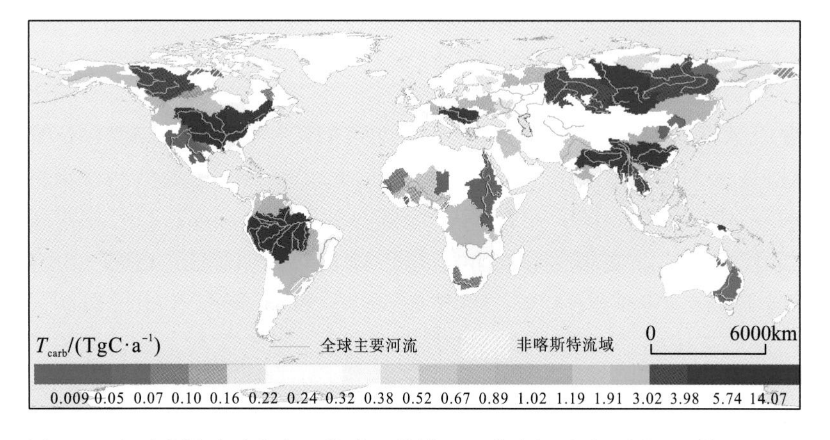

图 4-3　主要流域碳酸盐岩风化碳汇总量 T_{carb} 的空间分布(李朝君 等，2019)

本书主要分析了主要流域碳酸盐岩的 F_{carb} 和 T_{carb} 在不同气候带下的差异性。从图 4-4 可以看出，热带($3.71tC\cdot km^{-2}\cdot a^{-1}$)和暖温带($3.35tC\cdot km^{-2}\cdot a^{-1}$)的 F_{carb} 高于主要流域 F_{carb} 的平均值($2.16tC\cdot km^{-2}\cdot a^{-1}$)，而低于主要流域 F_{carb} 平均值的气候带为干旱带($0.54tC\cdot km^{-2}\cdot a^{-1}$)、冷温带($1.72tC\cdot km^{-2}\cdot a^{-1}$)和极地带($0.49tC\cdot km^{-2}\cdot a^{-1}$)。热带与暖温带地区的 F_{carb} 较大并且 T_{carb} 相对较高。热带年均 T_{carb} 为 43.55Tg C，暖温带年均 T_{carb} 约为 $29.79Tg\ C\cdot a^{-1}$，这两个气候带分别占主要流域年均 T_{carb} 的 37.38%和 25.57%。可以看出主要流域的碳酸盐岩风化主要发生在热带和暖温带，它们的 T_{carb} 之和占主要流域 T_{carb} 的 62.95%。然而，冷温带的大型流域相对较多并且流域面积相对较大，因此该气候带也具有较高的 T_{carb}，约占主要流域 T_{carb} 的 33.05%，仅次于热带。干旱带受水分控制溶蚀作用并不明显。此外，极地地区 F_{carb}($0.49tC\cdot km^{-2}\cdot a^{-1}$)与年均固碳量 T_{carb}($0.20TgC\cdot a^{-1}$)在所有气候类型中均为最低值。

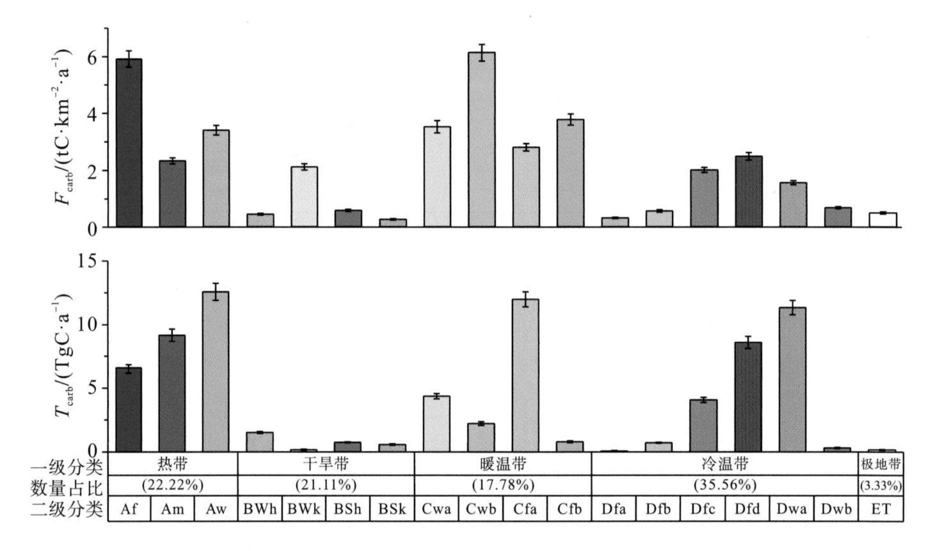

图 4-4 主要流域在不同气候带碳酸盐岩风化的 F_{carb} 与 T_{carb} 分布(李朝君等，2019)

注：Af. 热带雨林气候；Am. 热带季风气候；Aw. 热带干湿季气候；BWh, BWk. 沙漠气候；BSh，BSk. 半干旱气候；Cfa，Cwa. 副热带湿润气候；Cfb，Cwb. 海洋性气候；Dfa，Dwa，Dfb，Dwb.大陆性湿润气候；Dfc，Dfd. 副极地气候；ET.极地气候。

基于主要流域 F_{carb} 空间分布图及其经纬度分布(图 4-5)，本书发现存在 9 个重要的经纬度范围，这些地区都为 F_{carb} 高值区。从纬度上看，F_{carb} 高值区主要分布于低纬(8°S～3°S、18.5°N～30°N)及中纬地区(40°S～37.5°S、42°N～50.5°N)，形成 4 个相对明显的高值关键带。从经度上看，F_{carb} 高值区主要位于东半球(15°E～16°E、45°E～58.5°E、74°E～117.5°E)和西半球(165°W～116.5°W、93.5°W～52.5°W)，形成 5 个比较明显的关键带。这些关键带相交汇流域的碳酸盐岩固碳潜力相对较大。结合碳酸盐岩露头分布数据，亚马孙河流域、南美洲潘帕斯草原地区、刚果河流域、北美、加勒比海地区、亚洲东部、西伯利亚平原、欧洲西部以及东欧平原 9 个地区存在较大的 T_{carb}。

基于不同流域碳酸盐岩面积比例，将主要流域进行分级。喀斯特面积比例最高的流域是奥列内克河流域，该流域位于亚洲北部，占所在流域面积的 61.35%。其次是位于亚洲东部的珠江流域(49.40%)。主要喀斯特出露流域 F_{carb} 均值为 $2.32tC\cdot km^{-2}\cdot a^{-1}$，非喀斯特

流域的平均 F_{carb} 约为 $0.78tC \cdot km^{-2} \cdot a^{-1}$，由此可以得出喀斯特出露流域的平均 F_{carb} 约为非喀斯特流域平均 F_{carb} 的 3 倍。由于喀斯特流域中碳酸盐岩 F_{carb} 较高，且该种岩性的分布面积较广，因此主要流域的 T_{carb} 也主要来自喀斯特流域($0.11PgC \cdot a^{-1}$)，约占主要流域 T_{carb} 的 99%，该结果明显高于非喀斯特地区。

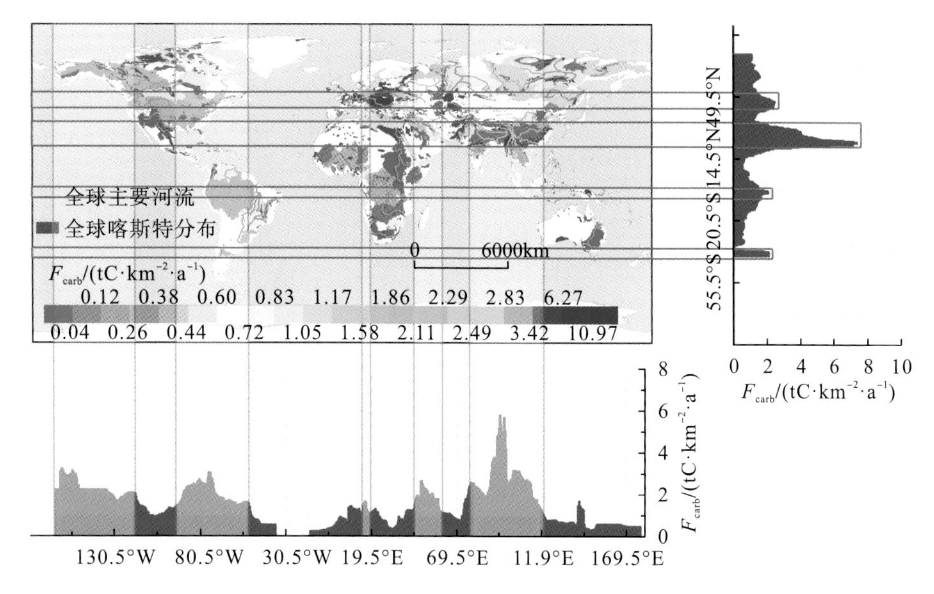

图 4-5　主要流域碳酸盐岩风化碳汇通量(F_{carb})的纬度分布(李朝君　等，2019)

总体上，全球主要流域的碳酸盐岩分布由于受径流深、岩性和温度等多种因素的影响，其在全球范围内分布具有明显的空间差异性，而且该估算结果仅能代表所在流域的碳酸盐岩风化碳汇的平均状况。同时，本书研究涉及的主要流域面积相对较大(大于 10 万 km^2)，不同流域岩性分布也存在明显的差异性。因此，为有效估算全球碳酸盐岩风化碳汇量级并揭示其时空演变特征，需要进一步反演像元尺度的碳酸盐岩化学风化碳汇。

4.2　径流深与碳酸氢根离子通量时空分布

为了将水化学径流法更加精确地运用于全球碳酸盐岩风化碳汇的估算，本书从全部实测 HCO_3^- 浓度数据中仅筛选落入碳酸盐岩分布区的样本数据(共计 648 个)。基于随机森林算法，结合 6 个主要环境因子[降水量 P、温度 T、蒸散发量 ET、径流深 Q、NDVI(归一化植被指数，normalized difference vegetation index)和土壤湿度 SM]模拟出 1992～2014 年碳酸盐岩分布区 HCO_3^- 的通量($F_{HCO_3^-}$)。同时鉴于随机森林算法计算过程中径流因子 Q 对 $F_{HCO_3^-}$ 模拟的重要作用，本书分析了 1992～2014 年全球碳酸盐岩地区 Q 的时空分布。结果发现，研究时段内径流深均值为 191.08mm，年均值范围为 0～4311.54mm，可以看出 Q 年均值的最大值与最小值相差三个数量级。从图 4-6(a)中可以看出，Q 的低值区主要分布于中亚、西亚以及非洲北部地区。从像元分布统计图可以看出 Q 值为 0～33.82mm 的占比最大，约为27.71%，该区间主要是Q低值分布区。本书研究发现，全球61.62%的碳酸盐岩地区的Q值低于152.17mm。此外，Q高值区(591.78～4311.54mm)集中分布于亚洲东南部、欧洲西部、北美洲东南部以及非洲中部地区，该高值区间像元分布面积占比约为5.99%。

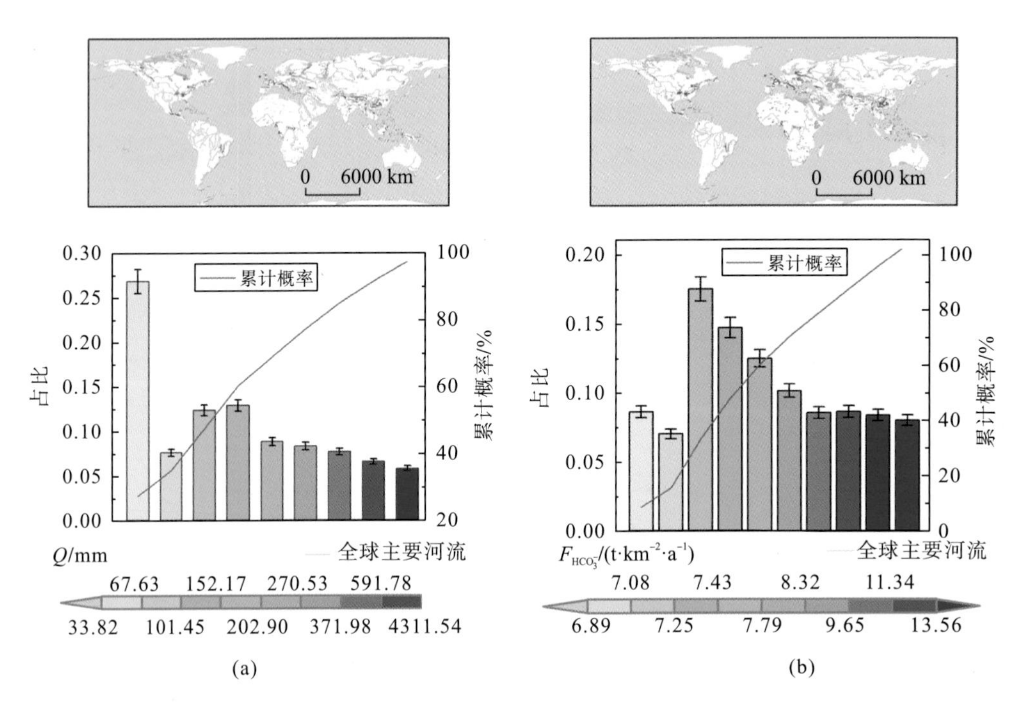

图4-6 碳酸盐岩地区径流深(Q)与HCO_3^-通量($F_{HCO_3^-}$)的空间分布

研究时段全球碳酸盐岩地区的$F_{HCO_3^-}$为5.83～28.47t·km^{-2}·a^{-1}，均值为8.81t·km^{-2}·a^{-1}[图4-6(b)]。$F_{HCO_3^-}$高值区主要位于北美洲东南部、欧洲西部和亚洲东南部，统计出的高值区(13.56～28.47t·km^{-2}·a^{-1})面积约占全球碳酸盐岩分布面积的7.66%。$F_{HCO_3^-}$低值区主要分布在亚洲中西伯利亚高原的南部以及北美洲哈得孙湾沿岸平原，该低值区面积约占全球碳酸盐岩分布面积的8.29%。此外，本书研究发现有超过一半的碳酸盐岩区域(52.82%)的$F_{HCO_3^-}$值为7.08～8.32t·km^{-2}·a^{-1}。

通过分析1992～2014年全球碳酸盐岩地区Q与$F_{HCO_3^-}$在时间和空间上的演变趋势(图4-7)，可以发现Q和$F_{HCO_3^-}$整体呈现出上升趋势，Q的上升幅度明显高于$F_{HCO_3^-}$，前者变化斜率是后者的90倍，但两者总体上的变化不显著。在空间演变斜率上，两者呈现出较为相似的演变趋势，像元分布上都是斜率小于0的面积略大于斜率大于0的面积。其中，Q和$F_{HCO_3^-}$斜率小于0的像元面积占比分别为59.35%和56.61%。两者的变化斜率在亚洲东南部相似度较高，都表现为略微下降的趋势。其中，在中国西南地区Q的变化趋势与相关学者的研究结果一致(Zeng et al.，2016)。值得注意的是，相关学者研究中HCO_3^-的浓度在西南地区呈现上升趋势，本书的研究中 $F_{HCO_3^-}$ 呈现出下降趋势，这主要由于 $F_{HCO_3^-}$ 与 Q 联系密切。此外，Q 和 $F_{HCO_3^-}$ 的斜率在欧洲地区呈现出较为明显的差异性，其中 Q 表现为下降趋势，$F_{HCO_3^-}$ 呈现出略微上升的趋势。

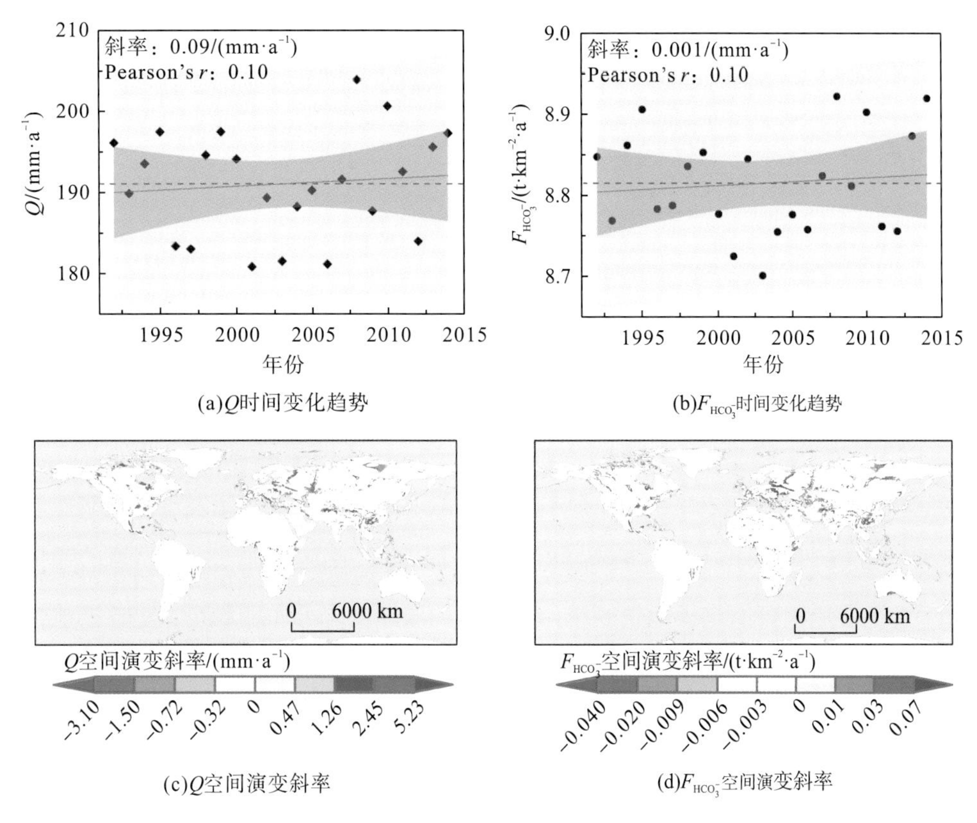

(a) Q 时间变化趋势　(b) $F_{HCO_3^-}$ 时间变化趋势

(c) Q 空间演变斜率　(d) $F_{HCO_3^-}$ 空间演变斜率

图 4-7　碳酸盐岩地区径流深(Q)和 HCO_3^- 通量($F_{HCO_3^-}$)趋势分析

4.3　碳酸盐岩风化碳汇时空变化

本书基于碳酸盐岩、水和二氧化碳的化学反应原理，碳酸盐岩只消耗大气/土壤中一半的二氧化碳(Romero-Mujalli et al.，2019；Hartmann，2009)，推算出研究时段内全球碳酸盐岩风化碳汇通量(F_{carb})和相应的碳汇总量(T_{carb})。1992～2014 年平均全球碳酸盐岩风化碳汇的通量为 $4.41tC \cdot km^{-2} \cdot a^{-1}$，年均碳汇总量约为 $0.1PgC \cdot a^{-1}$。

本书计算出碳酸盐岩风化碳汇通量(F_{carb})在空间分布上，高值区主要集中在三个区域，分别是北美洲东南部、欧洲西部以及亚洲东南部，同时这三个区域也是全球三大喀斯特集中分布的区域(图 4-8)；低值区主要分布在北半球的亚洲北部以及北美洲东北部分地区，而在南半球的分布相对较少。从纬度分布上看，F_{carb} 分布具有较为明显的纬度差异性，整体可以看出在中低纬度的 F_{carb} 值相对较高，存在三个较为明显的峰值区，分别是 34.5°N～49.5°N、17.5°S～4.5°N 和 43.5°S～40.75°S。而在北半球的高纬地区 F_{carb} 值整体上比较低。此外，在 42°S 附近出现了极高值分布，这主要是由于澳大利亚南部塔斯马尼亚岛出现了极高值，且在同纬度其他区域碳酸盐岩分布较少。

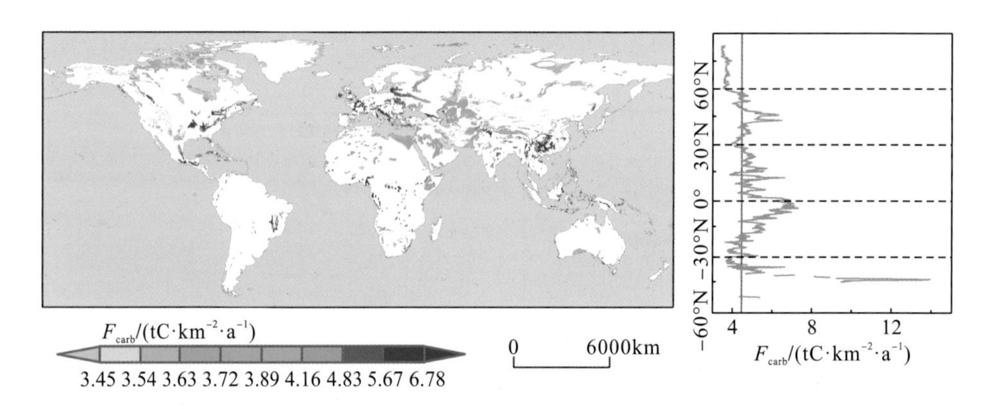

图 4-8 全球碳酸盐岩风化碳汇通量(F_{carb})的空间格局及纬度分布

通过比对不同气候类型下 F_{carb} 的均值，本书研究发现暖温带的 F_{carb} 最高(6.06tC·km^{-2}·a^{-1})，其次是热带(5.85tC·km^{-2}·a^{-1})，而最值低主要位于极地带(3.72tC·km^{-2}·a^{-1})。通过与 $F_{HCO_3^-}$ 在柯本气候类型下的均值进行对比发现，碳酸盐岩地区干旱带的均值(3.77tC·km^{-2}·a^{-1})略高于极地带，而 $F_{HCO_3^-}$ 在这两种气候类型下的通量均值表现相反。主要原因可能是极地气候带比干旱带的碳酸盐岩分布面积少，同时极地带温度较低很大程度上减缓了碳酸盐岩的风化过程。从 F_{carb} 全球各大洲分布上分析，各大洲的 F_{carb} 均值较为接近。其中，南美洲的均值最大(5.34tC·km^{-2}·a^{-1})，其高值主要分布在南美洲东南部；其次为欧洲(5.22tC·km^{-2}·a^{-1})，欧洲为喀斯特集中分布的地区，具有较好的岩溶发育条件；均值最低的是非洲(4.15tC·km^{-2}·a^{-1})，在该洲 F_{carb} 低值主要位于北部干旱的撒哈拉沙漠地区。

从国家尺度上分析，全球 146 个国家和地区具有碳酸盐岩风化碳汇。其中，碳汇总量最大的国家是加拿大(14TgC·a^{-1})，其 T_{carb} 约占全球 T_{carb} 的 14.34%；其次是俄罗斯(12.62TgC·a^{-1})，其 T_{carb} 占比约为 12.88%，中国排在第三位(9.37TgC·a^{-1})，T_{carb} 占比约为 9.56%；排在第四位和第五位的国家分别是美国(6.23TgC·a^{-1})和哈萨克斯坦(5.46TgC·a^{-1})。结合碳酸盐岩面积比例的分布可以看出，T_{carb} 排在前五位的国家，其碳酸盐岩分布面积比例在全球也是较高的。哈萨克斯坦的碳酸盐岩分布面积大于美国，但哈萨克斯坦位于大陆内部，气候较为干旱，使得其 F_{carb} 值(3.74tC·km^{-2}·a^{-1})小于美国(5.26tC·km^{-2}·a^{-1})，最终产生的 T_{carb} 也小于美国。

1992～2014 年，全球 F_{carb} 呈现缓慢上升趋势，增长速率为 5.0×10^{-4}tC·km^{-2}·a^{-1}，变化不显著[图 4-9(a)]。其中，F_{carb} 最小值出现在 2002 年(4.35tC·km^{-2}·a^{-1})，最大值出现在 2008 年(4.46tC·km^{-2}·a^{-1})。从图 4-9(a)中可以看出，研究期间 F_{carb} 值在均值(4.41tC·km^{-2}·a^{-1})上下波动并呈现出上升趋势。利用趋势分析工具和 F 检验法对 F_{carb} 的空间变化趋势进行分析。计算结果显示，F_{carb} 的增长速率为 5.0×10^{-4}tC·km^{-2}·a^{-1} (−0.20～0.19tC·km^{-2}·a^{-1})，F 检验的范围为 8.49～29.52。因此可以看出 F_{carb} 存在两种变化类型，

分别是极显著增加和极显著降低，面积占比分别为 40.65%和 59.35%，极显著降低的面积略高于极显著增加的面积。从图 4-9(b)中可以看出，F_{carb}极显著增加的区域主要分布在西欧、亚洲中部以及北美洲东北部分地区；极显著减少的区域在亚洲有大面积分布(中东部、东南部以及北部地区)，此外在非洲的北部、北美洲的南部和北部地区也都有较大面积的分布。

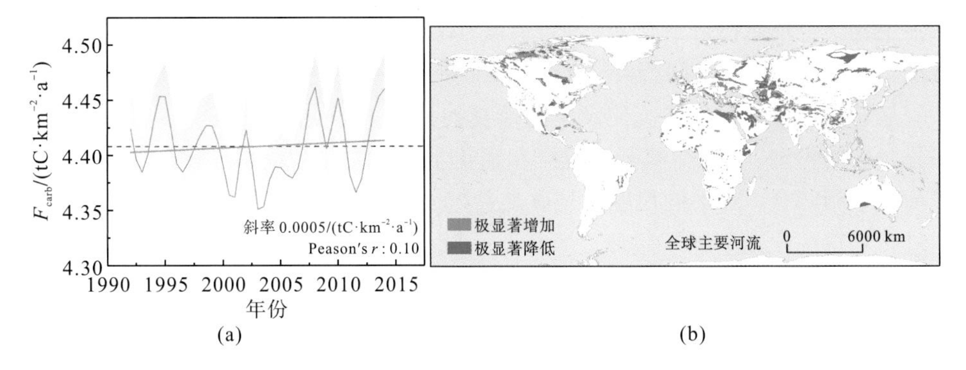

图 4-9　碳酸盐岩风化碳汇通量(F_{carb})时间变化及空间趋势分析

本篇小结

水生生物与全球水循环的作用，使得碳酸盐岩溶蚀机制无论是在短期还是在长期都会产生碳汇。然而，碳酸盐岩风化碳汇的规模、空间分布和对全球碳预算的贡献仍然不确定，同时碳酸盐岩风化碳汇对气候变化及生态修复的具体响应问题还缺乏系统分析。本篇基于高时空分辨率的生态、气象空间栅格数据和水化学实时监测数据将机器学习算法与热力学溶解平衡模型相结合，对不同尺度典型碳酸盐岩——石灰岩的风化碳汇进行计算，探明其碳汇通量和总量在我国不同气候带、纬度带、地区/区域的具体空间分布格局及演变特征，并利用LMG模型定量评估了气候变化及生态修复因子对中国西南典型喀斯特槽谷碳酸盐岩风化碳汇的相对贡献率。结果显示：全球尺度上，2000～2014年全球喀斯特区域CSF均值约为3.08$tC \cdot km^{-2} \cdot a^{-1}$，全球范围内碳酸盐岩露头区CSF高值主要分布在会促进溶蚀过程发生的温度较高和降雨较丰富的赤道附近地区。其中，CSF在2$tC \cdot km^{-2} \cdot a^{-1}$以内的区域面积占比最大，超过了60%。赤道以南0°～10°S内拥有全球最大的碳酸盐岩化学风化碳汇通量，该纬度带内CSF均值约为16.56$tC \cdot km^{-2} \cdot a^{-1}$，北半球中高纬区域（20°N以北）是主要的贡献区。

中国尺度上，2000～2014年我国石灰岩CSF均值为4.28$tC \cdot km^{-2} \cdot a^{-1}$，呈现出由西北向东南区域逐渐增加的趋势。在纬度上，中国南方28.14°N以南是通量波动最大的区域，但整体上通量随着纬度的降低而呈现出增加的趋势。在气候带上，亚热带与热带区域是通量最大的区域。利用基于像元的趋势分析法对我国石灰岩CSF的演变情况进行分析，发现石灰岩CSF轻微增加和基本稳定的面积（103.64万km^2）占我国石灰岩总面积的62.71%。基于不同类型碳酸盐岩风化碳循环差异及其关系计算得到中国226.59万km^2碳酸盐岩的风化碳汇总量可达11.37$TgC \cdot a^{-1}$，其CSF均值约为5.02$tC \cdot km^{-2} \cdot a^{-1}$，中国碳酸盐岩风化碳汇相当于中国生物量碳汇的16.20%，这说明碳酸盐岩风化碳汇是我国陆地碳汇系统中的重要组成部分。

典型槽谷区，整体年均温及年降水量均处于持续升高的趋势，增长速率分别为0.06$℃ \cdot a^{-1}$及12$mm \cdot a^{-1}$，进入21世纪以后，增长速率均有一定程度的放缓；年蒸散发量在2000年以前为增加的趋势，2000年以后整体表现为减少的趋势。槽谷植被覆盖度增长速率为0.004a^{-1}，其增加区域的面积占比达95.07%，槽谷生态系统恢复效果显著。槽谷的CSF约为9.42$tC \cdot km^{-2} \cdot a^{-1}$，研究期间处于增加趋势，其增长速率约为0.2$tC \cdot km^{-2} \cdot a^{-1}$，CSF增加区域的面积占比约为89.28%。槽谷CSF受气候因素（降水量、蒸散发量、温度）及生态恢复两方面的影响，其中降水量、温度及生态恢复反馈因子FVC与CSF呈正相关关系，蒸散发量与CSF呈负相关关系，降水量对研究区CSF的贡献率最大，达70.36%。本书研究揭示了气候变化及生态恢复对岩石风化过程的复合影响机制。

主要流域尺度上，碳酸盐岩风化碳汇总量T_{carb}为0.12$PgC \cdot a^{-1}$，F_{carb}均值为

$2.16tC \cdot km^{-2} \cdot a^{-1}$。我们发现热带与暖温带的 T_{carb} 占全球主要流域 T_{carb} 总量的62.95%。F_{carb} 经纬度分布上存在9个明显的关键带。喀斯特出露流域的 F_{carb} 均值约为非喀斯特流域 F_{carb} 均值的 3 倍。此外，发现碳酸盐岩地区有超过一半区域(52.82%)的 $F_{HCO_3^-}$ 值介于 7.08～$8.32t \cdot km^{-2} \cdot a^{-1}$。估算出 1992～2014 年全球碳酸盐岩的风化碳汇通量 F_{carb} 均值为 $4.41tC \cdot km^{-2} \cdot a^{-1}$，碳汇总量约为 $0.1PgC \cdot a^{-1}$，呈现出上升趋势($5.0 \times 10^{-4}tC \cdot km^{-2} \cdot a^{-1}$)。

本篇从全球尺度到区域尺度上系统评估了碳酸盐岩风化碳汇量级及其演变规律，并定量评价了气候变化及生态恢复对岩石风化过程的复合影响贡献率，同时评价了碳酸盐岩风化碳汇在全球气候变化中的积极贡献。本书的研究可为实现全球碳收支平衡提供科学参考，同时也有助于岩石风化碳汇对全球气候变化的影响的相关研究。

第二篇

硅酸盐岩

第5章 影响全球硅酸盐岩风化的主要因子及其评估

全球硅酸盐岩风化碳汇占全球岩石风化碳汇的比例为 40%～51%(Gaillardet et al.，1999；Amiotte et al.，2003；Meybeck，1982)。已有学者发现非碳酸盐岩类(如混合沉积岩、硅质沉积岩和变质岩等)中微量的矿物(特别是方解石)显著增加了碳酸盐岩风化量(Hartmann et al.，2014)。相对于千年时间尺度上的碳酸盐岩风化碳汇而言，硅酸盐岩碳汇的数量较少，但是反应更为彻底，在百万年时间尺度上具有不可逆转性(张乾柱，2018)。因此，全球硅酸盐岩风化碳汇估算对于精确评估全球岩石风化碳汇也具有十分重要的作用，其在全球碳循环、水循环、环境变化及地球能量平衡研究中具有不可忽视的地位(廖宏和朱懿旦，2010；Ibarra et al.，2016)。岩石化学风化是一个相对复杂的地表过程，涉及多种自然和人为环境因子的影响(Gaillardet et al.，2019；Liu et al.，2010；Beaulieu et al.，2012)。在过去的研究中，普遍认为岩性和径流深是岩石风化碳汇的主要影响因子(Amiotte et al.，2003；Amiotte and Probst，1993a；Bluth and Kump，1994；Meybeck，1987)。此外，多数研究在不同时间尺度上表明环境因子对岩石风化的敏感性，如气温(Romero-Mujalli et al.，2019；White and Blum，1995；Godderis et al.，2013；Lauerwald et al.，2015；Li G et al.，2016)、径流深(Liu et al.，2007，2010；Li et al.，2010)、降水量(Hartmann，2009)、蒸散发量(Li H W et al.，2018，2019)、土壤水分含量(Romero-Mujalli et al.，2019)、土地利用变化(Zeng et al.，2019；Raymond et al.，2008)、植被覆盖度(Le Hir et al.，2011；Taylor et al.，2012)、物理剥蚀(West et al.，2005；Galy and France-Lanord，2001；Millot et al.，2002；Torres et al.，2016；Riebe et al.，2004)、土壤 CO_2 分压(pCO_2)(White and Blum，1995；Calmels et al.，2014)等。另外，沉积物的属性和物质来源对于区域 CO_2 消耗可能具有重要作用(Hartmann，2009)。在时间尺度上，多项研究已经表明，受温度和径流深变化的影响，以碳酸盐岩为主流域的化学风化存在显著的季节性变化(Liu et al.，2007；Liu et al.，2010；Tipper et al.，2006)。因此，在进行岩石风化碳汇估算过程中需要综合考虑多种因素的影响。

世界上物理侵蚀过程活跃的地区也是硅铝溶解速率最高的地区，径流深、温度和物理侵蚀的综合效应似乎可以用于解释现代硅酸盐化学风化速率的变化(Gaillardet et al.，1999)。物理侵蚀和化学风化之间的耦合对于任何关于地球长期气候变化的模拟都是有必要的(Millot et al.，2002)。物理侵蚀也被认为是影响化学风化的重要影响因素(West，2012；Larsen et al.，2014)，也影响着全球碳循环与全球气候变化(Gaillardet and Galy，2008)。

本章将估算 1992～2014 年全球物理侵蚀通量，揭示其时空演变规律，并反演硅酸盐岩地区 HCO_3^- 通量的时空分布。

5.1 物理侵蚀通量

物理侵蚀通量对硅酸盐岩化学风化有重要影响。本书基于物理侵蚀通量模型反演了1992～2014 年长时间序列高分辨率的物理侵蚀通量空间图，研究时段内物理侵蚀通量均值为 204.49t · km^{-2} · a^{-1}。此外，分析了其在研究时段内的变化趋势(图 5-1)。对全球硅酸盐岩中两种岩性(花岗岩和玄武岩)进行分析可知，花岗岩和玄武岩的物理侵蚀通量均值分别为 379.51t · km^{-2} · a^{-1} 和 388.19t · km^{-2} · a^{-1}，二者均显著高于全球平均物理侵蚀通量(204.49t · km^{-2} · a^{-1})。玄武岩的物理侵蚀通量略高于花岗岩。

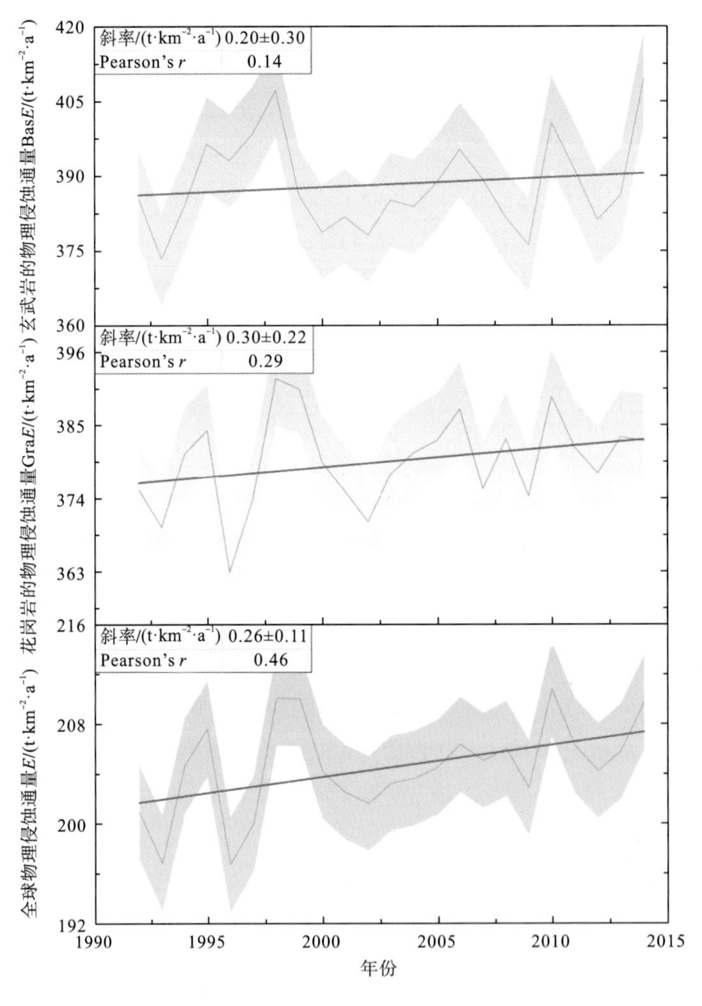

图 5-1 全球物理侵蚀通量演变趋势

从变化趋势看，全球物理侵蚀通量呈现波动上升趋势，增长速率为0.26±0.11t · km^{-2} · a^{-1}，变化不显著。花岗岩和玄武岩也呈现出相同的趋势，花岗岩增加的趋势(0.30±0.22t · km^{-2} · a^{-1})相对于玄武岩(0.20±0.30t · km^{-2} · a^{-1})更加明显。考虑到研究时段内全球坡度梯度基本没有变化，因而全球物理侵蚀通量变化可能主要受温度和径流深变化的影响。全球陆地面积按照 $1.49\times10^8 km^2$ 进行估算，1992～2014 年平均全球物理侵蚀总量为 $30.47Pg\cdot a^{-1}$。根据全球平均岩石密度($2.7g\cdot cm^{-3}$)(Gislason et al.，1996)可以估算出研究时段内全球物理侵蚀厚度均值为 $7.57cm\cdot ka^{-1}$。全球物理侵蚀总量及其厚度的变化趋势与全球物理侵蚀通量呈现相同的趋势，整体表现为上升趋势。考虑到全球硅酸盐岩的差异性，本书主要探究花岗岩与玄武岩两种岩石风化厚度的区别。据统计，花岗岩密度为 $2.60\sim2.70g\cdot cm^{-3}$，玄武岩密度为 $2.80\sim3.00g\cdot cm^{-3}$，本书分别取其均值 $2.65g\cdot cm^{-3}$ 和 $2.90g\cdot cm^{-3}$。全球花岗岩的物理侵蚀厚度为 $14.32cm\cdot ka^{-1}$($14.06\sim14.60cm\cdot ka^{-1}$)略高于玄武岩的物理侵蚀厚度 $13.39cm\cdot ka^{-1}$($12.94\sim13.86cm\cdot ka^{-1}$)。

全球物理侵蚀通量的空间分布具有显著差异性，其最大值可达 $25463.67t\cdot km^{-2}\cdot a^{-1}$。除南极和个别存在空值的地区外，全球约有 12.30%的地区的物理侵蚀通量大于 $500t\cdot km^{-2}\cdot a^{-1}$，这些地区主要位于亚洲喜马拉雅一带、亚洲东南部、地中海沿岸、非洲东部及美洲科迪勒拉山系等地区，多为山地地形，地形起伏大，气候较为湿润，因而物理侵蚀通量较大。全球 69.32%的地区的物理侵蚀通量为 $10\sim500t\cdot km^{-2}\cdot a^{-1}$。此外，全球 18.38%的地区物理侵蚀通量低于 $10t\cdot km^{-2}\cdot a^{-1}$，主要位于亚欧大陆北部、北美洲北部、南美洲西南部、非洲北部及大洋洲中西部地区。这些地区地形较为平坦并且气候干燥，因而物理侵蚀通量相对其他地区较小。

从全球物理侵蚀通量的纬度分布可以看出(图 5-2)，其高值区主要分布在 20°S～30°N 和 36.75°S～55.75°S 两个纬度带。结合主要影响因子分析，其中径流深与物理侵蚀通量表现出基本一致的趋势，全球物理侵蚀通量的纬度分布高值区同时也是径流深的高值分布区。地形对这一趋势的影响主要分布在南半球的 36.75°S～55.75°S，其次在 30°N～45°N 物理侵蚀通量也表现为基本一致的趋势。此外，温度的纬度分布具有明显的规律，基本保持赤道附近向南北两极递减的趋势。通过其分布规律可以看出，温度对物理侵蚀通量的影响主要分布在 20°S～30°N。

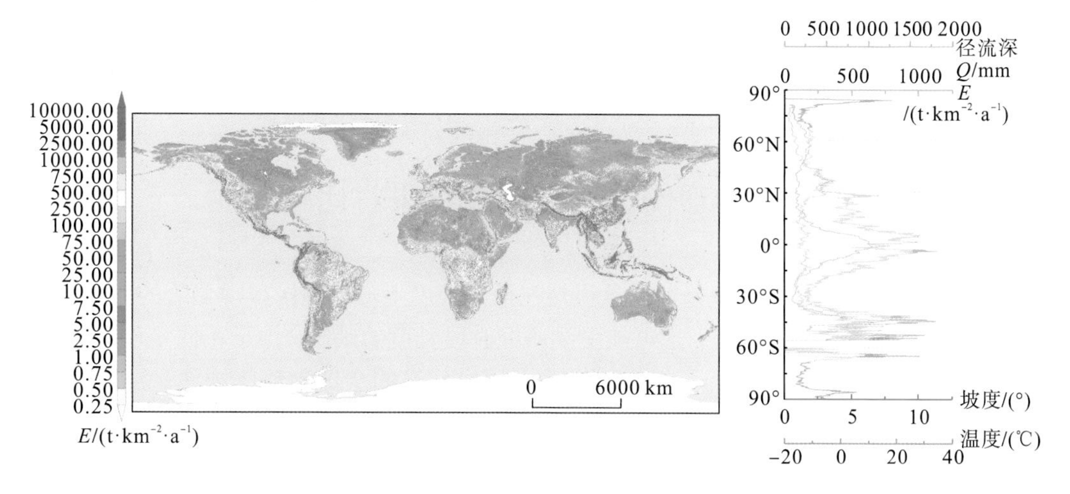

图 5-2　1992～2014 年全球物理侵蚀通量的空间分布及其纬度分布

本书采用逐像元空间趋势分析方法，估算出1992～2014年全球物理侵蚀通量的平均增长速率约为$0.26t \cdot km^{-2} \cdot a^{-1}$，总体呈增加趋势(图5-3)，因而在未来一段时间，全球物理侵蚀通量仍可能呈现出增长趋势。基于F检验法对全球物理侵蚀通量变化趋势分析进行显著性检验。根据显著性水平α(0.01和0.05)将该变化趋势划分为三个等级，分别为极显著增加区域、显著增加区域和基本稳定区域。其中，$\alpha \leqslant 0.01$的区域代表极显著增加区域，$0.01 < \alpha \leqslant 0.05$的区域代表显著增加区域，$\alpha > 0.05$的区域代表基本稳定区域。从图5-3中可以看出，全球84.65%的区域为基本稳定区域、9.84%的区域为显著增加区域、5.51%的区域为极显著增加区域。全球物理侵蚀通量变化区域分布较为分散，基本遍布所有大洲(除南极洲)。本书研究发现极显著增加区域与显著增加区域往往相伴而生，极显著增加区域的边缘多为显著增加区域。极显著增加区域主要分布在尼罗河下游区、黄河流域中上游地区、青藏高原唐古拉山地区、新几内亚岛和东西伯利亚山地、阿尔卑斯山地区和格陵兰岛东南部等。其中，大多数地区是高原山地，地形起伏大是其物理侵蚀通量增加较为明显的主要原因。这与Montgomery和Brandon(2002)的研究中地形坡度与物理侵蚀速率之间的关系相一致。此外，格陵兰岛地区大面积的冰川融化可能成为物理侵蚀通量增加明显的主要原因(Alley et al.，1997；Cowton et al.，2012)。

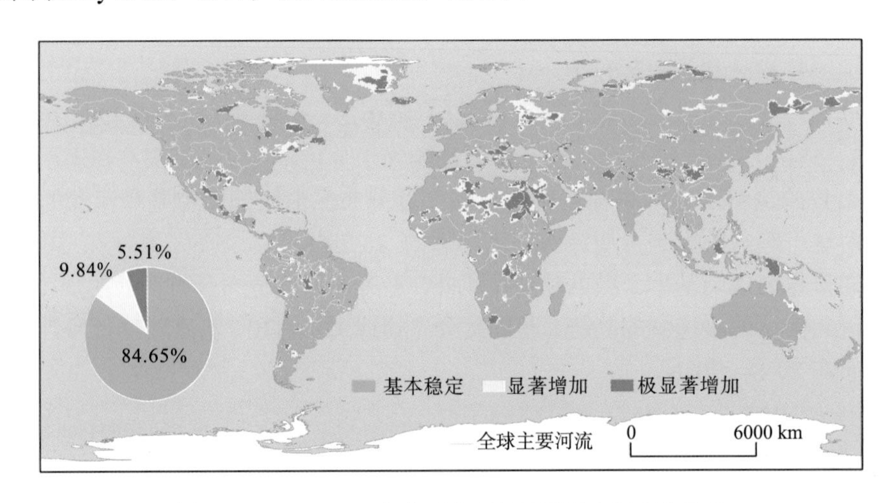

图5-3　1992～2014年全球物理侵蚀通量空间变化趋势

5.2　物理侵蚀通量计算结果对比验证

本书研究反演的全球物理侵蚀通量虽然在像元尺度上部分地区呈现显著的增加趋势，但是其均值年际变化并不明显，这可能受到研究时段长度的限制。由于不同年份物理侵蚀通量均值存在一定的变化，为了初步证明本书研究反演的全球物理侵蚀通量结果的可靠性，仅将本书研究期间的物理侵蚀通量均值与现有研究进行对比分析。本书从全球尺度和流域尺度两个方面与相关学者的研究进行了对比分析(表5-1)。在全球尺度上，现有研究估算的全球物理侵蚀通量为$107 \sim 226t \cdot km^{-2} \cdot a^{-1}$，物理侵蚀总量为$16 \sim 33.67Pg \cdot a^{-1}$，总风化厚度为$3.96 \sim 8.37cm \cdot ka^{-1}$。为便于对比分析，总风化厚度全部是基于岩石平均密度

($2.7kg \cdot m^{-3}$)计算的结果。本书计算的高分辨率全球物理侵蚀通量、速率和风化厚度与多数学者的研究结果相比略大，如 Ludwig 和 Probst(1998)的侵蚀通量研究结果($16.00Pg \cdot a^{-1}$)。但与 Berner E K 和 Berner R A(1996)的研究结果较为接近，基本处于同一数量级，佐证了本书研究结果在全球尺度的相对合理性。

表 5-1　全球物理侵蚀量和风化厚度与现有相关学者研究对比

作者	年份	物理侵蚀通量 /($t \cdot km^{-2} \cdot a^{-1}$)	物理侵蚀总量 /($Pg \cdot a^{-1}$)	总风化厚度 /($cm \cdot ka^{-1}$)
Milliman 和 Syvitski	1991	134.00	20.00	4.96
Berner E K 和 Berner R A	1996	226.00	33.67	8.37
Ludwig 和 Probst	1998	107.00	16.00	3.96
Maffre 等	2018	156.00	16.00	5.78
白晓永和王世杰等(本研究)	2020	204.49	30.47	7.57

此外，在流域尺度上，本书收集了文献资料中物理侵蚀通量共 67 个流域的监测数据，包括 Milliman 和 Syvitskij(1991)研究的 25 个流域数据与 Milliman(1995)研究的 42 个流域数据，并将其与本书的研究结果进行了对比分析(图 5-4)。结果发现，本书计算的物理侵蚀通量结果与相关研究监测数据具有较高的一致性，R^2 可达 0.87。因此，本书估算的全球物理侵蚀通量在流域尺度上也具有一定合理性，这为后期计算硅酸盐岩阳离子化学风化奠定了较好的研究基础。

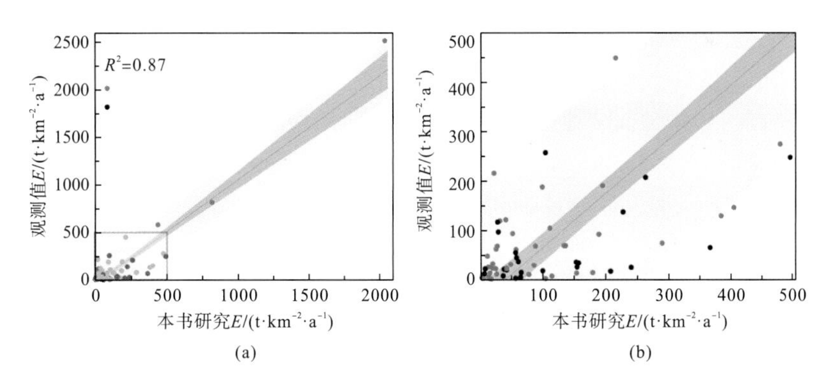

图 5-4　基于流域尺度的物理侵蚀通量 E 与观测数据

注：参考 Milliman(1995)和 Milliman and Syvitski(1991)的相关分析。

与现有研究相比，本书初步反演了长时间序列(1992～2014 年)高分辨率(0.25°×0.25°)的全球物理侵蚀通量图，并揭示了其在空间像元尺度和年际上的演变趋势。这项研究工作对深入揭示全球物理侵蚀变化和区域生态修复等方面具有重要的参考价值。此外，本书研究中使用的物理侵蚀通量模型主要是基于自然环境因子进行估算，而人类活动等其他因子由于难以量化，本书暂时没有考虑。鉴于众多研究已经表明人类活动等其他因子对物理侵蚀速率变化具有重要影响(Garzanti et al.，2006；Syvitski and Milliman，2007)，今后的研究可以对该模型改进优化并将其推广到全球像元尺度物理侵蚀通量的估算。

5.3 碳酸氢根离子通量

基于校正后的水化学数据和随机森林算法模拟出全球 $F_{HCO_3^-}$ 的空间分布(图 5-5)。1992～2014 年的 $F_{HCO_3^-}$ 值为 0.13～22.20t・km^{-2}・a^{-1}，均值为 3.71±3.25t・km^{-2}・a^{-1}。全球 $F_{HCO_3^-}$ 的空间分布主要受水分条件等制约，其高值区主要位于气候湿润区，如北美洲大平原、南美洲亚马孙平原、西欧地区、亚洲南部和东南部以及大洋洲东北部等地区；低值区主要位于干旱缺水地区，如非洲的撒哈拉沙漠和纳米布沙漠、亚洲的阿拉伯半岛和伊朗高原以及澳大利亚中西部沙漠地区。根据全球的面积估算出碳酸氢根离子总量($T_{HCO_3^-}$)为 0.67Pg・a^{-1}。在排除大气沉降的条件下，这些离子主要来源于大陆岩石风化，尤其是碳酸盐岩和硅酸盐岩风化。

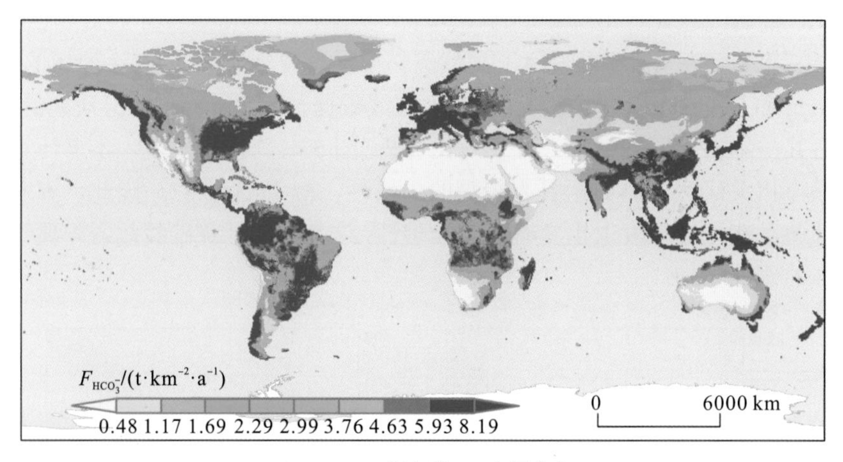

(a)1992~2014年全球$F_{HCO_3^-}$空间分布

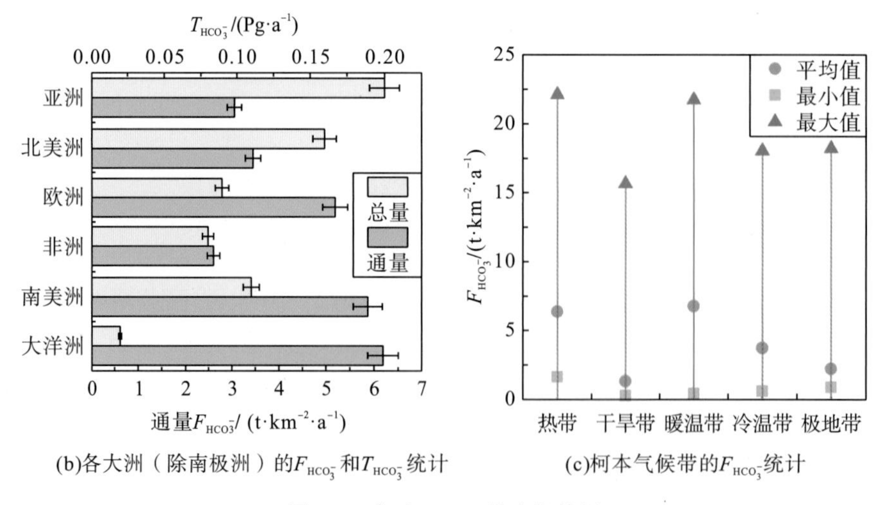

(b)各大洲（除南极洲）的$F_{HCO_3^-}$和$T_{HCO_3^-}$统计

(c)柯本气候带的$F_{HCO_3^-}$统计

图 5-5 全球 $F_{HCO_3^-}$ 的空间格局

从各大洲 HCO_3^- 反演分布看，亚洲的 $T_{HCO_3^-}$ 值最大（$0.20Pg \cdot a^{-1}$），占全球总量的 30.43%；其次是北美洲，占全球总量的 23.55%；大洋洲的 $T_{HCO_3^-}$ 值（占 0.73%）最小，然而，其 $F_{HCO_3^-}$（$6.20t \cdot km^{-2} \cdot a^{-1}$）在各大洲中高居首位，非洲的 $F_{HCO_3^-}$（$2.62t \cdot km^{-2} \cdot a^{-1}$）最低。根据全球柯本气候类型分布统计，在五种气候类型中（分别为热带、暖温带、干旱带、冷温带和极地带），$F_{HCO_3^-}$ 的最大值分布在暖温带（$6.63t \cdot km^{-2} \cdot a^{-1}$），热带（$6.23t \cdot km^{-2} \cdot a^{-1}$）略低于暖温带，干旱区的 $F_{HCO_3^-}$ 均值（$1.16t \cdot km^{-2} \cdot a^{-1}$）最低。暖温带的 $F_{HCO_3^-}$ 值约为干旱区的 6 倍，也体现出 $F_{HCO_3^-}$ 均值大小明显受到水分条件等制约。

基于全球 $F_{HCO_3^-}$，进一步分析硅酸盐岩地区（花岗岩和玄武岩）的 $F_{HCO_3^-}$。研究时段内硅酸盐岩地区 $F_{HCO_3^-}$ 的均值约为 $4.41t \cdot km^{-2} \cdot a^{-1}$（$0.14 \sim 22.20t \cdot km^{-2} \cdot a^{-1}$）。$F_{HCO_3^-}$ 低值区主要分布在亚洲东部和北部地区、非洲北部以及北美洲的东北部地区；高值区主要分布在北美洲西海岸、南美洲亚马孙平原和西南部、非洲的埃塞俄比亚高原、欧洲的冰岛和亚洲的东南部地区。其中，花岗岩地区的 $F_{HCO_3^-}$ 值为 $4.49t \cdot km^{-2} \cdot a^{-1}$、玄武岩地区的 $F_{HCO_3^-}$ 值为 $4.27t \cdot km^{-2} \cdot a^{-1}$。玄武岩地区的极值（最大值 $22.20t \cdot km^{-2} \cdot a^{-1}$ 和最小值 $0.15t \cdot km^{-2} \cdot a^{-1}$）高于花岗岩地区的极值（最大值 $0.14t \cdot km^{-2} \cdot a^{-1}$ 和最小值 $21.62t \cdot km^{-2} \cdot a^{-1}$）。从花岗岩和玄武岩的概率密度分布图中可以看出（图 5-6），花岗岩地区的 $F_{HCO_3^-}$ 主要为 $1.5 \sim 5.5t \cdot km^{-2} \cdot a^{-1}$（约占 77%），而玄武岩的 $F_{HCO_3^-}$ 主要为 $0.5 \sim 4.5t \cdot km^{-2} \cdot a^{-1}$（约占 67%），因此可以看出玄武岩的 $F_{HCO_3^-}$ 分布整体上略低于花岗岩地区。

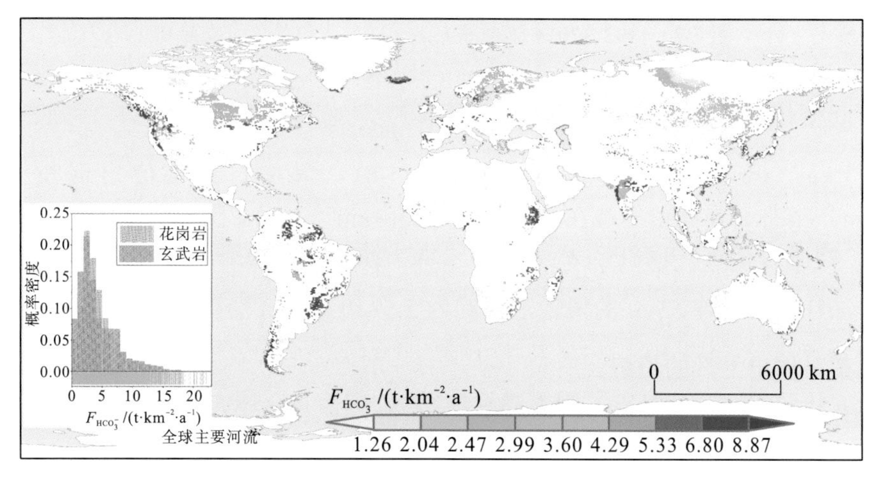

图 5-6 硅酸盐岩（花岗岩和玄武岩）HCO_3^- 通量（$F_{HCO_3^-}$）

通过分析 1992～2014 年全球 $F_{HCO_3^-}$ 距平值纬度的分布趋势（图 5-7），可以看出其纬度分布主要存在 3 个高值集中区，分别是 18.25°S～12.5°N、35.25°S～48.5°S 和 50.5°S～55.75°S。结合 6 个主要影响因子进行分析，其分布趋势与 Q、ET 和 P 具有较高的相似性，说明在该纬度受这 3 种因子的影响较为明显。此外，受太阳辐射的影响，温度对 $F_{HCO_3^-}$ 的影响主要体现在 18.25°S～12.5°N。在 NDVI 的纬度分布与全球 $F_{HCO_3^-}$ 纬度分布的关系上，在 3 个高值区域具有较为相近的趋势。然而，在北半球高纬度地区尤其是 60°N 以北地区出现明显的波动。土壤湿度趋势对 $F_{HCO_3^-}$ 的影响主要体现在 15°N～30°N。土壤湿度较低时，$F_{HCO_3^-}$ 呈现出十分相似的低值区域。值得注意的是，在 35°N 以北地区，受温度和蒸散发量等条件的限制，虽然土壤湿度呈现出一定高值区域，但 $F_{HCO_3^-}$ 的均值整体上依然偏低。

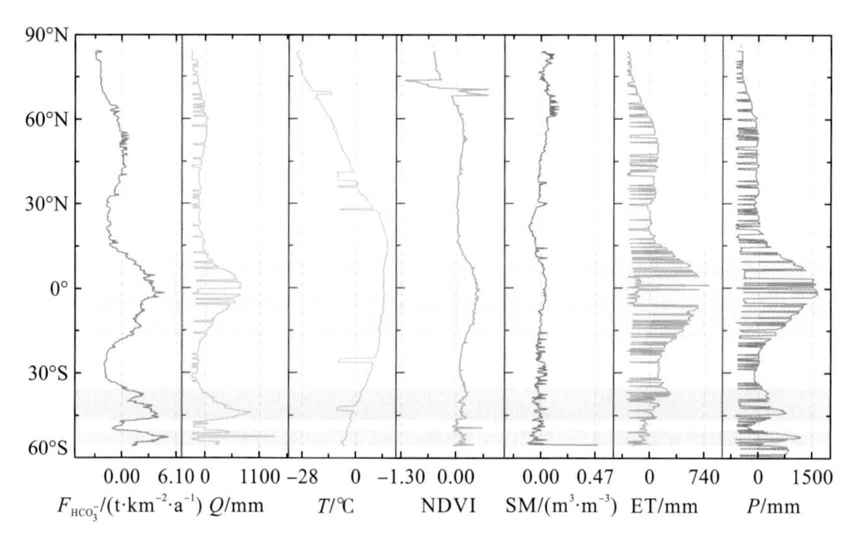

图 5-7 1992～2014 年全球 $F_{HCO_3^-}$ 的距平值纬度分布趋势

从时间变化趋势上，1992～2014 年全球 $F_{HCO_3^-}$ 总体呈现上升趋势，增长速率约为 $2.5\times10^{-3}t\cdot km^{-2}\cdot a^{-1}$，变化趋势不显著（图 5-8）。其中，最小值出现在 2003 年（$3.62t\cdot km^{-2}\cdot a^{-1}$）、最高值出现在 2011 年（$3.80t\cdot km^{-2}\cdot a^{-1}$）。基于像元统计出研究时段全球 $T_{HCO_3^-}$ 均值为 0.65～0.68$Pg\cdot a^{-1}$，同样呈现出波动上升趋势。空间变化趋势上，基于趋势分析法计算出全球 $F_{HCO_3^-}$ 的增长速率约为 $2.5\times10^{-3}t\cdot km^{-2}\cdot a^{-1}$，与时间序列的演变基本相同，都呈现出上升的趋势。

基于 F 检验方法，计算出 F 为 5.53～132.21，因而将全球 $F_{HCO_3^-}$ 趋势划分为 4 种变化类型，分别为显著增加、极显著增加、显著减少和极显著减少。除南极洲缺失数据外，其余区域 $F_{HCO_3^-}$ 均处于显著变化状态，其中 99%的区域处于极显著变化状态。在全球像元尺度上，$F_{HCO_3^-}$ 减少的区域面积（50.75%）略高于其增加的区域面积（48.27%）。显著减少的区域（0.56%）主要分布在里海北部一带，显著增加的区域（0.42%）主要位于非洲撒哈拉沙漠内部。$F_{HCO_3^-}$ 极显著变化的区域遍布全球，尚未发现明显的规律。

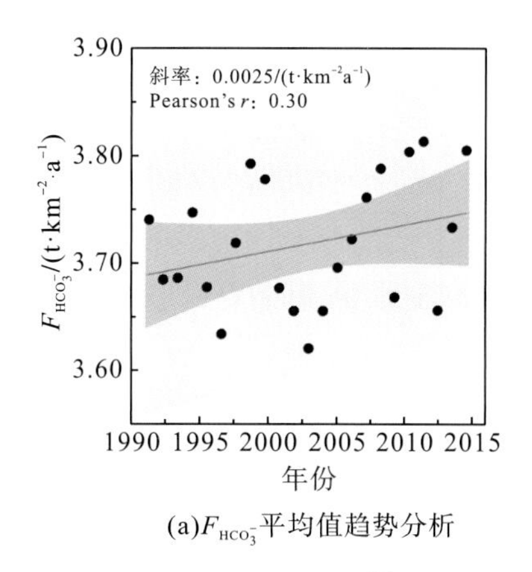

(a)$F_{HCO_3^-}$平均值趋势分析

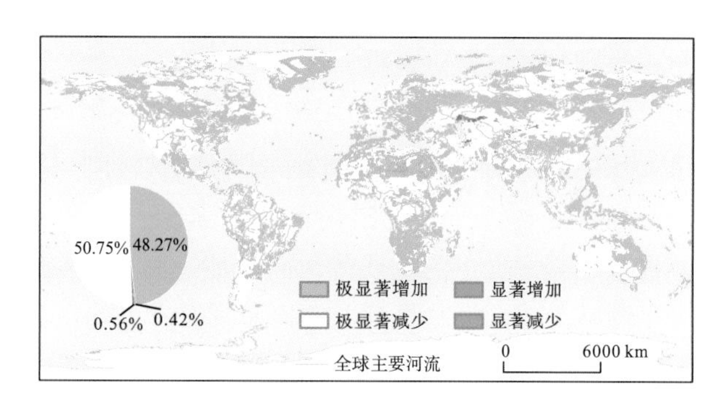

(b)$F_{HCO_3^-}$趋势变化空间分布

图 5-8　1992～2014 年全球 $F_{HCO_3^-}$ 时空变化趋势

增加的区域面积虽然略小于减少的区域面积，但其变化速率绝对值(0.036t·km^{-2}·a^{-1})约是减少区域变化速率绝对值(0.029t·km^{-2}·a^{-1})的 1.24 倍。因此，全球 $F_{HCO_3^-}$ 整体上呈显著增长趋势。

5.4　碳酸氢根离子通量反演模型及结果评估

鉴于碳酸盐岩与硅酸盐岩化学风化速率的显著差异性，本书基于汇编的全球水文化学数据，利用随机森林算法分别估算了碳酸盐岩与硅酸盐岩地区 HCO_3^- 通量($F_{HCO_3^-}$)的空间像元分布。碳酸盐岩地区的 $F_{HCO_3^-}$ 模拟主要基于该区域实测 HCO_3^- 浓度的样本数据(共计 648 个)，并结合主要环境因子数据(P、T、ET、Q、NDVI 和 SM)进行分析。

为验证碳酸盐岩分布区碳酸氢根离子模拟的精度，本书对模拟结果进行十折交叉验证[图 5-9(a)]，相关系数 R 为 0.01～0.84，RMSE 值为 4.28～8.61。发现模型最佳预测结果的 R^2 为 0.71，RMSE 为 4.86。根据最优预测结果将碳酸盐岩风化产生的平均 $F_{HCO_3^-}$ 推广到全球像元尺度。

对于硅酸盐岩(花岗岩和玄武岩) $F_{HCO_3^-}$，受纯硅酸盐岩地区 HCO_3^- 浓度样本数据的限制，本书首先估算出全球 $F_{HCO_3^-}$ 空间像元分布，并从中提取硅酸盐岩(花岗岩和玄武岩)地区的 $F_{HCO_3^-}$ 分布。本书基于收集的长时间序列全球主要站点的 HCO_3^- (μmol·L^{-1})浓度数据(共 61557 个)和影响因子空间数据(P、T、ET、Q、NDVI 和 SM)，利用随机森林算法(Ntree=2000)拟合出 1992～2014 年全球 $F_{HCO_3^-}$ 的空间分布图，并进行十折交叉验证，模拟的 R 为 0.54～0.89，均值为 0.70[图 5-9(c)]；RMSE 为 2.65～5.70，均值为 4.40。通过十折交叉验证，选择效果最好(误差最小)的模拟样本和验证样本数据推广到研究时段各年份。反演 $F_{HCO_3^-}$ 的全球分布可以弥补水化学监测数据在时间和空间上的缺陷，然而训练样本数据的空间异质性也可能导致最终计算结果出现一定偏差，因此在选择训练样本时需要分布相对均匀的监测点数据。

模型构建的因子重要性在一定程度上可以解释最终拟合 $F_{HCO_3^-}$ 的时空分布格局成因。随机森林回归中利用两个指标表示因子重要性，分别是%IncMSE 和 IncNodePurity。其中，%IncMSE 是基于袋外错误率(out-of-bag error，OOB)计算的精度平均减少值，也就是均方误差递减意义下的重要性，而 IncNodePurity 是利用基尼(Gini)指数计算的节点的非纯度平均减少值，即为残差平方和递减意义下的重要性。值越大说明因子预测变量具有重要意义，如果值为 0 说明因子与预测变量没有关系。[图 5-9(b)]体现了反演碳酸盐岩地区 $F_{HCO_3^-}$ 模型中因子的相对重要性，从%IncMSE 和 IncNodePurity 两项指标看，6 个因子重要性表现出相对一致，都表现为 Q 的重要程度最高，ET 的重要程度最低。此外，本书评估了主要环境因子对于全球 $F_{HCO_3^-}$ 的重要性[图 5-9(d)]，发现从%IncMSE 指标看，温度 T 最为重要，其次是土壤湿度 SM；从 IncNodePurity 指标看，径流深 Q 最为重要，T 和降水量 P 较为重要。综合来看，Q、T 和 SM 的重要性程度较高，P、ET 和 NDVI 在 6 个因子中的重要性程度相对较低。

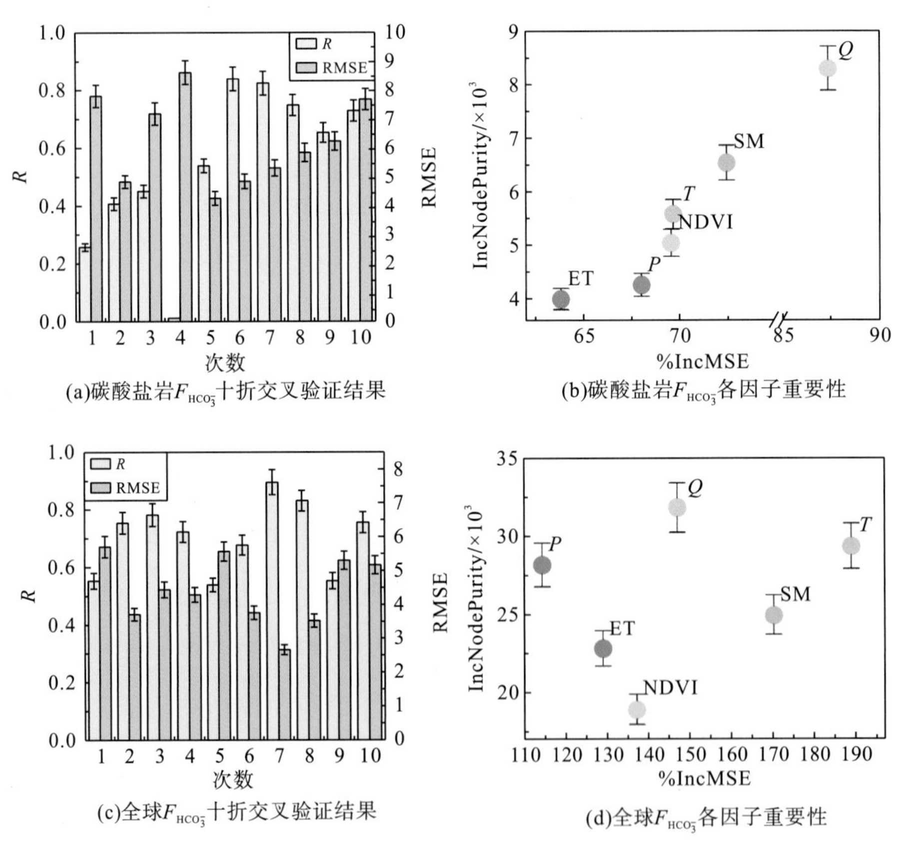

图 5-9 HCO_3^- 通量($F_{HCO_3^-}$)反演模型验证

此外，为了验证 $F_{HCO_3^-}$ 模拟结果的可靠性，对研究结果进行对比分析。本书对北美地区 $F_{HCO_3^-}$ 的模拟结果均值为 3.56t·km^{-2}·a^{-1}，略低于 Moosdorf 等(2011)的研究结果(3.96t·km^{-2}·a^{-1})，对日本 $F_{HCO_3^-}$ 的模拟结果(10.69t·km^{-2}·a^{-1})比 Hartmann(2009)的研究结果(6.61t·km^{-2}·a^{-1})偏高，但基本处于同一数量级，表明空间分辨率和时间分辨率不同使全球规模的模拟结果与区域模拟结果出现偏差。

第6章　全球花岗岩风化碳汇评估与演变

硅酸盐岩风化碳汇被认为是净地质碳汇，在百万年时间尺度上对全球气候产生负反馈调控作用(Berner et al.，1983；Rothman，2002；Maher and Chamberlain，2014)。硅酸盐岩风化的碱度(主要为HCO_3^-)随着河流最终进入海洋并形成碳酸盐沉淀(Macdonald et al.，2019)。相对于碳酸盐岩，硅酸盐岩具有较慢的化学风化速率，有学者认为碳酸盐岩风化碳汇速率可能是硅酸盐岩风化碳汇速率的15倍(Liu et al.，2011)。碳酸盐岩与硅酸盐岩风化碳汇估算过程中如何量化外源酸的贡献是多数学者研究的问题。在流域尺度上主要利用正演模型排除外源酸的影响(余冲 等，2017；陈率 等，2020；仇晓龙 等，2019)，但是在像元尺度上外源酸对硅酸盐岩的贡献一直是难以解决的问题，最终导致估算结果存在一定偏差。外源酸的影响主要是硫酸盐和硝酸盐的影响。其中，硫酸盐可能来自沉积蒸发岩中 $CaSO_4$ 矿物(石膏)的溶解，也可能来自还原硫化合物(如黄铁矿)的氧化，蒸发岩和硫化物的参与会在不同程度上影响水体中化学物质的浓度(Romero-Mujalli et al.，2019)。蒸发岩中含有大量的硫化物(石膏和硬石膏)，它们在河水中也有较高的浓度。碳酸溶解岩石会产生阳离子和碳酸氢盐，而硫酸盐会释放阳离子和硫酸。存在于沉积岩中的硫化物在土壤剖面中被氧化并释放出硫酸和阳离子，硫酸作为一种强酸极易与碳酸盐进行中和(Calmels et al.，2007；Li et al.，2008)。因此硫酸盐的参与会显著地增强估算的碳酸盐岩风化。在利用碳酸氢根离子估算岩石风化碳汇量时，需要考虑外源酸的影响。同时外源酸的量化对于全球岩石风化碳汇的精确评估，推动解决全球碳收支平衡也具有重要意义。

对于硅酸盐岩风化碳汇的估算方法，目前主要结合岩性数据，利用气候环境因子构建HCO_3^-通量非线性模型并将其推广到空间像元尺度等方面的工作，Hartmann 及其团队开展了大量的研究(Moosdorf et al.，2011；Hartmann et al.，2012；Hartmann，2009)，从区域监测数据的收集、主要环境因子的选择以及非线性模型的构建，最终推广到全球空间尺度等，然而其研究多数是基于岩石风化碳汇多年平均状况。一些学者认为硅酸盐岩风化的速率过慢，仅在地质尺度上对气候变化产生作用，而另一些学者已经在小尺度区域对硅酸盐岩风化碳汇展开了研究(邹艳娥，2016；刘玉，2006)。因此，目前对全球短期尺度硅酸盐岩的研究比较缺乏，其CSF估算存在较大的不确定性(Tipper et al.，2006)。为了对全球岩石风化碳汇进行有效测算，短时间尺度的风化碳汇量级也需要进一步明确。

硅酸盐岩可以在更具反应性的镁铁质岩石(如玄武岩)和反应性较低的长英质岩石(如花岗岩和变质岩)之间进行广泛划分，并用于在全球尺度上模拟风化(Berner and Kothavala，2001)。花岗岩和玄武岩是硅酸盐岩两种较为典型的类型。相对于玄武岩，花岗岩在全球的分布范围更广，覆盖全球陆壳的20%～25%(Oliva et al.，2003；崔之久等，2007)。

本章利用正演模型和West模型率定花岗岩风化阳离子关键参数并探讨其时空变化过程。此外，利用 $F_{HCO_3^-}-R_{CO_2}$ 模型估算出全球花岗岩实际风化碳汇量级并分析其时空分布格局。

6.1 花岗岩风化阳离子碳汇通量计算

本书将物理侵蚀通量 E、温度 T 和径流深 Q 三个关键因子作为West模型预测因子，将正演模型计算出的花岗岩风化阳离子碳汇通量作为模型观测数据，并采用利文贝格-马夸特(Levenberg-Marquardt，L-M)法和通用全局优化法拟合并优化 West 模型的 6 个关键参数，获取花岗岩风化阳离子碳汇通量的最佳参数值，最终利用 West 模型计算出 1992～2014 年花岗岩风化阳离子碳汇通量(F_{cat_gra})和总量(T_{cat_gra})。

本书计算的研究时段内 T_{cat_gra} 约为 32.46TgC · a^{-1}、F_{cat_gra} 均值约为 4.41tC · km^{-2} · a^{-1}。从图 6-1(a)中可以看出，T_{cat_gra} 的空间像元均值总量为 0.002～47.58×10^3tC · a^{-1}，T_{cat_gra} 主要分布在亚洲南部和东南部、北美洲西北部、南美洲的亚马孙河流域、南美洲的安第斯山脉南段以及非洲的东南部地区。

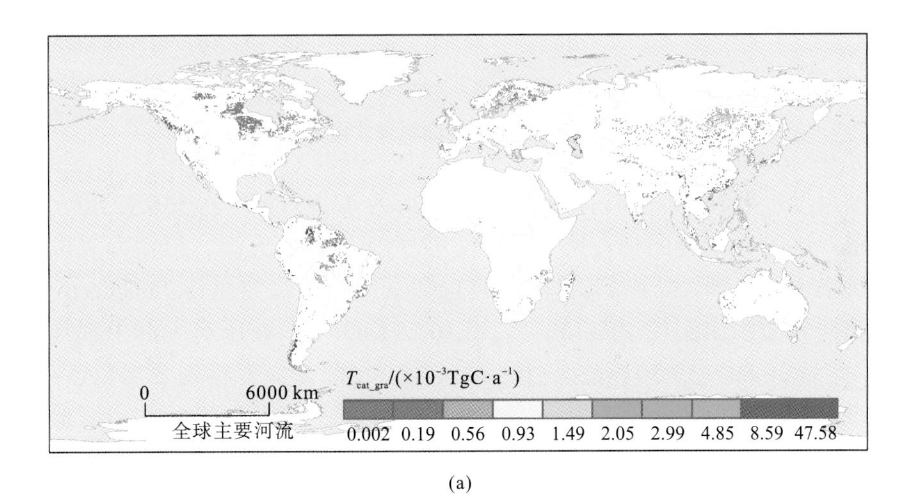

(a)

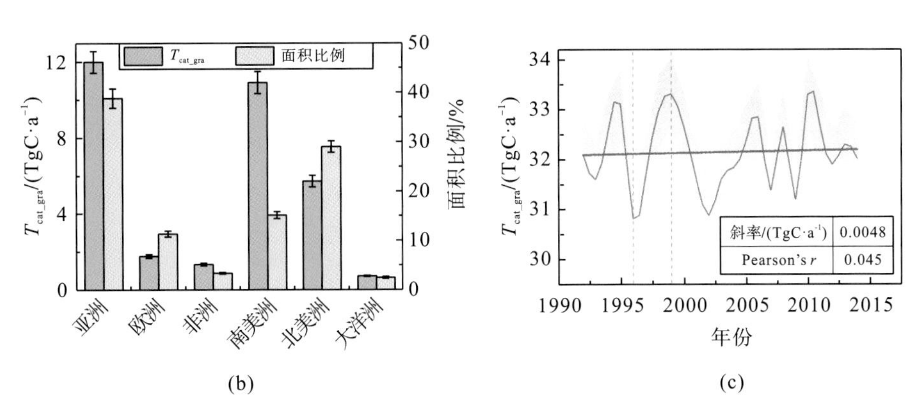

(b) (c)

图 6-1 花岗岩风化阳离子碳汇总量(T_{cat_gra})的空间分布及时间演变趋势

其中，山脉地区往往物理侵蚀活跃，促进了水与岩石矿物表面的接触，因而这些区域也具有较高的风化阳离子碳汇通量(Gaillardet et al.，1999)。表现最为明显的是亚洲东南部，该区域温暖潮湿的气候条件与较大地形起伏度加强了花岗岩化学风化作用(Macdonald et al.，2019)。低值区主要分布在北美洲东北部、亚洲中东部和欧洲北部三个区域。将 F_{cat_gra} 像元值进行降序排列，结合花岗岩面积累计百分比分析，可以发现 56.25%～94.83%的 T_{cat_gra} 分布在 10%～50%的花岗岩地区，其中约 84.78%的 T_{cat_gra} 分布在 30%的花岗岩地区(图 6-2)。

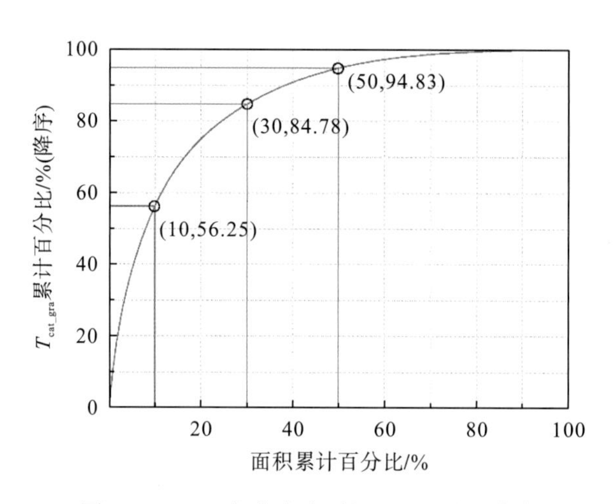

图 6-2 T_{cat_gra} 与花岗岩面积累计百分比曲线

从大洲尺度上看[图 6-1(b)]，亚洲的 T_{cat_gra} 为 11.98TgC·a^{-1}(36.92%)，在各大洲中占据首位，同时花岗岩面积占比(38.82%)也大于其余各大洲。虽然南美洲的花岗岩面积比例远小于北美洲，但其 T_{cat_gra}(10.91TgC·a^{-1})约是北美洲(5.73TgC·a^{-1})的 2 倍。大洋洲的花岗岩面积比例(2.52%)和 T_{cat_gra}(0.73TgC·a^{-1})在所有大洲中都最低。研究时段，T_{cat_gra} 为 30.80～33.30TgC·a^{-1}[图 6-1(c)]，年际最大变幅为 2.26TgC·a^{-1}，总体呈现出缓慢上升趋势(4.8×10^{-3}TgC·a^{-1})。从[图 6-1(c)]中可以看出，T_{cat_gra} 最大的年份为 1999 年，最小值出现在 1996 年，分别用虚线进行了标记。总体上看，T_{cat_gra} 的年际变化并不显著。

物理侵蚀通量 E、径流深 Q 和温度 T 是影响花岗岩风化阳离子碳汇通量(F_{cat_gra})的重要环境因子。为进一步探讨这 3 个因子与模拟的 F_{cat_gra} 之间的关系，分别对它们进行了相关分析和点密度分析。通过将全球花岗岩地区的 E 与基于 West 模型计算的 F_{cat_gra} 进行相关分析，可以看出二者之间具有显著相关性，R^2 达 0.96。图 6-3 中的颜色表示点密度的程度(0～0.025)，值越大代表点的分布越密集。其中，点密度较大的高值区主要分布在 F_{cat_gra} 为 0.05～0.17tC·km^{-2}·a^{-1} 且 E 为 5～20t·km^{-2}·a^{-1} 的区域。另外，在图中的密度点较少的值的分布范围相对较大，总体看出相对较低的区域主要分布在 $F_{cat_gra}>0.09$tC·km^{-2}·a^{-1} 且 $E>45$t·km^{-2}·a^{-1} 的区域。

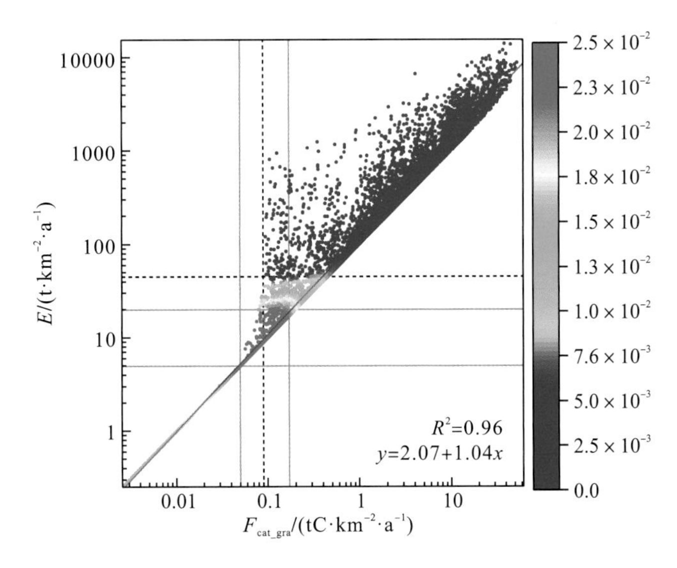

图 6-3　物理侵蚀通量(E)与花岗岩风化阳离子碳汇通量(F_{cat_gra})相关性及点密度分布

径流深 Q 与 F_{cat_gra} 相关分析结果的 R^2 为 0.26，其相关程度略高于 T 与 F_{cat_gra} 的相关程度(R^2=0.21)。然而与 E 相比，两者(Q 和 T)与 F_{cat_gra} 的相关程度均较低。在图 6-4(a)中出现了两个高密度区域，其中较大的一个高密度区范围在 F_{cat_gra} 为 0.07～0.25tC·km^{-2}·a^{-1} 且 Q 为 0～18mm 的区域；另一个较小的高密度区范围在 F_{cat_gra} 为 0.02～0.17tC·km^{-2}·a^{-1} 且 Q 为 120～155mm 的区域。

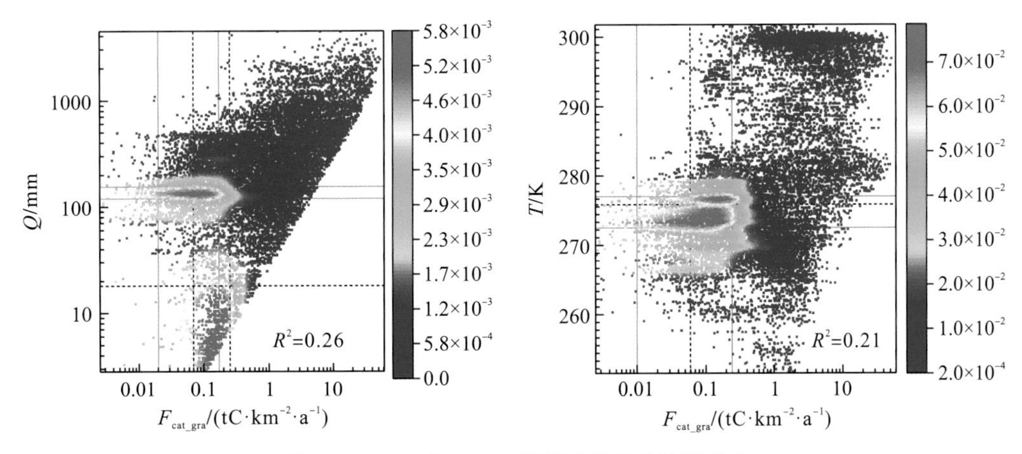

图 6-4　Q、T 与 F_{cat_gra} 的相关性及点密度分布

图 6-4(b)中也出现两个高密度集中区域，但这两个点集中区距离十分近。整体上高密度区分布在 F_{cat_gra} 为 0.01～0.24tC·km^{-2}·a^{-1} 且 T 为 271.5～276.0K(−1.65～2.85°C)的区域，然而在 F_{cat_gra} 为 0.06tC·km^{-2}·a^{-1} 且 T 为 274.8K(1.65°C)时，两个高密度点区却明显分开，表明两者之间的相关程度较低。

本书利用正演模型计算出 130 个花岗岩流域风化阳离子碳汇通量，在剔除部分异常值后最终筛选出 111 个花岗岩流域风化阳离子碳汇通量，并将其计算结果作为观测值。结合 West 模型中的 3 个主要影响因子（E、Q 和 T），采用非线性拟合法 Levenberg-Marquardt 和通用全局优化法，分别拟合出适用于花岗岩风化阳离子的关键参数（χ_m、K、Ea、k_w、z 和 σ）。将模型拟合结果分别与相应的观测值进行相关分析（图 6-3），F_{cat_gra} 最佳拟合的结果显示 R^2=0.45，RMSE 为 2.67，虽然 R^2 较小但基本能够满足模型构建要求。

将花岗岩风化阳离子拟合参数与 West（2012）的研究结果进行对比（表 6-1），由于 West 的研究主要是利用花岗岩 46 个小流域的数据拟合出风化阳离子量的 6 个关键参数，其范围更加适用于花岗岩风化阳离子过程。从表中可以看出，本书拟合的 6 个参数的范围略小于 West 的研究结果，这个差异可能是监测数据的差别，也可能是由于本书的花岗岩风化阳离子量计算方法与 West 的存在差异，导致最终的拟合出现偏差。本书基于流域中花岗岩风化阳离子量估算的结果来自改进的正演模型，而 West 主要基于传统经典模型估算该结果。χ_m 值的范围（0～0.03）整体小于 West 的研究结果（0.04～0.13），不存在重叠的范围，但是与 Maffre 等（2018）的研究结果（0.02～0.30）较为接近。其余 5 个参数均与其存在不同程度的重叠区，其中，花岗岩的活化能 E_a（45.04kJ · mol^{-1}）与 West 的研究值最为接近（45.30kJ · mol^{-1}）。此外，也有学者认为其值是 48.7kJ · mol^{-1}（Oliva et al.，2003），但可以看出总体都处于同一范围。经过以上的数据验证以及与相关学者研究的对比，较好地说明了本书花岗岩和玄武岩风化阳离子碳汇通量模型中关键参数的合理性。值得注意的是，根据反应动力学理论和实验室数据，花岗岩矿物的动力学速率常数虽然已经被测定，但该数值可能会随着花岗岩矿物暴露在风化环境中的时间推移而发生变化（White and Brantley，2003）。

表 6-1　花岗岩参数拟合结果及与 West 研究结果的对比

主要参数	本书		West（2012）	
	花岗岩范围	花岗岩最佳参数值	估算范围	最佳参数值
χ_m	0～0.03	0.01	0.04～0.13	0.09
K	8×10^{-4}～3×10^{-3}	2.99×10^{-3}	7.6×10^{-6}～1.2×10^{-3}	2.60×10^{-4}
E_a/（kJ · mol^{-1}）	35～60	45.04	14.6～79.2	45.30
k_w/（mm · a^{-1}）	8×10^{-5}～3×10^{-5}	1.79×10^{-4}	1.5×10^{-6}～3×10^{-4}	7.60×10^{-5}
z/（t · km^{-2}）	8×10^{6}～1×10^{7}	9.86×10^{6}	2.6×10^{5}～4.1×10^{7}	8.9×10^{6}
σ+1	0.9～1.0	0.96	0.66～1.13	0.89

需要注意的是，本书使用的 West 模型未考虑无机酸（硫酸、硝酸）与有机酸浓度、土壤矿物以及流域水文等因素，而考虑这些因素可使估算结果更加精确与完整（Godderis et al.，2009；Lebedeva et al.，2010）。因此，在未来的研究中需要进一步优化该模型。

6.2　花岗岩实际风化碳汇 R_{CO_2} 估算

基于花岗岩样本点数据和水化学监测数据，正演模型在排除大气沉降和外源酸的影响下，结合主要岩性基础数据，并利用“过钙过镁量”排除碳酸盐的影响，最终计算出花岗岩风化阳离子碳汇通量 F_{cat_gra} 与 HCO_3^- 通量 $F_{HCO_3^-}$ 的比值 R_{CO_2}。对于 R_{CO_2} 计算结果设置 3 种情景进行讨论（图 6-5）：①花岗岩面积比例大于 0（$Gra_{ratio}>0$）；②花岗岩面积比例大于 50%（$Gra_{ratio}>0.5$）；③碳酸盐岩面积比例小于 5%，且花岗岩面积比例大于玄武岩面积比例（$Carb_{ratio}<0.05$ 且 $Gra_{ratio}>Bas_{ratio}$）。三种情景下 R_{CO_2} 计算结果的均值分别为：0.464、0.516 和 0.522。本书计算结果略低于其他学者估算的花岗岩 R_{CO_2} 值（0.58～0.88）(Moosdorf et al.，2011；Hartmann，2009）。原因是本书在排除碳酸盐岩对于花岗岩的风化残余量时，不仅考虑了花岗岩风化的“过钙量”，而且考虑了花岗岩风化过程中的“过镁量”。但值得注意的是，本书研究受到收集监测样本的数量限制，计算结果可能存在一定程度的偏差，考虑其偏差约为 5%。

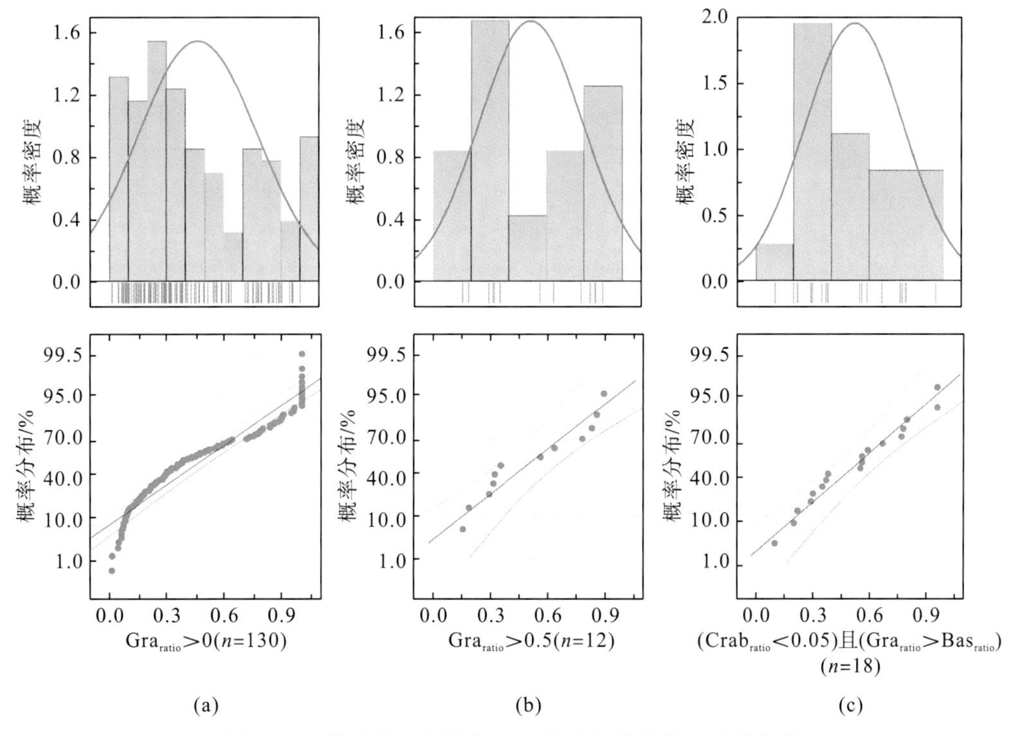

图 6-5　3 种情景下花岗岩 R_{CO_2} 计算结果的概率密度分析

通过对 3 种情景下花岗岩 R_{CO_2} 计算结果的概率密度分析（图 6-5），结合 Q-Q 图可以看出，当 $Gra_{ratio}>0$ 时，虽然其估算的样本数量（n=130）远多于其余两种情景的样本数量（n=12；n=18），但是估算样本中存在较多的异常值，只有少数样本数值位于 95%置信区间内；当 Gra_{ratio}＞0.5，样本数量在 3 种情景中最少（n=12），估算的 R_{CO_2} 值之间的差异也相对较小，其计算结果基本处在 5%误差范围内；当 $Carb_{ratio}$＜0.05 且 Gra_{ratio}＞Bas_{ratio} 时，样本数量（n=18）相对于 Gra_{ratio}>0.5 较多，可以看出 R_{CO_2} 值的分布比较接近于正态分布。相较于前两种情景，第三种情景中计算的 R_{CO_2} 值在 Q-Q 图中分布效果最佳。综上，本书最终选择 $Carb_{ratio}$＜0.05 且 Gra_{ratio}＞Bas_{ratio} 情景计算的花岗岩风化 R_{CO_2} 值（0.522），并将其运用于实际花岗岩风化碳汇通量和总量的估算。

6.3 花岗岩风化碳汇的时空分布

本书绘制了 1992～2014 年全球花岗岩风化碳汇通量的空间分布图。全球花岗岩风化碳汇通量的均值约为 2.35tC·km^{-2}·a^{-1}（0.07～11.29tC·km^{-2}·a^{-1}）。从图 6-6 中可以看出，花岗岩风化碳汇通量的高值区集中分布在南美洲亚马孙平原和安第斯山脉南段以及北美洲西海岸局部地区。此外，通量高值区在西欧、非洲马达加斯加岛、亚洲的东部和南部也有零星分布。花岗岩风化碳汇通量低值区主要分布在亚洲内蒙古高原、蒙古高原、中西伯利亚高原南部以及北美洲的东北部地区。从纬度分布上看，将纬度分布的通量平均值（2.97tC·km^{-2}·a^{-1}）作为参照，全球花岗岩风化碳汇通量主要有两个明显的高值分布带，分别是 3.75°S～29.5°N 和 35.5°S～54.25°S，第一个高值分布带主要受亚洲东南部地区和南美洲亚马孙平原地区高通量值的影响，而第二个高值分布带则明显受南美洲安第斯山脉南段花岗岩风化碳汇高通量值的影响。此外，74.75°N～78.5°N 的通量值较低，这可能受到北美洲东北部低值区的影响。在 23.75°S～40.75°S 出现较明显的低谷，主要受澳大利亚西部、非洲西南部的低通量值影响。

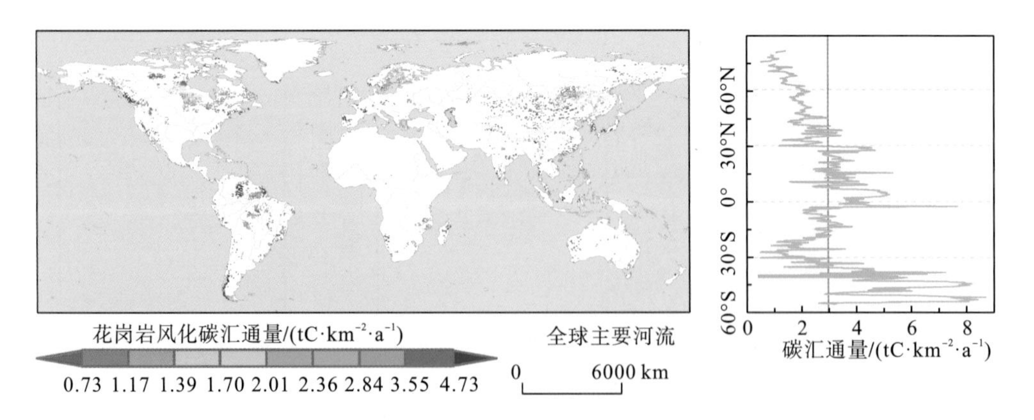

图 6-6 全球花岗岩风化碳汇通量的空间格局及纬度分布

基于全球柯本气候分类矢量边界，本书分别统计出全球花岗岩风化碳汇通量在 5 种气候类型（热带、干旱带、暖温带、冷温带和极地带）中的均值。从箱线图中可以看出（图 6-7），5 种气候类型中碳汇通量最高值分布在暖温带（3.97tC·km^{-2}·a^{-1}），其次是热带地区（2.31tC·km^{-2}·a^{-1}），而干旱带的碳汇通量值最低（0.94tC·km^{-2}·a^{-1}）。结合全球 5 种气候类型以及花岗岩风化碳汇通量的空间分布图，花岗岩风化碳汇通量的高值绝大多数位于暖温带地区，尤其是南美洲和北美洲西部沿海的花岗岩分布区，该区域气候较为湿润，促进了花岗岩化学风化过程。而在气候相对干旱的地区，尤其是亚洲中部地区，花岗岩化学风化则相对缓慢。总体上可以看出，暖温带的花岗岩风化碳汇通量在全球花岗岩风化碳汇通量中占据重要的地位。

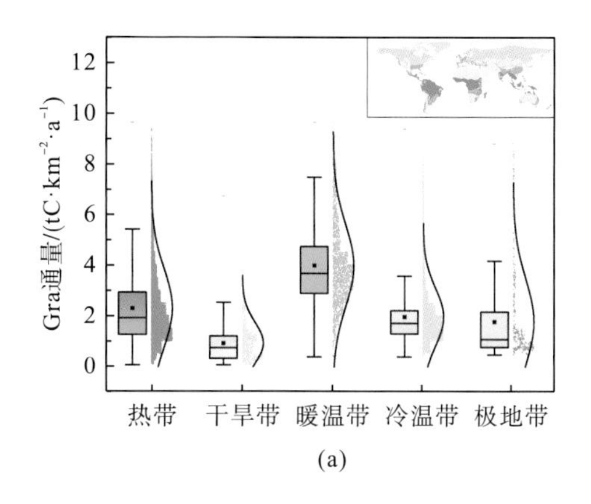

(a)

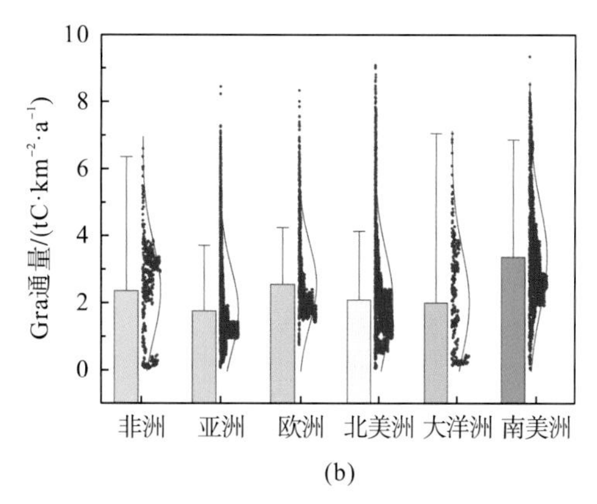

(b)

图 6-7 不同气候带和各大洲的花岗岩风化碳汇通量分布

从大洲尺度上看，全球花岗岩风化碳汇通量在各大洲尺度上存在一定差异，其中，最高值分布在南美洲($3.48tC \cdot km^{-2} \cdot a^{-1}$)、最低值主要分布在亚洲($1.84tC \cdot km^{-2} \cdot a^{-1}$)。这主要是受水分条件和花岗岩岩性分布的影响。南美洲亚马孙平原和西海岸地区水分充足，且存在大量面积的花岗岩分布，因此通量值较高。而在亚洲花岗岩分布区，尤其是亚洲中东部地区，虽然有较多的花岗岩分布，但其大多深居内陆，水分条件较差，不利于花岗岩的化学风化作用。

本书统计出全球 85 个国家和地区存在花岗岩风化碳汇，根据碳汇总量的大小将这些国家和地区进行排序，图 6-8 展示了前 36 个国家和地区的花岗岩风化碳汇总量，其余国家和地区由于总量较小并未展示在图中。其中，排在前五位的国家(加拿大、巴西、俄罗斯、中国和美国)花岗岩的风化碳汇总量占全球总量的比例达 55.15%。花岗岩风化碳汇总量最大的是加拿大，其总量($5.45TgC \cdot a^{-1}$)占全球总量的 18.96%，这离不开其全球最大的花岗岩分布面积(占全球花岗岩面积的 25.65%)，其次是巴西($3.17TgC \cdot a^{-1}$)和俄罗斯($3.16TgC \cdot a^{-1}$)。巴西主要得益于其较快的花岗岩风化通量，而俄罗斯则是因为较大的花岗岩面积分布(20.82%)，最终提高了其花岗岩风化碳汇总量。花岗岩风化碳汇总量排在第四位的是中国($2.46TgC \cdot a^{-1}$)，第五位是美国($1.61TgC \cdot a^{-1}$)。值得注意的是，蒙古国和哈萨克斯坦虽然相对于同一水平花岗岩风化碳汇总量的国家具有较多的花岗岩面积分布，二者的花岗岩面积分别占全球花岗岩面积的 4.47%和 2.06%，但是这两个国家深居内陆，气候干燥且水分条件不足导致其花岗岩的风化速率较慢。此外，越南排在全球第 36 位($0.1TgC \cdot a^{-1}$)，这主要是由于其花岗岩分布面积较小。剩余 49 个国家和地区的花岗岩风化碳汇总量均小于 $0.1TgC \cdot a^{-1}$，其花岗岩风化碳汇总量之和约为 $1.35TgC \cdot a^{-1}$，占全球总量的 0.05%。

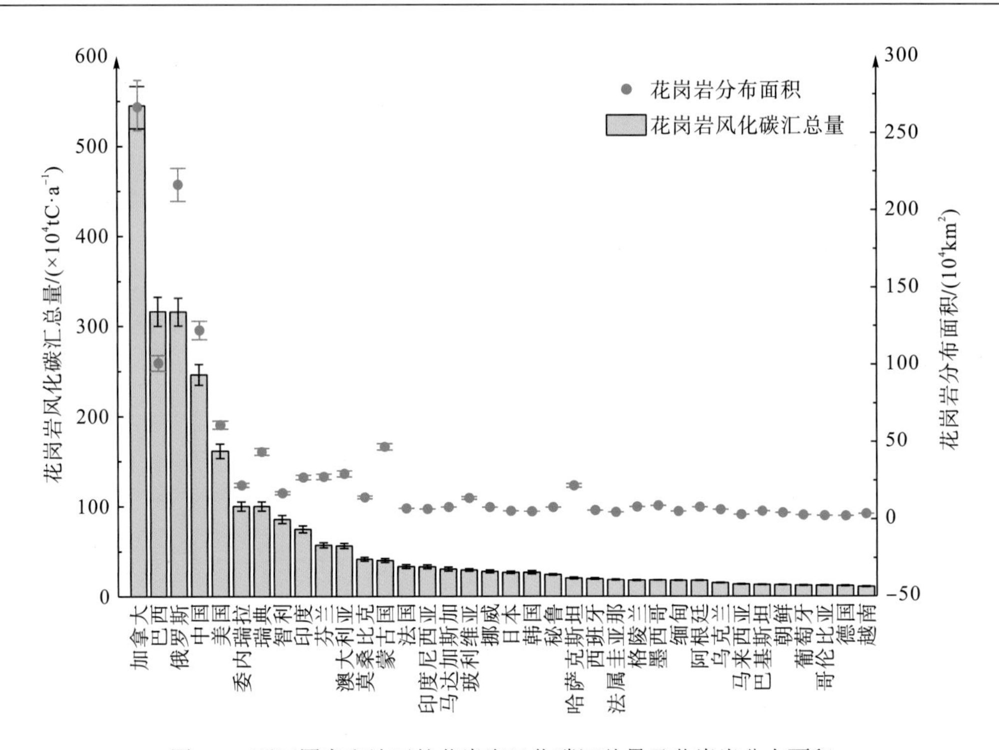

图 6-8　不同国家和地区的花岗岩风化碳汇总量及花岗岩分布面积

此外，本书对长时间序列(1992～2014 年)全球花岗岩实际风化碳汇通量进行了趋势分析。研究时段内全球花岗岩实际风化碳汇通量均值约为 $2.35tC\cdot km^{-2}\cdot a^{-1}$，偏差为 $\pm0.6tC\cdot km^{-2}\cdot a^{-1}$。从图 6-9(a)中可以看出，研究时段内花岗岩实际风化碳汇通量整体上呈现略微上升的趋势(增长速率为 $1.0\times10^{-3}tC\cdot km^{-2}\cdot a^{-1}$)。虽然年际变化上存在一定的波动，最大变幅为 $0.15tC\cdot km^{-2}\cdot a^{-1}$，但在时间上的变化并不显著，没有通过 0.05 的显著性检验。研究时段通量最小值年份出现在 2002 年($2.25tC\cdot km^{-2}\cdot a^{-1}$)，最大值出现在 2011 年($2.43tC\cdot km^{-2}\cdot a^{-1}$)。基于全球花岗岩面积估算出 1992～2014 年花岗岩风化碳汇总量为 $(28.72\pm7.4)TgC\cdot a^{-1}$。此外，基于趋势分析法和 F 检验，本书计算出花岗岩风化碳汇通量的空间趋势。从图 6-9(b)中可以看出，花岗岩风化碳汇通量变化都是极显著的变化，

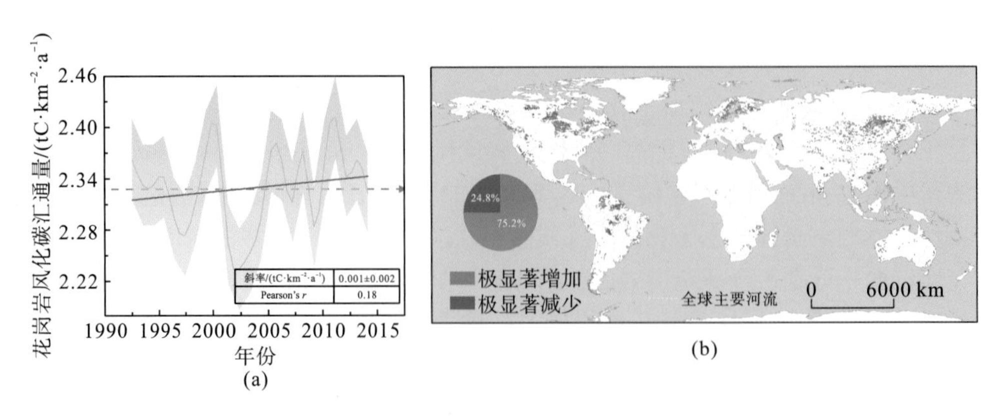

图 6-9　花岗岩风化碳汇通量时间演变和空间趋势

显著变化区域在各大洲均有不同程度的分布。其中，极显著增加的区域约占全球花岗岩风化碳汇通量区域的 3/4(75.2%)，其余为极显著减少区域(24.8%)。从大洲尺度上看，无论是哪种类型的变化，在亚洲变化区域分布范围都是最广的，这主要是因为其广泛的花岗岩分布面积。此外，极显著减少分布面积最少的大洲为非洲，而极显著增加分布面积最少的大洲为大洋洲。

第 7 章　全球玄武岩风化碳汇评估与演变

玄武岩的风化速率显著高于花岗岩的风化速率。在流域尺度上，有研究发现热带玄武岩流域的 CO_2 消耗率约比热带以外的花岗岩流域高出两个数量级(Dessert et al.，2001)。但是，玄武岩对于研究全球硅酸盐岩风化具有十分重要的意义。玄武岩分布面积约占全球陆地面积的 4.6%，全球玄武岩风化对全球硅酸盐岩风化碳汇的贡献率高达 30%～35%(Dessert et al.，2003；Börker et al.，2019；Chen et al.，2020)。Louvat 和 Allègre(1997)估算留尼汪岛(Réunion)玄武岩风化碳汇通量为 15.6～52.8tC·km^{-2}·a^{-1}，均值为 27.6tC·km^{-2}·a^{-1}。Gislason 等(1996)估算冰岛西南部的玄武岩风化通量为 13.2tC·km^{-2}·a^{-1}。Ca 和 Mg 硅酸盐风化是硅酸盐岩风化中最为重要的反应，在地质时间尺度上可对大气/土壤 CO_2 起到负反馈的调节作用，该岩石风化将生成 HCO_3^-，可能会固定在河水中形成碳酸盐沉淀，其余 HCO_3^- 最终会输送到海洋中形成碳酸盐矿物沉淀。Gaillardet 等(1999)认为 K 和 Na 硅酸盐风化对大气/土壤 CO_2 的控制作用并不显著，因为 HCO_3^- 在海水中会发生“可逆反应”重新生成 K 和 Na 硅酸盐，并将一部分 CO_2 返回到大气中。因此，在估算硅酸盐岩风化碳汇过程中需要重点考虑钙镁硅酸盐岩风化。然而，在流域中监测的钙离子和镁离子数据几乎很少全部来自硅酸盐岩风化，这主要是由于全球岩性分布复杂多样。一些学者的研究表明硅酸盐岩地区的微量矿物(特别是方解石)可能在很大程度上促进了 Ca 元素的释放，从而影响该地区整体的 CO_2 消耗量(White et al.，1999；Jacobson et al.，2003；Hartmann，2009)。因此，在估算硅酸盐岩风化碳汇过程中，需要对硅酸盐岩中碳酸盐的影响进行有效区分。目前研究中为了区分碳酸盐岩和硅酸盐岩的大气 CO_2 消耗量，一些学者主要利用的方法是“过钙法”(Ca-excess)或“平衡碱度”法，即根据硅酸盐岩风化的“过钙量”来区分硅酸盐岩和非硅酸盐岩的大气 CO_2 消耗量(Gaillardet et al.，1999；Jacobson et al.，2003；Hartmann，2009)。该方法主要适用于硅酸盐岩作为风化源的地区(Moosdorf et al.，2011)。

然而，在区分硅酸盐岩风化过程中碳酸盐的影响时，多数学者仅关注“过钙量”，并没有考虑“过镁量”。白云石与方解石有着不同的溶解动力学特征(Morse and Arvidson，2002；Pokrovsky et al.，2009)。例如在温度(＜15℃)较低和 HCO_3^- 浓度相对于流量恒定时，白云石的溶解速率可能快于方解石(Szramek et al.，2007)。因此，综合考虑“过钙与过镁量”将成为有效区分硅酸盐岩(花岗岩和玄武岩)风化中碳酸盐影响的一种方法。

本章基于正演模型和 West 模型率定玄武岩风化阳离子的 6 个关键参数并阐明其时空变化过程。同时利用 $F_{HCO_3^-}-R_{CO_2}$ 模型估算出全球玄武岩实际风化碳汇量级及并分析其时空分布变化。

7.1 玄武岩风化阳离子碳汇计算

本书中玄武岩风化阳离子碳汇的估算方法与前期花岗岩风化阳离子量的估算类似，主要利用物理侵蚀通量、温度和径流空间数据，结合 West 模型计算出 1992～2014 年玄武岩风化阳离子碳汇通量 F_{cat_bas}（$4.41tC \cdot km^{-2} \cdot a^{-1}$）。

此外，基于全球玄武岩面积分布计算出其风化阳离子碳汇总量 T_{cat_bas}（图 7-1）。从各大洲的分布上看，亚洲的 T_{cat_bas} 值最大（$9.88TgC \cdot a^{-1}$），占全球大陆（除南极大陆）总量的 31.34%，其玄武岩面积比例在全球也为最高值（45.62%）。其次是南美洲（$7.47TgC \cdot a^{-1}$），所占比例为 23.71%。北美洲的玄武岩面积（20.68%）占比大于南美洲（12.05%），但其玄武岩风化碳汇总量却小于南美洲，这与南美洲的玄武岩分布地形和气候条件密切相关，南美洲的玄武岩集中分布于东南部地区，当地水分比较充足，加速了玄武岩的化学风化过程。在全球除南极洲以外的 6 个大洲中，T_{cat_bas} 值最小的为大洋洲（$0.97TgC \cdot a^{-1}$），其占全球总量的比例为 3.06%，该大洲的玄武岩面积占比（2.45%）在所有大洲中也最小。从图 7-1（c）中可以看出，玄武岩风化阳离子碳汇总量整体表现出下降的趋势（$-0.03a^{-1}$），研究时段内

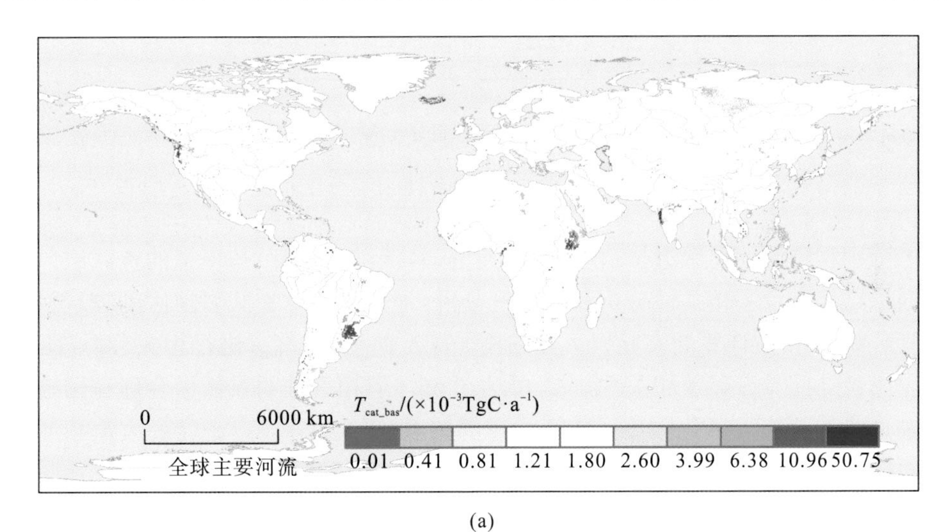

(a)

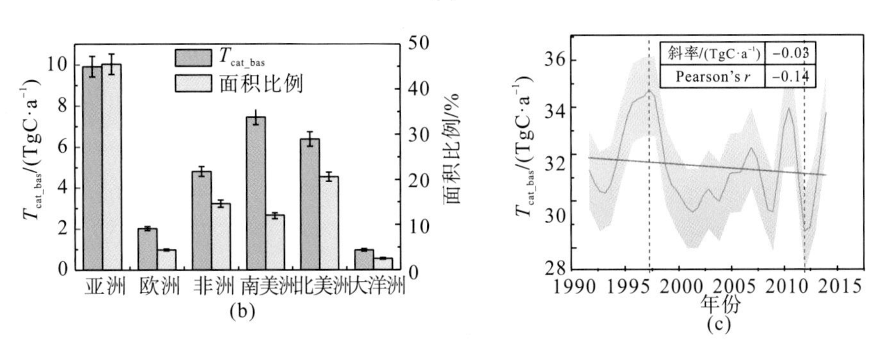

(b) (c)

图 7-1 玄武岩风化阳离子碳汇总量（T_{cat_bas}）的空间分布及时间演变趋势

全球 T_{cat_bas} 为 28.80～34.47TgC·a^{-1}，均值为 31.53TgC·a^{-1}，F_{cat_bas} 最大值出现在 1998 年(34.47TgC·a^{-1})，而最小值出现在 2012 年(28.80TgC·a^{-1})。研究期间全球 T_{cat_bas} 的变化区间是前期估算的花岗岩风化阳离子碳汇总量变化区间的 2.3 倍。此外，全球 T_{cat_bas} 的最大年际变幅为 4.37TgC·a^{-1}，明显高于花岗岩风化阳离子碳汇总量的最大变幅(2.26TgC·a^{-1})。将 F_{cat_bas} 像元值进行降序排列，结合玄武岩面积累计百分比分析，可以发现 47.19%～90.89%的玄武岩风化阳离子量(T_{cat_bas})分布在 10%～50%的区域，其中大约 78.78%的 T_{cat_bas} 分布在 30%的玄武岩地区(图 7-2)，通过与前期花岗岩风化阳离子量对比，发现玄武岩风化阳离子量在高值区的集中度略低于花岗岩地区。

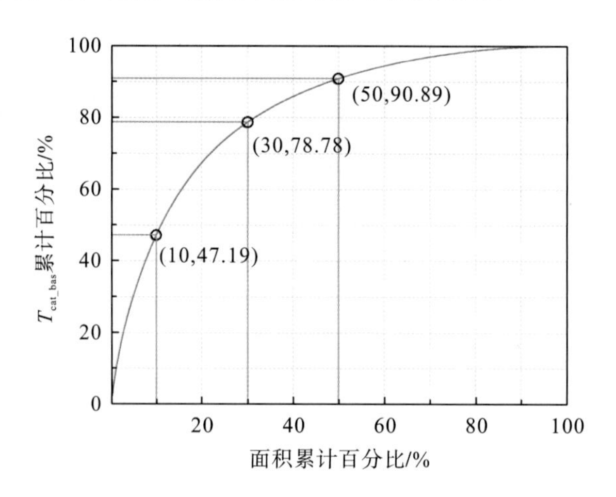

图 7-2 T_{cat_bas} 与玄武岩面积累计百分比曲线

本书分别将预测的 3 个因子(物理侵蚀通量、径流深和温度)与模拟的玄武岩风化阳离子碳汇通量结果进行了相关性分析和点密度分析。通过将全球玄武岩地区的物理侵蚀通量(E)与基于 West 模型计算的玄武岩风化阳离子碳汇通量(F_{cat_bas})进行相关分析(图 7-3)，可以看出二者之间具有显著相关性，R^2 可达 0.56，但相关性明显低于全球花岗岩地区的物理侵蚀通量与花岗岩风化阳离子碳汇通量的关系(R^2=0.96)。点密度最大值和最小值的差距相对较小(0～0.004)，花岗岩点密度范围是玄武岩点密度范围的 5.76 倍。从图 7-3 中可以看出，点密度较大的红色区域分布在 F_{cat_bas} 为 0.19～1.10tC·km^{-2}·a^{-1} 且 E 为 4～36t·km^{-2}·a^{-1} 之间的区域；点密度较低的紫色区域分布在 F_{cat_bas}>1.80tC·km^{-2}·a^{-1} 且 E>48t·km^{-2}·a^{-1} 之间的区域。

从图 7-4(a)中可以看出，径流深 Q 与 F_{cat_bas} 具有较好的相关性(R^2=0.72)，且相关系数明显大于 T 与 F_{cat_bas} 的相关性系数(R^2=0.02)。Q 与 F_{cat_bas} 的高密度区范围在 F_{cat_bas} 为 0.025～0.200tC·km^{-2}·a^{-1} 且 Q 为 0～12mm 的区域。通过 Q 与 F_{cat_gra} 的相关性进行对比分析，发现在玄武岩地区 Q 与 F_{cat_bas} 的相关程度远高于花岗岩地区。从图 7-4(b)中可以看出，点分布非常离散，出现了一个较小的高密度集中区，主要分布在 F_{cat_bas} 为 0.5～1.2tC·km^{-2}·a^{-1} 且 T 为 264.5～266.0K 的区域。结合 T 与 F_{cat_gra} 的相关性分析可以看出，无论是在花岗岩地区还是玄武岩地区，T 与风化阳离子碳汇通量之间的相关程度都相对较低。

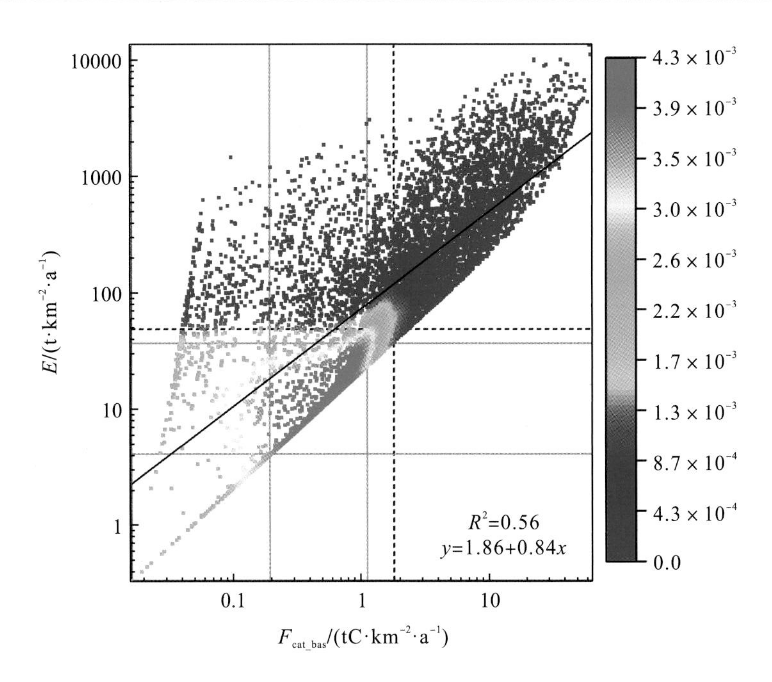

图 7-3　物理侵蚀通量(E)与玄武岩风化阳离子碳汇通量(F_{cat_bas})相关性及密度分布

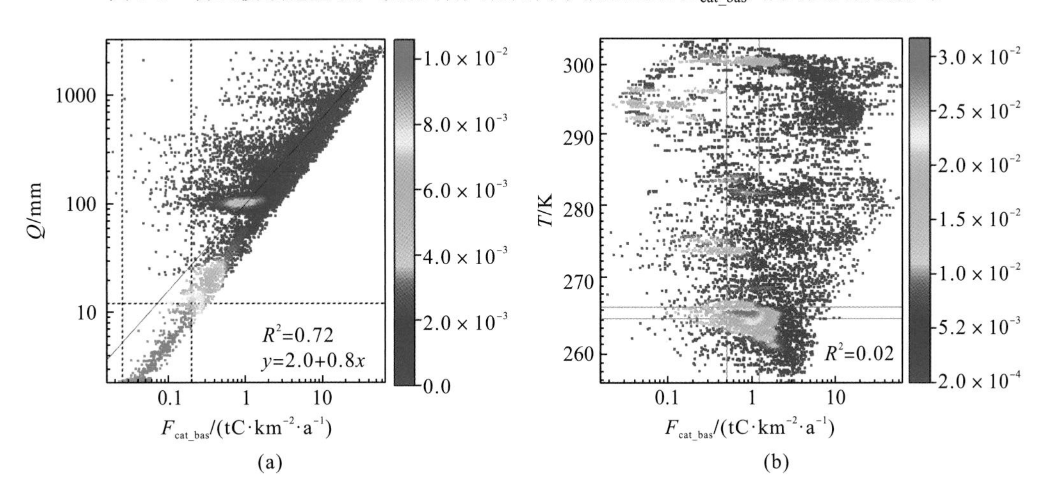

图 7-4　玄武岩风化阳离子碳汇通量(F_{cat_bas})与径流深(Q)和温度(T)的相关性

本书利用正演模型计算出 95 个玄武岩流域的风化阳离子碳汇通量，在剔除部分异常值后最终筛选出 95 个玄武岩流域的风化阳离子碳汇通量，并将其计算结果作为观测值，拟合出适用于玄武岩风化阳离子的关键参数(χ_m、K、E_a、k_w、z 和 σ)。将模型拟合结果分别与相应的观测值进行相关分析(图 7-3)。F_{cat_bas} 拟合的效果较好，R^2 为 0.63，RMSE 为 10.73。

为了进一步验证模型的合理性，本书将玄武岩风化阳离子量模型拟合的 6 个参数范围与 Maffre 等(2018)的研究进行了对比(表 7-1)。

表 7-1 玄武岩参数拟合结果及与 Maffre 等研究的对比

主要参数	本书		Maffre 等(2018)
	玄武岩范围	玄武岩最佳参数值	估算范围
χ_m	0.04～0.15	0.05	0.02～0.3
K	4.0×10^{-4}～3.00×10^{-3}	6.95×10^{-4}	1×10^{-5}～1×10^{-2}
E_a/(kJ·mol^{-1})	15～35	28.96	1～60
k_w/(mm·a^{-1})	6.0×10^{-5}～3.00×10^{-5}	2.87×10^{-4}	1×10^{-6}～3×10^{-6}
z/(t·km^{-2})	7.00×10^{6}～1.00×10^{7}	8.96×10^{6}	1×10^{6}～5×10^{7}
σ+1	0.8～0.9	0.85	0.66～1.13

Maffre 等的研究主要针对硅酸盐岩中所有岩石类型的关键参数，而本书进一步精确量化了玄武岩的风化阳离子关键参数。从表 7-1 中可以看出，本书拟合的玄武岩风化碳汇通量的参数范围基本包含于 Maffre 的估算范围，本书的参数范围能更加精确地体现出适用于玄武岩的关键参数的分布值域，从而使计算的玄武岩风化阳离子碳汇通量更为精确。其中，E_a 是指玄武岩的表观活化能，E_a 的拟合结果接近实验室的观测结果(25.5～32kJ·mol^{-1})(Gislason and Hans，1987；Gislason and Oelkers，2003)，但低于基于固定的粗糙度分形维数、风化壳或河流中碳酸氢盐浓度估算的结果(42.3～70kJ·mol^{-1})(Navarre-Sitchler and Brantley，2007；Sak et al.，2004；Dessert et al.，2001)。

7.2 玄武岩实际风化碳汇 R_{CO_2} 估算

本书基于玄武岩样本点数据和水化学监测数据计算出玄武岩风化碳汇通量 F_{cat_bas} 与碳酸氢根离子通量 $F_{HCO_3^-}$ 的比值(R_{CO_2})，并根据计算结果设置了三种情景进行讨论：①玄武岩面积比例大于 0($Bas_{ratio}>0$)；②玄武岩面积比例大于 50%($Bas_{ratio}>0.5$)，③碳酸盐岩面积比例小于 5%，且玄武岩面积比例大于花岗岩面积比例($Carb_{ratio}<0.05$ 且 $Bas_{ratio}>Gra_{ratio}$)。

最终计算出三种情景下玄武岩 R_{CO_2} 均值分别为：0.801、0.955 和 0.872。将计算 R_{CO_2} 结果与现有相关研究进行对比，发现与基于“过钙法”计算的玄武岩 R_{CO_2} 值(0.87～1.00)较为接近(Moosdorf et al.，2011；Hartmann，2009)，数值基本处于同一范围。进一步分析三种情景下 R_{CO_2} 值的概率密度分布(图 7-5)，结合概率分布图来讨论其分布状况。研究发现：当 $Bas_{ratio}>0$ 时，R_{CO_2} 的样本数量最多(n=95)，然而其分布的差异较大，存在较多的异常值，且在概率分布图中分布的效果最差，严重偏离正态分布，发现多数 R_{CO_2} 值接近于 1；当 $Bas_{ratio}>0.5$ 时，R_{CO_2} 的样本数量最少(n=5)，这主要是由于玄武岩在全球范围内的分布较少，在流域中的面积比例也相对较低，其面积比例大于 50%的流域数量远小于碳酸盐岩或花岗岩，但是其最终的估算结果差异较小，基本都处在 95%置信水平内。当

$Carb_{ratio}$<0.05 且 Bas_{ratio}>Gra_{ratio} 时，研究 R_{CO_2} 值多于第二种情景，但是在概率分布图中可以看出其中已经有一个数值明显超出了 95%置信区间，整体增加了 R_{CO_2} 值之间的差异。综上所述，本书选择第二种情景即 Bas_{ratio}>0.5 时 R_{CO_2} 的估算结果(0.955)，并将其运用于实际玄武岩风化碳汇通量的估算中。

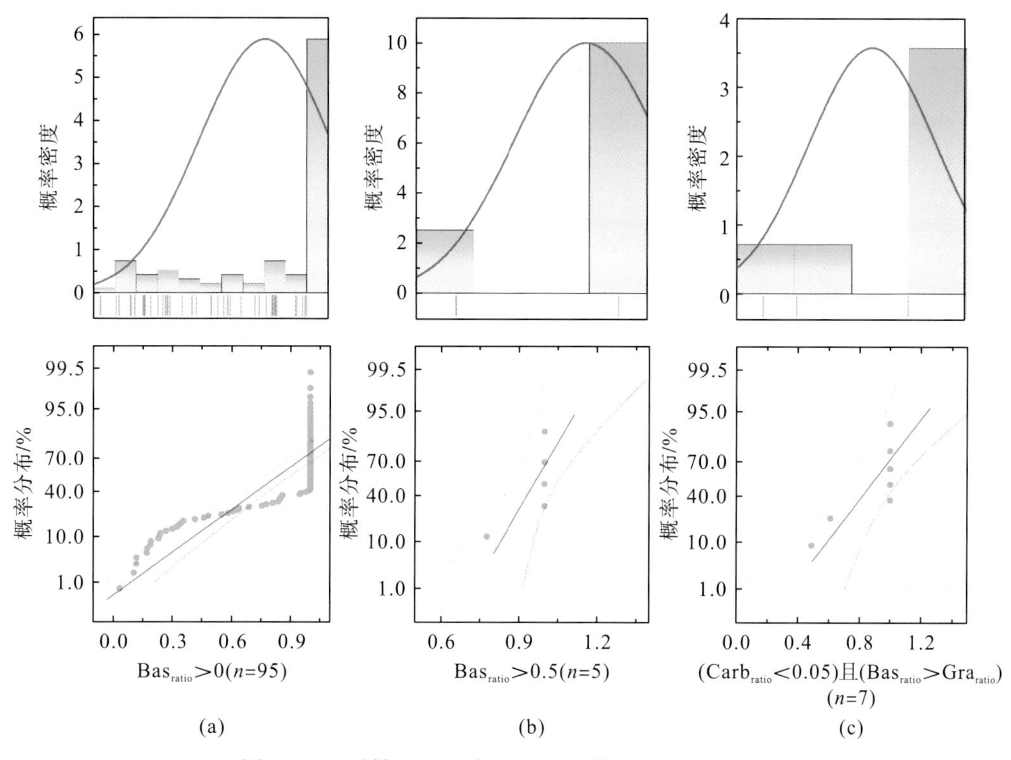

图 7-5　三种情景下玄武岩 R_{CO_2} 计算结果的概率密度

7.3　玄武岩风化碳汇的时空分布特征

通过分析全球玄武岩风化碳汇通量的空间格局，1992～2014 年实际玄武岩风化碳汇通量均值约为 $4.08tC\cdot km^{-2}\cdot a^{-1}$($0.15\sim21.20tC\cdot km^{-2}\cdot a^{-1}$)。从图 7-6(a)中可以看出，全球存在 5 个玄武岩风化碳汇通量高值区，分别为北美洲西海岸部分地区、南美洲东南部、冰岛、非洲埃塞俄比亚高原以及印度半岛西部。而玄武岩风化碳汇通量低值区主要分布在亚洲中西伯利亚高原北部。全球玄武岩风化碳汇通量的纬度分布差异较为明显，这与玄武岩在全球分布的差异性关系密切。本书将玄武岩风化碳汇通量在纬度分布上的通量平均值($4.54tC\cdot km^{-2}\cdot a^{-1}$)作为参照，发现在赤道以南(1°S～2.25°S)出现了峰值，表现出同纬度带上非洲埃塞俄比亚地区具有较强的玄武岩风化能力。此外，在 25.25°N～32.5°N 出现了较为明显的低值区，这可能受到撒哈拉沙漠中部和阿拉伯半岛西北部低值分布的影响，同时在 47°S～51.75°S 也存在明显的低值区，这主要与南美洲西南部的低值分布有关。

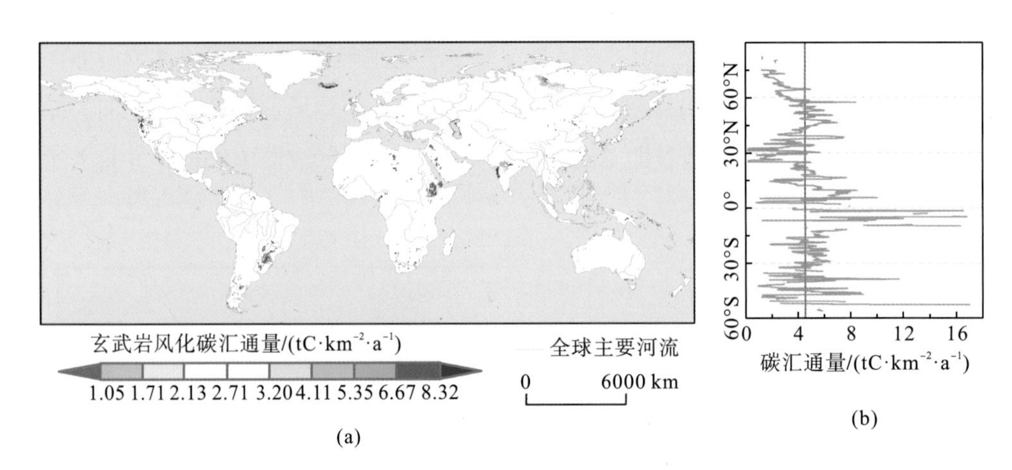

图 7-6 全球玄武岩风化碳汇空间格局和纬度分析

基于全球柯本气候分类，本书分别统计出 1992～2014 年全球玄武岩风化碳汇通量在 5 种气候类型中的分布[图 7-7(a)]。5 种气候类型中，碳汇通量最高值分布在暖温带($6.73tC \cdot km^{-2} \cdot a^{-1}$)，其次为热带($6.37tC \cdot km^{-2} \cdot a^{-1}$)，而干旱带的通量值最低($1.88tC \cdot km^{-2} \cdot a^{-1}$)。通过与前期研究的花岗岩风化碳汇通量的气候类型分布进行对比分析发现，对于热带、暖温带和干旱带，在花岗岩和玄武岩风化碳汇通量中占据相似的地位，其通量值都表现为暖温带最大、干旱带最小，热带仅次于暖温带。对于冷温带和极地带，在花岗岩和玄武岩风化碳汇通量中的地位稍有不同，冷温带的花岗岩风化碳汇通量($1.96tC \cdot km^{-2} \cdot a^{-1}$)大于极地带($1.77tC \cdot km^{-2} \cdot a^{-1}$)。这两种气候类型在玄武岩风化过程中则表现相反，极地带的玄武岩风化碳汇通量($3.83tC \cdot km^{-2} \cdot a^{-1}$)略大于冷温带($3.19tC \cdot km^{-2} \cdot a^{-1}$)。

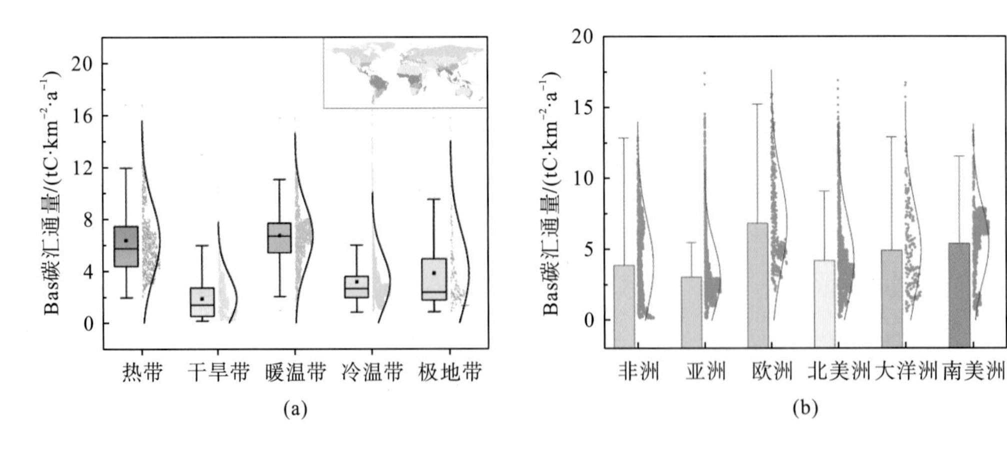

图 7-7 不同气候带和各大洲的玄武岩(Bas)风化碳汇通量分布

从大洲尺度上看，各大洲间的玄武岩风化碳汇通量差异较为明显[图 7-7(b)]，其中，最高值分布在欧洲($6.86tC \cdot km^{-2} \cdot a^{-1}$)，位于第二位的是南美洲($5.43tC \cdot km^{-2} \cdot a^{-1}$)，最低值主要分布在亚洲($3.07tC \cdot km^{-2} \cdot a^{-1}$)。欧洲高通量值主要受冰岛玄武岩风化的影响，南美洲的玄武岩分布面积大于欧洲，但其南部存在明显的碳汇通量的均值，使其玄武岩风化碳汇通量均值整体变小。而亚洲的玄武岩分布面积相对较大，但是存在两处明显的低通量区，即中西伯利亚高原北部和中东沙特阿拉伯半岛西部和北部。

本书统计出全球共有 97 个国家和地区存在玄武岩风化碳汇，将其碳汇总量按从大到小的顺序排列，并在图 7-8 中展示了前 36 个国家和地区的玄武岩风化碳汇总量。剩余 61 个国家和地区由于总量分布较少并未展示在图中，这些国家和地区的碳汇总量占比均低于 0.25%，玄武岩风化碳汇总量之和约为 $1.5\mathrm{TgC \cdot a^{-1}}$。从图 7-8 中可以看出，前 7 个国家(俄罗斯、美国、印度、巴西、埃塞俄比亚、加拿大和冰岛)的玄武岩风化碳汇总量在全球玄武风化碳汇中占有十分重要的地位，其碳汇总量之和为 $19.76\mathrm{TgC \cdot a^{-1}}$，占全球玄武岩风化碳汇总量的 64.96%。玄武岩风化碳汇总量最大的是俄罗斯($4.72\mathrm{TgC \cdot a^{-1}}$)，占全球玄武岩风化碳汇总量的 15.51%，远高于其他国家和地区，这主要是由于其最大的玄武岩面积比例(31.55%)；其次是美国($3.39\mathrm{TgC \cdot a^{-1}}$)，占全球总量的 11.14%，其玄武岩分布面积在全球居第二位；位于第三位的印度玄武岩风化碳汇总量为($2.84\mathrm{TgC \cdot a^{-1}}$)，占全球总量的 9.34%。巴西的风化碳汇总量明显高于埃塞俄比亚和加拿大，然而其玄武岩面积却低于两者，可能是由于巴西的玄武岩主要分布于拉普拉塔平原地区，气候相对湿润，水分充足，大大加速了玄武岩的化学风化。此外，阿根廷和中国的玄武岩分布面积略大于冰岛，但是玄武岩风化碳汇总量却远小于冰岛，可能主要受冰岛气候的影响，其显著的海洋性气候水分条件对于玄武岩风化具有重要意义。

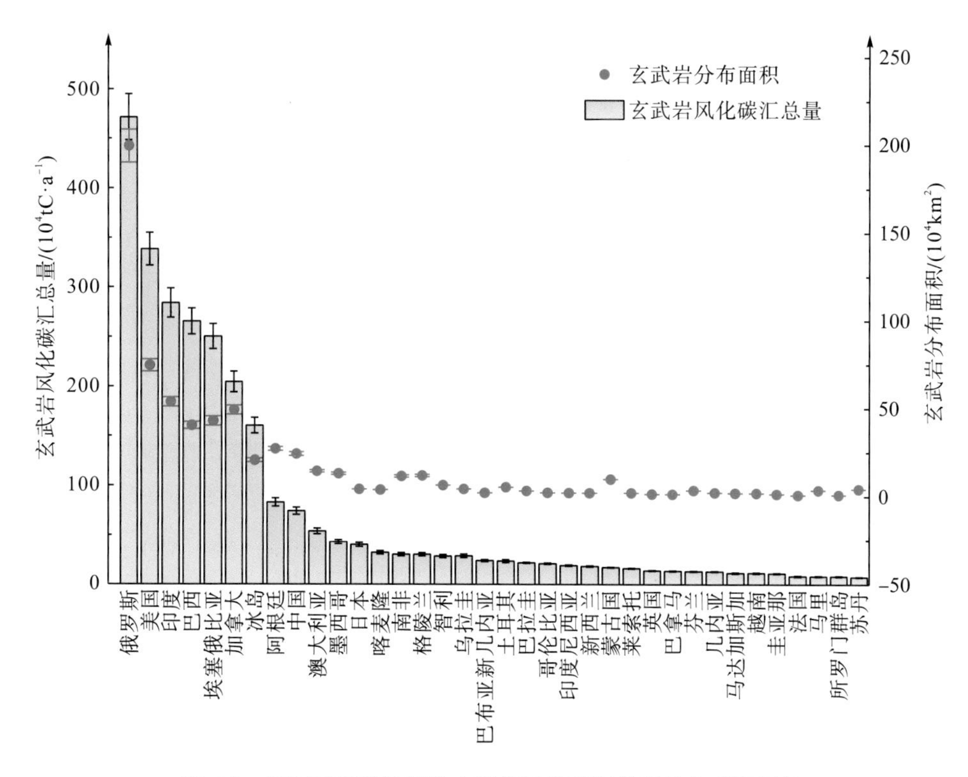

图 7-8　不同国家和地区的玄武岩风化碳汇总量及玄武岩面积

本书估算出1992～2014年全球玄武岩风化碳汇通量均值为4.08tC·km^{-2}·a^{-1}，研究时段内玄武岩的风化碳汇通量呈现略微下降的趋势，其变化斜率为-0.003a^{-1}，年际最大变幅为0.35tC·km^{-2}·a^{-1}(图7-9)。不同年份的均值为3.90～4.29tC·km^{-2}·a^{-1}，与之前估算的花岗岩风化通量的年际变化相比，玄武岩风化通量的最大年际变化幅度约是花岗岩的2.33倍。基于全球玄武岩的面积估算出1992～2014年花岗岩风化碳汇总量为30.42TgC·a^{-1}，该估算结果略大于花岗岩的风化碳汇总量(28.72TgC·a^{-1})。然而，在空间像元上进行趋势分析却发现全球绝大多数玄武岩风化碳汇通量呈现出显著增加的趋势(70.32%)，基本稳定的区域面积约占26.49%，显著降低和极显著降低的区域面积较少，分别占1.97%和1.22%。其中一个极显著降低的集中分布区在南美洲西南部。该地区玄武岩风化呈现极显著降低趋势有可能与当地气候干化有关。岩石风化碳汇通量受气候变化和人类活动等多重因素影响，其变化过程具有复杂性，因此不同地区的玄武岩通量变化需要考虑当地特殊的生态环境。

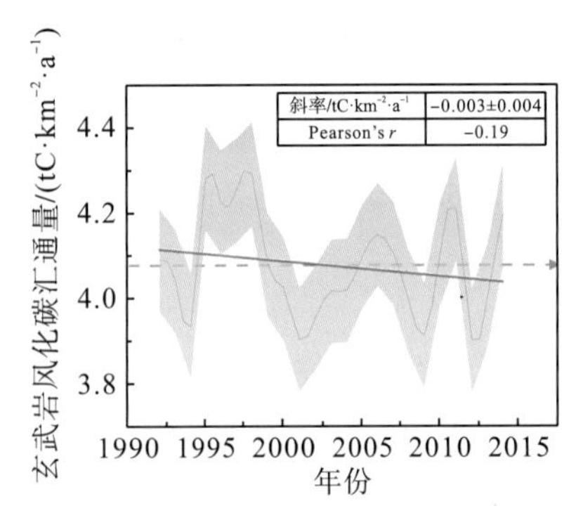

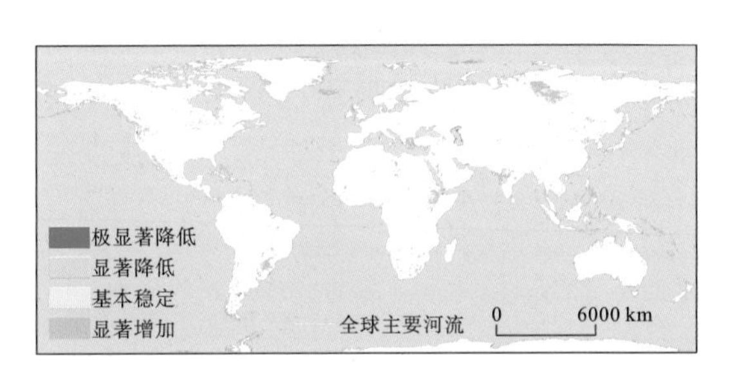

图7-9　1992～2014年全球玄武岩风化碳汇通量空间趋势分析和时间演变

本书根据West模型计算出玄武岩风化阳离子碳汇通量(F_{cat_bas})，同时根据$F_{HCO_3^-}$和R_{CO_2}均值计算出玄武岩实际的化学风化碳汇通量(F_{bas})。在理想情况下这两种方法计算的通量结果应该接近，都可以表示玄武岩的化学风化碳汇通量。对比本书中利用这两种方法计算的通量均值，发现F_{cat_bas}(4.41tC·km^{-2}·a^{-1})略高于F_{bas}(4.08tC·km^{-2}·a^{-1})。可以看出这两种方法计算的风化阳离子碳汇通量略高于实际风化碳汇通量，计算结果基本处于同一数量级，然而在通量值的分布范围上两种方法存在明显的差别。总体上，风化阳离子碳汇通量的范围显著大于实际风化碳汇通量的范围，玄武岩的风化阳离子碳汇通量范围是其实际风化碳汇通量的3.1倍。水的滞留时间短而对风化反应进行了强有力的动力学限制，导致实际化学风化碳汇通量值偏低(Porada et al.，2016)。此外，也不排除方法本身造成的计算误差以及因为监测数据和空间数据误差造成的差异。总体上这两种改进的模型都可以估算具体的玄武岩风化碳汇通量，并推广到像元尺度上揭示玄武岩风化碳汇通量和总量的时空分布规律。

第8章 硅酸盐岩风化碳汇对全球变化的贡献：过去与未来

硅酸盐岩风化碳汇被视为一个净碳汇，并长时间（数百万年以上）影响全球碳循环（Tao et al.，2011），从而降低大气 CO_2 浓度（Bolin et al.，1980；Kempe and Degens，1985）。在地质时间尺度上，存在着“岩石风化—CO_2 浓度—环境变化”的负反馈机制（Maher and Chamberlain，2014），CO_2 浓度不断上升，导致全球气候变暖，随之促进岩石风化——吸收更多的 CO_2 进行风化作用（Xie et al.，2012；Liu et al.，2008，2011），使得大气 CO_2 浓度和全球温度趋于降低，从而在一定程度上长期控制全球 CO_2 的含量（Walker et al.，1981；Berner et al.，1983；Garrels et al.，1975；Wallmann，2001）。因此，硅酸盐岩风化是全球碳循环的重要环节（Caldeira，1995）。

为此，许多科学家开展了大量的研究并取得显著进展。国内外目前主要有两种探究硅酸盐岩风化碳汇量级的方法。第一种是水化学法。研究大河的好处在于整合大部分大陆地壳和不同气候区域，大河包含了全球大部分岩石风化后溶解元素（Gaillardet et al.，1999；Garrels and Mackenzie，1975）。岩石经风化后将吸收的 CO_2 转化为可溶性的 HCO_3^-、Mg^{2+}、Ca^{2+} 等离子，最终进入河流，并固存 CO_2，因此分析某一河流中的相关含量可以定量化该流域的 CO_2 吸收量。Gaillardet 等（1999）利用全球 60 条大河的水化学汇编数据计算出降水量、岩性和气温对河流水化学溶解量的贡献，再基于反演模型，将流域的硅酸盐岩风化碳汇总量（T_{sil}）推广至全球范围，最后得出全球硅酸盐岩 CO_2 的碳汇总量为 $0.104PgC \cdot a^{-1}$。第二种是计算机模拟建模法。这种方法随着计算机技术的发展而逐步完善。Suchet 等（2003）首先在全球尺度上将大陆岩石分为 6 种：砂和砂岩、页岩、地盾岩石、酸性火山岩、玄武岩和碳酸盐岩，随后推导出每种岩石的经验系数数字图层，最后将该图层与其构建的“GEM-CO_2”模型相结合，从而模拟出全球 T_{sil}（$0.155PgC \cdot a^{-1}$）。在先前研究的基础上，Hartmann（2009）进一步构建了“多岩性模型”并将大陆岩石类型细化为 15 类。该研究通过模拟日本群岛对 CO_2 的消耗进而拓展到全球尺度。研究表明，全球大陆硅酸盐岩风化所消耗的大气 CO_2 为 $0.133 \sim 0.169PgC \cdot a^{-1}$。

从相关研究结果看，硅酸盐岩风化碳汇通量（F_{sil}）与其风化速率高度相关（Dessert et al.，2001），并且岩石风化通常被认为是径流深和气温等多重因素交织的复杂响应（White and Blum，1995；Kump et al.，2000）。因此全球硅酸盐岩的碳汇量依然存在较大的差异和不确定性（Moon et al.，2014），全球硅酸盐岩化学风化碳汇的量级、空间格局及演变特征依然不清晰，从而限制了陆地遗失碳汇之谜、碳循环系统收支不平衡等问题的解决。在不同区域内，通过水化学的动态变化体现出岩溶作用随温度的变化而变化（Berner and Kothavala，2001；Gislason et al.，2009；Zhang et al.，2006a）。所以在高温地区忽略温度的碳汇估算结果有可能与实际情况存在较大差异。这就需要将气候影响因子纳入全球硅酸盐岩计算中。另外，F_{sil} 的量级以及分布状况也亟待进行空间转换——在全球像元尺度上的精确反应(Pu et al.，2015)。

本章综合考虑气候影响因子，在 0.25°像元尺度上定量评估 1996～2017 年全球硅酸盐岩碳汇的空间分布及量级，旨在：①量化全球尺度硅酸盐岩碳汇量级；②分析不同区域划分类型下硅酸盐岩碳汇空间分布规律；③探究多年尺度下全球硅酸盐岩的演变规律；④揭示各国多年平均碳汇水平以及变化情况；⑤在 RCP 4.5 和 RCP 8.5 两种温室气体排放情景下，分析 2041～2060 年全球硅酸盐岩碳汇量级及其分布，明确不同气候条件对碳汇的影响。本章对于改进碳循环模型和评价硅酸盐岩碳汇有重要意义，可为全球碳汇交易的公平性提供参考，从而为其全球环境治理提供理论依据。

8.1 硅酸盐岩风化碳汇的空间分布格局

8.1.1 全球硅酸盐岩风化碳汇通量分布格局

研究期内的气象数据及硅酸岩分布(图 8-1)表明，1996～2017 年全球降水量为 0～6421mm，空间上呈现出由赤道向南北两极递减的趋势。全球最大降水量分布在南美洲大陆北部和东南亚沿海，位于赤道附近的非洲大陆区域降水量相对较大(1536.07～2467.79mm)。全球蒸发量地区差异同样明显，其空间变化与降水量的空间变化规律基本一致。但是全球蒸发量受海陆位置的影响更加明显，蒸发量从沿海向内陆逐渐减少。全球年均气温为-25.89～33.34℃，空间分布趋势为南高北低，全球大部分温度主要集中在 0℃以上，占全球面积的 65.77 %。年均温 0℃以下的区域主要分布在欧亚大陆北部以及北极地区，其中格陵兰岛年均最低温度跌破-20℃。21℃以上区域主要分布在赤道附近地区，如大洋洲北部、东南亚等地。受降水与蒸发的复合影响，径流深的空间分布呈赤道向两极递减、沿海向内陆递减的趋势。因此，径流深高值(1527～5621mm)主要集中在赤道附近的沿海地区，与全球高温区相重合，为风化作用创造了有利条件。全球年均土壤水分含量为 $0～0.47m^{-3}\cdot m^{-3}$，各气象因子与全球土壤相对湿度都有相关关系。格陵兰岛沿岸的土壤湿度达到全球最大值(>$0.37m^{-3}\cdot m^{-3}$)，该地终年被冰雪覆盖，始终维持在三低状态(低温、低降水、低蒸发)。

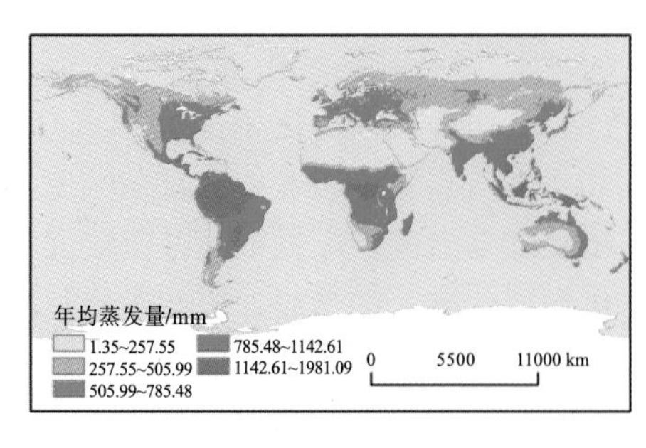

(a)年均蒸发量分布

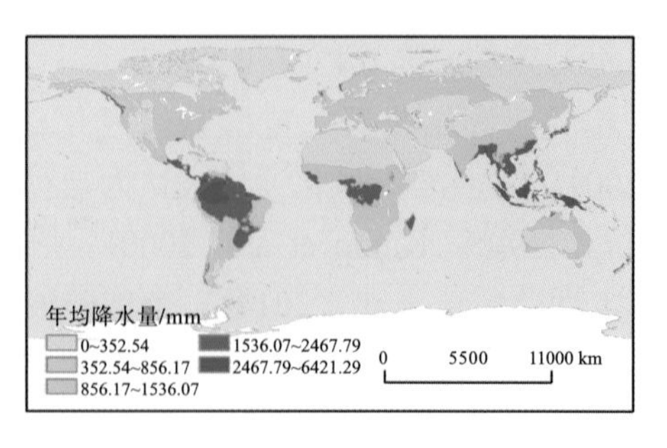

(b)年均降水量分布

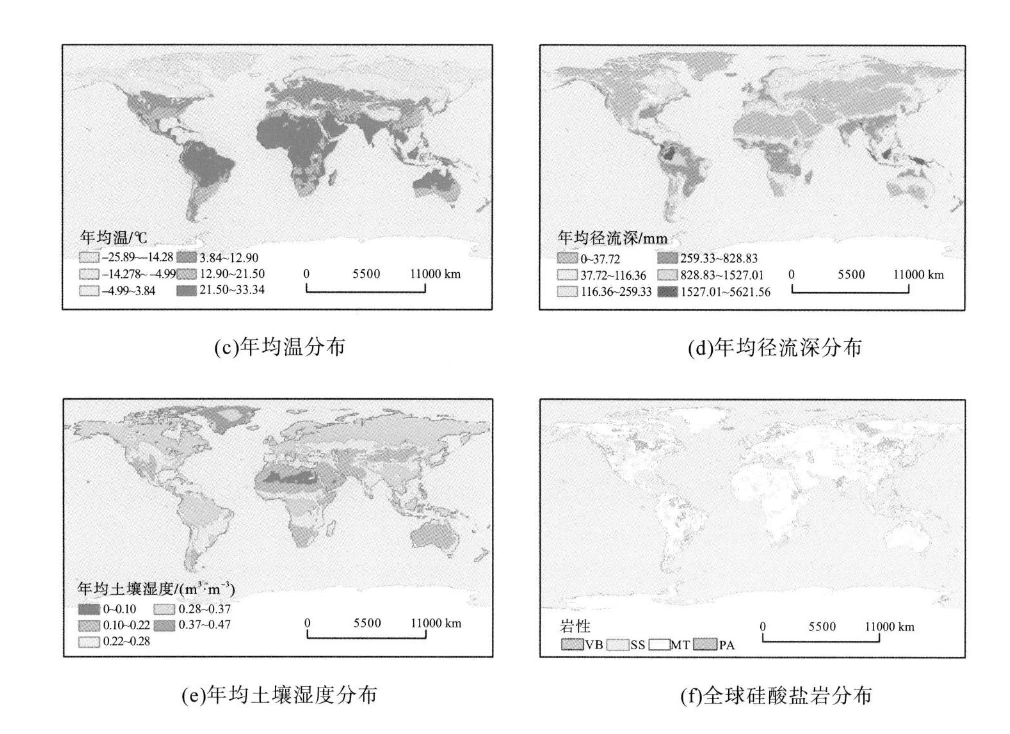

(c)年均温分布　(d)年均径流深分布

(e)年均土壤湿度分布　(f)全球硅酸盐岩分布

图 8-1　研究期内的气象数据及硅酸盐岩分布

注：数据源自 Beaudoing 和 Rodell(2017)、Suchet 等(2003)、https://www.ecmwf.int/。

基于本书计算方法，绘制全球 F_{sil} 分布地图(图 8-2)并具体到不同岩性的全球通量分布。本书将硅酸盐岩分为基性火山岩(VB)、变质岩(MT)、酸性深成岩(PA)和硅质碎屑岩(SS)四类岩性，所占面积约为 6165.25 万 km^2，约占全球陆地面积的 41%。经计算，全球 F_{sil} 均值为 $1.64tC \cdot km^{-2} \cdot a^{-1}$，MT、PA、VB 和 SS 的 F_{sil} 分别为 $1.98tC \cdot km^{-2} \cdot a^{-1}$、$1.61tC \cdot km^{-2} \cdot a^{-1}$、$1.35tC \cdot km^{-2} \cdot a^{-1}$ 和 $1.54tC \cdot km^{-2} \cdot a^{-1}$(表 8-1)。

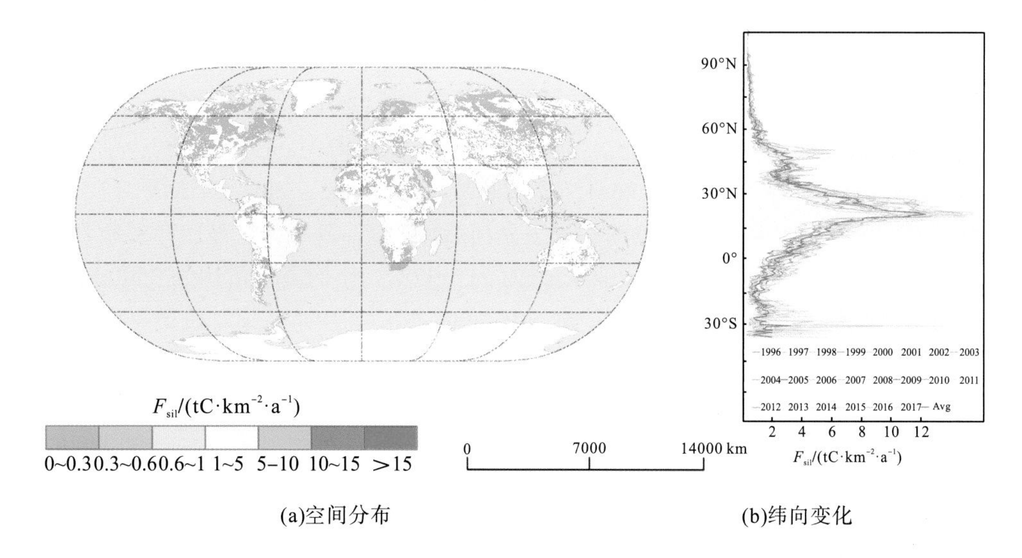

(a)空间分布　(b)纬向变化

图 8-2　1996～2017 年硅酸盐岩年均风化碳汇通量(F_{sil})空间分布和纬向变化(Zhang et al.，2021)

从图 8-2 可以看出，全球 F_{sil} 存在巨大的空间异质性，最高值(36.43tC·km^{-2}·a^{-1})位于中美洲加勒比海沿岸(0～10°N)，全球 57.11%的区域 F_{sil} 小于 0.6tC·km^{-2}·a^{-1}，仅为均值的 1/3 左右。由于全球陆地面积主要集中在北半球，全球硅酸盐岩碳汇主要发生在北半球，全球 F_{sil} 高值区也位于北半球，约是全球 F_{sil} 的 21 倍，该高值由 MT 贡献。极高值所在地区，年径流深为 1527～5621mm，自然气候表征是高降水、高蒸发和高气温，并且土壤水分含量较高，从而导致区域风化作用显著。非洲大陆中部、中南部也是 F_{sil} 相对较高的区域，其均值(＞1.5tC·km^{-2}·a^{-1})高于全球 F_{sil}。这些地区都是全球 T_{sil} 的主要贡献区。

综上所述，全球 F_{sil} 量级分布相对聚集且与水文条件和气温密切相关，然而不同区域的 F_{sil} 的影响程度具有差异性。中美洲与东南亚群岛在气温与径流深双重高值的作用下，其 F_{sil} 量级很大，是全球 F_{sil} 最高值分布区，这种分布规律与碳酸盐岩碳汇通量相符(Li Y et al.，2016；Li H W et al.，2018；Bai and Dent，2009；Zeng Q et al.，2017)。而在大陆中部，非洲大陆和澳大利亚的高值区(＞3tC·km^{-2}·a^{-1})分布于气温较高、径流深(259～828mm)却相对较低的地区，说明气温的影响较大。在中高纬度地区，尽管气温较低，但沿海地区降水量和蒸发量较大且土壤水分含量较高，所以也存在 F_{sil}＞3.0tC·km^{-2}·a^{-1}的地区，说明水文条件的影响也较大。在高纬度地区，尽管土壤水分含量较高，但是风化作用的主导因素(径流深和温度)都呈现低值，所以其 F_{sil} 量级低。

表 8-1 各种岩性风化碳汇估算统计

参数	岩性				总计
	MT	PA	SS	VB	
面积/万 km^2	1924.25	950	2705.5	578.5	6158.25
F_{sil}/(tC·km^{-2}·a^{-1})	1.98	1.61	1.54	1.35	1.64
T_{sil}/(TgC·a^{-1})	47.1	19.12	51.51	9.82	127.55

注：表中数据来源于 Zhang 等(2021)。

8.1.2 主要河流流域中硅酸盐岩面积比例及 CO_2 消耗

从流域层面看(表 8-2)，受地带性影响，不同流域之间的 F_{sil} 差异非常明显。年均 F_{sil} 排名前五的流域分别是塞皮克(Sepik)河流域、奥里诺科(Orinoco)河流域、马格达莱纳(Magdalena)河流域、亚马孙(Amazon)河流域和埃塞奎博(Essequibo)河流域。除塞皮克河流域外，其余 4 个流域均位于南美洲。塞皮克河流域的 F_{sil} 最高，它是巴布亚新几内亚西北部的主要河流，属热带雨林气候，年均温为 21～32℃，年均降水量约为 2500mm。其流域面积虽只有 1.50 万 km^2，但 F_{sil} 高达 21.59tC·km^{-2}·a^{-1}，与排名第二的奥里诺科河流域相差 5.73tC·km^{-2}·a^{-1}，几乎是全球平均 F_{sil} 的 10 倍。但因其流域面积过小，年均 T_{sil} 仅为 0.40TgC·a^{-1}。位于北美北部的后河流域的 F_{sil}(0.0026tC·km^{-2}·a^{-1})是 90 个流域中最低的，同时硅酸盐岩分布面积较小，因此总量可忽略不计。此外，各区域在研究期间的各年 T_{sil} 量级差别较大。

表 8-2　不同流域下的硅酸盐岩碳汇通量与总量的统计

流域	面积/万 km^2	F_{sil} /(tC • km^{-2} • a^{-1})	T_{sil} /(TgC • a^{-1})	流域	面积/万 km^2	F_{sil} /(tC • km^{-2} • a^{-1})	T_{sil} /(TgC • a^{-1})
叶尼塞河	231.5	0.040685	0.116046	第聂伯河	15.00	0.1264	0.0234
亚马孙河	220.75	8.0163	21.8031	独龙江(伊洛瓦底江)	14.00	6.6292	1.1435
勒拿河	209.50	0.0442	0.114	格兰德河	13.75	0.224	0.0379
刚果河	177.00	3.8042	8.2962	雅拉河	11.50	0.0246	0.0035
密西西比河	166.00	0.4313	0.8821	马哈纳迪河	11.25	6.2652	0.8684
尼罗河	139.25	1.4055	2.4115	卡斯科奎姆河	11.25	0.2183	0.0303
巴拉那河	132.00	3.0208	4.913	埃塞奎博河	11.00	7.0482	0.9552
黑龙江(阿穆尔河)	131.25	0.0655	0.1059	塞隆河	11.00	0.003	0.0004
尼日尔河	127.00	2.6448	4.1385	萨纳加河	10.50	4.8108	0.6224
马更些河	114.00	0.0216	0.0304	慕斯湖	10.00	0.1001	0.0123
纳尔逊河	102.75	0.0272	0.0345	珠江	9.75	6.8483	0.8227
额尔齐斯河(鄂毕河)	90.50	0.0608	0.0678	鲁菲吉河	9.75	2.145	0.2577
育空河	81.75	0.0581	0.0585	奥尔巴尼河	9.75	0.1173	0.0141
圣劳伦斯河	78.00	0.3529	0.3392	安达尔河	9.75	0.0597	0.0072
赞比西河	71.25	1.8528	1.6265	淮河	9.00	0.8842	0.0981
长江	64.00	2.0658	1.629	库内纳河	8.75	1.4094	0.1519
哥伦比亚河	54.75	0.2829	0.1908	奥列尼奥克河	8.75	0.0214	0.0023
哈坦加河	54.00	0.0301	0.02	邦达马河	8.25	2.7564	0.2802
奥兰治河	49.75	0.174	0.1066	辽河	8.25	0.0874	0.0089
科罗拉多州(阿里)河	45.00	0.066	0.0366	讷尔默达河	8.00	4.0747	0.4016
奥里诺科河	44.00	12.3523	6.6965	内格罗河	8.00	0.4375	0.0431
托坎廷斯河	43.50	6.131	3.286	怒江(萨尔温江)	6.75	2.0381	0.1695
多瑙河	42.50	0.4484	0.2348	马格达莱纳河	6.50	10.7862	0.8638
恒河	41.00	3.2613	1.6475	阿拉伯河	6.25	0.2125	0.0164
丘吉尔河	39.00	0.0217	0.0104	冈比亚河	6.00	3.7632	0.2782
科雷马河	38.75	0.0233	0.0111	莱茵河	6.00	1.1336	0.0838
沃尔特湖	30.75	2.5065	0.9496	卢瓦尔河	6.00	0.8073	0.0597
塞内加尔河	30.75	1.7674	0.6696	易北河	6.00	0.709	0.0524
圣弗朗西斯科河	27.50	1.7839	0.6044	海斯河	6.00	0.0068	0.0005
乌拉圭河	27.25	3.6523	1.2263	海河	5.50	0.1329	0.009
黄河	26.50	0.1099	0.0359	顿河	5.00	0.1402	0.0086
雅鲁藏布江(布拉马普特拉河)	26.00	4.4631	1.4297	巴尔萨斯河	4.25	2.5774	0.135

续表

流域	面积/万 km^2	F_{sil} /（tC・km^{-2}・a^{-1}）	T_{sil} /（TgC・a^{-1}）	流域	面积/万 km^2	F_{sil} /（tC・km^{-2}・a^{-1}）	T_{sil} /（TgC・a^{-1}）
林波波河	25.75	0.4354	0.1381	伯德金河	4.00	1.4749	0.0727
戈达瓦里河	23.50	4.0785	1.1809	阿拉巴马河	3.75	2.6108	0.1206
森格藏布（狮泉河）（印度河）	21.75	0.21	0.0563	菲茨罗伊东河	3.75	0.805	0.0372
因迪吉尔卡河	20.75	0.0281	0.0072	元江（红河）	3.50	2.6481	0.1142
涅瓦河	20.25	0.3449	0.0861	布拉索斯河	3.00	0.4746	0.0175
澜沧江（湄公河）	19.00	5.3118	1.2435	湄南河	2.50	5.9694	0.1839
奎师那河	19.00	2.851	0.6674	奥尔塔马霍河	2.50	2.1878	0.0674
弗雷泽河	18.25	0.2293	0.0516	维斯瓦河	2.50	0.4294	0.0132
朱巴河	17.75	0.558	0.122	弗林德斯河	2.00	0.7427	0.0183
科克索克河	16.75	0.2997	0.0619	塞皮克河	1.50	21.5943	0.3991
后河	16.75	0.0026	0.0005	科罗拉多河（得克萨斯州）	1.50	0.5337	0.0099
伯朝拉河	15.75	0.2032	0.0394	奥德拉河	1.00	0.3758	0.0046
墨累河	15.00	0.3793	0.0701	北德维纳河	1.00	0.0908	0.0011

注：表中“面积”是指硅酸盐岩所占面积。表中数据来源 Zhang 等（2021）。

亚马孙河流域的 F_{sil} 虽然不是最高的，但是其硅酸盐岩面积广阔（220.75 万 km^2），T_{sil} 位居全流域之首（21.8031TgC・a^{-1}）。年均 T_{sil} 排名前五的流域分别是亚马孙河流域（21.8031TgC・a^{-1}）、刚果河流域（8.2962TgC・a^{-1}）、奥里诺科河流域（6.6965TgC・a^{-1}）、巴拉那河流域（4.913TgC・a^{-1}）和尼日尔河流域（4.1385TgC・a^{-1}）。其中亚马孙河流域、刚果河流域流域、奥里诺科河流域和尼日尔河流域的硅酸盐岩分布面积均超过 100 万 km^2；巴拉那河流域虽然其 F_{sil} 仅为 3.0208tC・km^{-2}・a^{-1}，但是其硅酸盐岩分布面积较大（132 万 km^2），因此其年均总量较大。T_{sil} 最小的五个流域分别是奥列尼奥克河流域、北德维纳河流域、海斯河流域、后河流域和塞隆河流域，它们不仅 F_{sil} 小，并且硅酸盐岩分布面积也小（总计 43.5 万 km^2），均位于高纬度地区。作为美国主动脉的密西西比河，其流域硅酸盐岩面积约为 166 万 km^2，但是处于温度较低的高纬度地区，导致其 F_{sil} 仅为 0.4313tC・km^{-2}・a^{-1}，因此年均 T_{sil} 也处于较低水平（0.8821TgC・a^{-1}）。经计算，1996～2017 年中国的黄河流域的 F_{sil} 为 0.1099tC・km^{-2}・a^{-1}，T_{sil} 为 0.0359TgC・a^{-1}。

8.1.3 不同气候带类型的硅酸盐岩风化碳汇通量

同一气候带内，温度与降水的变化趋势相对一致，呈地带性分布并且与全球气候变化密切相关（Li B et al.，2016）。因此，分析全球 T_{sil} 在气候带上的分布状况意义重大。分析全球 28 个气候带的 T_{sil}，可明显观察到不同气候带下的碳汇通量差异明显。其中，热带雨

林气候带 CO_2 的消耗最为显著（12.39tC·km^{-2}·a^{-1}），约比热带季风气候带高 69.03%，其 T_{sil} 占全球的 69.21%。全球热带地区硅酸盐岩风化的碳汇潜力很可观（Li et al.，2019）。在该气候带类型下，最低 F_{sil} 可达 4.24tC·km^{-2}·a^{-1}（热带干湿季气候），其气候特征是全年高温且干季较长。暖温带地区的 F_{sil} 也相对较高，平均 F_{sil} 在 2.56tC·km^{-2}·a^{-1}。暖温带地区 F_{sil} 从大到小依次为 Cwa（3.12tC·km^{-2}·a^{-1}）、Cwb（2.75tC·km^{-2}·a^{-1}）、Cfa（2.32tC·km^{-2}·a^{-1}）和 Cfb（2.06tC·km^{-2}·a^{-1}）。这些气候带类型夏季以温度较高为主要特点，降水量逐一递减。在干旱带，风化活跃度参差不齐，但总体碳汇程度较低（Arthur et al.，1998），F_{sil} 都在 1.5tC·km^{-2}·a^{-1} 以下。在相同干旱草原气候中，进一步细化不同气候特点则呈现出 F_{sil} 的差异显著，如相同条件下炎热干燥气候其 F_{sil} 为 1.26tC·km^{-2}·a^{-1}，远大于寒冷干燥气候（0.12tC·km^{-2}·a^{-1}）。

在冷温带和极地气候带 T_{sil} 占比最小（0.45%），F_{sil} 为 0.04～0.61tC·km^{-2}·a^{-1}。相对活跃地区主要集中在夏季太阳辐射较高的冷温带，如 Dwd（0.61tC·km^{-2}·a^{-1}）、Dfa（0.29tC·km^{-2}·a^{-1}）。极不活跃气候带主要分布在最冷月气温在 0℃以下的中、高纬地区。尤其是极地冰帽气候带，CO_2 消耗量均在 0.05tC·km^{-2}·a^{-1} 以下。综上所述，F_{sil} 的量级与分布，从纬度层次分析——随着气候带从低纬向高纬依次递减；从海陆位置分析——由沿海向内陆地区逐级递减（图 8-3）。

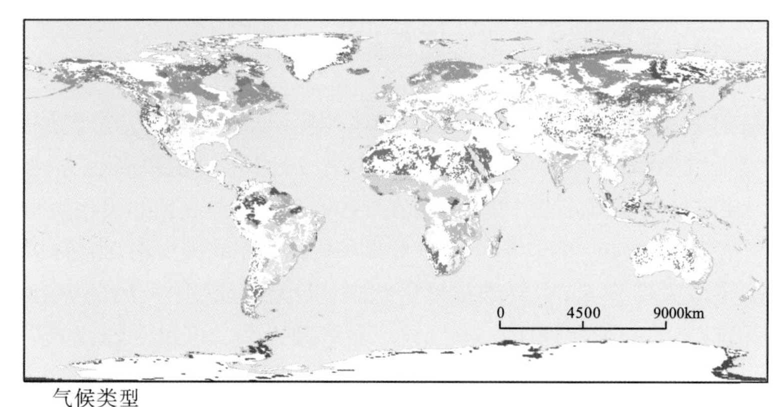

(a)柯本气候分类

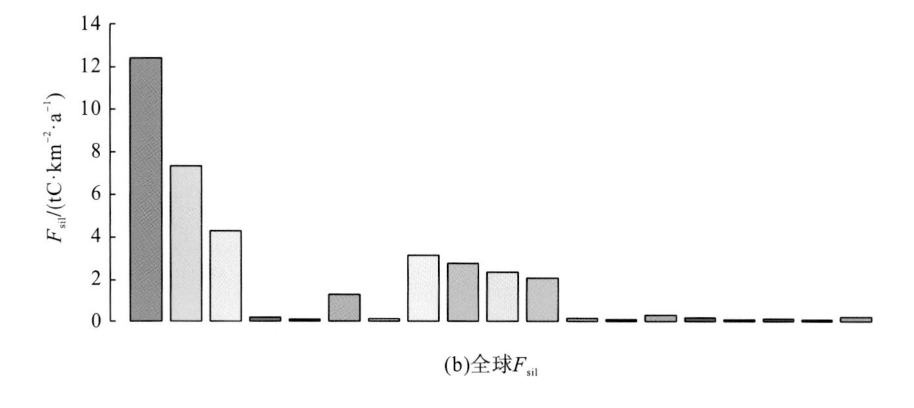

(b)全球 F_{sil}

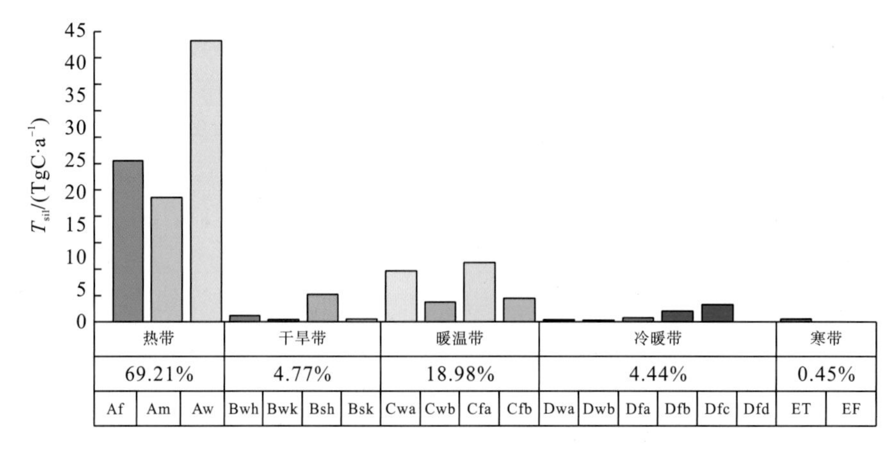

(c)全球T_{sil}

图 8-3 基于柯本气候分类(a)的全球 F_{sil}(b)和 T_{sil}(c)(Zhang et al., 2021)

注：Af. 热带雨林气候；Am. 热带季风气候；Aw. 热带干湿季气候；Bwh、Bwk. 沙漠气候；Bsh、Bsk. 半干旱气候；Cfa、Cwa. 亚热带湿润气候；Cfb、Cwb、Cfc. 海洋性气候；Csa、Csb. 地中海气候；Dsa、Dfa、Dwa、Dfb、Dwb. 大陆性湿润气候；Dfc、Dwc、Dfd、Dwd、Dsc、Dsd. 亚寒带气候；ET、EF. 极地气候。

8.2 全球硅酸盐岩碳汇通量的时间演变特征与未来情景模拟

8.2.1 1996～2017 年硅酸盐岩碳汇通量趋势分析

通过对 F_{sil} 的估算表明(图 8-4)，1996～2017 年，全球年均 F_{sil} 呈现波动变化，总体呈下降趋势。然而自 2016 年起，全球 F_{sil} 突然猛增，2017 年时量级高达 2.18tC·km^{-2}·a^{-1}，相较 2015 年，涨幅为 78.69%。2017 年前，在 1999 年达到最高值(1.94tC·km^{-2}·a^{-1})，在 2015 年达到最小值(1.221.94tC·km^{-2}·a^{-1})，在此期间内每年平均减少约 0.0451.94tC·km^{-2}·a^{-1}。

研究期内，全球大部分 F_{sil} 主要维持恒定状态，即无明显变化，局部 F_{sil} 略有增加，根据不同 F_{sil} 变化趋势的面积比例[图 8-4(a)]，显著减少(<-0.5tC·km^{-2}·a^{-1})、轻微减少(-0.5～-0.1tC·km^{-2}·a^{-1})、无变化(-0.1～0.1tC·km^{-2}·a^{-1})、轻微增加(0.1～0.5tC·km^{-2}·a^{-1})和显著增加(>0.5tC·km^{-2}·a^{-1})的比例分别为 1.85%、13.61%、82.47%、1.44%和 0.63%。F_{sil} 增加区域主要集中在南太平洋西岸、南亚内陆、东南亚印度尼西亚群岛、南美洲北部、非洲东北部和中部西海岸附近。F_{sil} 减少区域主要集中在南美洲北部，如苏里南等。这说明无论碳汇通量的量级增减，年际差异较大的地区都为沿海地区，且靠近赤道。值得注意的是，F_{sil} 增加和减少的地区交织分布，地理位置相邻。从图 8-4(b)中可以看出，总体岩性的最大增长量和最大减少量分别发生在波多黎各和法属圭亚那附近；增长区域主要集中在非洲，减少区域主要集中在南美洲。

温度与径流深是控制硅酸盐岩化学风化溶蚀(李汇文 等，2019)以及 CO_2 吸收的关键因素，因此 2016 年与 2017 全球 F_{sil} 猛增也与它们有关。全球温度在 2015～2017 年逐步上升，3 年全球平均气温升高 0.24℃。全球变暖加速水循环系统的过程，推动着全球气候变化(Singh, 2017)，再加上厄尔尼诺现象影响，加剧了全球降水变化，导致一些地区降水大幅增加(2016 年和 2017 年度气候状况报告)。全球径流深从 2016 年起迅速增加，2015～

2017 年，全球年均径流深约增加了 128mm，其中非洲的年径流深平均增加了 125mm，尤其是 2016 年，其径流深最高值从 5977mm 增加至 24712mm。自 2016 年起，受增温增湿的影响，全球的 F_{sil} 大幅增长。

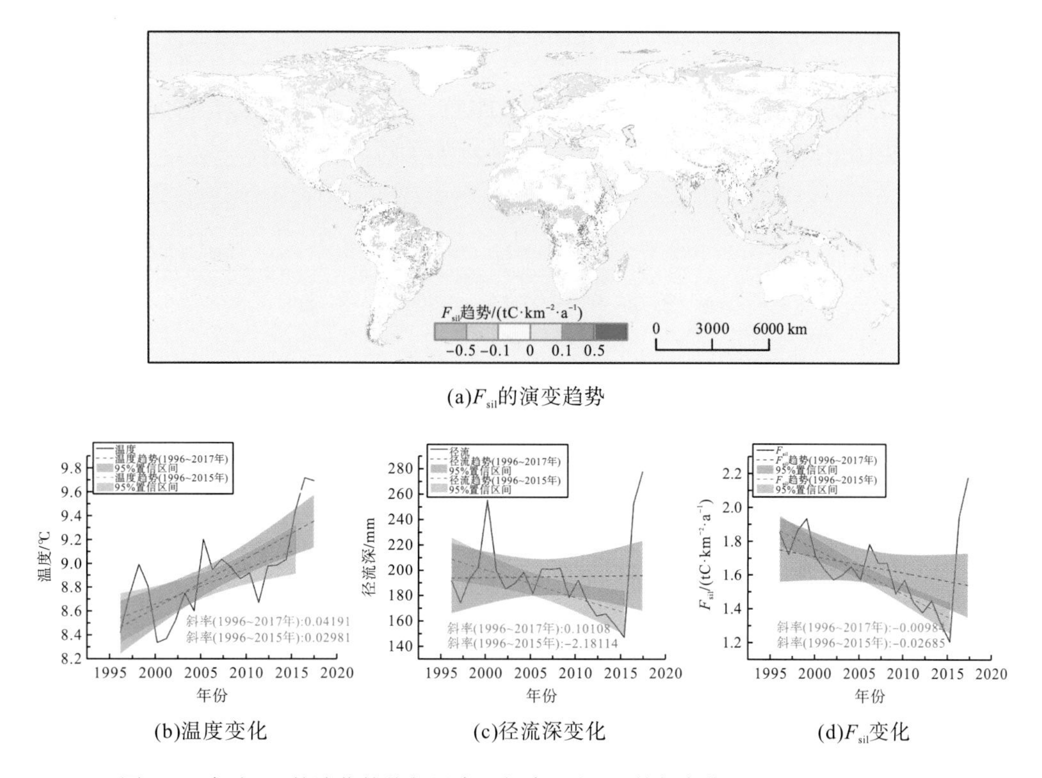

图 8-4　全球 F_{sil} 的演化趋势与温度、径流深和 F_{sil} 的年变化(Zhang et al.，2021)

8.2.2　不同国家硅酸盐岩风化碳汇总量时间演变特征

通过研究 F_{sil} 可以分辨全球和国家碳汇功能强弱，然而衡量全球和国家硅酸盐岩固碳贡献则需要对其总量进行分析。就碳汇总量计算结果进行全球时间尺度分析，绘制 1996～2017 年全球各国 T_{sil} 时间演变分布图(图 8-5)，其中，国家对应的每一弧段反映了该国 T_{sil} 的占比，长度越长，贡献量越大；时间序列对应的每一弧段表示在该时段下全球 T_{sil}，长度越长，T_{sil} 越大；国家与时间的连线则表示在该时段下所连线地区的 T_{sil}，连线越宽则当年该地 T_{sil} 越大。因此通过细化分析碳汇时间变化序列，进一步直观阐明全球 C 消耗在长时间尺度的波动状况和同时段内不同地区碳汇贡献程度。在研究期内，全球 T_{sil} 出现明显起伏变化。除 2002 年与 2016 年外，其余年份 T_{sil} 轻微波动。全球 T_{sil} 变化速率展现出近似正弦函数图像的态势，在研究的前三年与后两年为增长期，中间年份均在波谷徘徊。2002 年，总量从 142.42TgC・a^{-1} 迅速下滑至 121.09TgC・a^{-1}，环比减少 15.00%；2016 年，总量从 96.97TgC・a^{-1} 猛增至 157.09TgC・a^{-1}，环比增加 62.00%。全球 T_{sil} 在 2016～2017年与 2014～2015 年分别达到最高值(157.09TgC・a^{-1})与最低值(96.97TgC・a^{-1})。聚焦国家 T_{sil} 变化，图 8-5 中展现全球碳汇贡献量前三的国家为巴西、哥伦比亚和印度，其中排名第一的巴西的碳汇贡献占比远大于排名第二的哥伦比亚。而相对贡献较小的 3 个国家为赞比亚、墨西哥和俄罗斯。大多数国家在时间尺度上的碳汇总量变化与全球波动趋势相一致，其中最为典型的是赞比亚。该国与各年份间的线宽度随年份弧度长度同增同减不断波动，这说明赞比亚的碳汇波动趋势与全球 T_{sil} 趋势相符。少数国家波动情况与总体较不相符。巴西、尼日利亚、澳大利亚和马达加斯加的 T_{sil} 大致与全球趋势吻合，但是极大值却不在 2016～2017 年，而是分别出现在 2000～2001 年、2006～2007 年和 1996～1997 年。这些国家在 2016～2017 年虽有上升，但是趋势较为平缓。

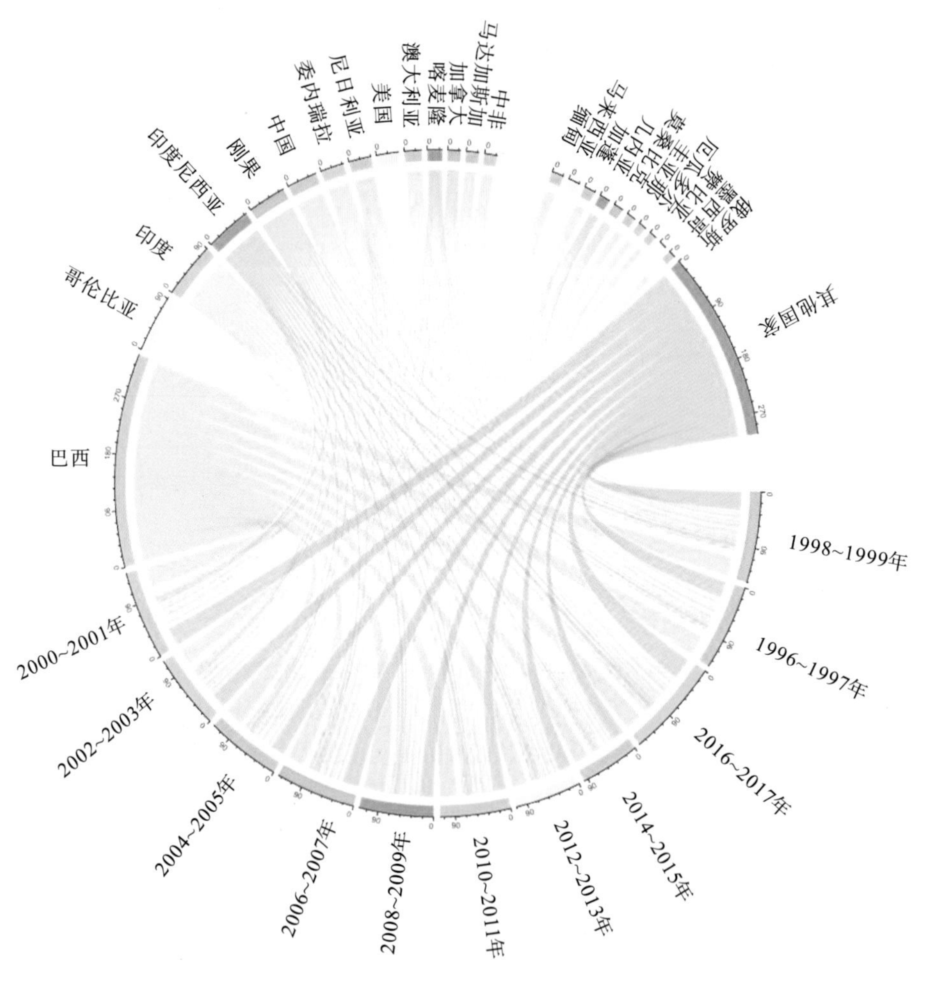

图 8-5　1996～2017 年全球各国硅酸盐岩风化碳汇总量（T_{sil}）时间演变分布图（$TgC \cdot a^{-1}$）（Zhang et al.，2021）

8.2.3　未来情境下硅酸盐岩风化碳汇趋势

本章运用赛琳模型将全球 F_{sil} 的量级以及空间分布扩展到 2041～2060 年。在 RCP=8.5 情景下，全球 F_{sil} 为 $2.08tC \cdot km^{-2} \cdot a^{-1}$，吸收了约 $158TgC \cdot a^{-1}$ 的 CO_2；在 RCP=4.5 情景下，F_{sil} 和 T_{sil} 分别为 $2.44tC \cdot km^{-2} \cdot a^{-1}$ 和 $170TgC \cdot a^{-1}$。当 CO_2 重度排放时，相较于过去，F_{sil}

会增长 24.55%，当 CO_2 中度排放时，F_{sil} 呈现出相同但是更为明显的增长趋势。

在不同的两种温室气体排放情景下，2041～2060 年的 F_{sil} 均值分布规律与过去的分布规律相似。但是相较于 1996～2017 年，未来 F_{sil} 高值地区将进一步扩大。F_{sil} 大于 $5tC \cdot km^{-2} \cdot a^{-1}$ 的区域，主要将向着南半球蔓延，尤其是澳大利亚的高值地区由沿海向内陆扩张。南美洲的 T_{sil} 能力进一步增强，F_{sil} 均值分别是 $5.14tC \cdot km^{-2} \cdot a^{-1}$（1996～2017 年）、$7.13tC \cdot km^{-2} \cdot a^{-1}$（RCP=4.5）以及 $5.79tC \cdot km^{-2} \cdot a^{-1}$（RCP=8.5）。在北美洲沿岸的 F_{sil} 也从过去低于 $1tC \cdot km^{-2} \cdot a^{-1}$ 向着高于 $1tC \cdot km^{-2} \cdot a^{-1}$ 转变。

RCP=4.5 时，全球 F_{sil} 的增长集中在南美洲，并且通量大部分向着高于 $5tC \cdot km^{-2} \cdot a^{-1}$ 趋势增加，而 RCP=8.5 时的增长表现在澳大利亚 F_{sil} 的增加，但增加的量级小于前者（图 8-6）。

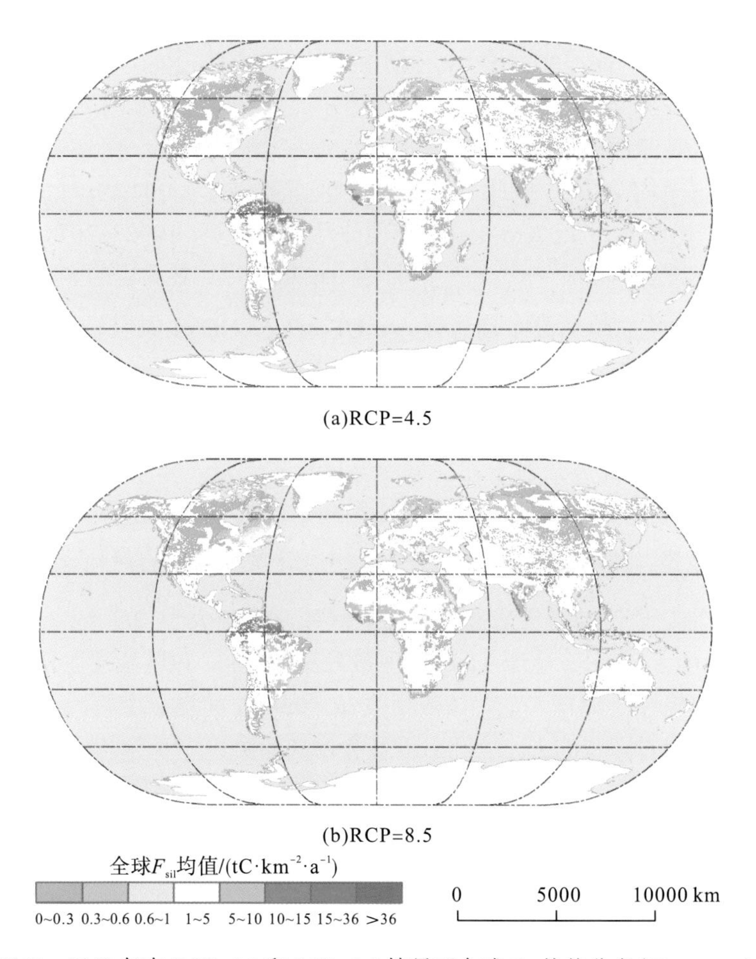

图 8-6　2041～2060 年在 RCP=4.5 和 RCP=8.5 情景下全球 F_{sil} 均值分布（Zhang et al.，2021）

本篇小结

相较于碳酸盐岩和生物碳汇，硅酸盐岩对 CO_2 的吸收稳定且碳封存更长久。然而，全球硅酸盐岩风化碳汇的量级，尤其是花岗岩和玄武岩风化碳汇、空间格局及演变特征依然不清晰，物理侵蚀通量和硅酸盐岩地区 HCO_3^- 量级和时空分布存在不确定性，从而限制了碳收支不平衡问题的解决。本篇主要针对全球硅酸盐岩风化的两个影响因子(物理侵蚀量和 HCO_3^- 通量)进行了估算，对花岗岩实际风化量和风化阳离子量进行了估算，并基于高精度水文气象数据(1996～2017 年)和 CMIP5 数据(2041～2060 年)，使用赛琳模型，结合影响硅酸盐岩风化速率的主控因素(温度和径流深)，计算过去和预测未来两种温室气体排放情景(RCP=4.5、RCP=8.5)下全球硅酸盐岩风化碳汇的量级、时空分布并揭示了其变化过程。主要得出如下结论：全球平均物理侵蚀通量 E 为 204.49t · km^{-2} · a^{-1}，总量为 30.47PgC · a^{-1}，平均厚度为 7.57cm · ka^{-1}，呈现波动上升趋势。1992～2014 年全球 HCO_3^- 通量 $F_{HCO_3^-}$ 为 0.13～22.20t · km^{-2} · a^{-1}，$T_{HCO_3^-}$ 可达 0.67Pg · a^{-1}。玄武岩的 $F_{HCO_3^-}$ 分布整体上略低于花岗岩地区。$F_{HCO_3^-}$ 纬度分布趋势与 Q、ET、P 和 NDVI 具有较高的相似性，与 Tk 和 SM 的纬度分布相关性较低。

全球花岗岩风化阳离子碳汇总量(T_{cat_gra})约为 32.46TgC · a^{-1}，总体呈现出缓慢上升趋势(4.8×10^{-3}TgC · a^{-1})。此外，对于花岗岩实际风化碳汇量，本书主要基于正演模型计算出的花岗岩的 R_{CO_2} 值，主要在三种情景下讨论并进行概率密度分析。结合前期估算的全球碳酸氢根离子通量，利用 $F_{HCO_3^-}-R_{CO_2}$ 法估算出全球实际花岗岩风化碳汇的通量和总量。玄武岩区域的平均物理侵蚀通量略高于花岗岩区域。全球大于 2/3 地区物理侵蚀通量为 10～500tC · km^{-2} · a^{-1}。此外，全球 9.84%的区域为显著增加，该区域往往分布于极显著增加区域的边缘。物理侵蚀通量与 F_{cat_gra} 显著相关(R^2=0.96)。全球 F_{gra} 约为 2.35tC · km^{-2} · a^{-1}，发现约有 3/4 的花岗岩区域的 F_{gra} 呈现出极显著增加趋势。

玄武岩平均风化阳离子碳汇总量均值为 31.53TgC · a^{-1}，发现其整体表现出下降的趋势，主要范围为 28.80～34.47TgC · a^{-1}，该跨度约是花岗岩地区的 2.3 倍。此外，玄武岩地区 Q 与 F_{cat_bas} 的相关性远大于花岗岩地区。本书计算的实际玄武岩风化碳汇通量约为 4.08tC · km^{-2} · a^{-1}，也表现出缓慢下降的趋势(−3×10^{-3}a^{-1})，年际变动的最大幅度约为 0.35tC · km^{-2} · a^{-1}。此外，全球约 70.32%的玄武岩地区的实际风化碳汇通量呈现出明显增加趋势。

全球硅酸盐岩 F_{sil} 均值为 1.64tC · km^{-2} · a^{-1}，T_{sil} 为 127.55TgC · a^{-1}。特别是巴西硅酸盐岩 7%的面积贡献了全球近 1/4 的 T_{sil}(24.41%)。全球 F_{sil} 存在巨大的空间异质性，最高值(36.43tC · km^{-2} · a^{-1})位于中美洲加勒比海沿岸(0°～10°N)，但全球 57.11%的区域 F_{sil} 小于 0.6tC · km^{-2} · a^{-1}，仅为均值的 1/3 左右。全球 T_{sil} 呈现下降趋势，但是，在未来(2041～

2060 年）将会积极响应全球变暖趋势，碳汇能力不断上升。并且，在重度 CO_2 排放下（RCP=8.5）全球的 F_{sil} 将会增长 23.8%。

本篇空间量化了过去和未来全球硅酸盐岩风化碳汇量，提高了遗失碳汇和碳不平衡问题解决的可能性。计算结果主要为后期花岗岩和玄武岩的化学风化碳汇估算提供了主要因子（物理侵蚀量和 HCO_3^- 通量）的数据支撑。花岗岩和玄武岩风化碳汇估算方法是对传统估算方法的改进与完善，最终对硅酸盐岩风化碳汇在全球碳循环中的作用进行了评价。

第三篇

主要岩石的风化

第 9 章　全球 11 类岩石风化碳汇：最新变化和未来趋势

CO_2 参与的岩石化学风化过程受到生态水文过程的显著影响(Jiang et al.，2018；Liu M et al.，2019)，以由此产生的岩石风化碳汇(rock weathering carbon sink，RWCS)不仅有助于调节大气 CO_2 浓度(Gaillardet et al.，1999)，而且还是陆地碳循环的重要组成部分(Li et al. 2018)。研究表明，在生物效应的参与下，岩石与碳酸之间的化学反应过程明显加快，从而提高了岩石的固碳效率和碳循环周期(Han et al.，2019；Liu and Dreybrodt，2015)。例如，水生生物可以通过光合作用将碳酸盐岩风化产生的碳酸氢盐转化为有机碳，从而显著提高 RWCS 的稳定性和效率(Liu et al.，2011)。而针对硅酸盐岩风化的研究表明，植被在生长过程中可以吸收大量风化阳离子，从而使硅酸盐岩的碳汇增加至少 35%(Song et al.，2018)。因此，与化石燃料排放相比，岩石化学风化产生的碳汇是一种可持续且有效的 CO_2 汇(Wu G et al.，2017)。此外，在当前全球变暖背景下，极端气候频发(Papalexiou and Montanari，2019)、土壤干燥(Deng et al.，2020a，2020b)、全球绿化等生态水文过程的一系列衍生变化(Piao et al.，2019；Yang et al.，2019)将不可避免地促进或削弱岩石的化学风化过程。因此，估算近年来全球各类岩石化学风化碳汇的空间格局和影响机制，不仅有助于平衡碳收支，也是当前气候变化研究中的一项重要任务(Li et al.，2018)。

然而，以往的研究对象大多限于某一流域或某一岩性(Romero-Mujalli et al.，2018)，并且得到的结果多为静态数据，这就阻碍了我们对当前气候变暖背景下，有关 RWCS 变化及其影响机制整体情况的了解。尽管之前的研究表明径流和温度是影响岩石化学风化的最重要因素(Gaillardet et al.，2019；Romero-Mujalli et al.，2019)，但明确不同地区的关键影响因素对于校正 RWCS 具有重要意义，如 CO_2 分压和土地利用方式也是影响碳汇的重要因素(Han et al.，2020)，此外，大量实验数据表明 RWCS 对周围环境的变化尤其是土壤性质的变化很敏感(Norton et al.，2014；Romero-Mujalli et al.，2018)。因此，在当前全球变暖的背景下，迫切需要量化除径流和温度以外，其他气候环境因素对全球各类 RWCS 的相对影响。

本章主要基于全球 CO_2 通量侵蚀模型(GEM-CO_2 模型)和 0.5°分辨率全球岩性图(Hartmann et al.，2012)来估算 2001～2018 年的月度 RWCS，并在此基础上，着重讨论以下问题：①在量级方面，阐明各类岩石化学风化碳汇的量级；②在空间格局方面，揭示 RWCS 的空间分布和纬度分异等特征；③在演化方面，基于泰尔-森(Theil-Sen)斜率估计和曼-肯德尔(Mann-Kendall)趋势检验等方法，了解近年来 RWCS 的变化特征与变异强度；④在影响因素方面，基于多元线性回归和林德尔-梅伦达-戈尔德(Lindeman-Merenda-Gold，LMG)算法量化包括降水、温度、土壤性质等 6 类主要生态水文因素对 RWCS 的相对影响；

⑤在未来趋势方面，基于 Hurst 指数和代表性浓度路径(representative concentration pathways，RCP)排放数据集，分析 RWCS 在未来气候变化下的趋势。

9.1 RWCS 的空间格局

9.1.1 全球 RWCS 的量级

通过对全球 11 种岩石类型的 RWCS 结果进行计数，结果表明，每年生成的 RWCS 总量[(0.32±0.2)PgC·a^{-1}]相对稳定(表 9-1)，略高于 Suchet 等(1995)估计的结果(0.26PgC·a^{-1})。除气候变化的影响之外，这可能是由于使用了更高分辨率的数据集，细化了碳汇在空间上的具体分布。虽然它小于森林的碳汇[(2.4±0.4)PgC·a^{-1}]和全球海洋的 CO_2 净吸收通量[(1.42±0.53)PgC·a^{-1}]，但结果在 IPCC 先前发布的缺失碳汇中的 RWCS 值范围内[(0.1～0.6)PgC·a^{-1}](Stocker et al.，2013)。此外，与二氧化碳信息分析中心(Boden et al.，2017)和 2019 年全球碳预算(Friedlingstein et al.，2019)公布的化石燃料 CO_2 排放数据相比，发现 RWCS 每年至少可抵消 3%的化石燃料排放(表 9-1)。

表 9-1 全球碳收支 (单位：PgC·a^{-1})

碳源/碳汇		量级	研究时段	岩石风化碳汇占比/%
碳源	化石燃料排放	9.5±0.5[a,b]	2009～2018 年	≥3
	土地利用变化	1.5±0.7[a]		≥14
碳汇	大气 CO_2 浓度	4.9±0.02[a]		≥6
	海洋碳汇	2.5±0.6(总碳汇)[a]		≥10
		1.42±0.53(净碳汇)[c]	1990～2007 年	≥15
	陆地碳汇	3.2±0.6(总碳汇)[a]	2009～2018 年	≥8
		2.4±0.4(森林碳汇)[d]	1998～2011 年	≥11
碳收支不平衡		0.1[e]～0.6[f]	2007～2019 年	≥53

注：a 来源于 2019 年全球碳收支报告 (Friedlingstein et al., 2019)。
b 来源于二氧化碳信息分析中心数据 (Boden et al., 2017)。
c 来源于全球海洋净碳汇 (Landschützer et al., 2015)。
d 来源于全球森林碳汇 (Pan et al.，2011)。
e 和 f 分别来源于 2020 年和 2017 年全球碳收支报告(Friedlingstein et al., 2020; Le Quéré et al., 2018)。
表中其余数据来源于 Xi 等(2021)。

在岩石方面，混合沉积岩(SM)每年的碳汇量最大(125.52TgC·a^{-1})，而蒸发岩(EV)产生的碳汇量最少(0.22TgC·a^{-1})(表 9-2、表 9-3)。由于硅质碎屑沉积岩(SS)和变质岩(MT)的风化速度较慢，故而面积很大，但它们的碳汇总量和通量都很低。结果显示，以碳酸盐岩为主要成分的两类岩石(SM 和 SC)对全球 11 类岩石风化碳汇的贡献约为 57%，而硅酸盐岩(SS、PA、VB 和 MT)则贡献了约 14%。

表 9-2　全球岩石化学风化碳汇年值

年份	总量/(PgC·a^{-1})	年份	总量/(PgC·a^{-1})	年份	总量/(PgC·a^{-1})
2001	0.32	2007	0.32	2013	0.33
2002	0.32	2008	0.34	2014	0.31
2003	0.31	2009	0.31	2015	0.30
2004	0.32	2010	0.34	2016	0.32
2005	0.30	2011	0.33	2017	0.33
2006	0.33	2012	0.31	2018	0.32

表 9-3　全球硅酸盐岩性分布

岩性	总量/(TgC·a^{-1})	通量/(tC·km^{-2}·a^{-1})	岩性	总量/(TgC·a^{-1})	通量/(tC·km^{-2}·a^{-1})
SU	90.74	2.62	VB	12.21	1.87
SS	17.46	0.59	VA	1.81	0.95
SM	125.52	4.66	PB	0.43	0.32
MT	9.69	0.48	PI	0.30	0.44
SC	59.38	5.18	EV	0.22	0.68
PA	4.42	0.40			

注：SU 为未固结沉积物；VB 为基性火山岩；SS 为硅质碎屑沉积岩；PB 为基性深层成岩；SM 为混合沉积岩；SC 为碳酸盐岩；VA 为酸性火山岩；MT 为变质岩；PA 为酸性深成岩；PI 为中性深成岩；EV 为蒸发岩。

表中数据来源于 Xi 等(2021)。

9.1.2　全球空间差异

在全球范围内，主要受径流和岩石类型分布的影响，碳汇的全球分布存在显著差异，范围为 0～3350tC·a^{-1}，平均值为 68.6tC·a^{-1}[图 9-1(a)]；岩石风化碳汇通量(rock weathering carbon sink flux，RWCSF)为 0～134tC·km^{-2}·a^{-1}，平均为 2.71tC·km^{-2}·a^{-1}。岩石风化碳汇通量的高值集中分布在 3 个地区：东南亚(17%)、北欧(15%)和赤道附近的南北美洲(18%)。低 RWCSF 地区主要集中在非洲大陆、中国北部到俄罗斯的西伯利亚、澳大利亚南部、加拿大和北美的阿拉斯加。

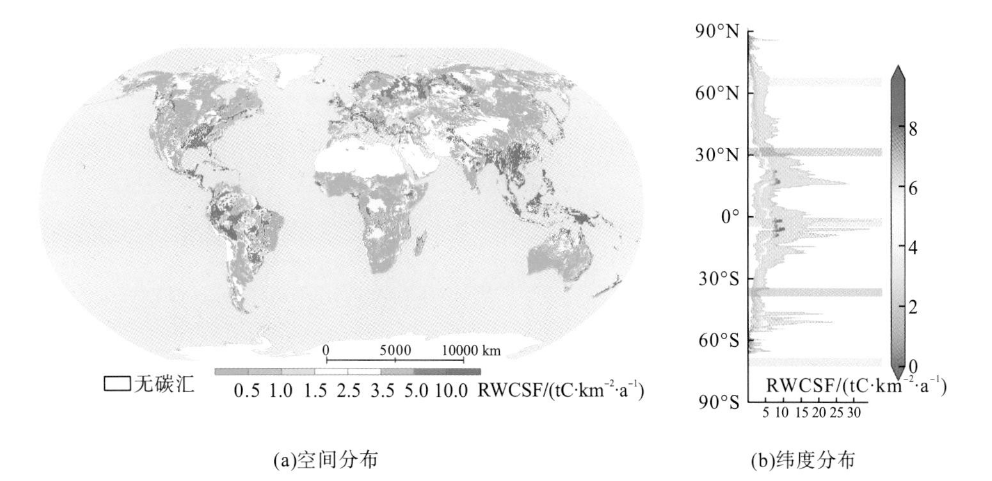

(a)空间分布　　(b)纬度分布

图 9-1　2001～2018 年 RWCS 平均碳汇通量的空间和纬度分布

从图 9-1(b)中可以看出，RWCSF 的分布在纬度带上变化很大。全球 RWCSF 从北向南逐渐增加，高值主要集中在赤道附近 20°范围内(26.6%)。主要有两个高值集中区：第一个区域处于 15°N～28°N，它约贡献了 RWCSF 的 12.0%，RWCSF 达到了 16.3°N 附近的最高值；第二个区域处于 5°N～8°N，约占 RWCSF 的 20.2%，并且具有世界最高的通量值 31.1tC·km^{-2}·a^{-1}。主要原因是这些地区存在着世界上最丰富的径流资源以及雨热条件。

9.2　岩石风化碳汇动态变化

9.2.1　总体趋势

随着全球变暖和空气中 CO_2 浓度的增加，2001～2018 年，全球 RWCS 呈增长趋势，尽管趋势并不显著，但 RWCS 每年增加约 10 万 tC(图 9-2)，假设每棵树的固碳率是

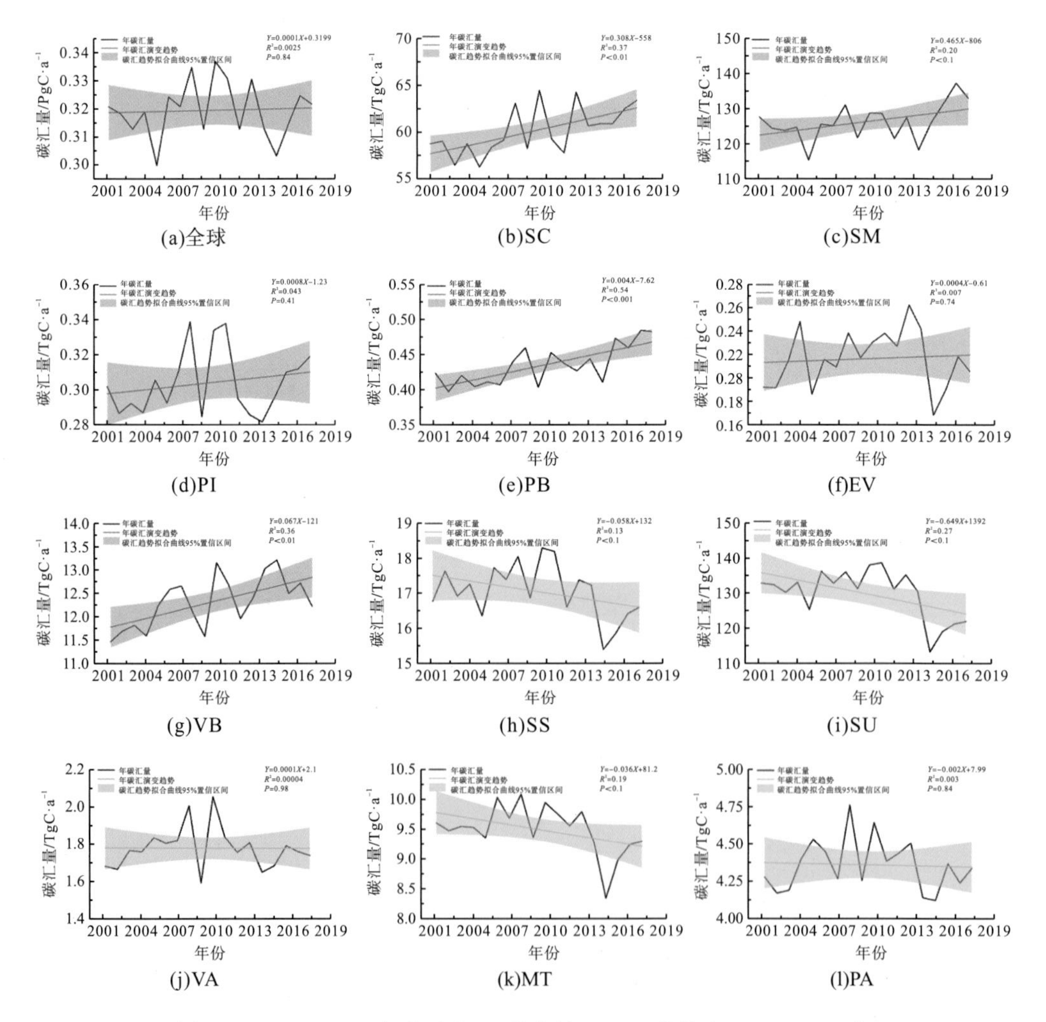

图 9-2　2001～2018 年全球和 11 种岩性 RWCS 趋势(Xi et al.，2021)

10kgC・a^{-1}，那么每年可以再种植 1000 万棵树。此外，以碳酸盐为主的 SM（P=0.07）和 SC（P=0.01）表现出明显的增加趋势，而 SS（P=0.14）、MT（P=0.07）和 SU（P=0.03）的碳固定率减少的趋势表明碳酸盐岩的 CO_2 固存近年来显著增加，这与 Zeng 等（2019）观察到的特征一致。

9.2.2　空间变化

近年来，基于 Theil-Sen 斜率估计和 Mann-Kendall 趋势检验得到的碳汇变化在空间上的分布有所不同（图 9-3）。但是，超过 55%的地区受降水和径流等因素不规则波动的影响，导致其变化趋势也很不确定，只有 17%的地区实现了显著增加（约 17.2%，主要分布在西南地区，如印度半岛、俄罗斯大部分地区、一些欧洲地区、中西部非洲、埃塞俄比亚、加拿大西部和阿拉斯加），这少于碳汇减少地区的面积（约 27.4%，主要分布在南半球，如澳大利亚、北非和南部安哥拉、南美洲大部分地区和北美洲的一些南部地区），这也可以在 Z 值和 Theil-Sen 斜率的分布图中看到[图 9-3（a）、图 9-3（b）]。结合 Z 值和 Theil-Sen 斜率，RWCS 变化的斜率分为 5 个等级，尽管增加面积小于减少面积，但增加速率（2.1tC・a^{-1}）要快于后者（−1.8tC・a^{-1}）。在岩性上，只有 SC 和 SM 的碳汇增长区域小于下降区域，其他大多数岩性处于波动状态[图 9-3（e）]。

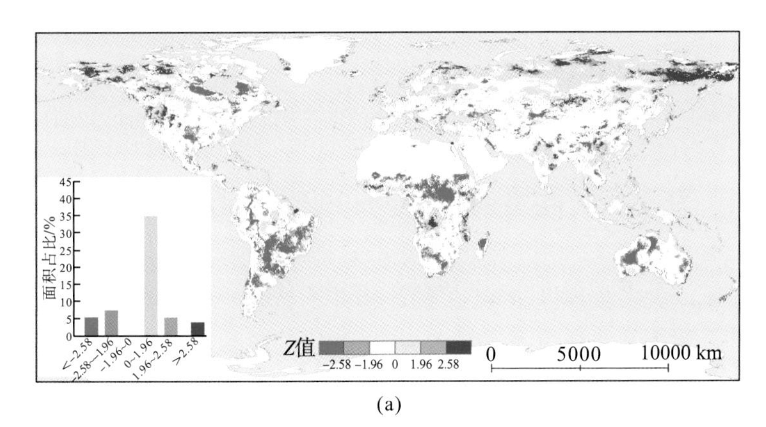

(a)

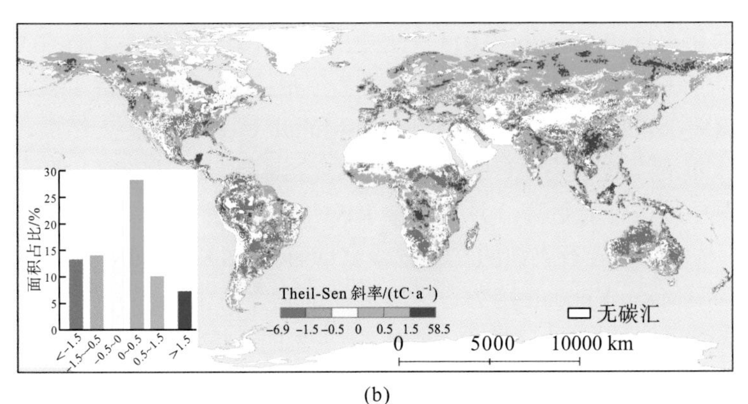

(b)

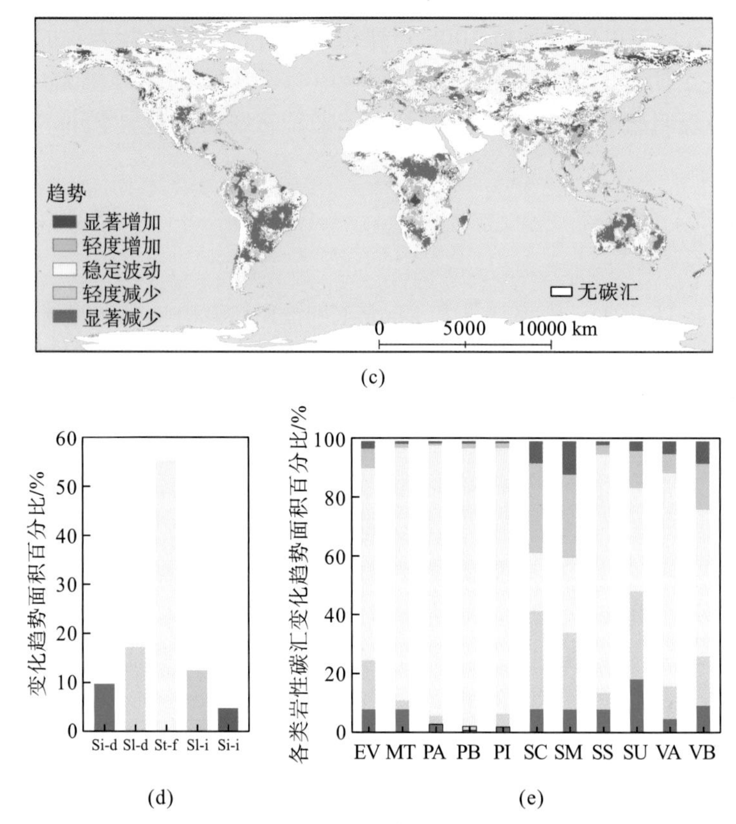

图 9-3 2001～2018 年全球和 11 种岩性的 RWCS 趋势(Xi et al.，2021)

9.3 气候变化对岩石风化碳汇的影响

以上结果显示，大多数地区 RWCS 的趋势并不显著，这可能与降水和径流的不显著变化有关，此外，周围其他环境因素对 RWCS 变化的影响也尚待阐明。为此，本书结合降水量(PRE)、土壤湿度、气温(TMP)、NDVI、风速(WS)和地表温度(LST)首先计算了各自与 RWCS 的偏相关系数(图 9-4)。结果表明，在全球和气候区上，PRE 的相关性远远超过其他因素的相关性(0.51，$P<0.01$)。此外，虽然 TMP(0.12)、LST(0.01)等因子的偏相关系数较小，但在不同气候带之间仍多呈显著分布。这一结果支持了前人的发现，即温度同样是限制 RWCS 的主要因素之一(Romero-Mujalli et al.，2019)。然而，与以往研究不同的是，发现土壤湿度的相关性(-0.16)高于前两个因素，这意味着土壤湿度对岩石化学风化的影响在某些地区可能更高，并且它与 RWCS 呈负相关。原因是土壤湿度会阻碍水中的气体传输，从而降低岩石表面的 CO_2 通量(Gabriel and Kellman，2014)。通过将 RWCS 的 Theil-Sen 斜率+Mann-Kendall 趋势与土壤干化区域叠加(Deng et al.，2020a，2020b)，我们发现在 RWCS 显著增加的区域中，约有 60.77%的土壤湿度降低，说明土壤湿度的限制作用在减弱。此外，本书还发现植被与碳汇总量之间存在不显著的负相关，原因是在植被恢复过程中，其大量分泌的有机酸会削弱岩石对 CO_2 的吸收(Drever，1994；Wu et al.，2020)，从而减弱岩石与碳酸之间的反应过程。

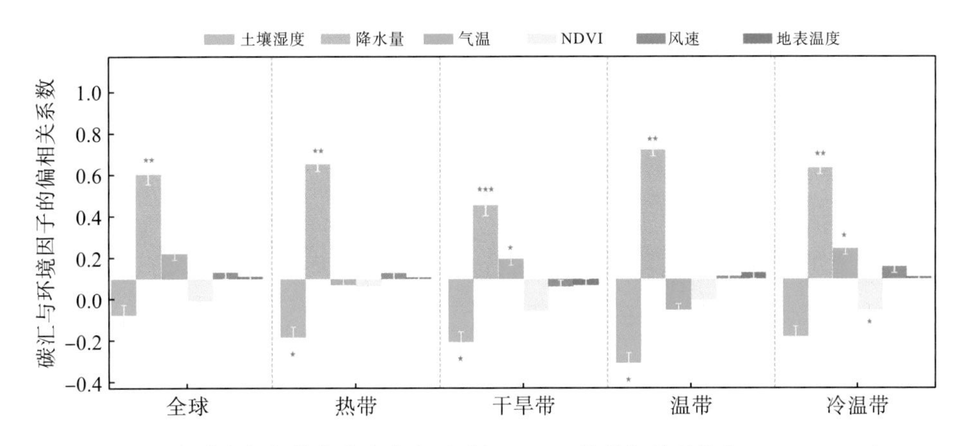

图 9-4　全球和气候带上生态水文因子与 RWCS 的偏相关系数（Xi et al.，2021）

上述偏相关结果表明，尽管降水量和气温在全球和不同气候带上的影响很高，但其他因素同样重要。为了进一步区分和量化在不同区域和全球范围内生态水文要素对岩石化学风化的相对影响，本书构建了逐像元的多元回归模型，并结合 LMG 算法估算了不同生态水文因子相对贡献率。结果表明，该模型的整体平均 R^2 为 0.9（图 9-5），表明该模型可以解释大部分 RWCS 变化。

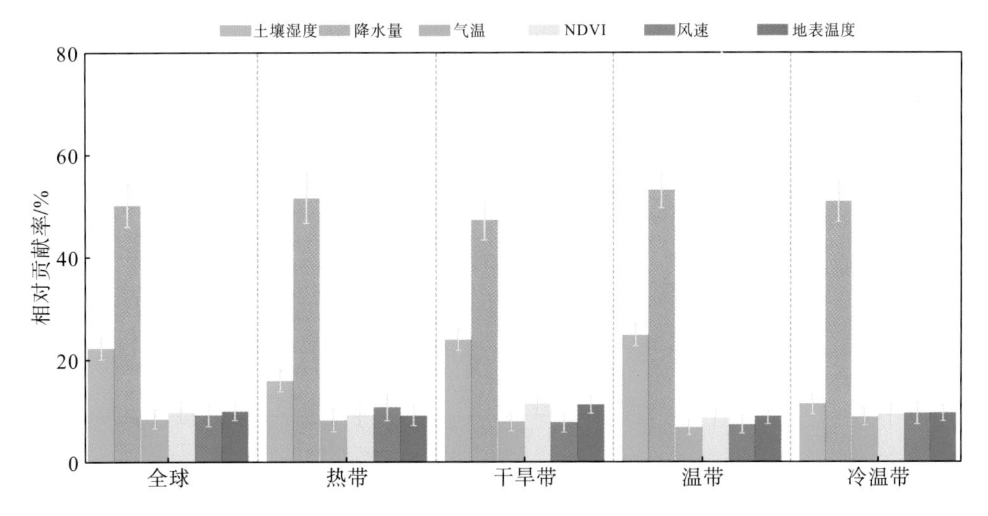

图 9-5　全球和气候带上生态水文因子对 RWCS 的相对影响（Xi et al.，2021）

在全球范围内，降水量的影响最大（50.2%），是控制 RWCS 分布和变化的最重要因素，这与之前的研究结果一致（Gong et al.，2021）。其次则是土壤湿度，相对贡献率为 22.4%。其他因素的贡献较为接近（TMP：8.49%；LST：9.95%；NDVI：9.77%；WS：9.24%）。与以往研究结果相比，我们发现虽然气温是控制岩石化学风化的重要因素，但在干旱和温带等地区，土壤湿度的影响（24.5%）高于气温和地表温度，并且土壤湿度的最大相对贡献约为气温的 3.6 倍，是地表温度的 2.76 倍，像元上的结果也证明了这一结论（图 9-6）。土壤湿度的影响约为气温的 2.7 倍，而在这些干旱地区，土壤湿度可以通过控制该区域内微生物的活性或改变土壤的氧化还原条件来控制土壤中的 CO_2 浓度，从而影响岩石的化学风化过程（Chen et al., 2018）。

9.4 岩石风化碳汇未来趋势的一致性

通过将赫斯特(Hurst)指数和 RWCS 的 Theil-Sen+Mann-Kendall 趋势叠加，发现超过一半区域(54.90%)的 RWCS 未来趋势不确定(图 9-6)，且大部分区域与 RWCS 变化斜率较低区域高度重合，表明未来这些区域的 RWCS 可能仍将处于稳定波动的状态。此外，RWCS 的未来增加区大多位于北半球(约为 69%)，持续显著增加区(约为 59.6%)分布在高 RWCSF 地区(RWCSF＞2.5tC · km^{-2} · a^{-1})。与南半球相比，未来北半球的岩石可能在吸收大气 CO_2 浓度方面将发挥更重要的作用。为了进一步估计未来全球 RWCS 的量级变化趋势，我们将月尺度的水文数据与 RCP4.5 和 RCP8.5 未来排放情景数据相结合，估算得出 2050～2100 年全球岩石 RWCS 的年平均值为 0.40PgC · a^{-1} 和 0.42PgC · a^{-1}，与当前相比分别增加了 25%和 31.3%，这些数据表明，在未来假设的代表性浓度途径情景下，全球岩石化学风化的碳封存潜力将显著增加。

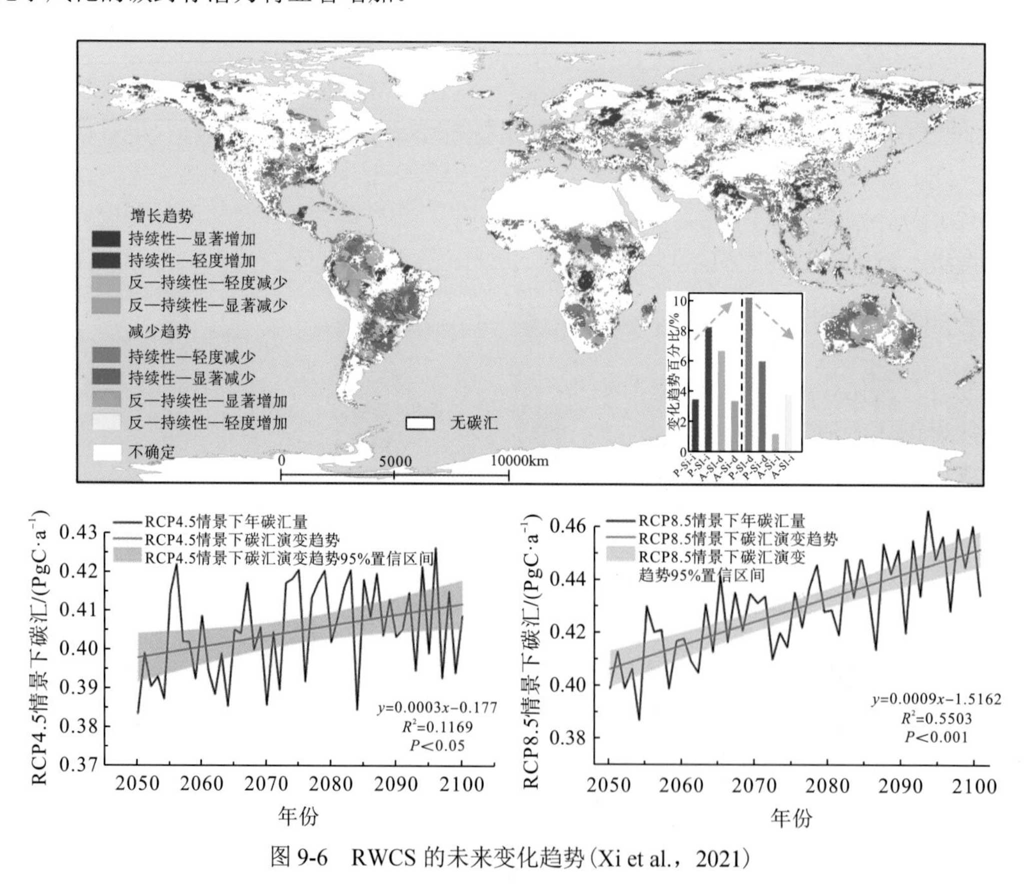

图 9-6 RWCS 的未来变化趋势(Xi et al.，2021)

第10章　中国岩石风化碳汇对气候变化与生态修复的响应

大气 CO_2 含量增加对温室效应的出现具有重要影响，温室效应不仅会影响全球气候变化，还会造成严重的环境灾害，因此全球碳循环研究已经成为全球气候变化研究的热点。目前碳循环研究中的一个关键问题是已知的碳汇不能平衡已知的碳源，存在很大的遗失碳汇(Schimel et al.，2001；Kheshgi et al.，1996)。来自地面植被观测、大气 CO_2 和 O_2 浓度监测、卫星遥感信息及生态和大气模型的模拟等方面的研究均表明，北半球中高纬度的陆地生态系统是一个巨大的碳汇，固定了大部分全球碳循环中“去向不明”的 CO_2(Schimel et al.，2001；Steven，2001)。岩石的风化作用同时参与了短时间尺度和长时间尺度的全球碳循环，科学揭示岩石风化碳汇的作用机制及影响因素，对碳循环研究具有重要意义，不仅可以部分解决遗失碳汇问题，还能为完善碳循环模型做贡献。

在此之前，相关专家学者已经开展了大量的研究，如 Gaillardet 等(1999)、Gombert(2002)、Liu 等(2010)、Martin(2016)等基于不同方法计算了全球尺度的碳酸盐岩碳汇。Qiu 等(2004)利用 GEM-CO_2 模型估算了中国岩石风化碳汇及其空间分布；Liu 和 Zhao(2000)分别基于水化学-径流法、岩石试片法及 DBL 模型估算了中国碳酸盐岩风化碳汇的量级；Li H W 等(2019)采用最大潜在溶蚀模型对中国碳酸盐岩风化碳汇的量级及分布进行了估算；Liu 和 Zhao(2000)、覃小群等(2013)、张连凯等(2016)对珠江、长江等流域开展了关于岩石风化碳汇的研究。

在岩石风化碳汇的研究成果显著的前提下，还需认识到当前研究大多关注碳酸盐岩及硅酸盐岩风化所消耗的碳。此外，方法的局限性使得水化学-径流法、岩石试片法应用于全国或全球等大尺度时较为困难，同时，此前关于中国岩石风化碳汇的研究已经考虑分布格局但尚未涉及其演变特征等。在全球气候变化日益加剧的背景下，人们试图探索和分析岩石风化碳汇与气候变化、生态修复的反馈机制。研究认为全球气温上升将通过降水量和大陆植被覆盖度的变化促进水文循环的变化，进而影响大陆岩石的化学风化，并且岩石风化碳汇通量对正在发生的气候和土地利用变化具有潜在的高度敏感性(Post et al.，1992；Beaulieu et al.，2012)。虽然已有学者针对气候变化等因素对岩石风化碳汇的影响开展了相关研究，但是尚未进一步针对不同影响因素对岩石风化碳汇的相对贡献率进行量化分析，以揭示岩石风化碳汇对各影响因素响应积极性的区别。因此需要重新对近期的岩石风化碳汇进行估算，并定性、定量探究和分析岩石风化碳汇对气候变化和生态修复的反馈。

综上所述，本章利用 LMG 模型定量评估了 2000～2014 年中国岩石风化碳汇对气候变化、生态修复的响应机制。主要内容包括：①基于 GEM-CO_2 模型计算中国陆地岩石风化碳汇总量及通量，探究不同流域中各岩性所产生风化碳汇的差异；②分析岩石风化碳汇及各影响因素(气温、降水量、蒸散发量及水分盈亏量、FVC)的空间分布特征；③对比研究期内岩石风化碳汇通量与各影响因素的时空演变；④量化岩石风化碳汇各影响因素的相对贡献率，探究影响岩石风化碳汇演变的主控因素及其响应机理；⑤辨析不同岩性风化碳汇的时间演变特征及其对不同影响因素响应的敏感性，以分析不同岩性和不同流域中各影响因素相对贡献率的异同。

10.1 岩石风化碳汇及各影响因素量级空间分布

10.1.1 不同分区岩石风化碳汇量级大小

通过不同流域中各类岩石所消耗 CO_2 的不同，分析各流域中岩石风化碳汇的分布特征发现，2000～2014 年中国岩石风化碳汇总量(CS)为 17.69TgC·a^{-1}，碳汇通量(CSF)为 2.53tC·km^{-2}·a^{-1}；中国岩石风化 CS 分别相当于中国陆地生态系统碳汇总量(0.19～0.26PgC·a^{-1})(Piao et al., 2009)和土壤碳汇总量(41～71TgC·a^{-1})的 7%～9%和 25%～43%(方精云 等，2007)，陆地面积约占世界陆地面积 6.44%的中国，其 CS 相当于全球 CS(0.26PgC·a^{-1})(Suchet and Probst，1995)的 6.8%。研究期内，12 类岩石中 CS 最高的两类岩石为混合沉积岩及碳酸盐岩，二者的 CS 分别为 6.89TgC·a^{-1}和 4.42TgC·a^{-1}；CSF 分别为 5.31tC·km^{-2}·a^{-1}和 5.80tC·km^{-2}·a^{-1}。中国的混合沉积岩和碳酸盐岩的面积分别占中国岩石分布面积的 18%和 10%，二者的 CS 分别占全国 CS 的 39.5%和 25%，二者的 CSF 分别为全国 CSF 的 2.1 倍和 2.29 倍。在九大流域中，珠江流域的 CSF 最高(5.96tC·km^{-2}·a^{-1})，松辽流域的 CSF 最低(0.83tC·km^{-2}·a^{-1})，二者相差 6.18 倍；东南诸河、长江流域、西南诸河均为高值区域。不同流域中 CSF 最高的岩石种类均为碳酸盐岩和混合沉积岩，说明出露岩性对该地岩石风化碳汇的大小具有重要影响(表 10-1)。此外，位于南方地区的流域其 CSF 均大于北方地区流域，同一岩性产生的 CSF 在不同区域也大不相同，说明其他影响因素对岩石风化碳汇也具有不可忽视的影响。此外，中国不同分区的岩石风化碳汇空间分布、量级大小和因子相对贡献率可见图 10-1～图 10-3 和表 10-1～表 10-9。

表 10-1 2000～2014 年中国不同流域各类岩石风化碳汇通量和碳汇总量(Gong et al.，2020)

流域	碳酸盐岩	混合沉积岩	酸性深成岩	中性深成岩	基性深成岩	酸性火山岩	中性火山岩	基性火山岩	疏松沉积物	硅质碎屑岩	火山碎屑岩	变质岩	碳汇通量
珠江流域/(tC·km^{-2}·a^{-1})	8.79	9.49	2.25	5.07	0	3.46	1.14	4.75	5.40	1.92	0	1.58	5.96
东南诸河/(tC·km^{-2}·a^{-1})	11.59	11.93	1.31	0	0	2.61	4.50	5.17	5.86	2.56	1.94	1.99	4.03
长江流域/(tC·km^{-2}·a^{-1})	6.62	6.66	1.38	1.15	1.61	2.29	5.08	3.64	3.51	1.42	5.97	1.00	4.01
西南诸河/(tC·km^{-2}·a^{-1})	6.02	6.28	1.43	0.46	0.16	2.87	2.97	0.74	2.75	1.44	0	1.49	3.76

续表

流域	碳酸盐岩	混合沉积岩	酸性深成岩	中性深成岩	基性深成岩	酸性火山岩	中性火山岩	基性火山岩	疏松沉积物	硅质碎屑岩	火山碎屑岩	变质岩	碳汇通量
淮河流域 /($tC \cdot km^{-2} \cdot a^{-1}$)	6.44	3.85	0.73	0.35	0	0	0.42	0	2.63	0.95	0	0.46	2.02
内陆河片 /($tC \cdot km^{-2} \cdot a^{-1}$)	3.59	3.23	0.41	0.51	1.03	0.99	0.75	0.72	0.75	0.60	0.08	0.26	1.64
海河流域 /($tC \cdot km^{-2} \cdot a^{-1}$)	2.62	2.47	0.33	0	0.22	0.41	0.34	0.69	1.51	0.71	0	0.51	1.41
黄河流域 /($tC \cdot km^{-2} \cdot a^{-1}$)	2.18	1.95	0.45	0.58	0	0.44	0.39	0.82	1.38	0.47	0	0.39	1.21
松辽流域 /($tC \cdot km^{-2} \cdot a^{-1}$)	3.42	2.42	0.33	0.35	0.26	0.32	0.85	0.67	1.26	0.38	0.41	0.22	0.83
总碳汇通量 /($tC \cdot km^{-2} \cdot a^{-1}$)	5.80	5.31	0.87	0.62	0.88	1.14	1.73	1.25	1.72	1.07	3.75	0.89	2.53
碳汇总量 /($TgC \cdot a^{-1}$)	4.42	6.89	0.69	0.04	0.02	0.34	0.05	0.22	3.12	1.49	0.07	0.23	17.69

注：数据为 0 表示该区域无此类岩石碳汇数据。

表 10-2　2000～2014 年中国四大地理分区各类岩石风化 CSF 均值　(单位：$tC \cdot km^{-2} \cdot a^{-1}$)

分区名称	非石质沉积岩	基性火山岩	硅质碎屑沉积岩	基性深成岩	混合沉积岩	碳酸盐岩	酸性火山岩	变质岩	酸性深成岩	中性火成岩	火山碎屑岩	中性深成岩	碳汇通量
青藏地区	1.38	0.22	0.63	0.59	4.85	4.17	2.09	1.14	0.99	1.62		0.81	2.49
西北地区	0.73	0.71	0.35		1.80	0.98	0.45	0.42	0.28	0.98	0.08	0.08	0.82
南方地区	4.12	4.48	1.97	2.28	7.98	8.13	2.61	1.26	1.83	4.40	5.08	3.11	4.94
北方地区	1.55	0.69	0.58	0.24	2.58	2.91	0.30	0.30	0.38	0.65	0.41	0.32	1.17

表 10-3　2000～2014 年中国四大地理分区气温、降水量、蒸散发量、水分盈亏量、FVC 对 CSF 影响的相对贡献率

分区名称	气温	降水量	蒸散发量	水分盈亏量	FVC
青藏地区	0.2102	0.0135	0.0065	0.0336	0.117
西北地区	0.1388	0.6792	0.3403	0.1955	0.0191
南方地区	0.0846	0.8079	0.0684	0.8498	0.0004
北方地区	0.1754	0.7389	0.064	0.8219	0.0115

表 10-4　2000～2014 年中国八大气候带各类岩石风化 CSF 均值　(单位：$tC \cdot km^{-2} \cdot a^{-1}$)

气候带	非石质沉积岩	基性火山岩	硅质碎屑沉积岩	基性深成岩	混合沉积岩	碳酸盐岩	酸性火山岩	变质岩	酸性深成岩	中性火成岩	火山碎屑岩	中性深成岩	碳汇通量
北温带	0.55	0.42	0.17	—	1.81	—	0.30	0.16	0.22	0.31	0.15	—	0.33
热带	7.35	4.76	2.03	—	8.55	7.34	—	0.65	1.76	7.81	—	—	4.09
南亚热带	5.49	—	1.67	—	8.64	7.81	2.23	2.71	2.22	3.82	—	12.47	4.58
中亚热带	4.41	4.18	2.06	6.56	8.35	8.30	2.55	0.99	1.90	3.63	4.90	1.05	5.69

续表

气候带	非石质沉积岩	基性火山岩	硅质碎屑沉积岩	基性深成岩	混合沉积岩	碳酸盐岩	酸性火山岩	变质岩	酸性深成岩	中性火成岩	火山碎屑岩	中性深成岩	碳汇通量
北亚热带	3.85	5.35	1.98	1.84	6.18	7.19	3.13	1.00	1.13	4.54	5.46	—	3.77
南温带	1.59	0.94	0.73	0.22	2.73	2.64		0.34	0.63	0.44	—	0.31	1.48
中温带	1.11	0.79	0.42	0.26	1.96	1.63	0.38	0.40	0.32	0.83	0.35	0.37	0.93
高原气候	1.29	0.39	0.62	0.59	4.82	4.13	2.09	1.15	1.01	1.62	—	0.72	2.45

表 10-5　2000～2014 年中国八大气候带气温、降水量、蒸散发量、水分盈亏量、FVC 对 CSF 影响的相对贡献率

气候带	气温	降水量	蒸散发量	水分盈亏量	FVC
北温带	0.046	0.8147	0.0067	0.8112	0.0631
热带	0.0646	0.6456	0.005	0.7159	0.0034
南亚热带	0.0924	0.8785	0.0686	0.9294	0.0006
中亚热带	0.1236	0.8695	0.1122	0.8912	0.0018
北亚热带	0.3123	0.8427	0.2238	0.898	0.0031
南温带	0.1169	0.7862	0.0244	0.9028	0.0104
中温带	0.1812	0.7418	0.23	0.7195	0.0047
高原气候	0.193	0.0101	0.0065	0.0264	0.1181

表 10-6　2000～2014 年中国九大流域各类岩石风化 CSF 均值　（单位：$tC \cdot km^{-2} \cdot a^{-1}$）

流域名称	非石质沉积岩	基性火山岩	硅质碎屑沉积岩	基性深成岩	混合沉积岩	碳酸盐岩	酸性火山岩	变质岩	酸性深成岩	中性火成岩	火山碎屑岩	中性深成岩	碳汇通量
东南诸河	5.86	5.17	2.56	—	11.93	11.59	2.61	1.99	1.31	4.50	1.94	—	4.03
海河流域	1.51	0.69	0.71	0.22	2.47	2.62	0.41	0.51	0.33	0.34	—	—	1.41
淮河流域	2.63	—	0.95	—	3.85	6.44	—	0.46	0.73	0.42	—	0.35	2.02
黄河流域	1.38	0.82	0.47	—	1.95	2.18	0.44	0.39	0.45	0.39	—	0.58	1.21
内陆河	0.75	0.72	0.60	1.03	3.23	3.59	0.99	0.26	0.41	0.75	0.08	0.51	1.64
松辽河流域	1.26	0.67	0.38	0.26	2.42	3.42	0.32	0.22	0.33	0.85	0.41	0.35	0.83
西南诸河	2.75	0.74	1.44	0.16	6.28	6.02	2.87	1.49	1.43	2.97	—	0.46	3.76
长江流域	3.51	3.64	1.42	1.61	6.66	6.62	2.29	1.00	1.38	5.08	5.97	1.15	4.01
珠江流域	5.40	4.75	1.92	—	9.49	8.79	3.46	1.58	2.25	1.14	—	5.07	5.96

表 10-7　2000～2014 年中国九大流域气温、降水量、蒸散发量、水分盈亏量、FVC 对 CSF 影响的相对贡献率

流域名称	气温	降水量	蒸散发量	水分盈亏量	FVC
东南诸河	0.2768	0.7109	0.1207	0.7872	0.0423
海河流域	0.0075	0.0215	0.0116	0.0106	0.1488
淮河流域	0.4401	0.8963	0.4232	0.4974	0.0914
黄河流域	0.0191	0.6332	0.063	0.7848	0.0169

续表

流域名称	气温	降水量	蒸散发量	水分盈亏量	FVC
内陆河	0.1413	0.9483	0.036	0.9335	2.00E-5
松辽河流域	0.1705	0.7033	0.2129	0.7811	0.0028
西南诸河	0.5546	0.5555	0.1193	0.6541	0.1082
长江流域	0.3303	0.8819	0.0711	0.8987	0.1162
珠江流域	0.0528	0.9085	0.501	0.9392	0.0089

表 10-8　2000～2014 年中国各省份各类岩石风化年均 CSF*　（单位：$tC \cdot km^{-2} \cdot a^{-1}$）

省份	碳酸盐岩	混合沉积岩	酸性深成岩	中性深成岩	基性深成岩	酸性火山岩	中性火山岩	基性火山岩	疏松沉积物	硅质碎屑岩	火山碎屑岩	变质岩	碳汇通量
北京	1.48	2.31	0.06	—	—	0.91	0.81		1.16	0.62	—	—	1.32
天津	1.51	—	—	—	—	—	—	—	1.47	—	—	0.27	1.41
河北	2.48	1.55	0.34		0.23	0.38	0.13	0.53	1.49	0.48	—	0.41	1.18
山西	3.28	2.85	0.39	—	0.16	—	—	1.06	1.40	0.90	—	0.84	1.69
内蒙古	3.36	2.05	0.29	0.47	—	0.36	1.02	0.57	1.21	0.44	0.15	0.33	0.91
辽宁	3.38	3.84	0.81	0.37	—	0.21	0.98	0.90	1.90	0.82	—	0.28	1.80
吉林	—	3.07	0.31	0.35	—	0.58	0.69	1.79	1.32	0.53	—	0.23	0.95
黑龙江	—	2.05	0.24	0.17	0.26	0.36	0.67	0.72	1.16	0.35	0.43	0.24	0.74
上海	—	—	—	—	—	—	—	—	4.23	4.17	—	—	4.22
江苏	6.31	10.16	0.55	—	—	—	—	—	3.20	1.38	—	—	2.93
浙江	12.09	9.58	0.95	—	—	3.26	—	5.36	5.03	2.61	1.94	0.97	5.27
安徽	7.93	8.85	0.68	—	—	—	—	—	3.54	2.17	—	0.70	3.50
福建	10.69	11.25	1.23	—	—	1.77	4.50	4.27	4.51	2.92	—	0.98	2.57
江西	9.99	12.52	2.71	—	—	2.34	—	3.05	4.63	1.92	5.08	1.04	4.08
山东	4.90	4.68	0.90	0.35	—	—	0.41	-	2.06	0.80	—	0.38	1.76
河南	4.39	3.37	0.56	—	—	—	—	—	2.21	0.87	—	0.63	1.72
湖北	6.75	6.44	1.25	—	—	—	—	—	3.72	2.19	5.84	1.14	4.34
湖南	10.44	10.14	2.62	—	—	—	—	—	4.84	2.57	8.26	—	6.89
广东	13.80	14.31	3.10	5.11	—	3.46	1.14	5.26	5.72	2.16	—	1.69	6.57
广西	9.16	6.46	1.51	0.97	—	—	—	—	5.18	2.01	—	—	5.72
海南	—	—	1.36	—	—	—	—	4.57	7.50		—	—	2.80
重庆	6.71	7.79	—	—	—	6.34	—	—	3.73	2.13	7.43	—	5.63
四川	4.55	5.71	0.86	1.15	1.71	-	5.30	2.19	2.95	1.04	6.83	1.77	2.89
贵州	7.32	7.30	—	—	—	—	—	8.51	—	1.57	7.64	—	7.12
云南	7.54	7.56	1.42	—	8.10	2.68	4.08	3.94	4.18	1.62	3.78	1.03	4.88
西藏	5.46	6.45	1.34	1.10	0.60	2.21	0.47	0.32	2.73	1.31	—	1.57	3.92
陕西	4.55	4.22	0.99	—	1.84	2.11	4.54	-	1.64	0.89	—	0.23	1.95

续表

省份	碳酸盐岩	混合沉积岩	酸性深成岩	中性深成岩	基性深成岩	酸性火山岩	中性火山岩	基性火山岩	疏松沉积物	硅质碎屑岩	火山碎屑岩	变质岩	碳汇通量
甘肃	1.30	1.79	0.28	0.32	—	—	0.80	0.61	1.02	0.53	—	0.39	1.02
青海	1.44	0.85	0.15	0.25	0.74	0.37	0.48	0.12	0.55	0.16	—	0.23	0.51
宁夏	1.78	2.15	—	—	—	—	—	—	0.47	0.46	—	—	1.20
新疆	0.84	0.99	0.19	0.04	—	0.19	0.75	—	0.44	0.15	0.08	0.16	0.50
台湾	—	20.38	—	—	—	—	—	—	8.30	1.89	—	7.35	4.60

*香港、澳门数据暂缺。

表 10-9 2000～2014 年中国各省份气温、降水量、蒸散发量、水分盈亏量、FVC 对 CSF 影响的相对贡献率*

省份	气温	降水量	蒸散发量	水分盈亏量	FVC
北京	0.5295	0.8192	0.3182	0.512	0.0325
天津	0.3707	0.8773	0.362	0.5244	0.136
河北	0.5614	0.8719	0.4586	0.3383	0.0775
山西	0.1096	0.831	0.3306	0.7936	0.0924
内蒙古	0.1995	0.6806	0.3371	0.5584	0.0076
辽宁	0.5102	0.9177	0.2455	0.9232	0.027
吉林	0.3256	0.766	0.037	0.8135	0.0061
黑龙江	0.1077	0.7229	0.0022	0.8756	0.0105
上海	0.0331	0.7992	0.0171	0.7872	0.1399
江苏	0.1234	0.7502	0.059	0.7627	0.0481
浙江	0.3834	0.9225	0.1428	0.9183	0.0999
安徽	0.1815	0.8852	0.1274	0.9163	0.0005
福建	0.2825	0.9315	0.1585	0.9456	0.1019
江西	0.3484	0.9118	0.0646	0.9364	0.0121
山东	0.2181	0.8707	0.1096	0.8391	0.0142
河南	0.2928	0.9133	0.0344	0.8909	0.0277
湖北	0.0919	0.6842	0.2596	0.7461	0.0197
湖南	0.1642	0.932	0.1671	0.9409	0.0264
广东	0.1316	0.9009	0.0122	0.8691	0.0192
广西	0.1189	0.9003	0.0823	0.9634	0.001
海南	0.343	0.8323	0.2154	0.8355	0.0621
重庆	0.1755	0.6476	0.5117	0.7002	0.0169
四川	0.0411	0.4351	0.267	0.6271	0.0003
贵州	0.1217	0.9213	0.0319	0.8902	0.0122
云南	0.1532	0.8285	0.2208	0.8326	0.0269
西藏	0.3197	0.3214	0.0541	0.2408	0.1063

续表

省份	气温	降水量	蒸散发量	水分盈亏量	FVC
陕西	0.189	0.6499	0.0016	0.7537	0.0191
甘肃	0.0183	0.235	0.0124	0.5181	0.1941
青海	0.1074	0.7095	0.2987	0.7061	0.1154
宁夏	0.006	0.652	0.0975	0.6405	0.0775
新疆	0.1376	0.7116	0.5317	0.1947	0.2195
台湾	0.0309	0.3136	0.0916	0.2751	0.0741

*香港、澳门数据暂缺。

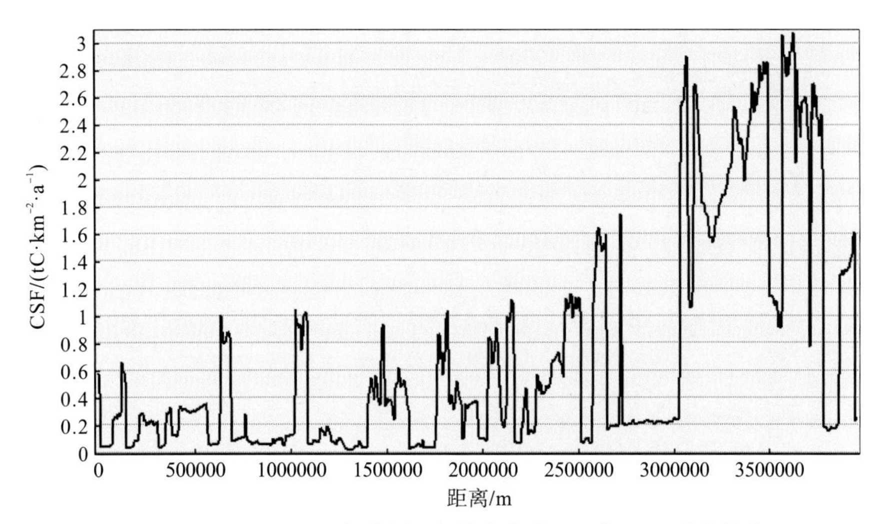

图 10-1　2000～2014 年中国沿胡焕庸线岩石风化 CSF 演变趋势

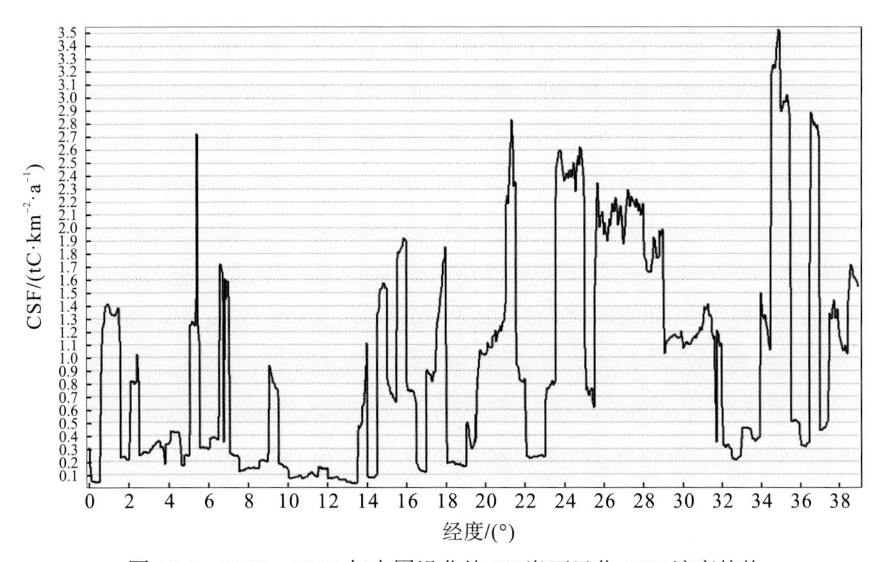

图 10-2　2000～2014 年中国沿北纬 32°岩石风化 CSF 演变趋势

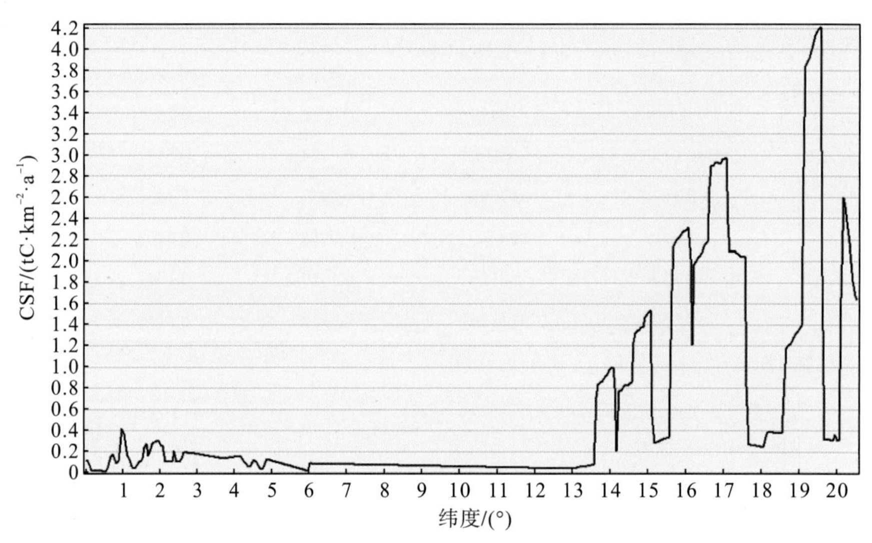

图 10-3 2000～2014 年中国沿东经 89°岩石风化 CSF 演变趋势

10.1.2 岩石风化碳汇及各影响因子空间分布

使用 GEM-CO_2 模型对中国岩石风化碳汇进行的估算表明，2000～2014 年，除西北、青藏的广大未利用区域无碳汇数据外，其余地区岩石风化碳汇年均 CSF 空间分布差异显著。其中，南方大部分地区及西藏西南部的 CSF 整体较高，高值区域主要分布在湘、桂、粤三省份交界处及西藏日喀则以南。CSF<1tC·km^{-2}·a^{-1} 的区域面积约占全国陆地面积的 47%，CSF<5tC·km^{-2}·a^{-1} 的区域面积约占全国陆地面积的 82%。中国年均 FVC 在空间分布上以胡焕庸线为分界，呈现出西北低、东南高的特点，高值区位于东北地区及长江中上游，低值区主要位于新疆盆地地区。2000～2014 年年均 FVC 为 0.52，FVC<0.5 的区域面积约占全国陆地面积的 42%，FVC>0.7 的区域面积约占全国陆地面积的 39%。

气候观测表明，2000～2014 年中国年均温为-5.74～23.77℃，在空间分布上具有明显的区域特征，0℃以下区域主要分布在青藏高原地区、内蒙古东北部和黑龙江西北部，20℃以上区域主要分布在海南岛、华南地区和云南南部。多年平均降水量在 20～2922mm，呈现出由西北向东南递增的特点，西北地区为降水量低值区，海南岛和台湾、西藏藏南地区为降水量高值区。中国多年平均蒸散发量为 31～1258mm，在空间分布上呈现由东南沿海向西北内陆减少的特点，内陆河片为蒸散发极小值区，海南岛、台湾、云南南部、东南沿海地区为蒸散发量极大值区。降水量与蒸散发量密切相关，降水通过影响地表土壤水分含量，进而影响蒸散发量。通过比较降水与蒸散发空间分布的差异，得到中国年均水分盈亏量的空间分布，结果表明年水分盈亏量同样呈现东南多、西北少的特点。

研究期内，岩石风化碳汇从空间分布上呈现南多北少的特点，同时年均 FVC、气温、降水量、蒸散发量及水分盈亏量均为东南高西北低。以上结果表明，岩石风化碳汇的量级空间分布对气候变化及生态修复等因素的空间分布具有反馈效应，气温、降水量、蒸散发量、水分盈亏量及 FVC 的中高值区，为 CSF 分布的中高值区，降水量和水分盈亏量的高值区则为 CSF 的极大值区。但对于 FVC 和气温较低的西藏同样出现了 CSF 中高值区，是因为该区域有碳酸盐岩和混合沉积岩分布，且在不同环境下 CSF 对不同影响因素的反馈积极性不同(图 10-4)。

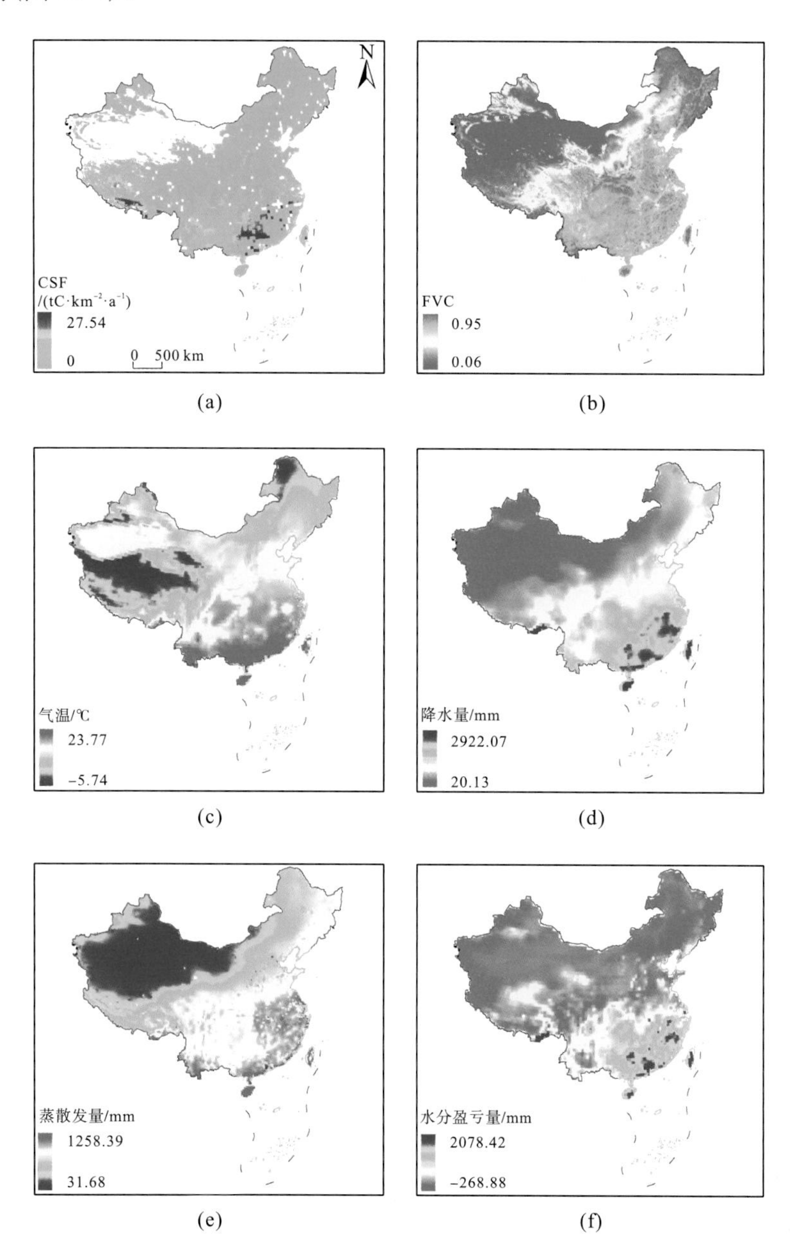

图 10-4　中国岩石风化 CSF 及各影响因素量级空间分布(Gong et al.，2020)

10.2　CSF 及各影响因素的时空演变分析

从时间演变上，2000～2014 年内中国岩石风化 CSF 为 2.13～2.89tC · km^{-2} · a^{-1}，年际变化不大，在 2002 年达到极大值，2011 年达到极小值，总体上在以−0.0054tC · km^{-2} · a^{-1}

的速度减少。说明中国整体年均岩石风化碳汇波动较小，且呈现轻微下降趋势。

中国的 FVC 总体上以轻微的趋势增加，其增长速度约为 $0.0078a^{-1}$，增量为 0.056，增幅为 12%。2009 年是平均 FVC 最大(0.60)年份，2004 年是平均 FVC 最小(0.45)年份，最大变幅为 0.15。植被覆盖的转移变化主要是因为目前中国已实施多项世界级重点生态修复工程，其中从 1999 年开始实施第一轮退耕还林工程，使得研究期内植被覆盖整体改善。但是在 2010～2014 年中国年均 FVC 出现了轻微减小的趋势，主要是在 2007 年由于坚守 18 亿亩耕地红线政策，退耕还林工程暂停，至 2014 年开始重启第二期退耕还林工程。总体而言，研究期内由于多项重大生态保护和修复工程的实施，中国生态建设工程取得显著成就，生态环境不断改善，植被覆盖度得到了明显提升(图 10-5)。

中国年均温呈现先升温后缓慢降温的趋势，并在 2007 年达到极大值(9.1℃)，研究期内的增温速率为 $0.01℃\cdot a^{-1}$。年降水量在 2004 年前呈现出减小的趋势，并在 2004 年达到极小值(486mm)，之后年降水量波动增加，整体上以 $3.4mm\cdot a^{-1}$ 的速度持续上升。蒸散发量在研究期内表现为波动上升趋势，增速达到 $3.76mm\cdot a^{-1}$。2000～2004 年，年水分盈亏量缓慢降低，2004 年后转为上升趋势，整体波动较大，并以 $-0.211mm\cdot a^{-1}$ 的速度缓慢下降。

总体而言，2000～2014 年 CSF 和水分盈亏量均表现为下降趋势，且二者出现峰值和谷值的年份均在 2000 年和 2011 年，FVC、气温、降水量和蒸散发量总趋势均为上升，其中，降水量和水分盈亏量波动显著。水分盈亏量与 CSF 的相关系数最高，达 0.82；其次为降水量，其与 CSF 的相关系数为 0.65。二者与 CSF 均呈正相关关系。气温、蒸散发量及 FVC 与 CSF 的相关系数较小，分别为 0.25、0.10 和 0.10。说明岩石风化碳汇对气候变化存在敏感的反馈效应，尤其是对降水和水分盈亏的反应较为明显(图 10-5)。

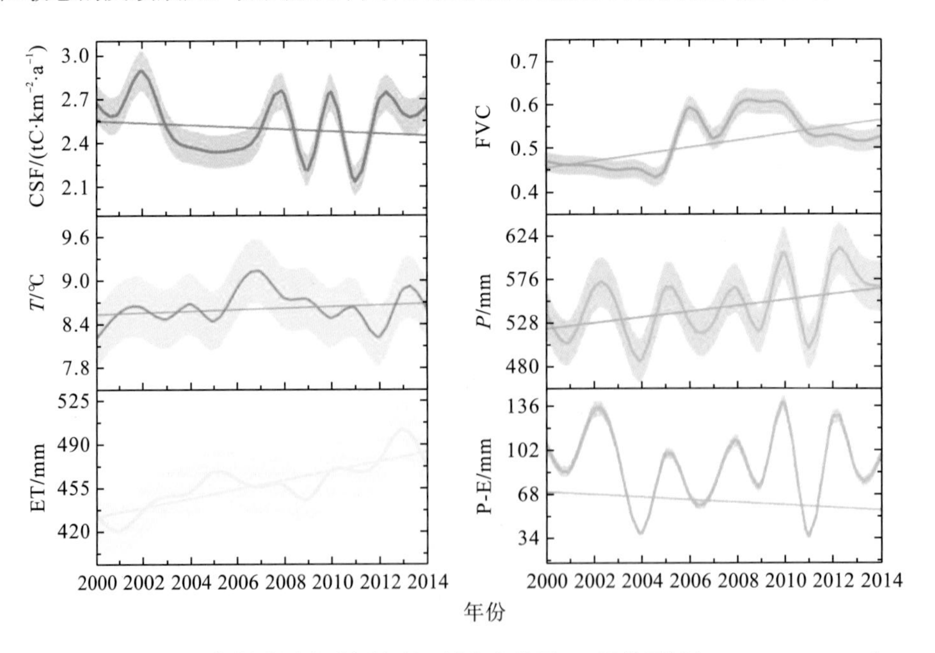

图 10-5 CSF 及各影响因素时间演变、拟合曲线及 5%误差区间(Gong et al.，2020)

注：*T*. 气温；*P*. 降水量；ET. 蒸散发量；P-E. 水分盈亏；FVC. 植被覆盖度。

通过进一步分析 CSF 及其影响因素空间演变趋势(图 10-6)可知，碳汇通量演变空间分布具有明显的区域特征，CSF 增加地区面积占 57%，增幅最大地区位于川渝贵交界区域，降幅最大的区域位于湖南省、云南省及西藏西南部。

FVC 变化区主要以低、高覆盖为主，稳定区则以中覆盖为主，年均 FVC 呈现增加趋势的地区面积占比为 86%。长江流域、珠江流域、西南诸河及黄河流域为 FVC 明显转好的区域，FVC 显著下降区域主要位于内蒙古东北部和新疆西北部，同时城市化进程加快、气候变化等也会导致生态环境恶化的情况发生，使得 FVC 值减小的区域零星出现。总体而言，随着国家生态环境保护力度的不断加大，我国生态环境总体上有所改善，但城市化进程的加快导致部分地区的生态环境存在轻微恶化的情况。

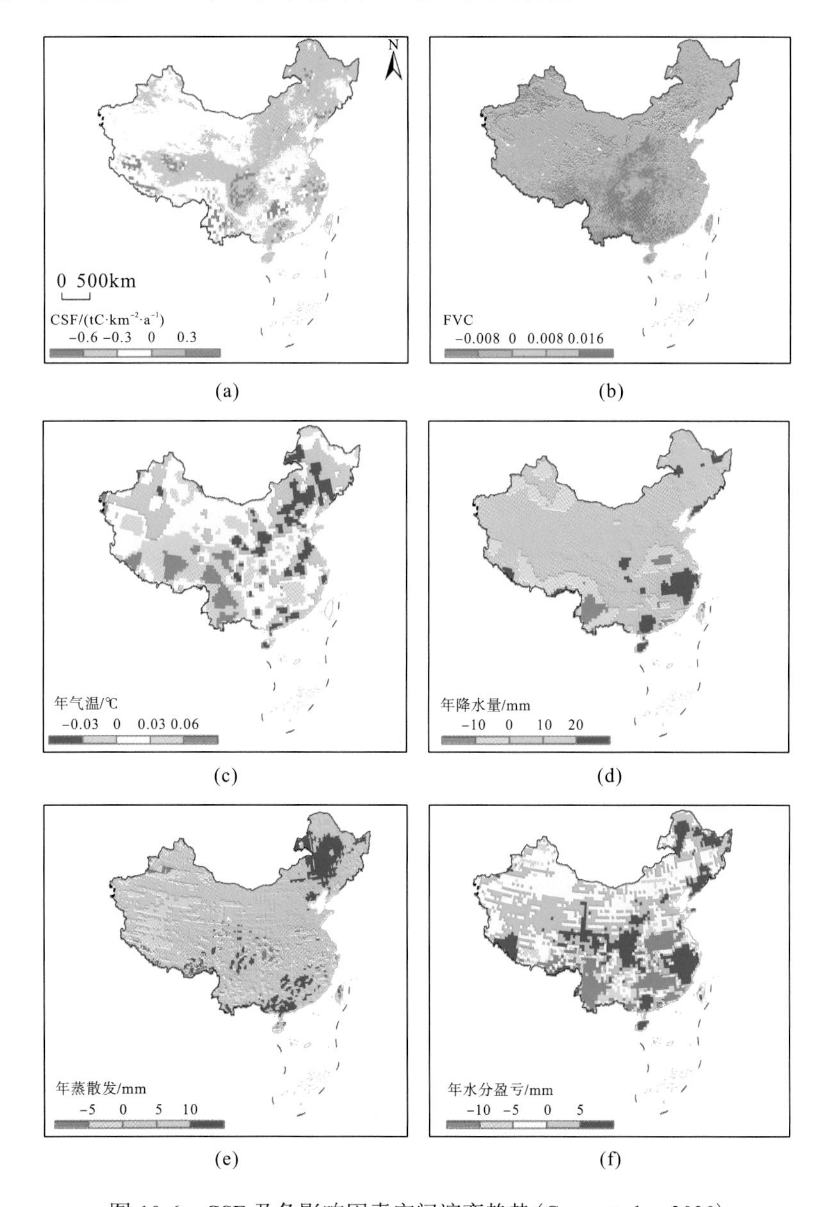

图 10-6　CSF 及各影响因素空间演变趋势(Gong et al.，2020)

研究期内气温升高区域面积占 63%，气温降低区域面积占 37%，气温明显升高的区域位于青藏高原及云南省，松辽流域及海河流域在研究期内气温呈现较显著的降低趋势。降水量则在全国 82%的地区表现出升高趋势，远大于其减少区域面积；降水量显著增加区域为江浙及两广交界地区，降水量减少区域主要位于云南省。蒸散发量呈现增加趋势的区域面积占比达 81%，其中东北地区及珠江流域增幅明显。水分盈亏量减少区域明显大于降水量减少区域，前者减少区域面积占 51%，是降水量减少区域面积占比的 2.8 倍。

对比 CSF 及各影响因素的空间演变趋势可知，CSF 南方地区减少区域即为水分盈亏量明显减少区域，同时也是气温升高、降水量减少区域；CSF 北方减少区域为水分盈亏量及 FVC 减少区域；CSF 增幅较大区域为水分盈亏量、降水量及蒸散发量增加区域。

结合 CSF 及各影响因素演变趋势的时间变化和空间分布，发现水分盈亏量减少会对 CSF 产生不利影响，气温上升也会导致 CSF 减少。在空间演变分布上，降水量和蒸散发量的减少会导致 CSF 减少，在时间演变上，研究期间降水量表现为增加趋势，但是 CSF 总体却稍微减少，是因为蒸散发量同样呈现增加趋势，二者共同作用导致了水分盈亏量的减少，以至于 CSF 减少。所以应该综合考虑各种因素如何影响 CSF。FVC 的增加对 CSF 有有利影响，但是它对 CSF 的相对贡献率很小，所以它的作用被其他影响因素的作用抵消。

CSF 演变趋势空间分布受各影响因素演变空间分布的影响，说明岩石风化碳汇能快速响应气候变化及生态修复，但不同影响因素对岩石风化碳汇的影响效果不同，岩石风化碳汇在不同地区对各影响因素的响应也不相同，需要进一步定量评估各影响因素在不同地区对 CSF 的影响，以对岩石风化碳汇的驱动因素进行更加精准的分析。

10.3 气候变化及生态修复对碳汇的影响

10.3.1 生态修复评价

如图 10-7 所示，2000～2014 年中国多年平均 FVC 空间分布总体上以胡焕庸线为分界，呈现西北低、东南高的特点，低值区位于西藏、青海、甘肃、内蒙古、宁夏等大部分地区及新疆盆地，高值区位于东北地区、长江中上游、西藏雅鲁藏布江流域、云南南部、海南岛及台湾。2000～2004 年年均 FVC 约为 0.46，FVC＜0.1 的区域面积占比为 18%，FVC＞0.5 的区域面积占比为 54%。2005～2009 年年均 FVC 为 0.55，且已整体大于 0.1，FVC＞0.5 的区域面积占比为 59%。第一期（2000～2004 年）至第二期（2005～2009 年）的 FVC 整体改善，约增加了 20%，表现出由低覆盖向中等覆盖转、中等覆盖向中高覆盖转移的趋势。2010～2014 年年均 FVC 约为 0.54，FVC＜0.1 的区域重新出现，其面积占比为 8%，FVC＞0.5 的区域面积占比为 59%。第二期（2005～2009 年）至第三期（2010～2014 年）植被覆盖度轻微减少，约减少了 8%，变化区主要以低、高覆盖为主，稳定区则以中覆盖为主。

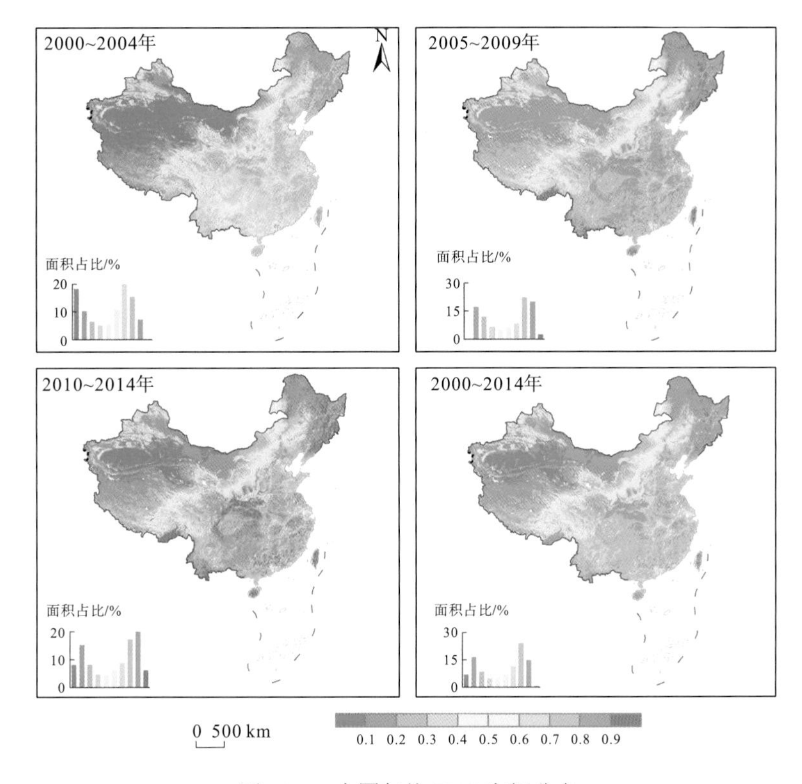

图 10-7　中国年均 FVC 空间分布

从图 10-8 可以看出，研究期内中国植被覆盖度总体上以轻微的趋势增加，其增长速度约为 $0.0078a^{-1}$，增量为 0.056，增幅为 12%。2009 年是平均 FVC 最大(0.60)年份，2004 年是平均 FVC 最小(0.45)年份，最大变幅为 0.15。在演变空间分布上，中国 86%的地区年均 FVC 呈现增加趋势，增长速度为 0.004～$0.005a^{-1}$的区域面积占比最大，达 29%。FVC 显著增加区域位于长江中游地区、黄河中游地区、贵州、四川中部以及西藏东南部，少数地区呈现减少趋势，主要发生在新疆北部、内蒙古东北部、青海以及呈散点状分布在城市附近区域。

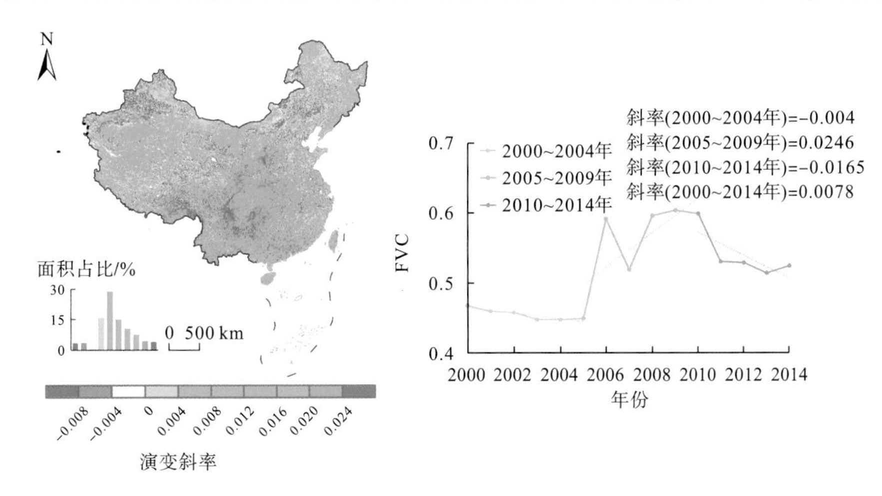

图 10-8　2000～2014 年中国年均 FVC 演变空间分布及演变趋势

植被覆盖的转移变化主要是因为目前我国已实施多项世界级重点生态修复工程，从1999年开始实施第一轮退耕还林工程，研究期内植被覆盖得到整体改善，尤其是西南高山峡谷区、云贵高原区、长江中下游低山丘陵区、黄土丘陵沟壑区的植被覆盖增速明显。2000年国家启动了天然林资源保护工程，全面停止在长江上游、黄河上中游地区采伐天然林，大幅度调减东北、内蒙古等重点国有林区的木材产量，这些措施有利于以上区域植被覆盖度的提升。同时三北防护林工程、沿海防护林工程、石漠化综合治理工程、平原农田防护林工程等重大生态工程的推进，使得研究期内植被覆盖度得到整体提升。但是在2010～2014年年均FVC出现了轻微减小的趋势，主要是在2007年实施坚守18亿亩耕地红线政策，退耕还林工程暂停，至2014年开始重启第二期退耕还林工程。随着我国城市化进程的加快，植被覆盖区域向建筑用地转化，导致城市周边生态系统受到影响，同时气候变化也会导致生态环境恶化的情况发生，从而出现了FVC值减小的区域。总体而言，研究期内由于多项重大生态保护和修复工程的实施，中国生态建设工程取得显著成就，生态环境不断改善，植被覆盖度得到了明显提升。

地表土地利用具有重要的生态服务功能，土地覆被变化则是土地利用类型变化的直接响应。通过分析2000～2014年中国4期土地利用类型分布(图10-9)，发现各年土地利用类型分布格局大体一致，建筑用地以大城市为中心向四周辐射扩大，并在黄淮海地区、长

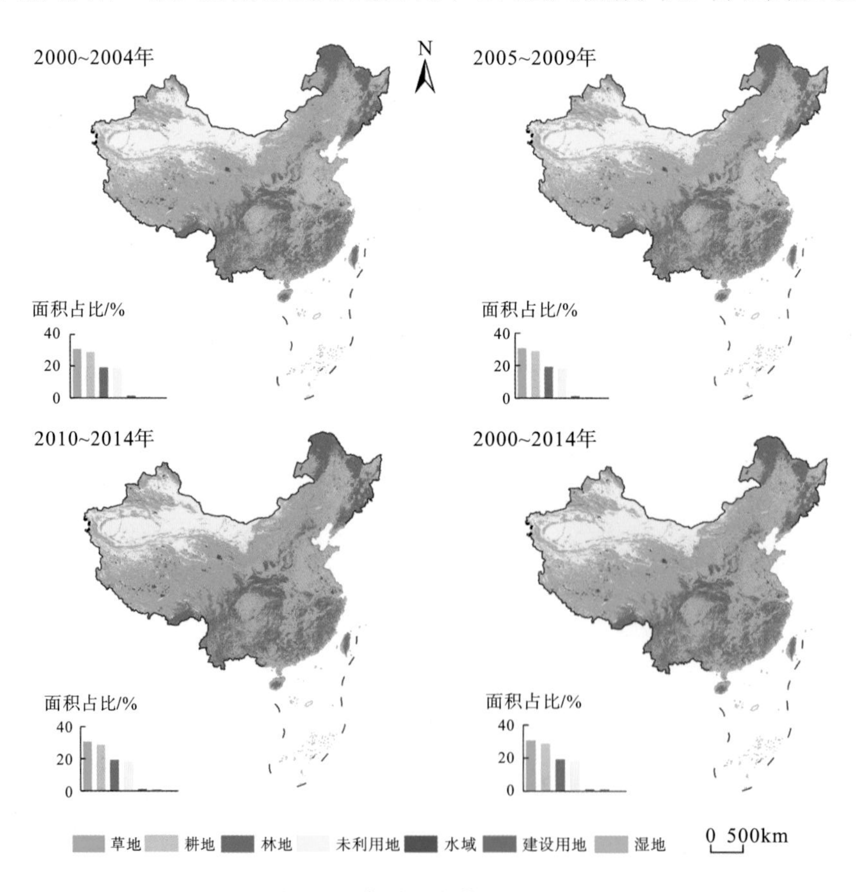

图10-9 中国土地利用类型分布

江中下游地区、华南地区增速最为明显。中国土地利用类型在空间分布上以胡焕庸线为界线呈现出明显的空间格局特征，西北人口稀疏地区土地利用类型单一；草地主要分布在青藏区及内蒙古，约占中国陆地面积的 30%，是中国占比最大的土地利用类型；未利用地集中分布在西北沙漠区，面积占比为 18%。胡焕庸线以东的东南人口密集区土地利用类型多样，耕地大面积分布，并集中在黄淮海地区、东北大部分地区以及四川盆地，约占中国陆地面积的 29%，略少于草地面积。林地主要分布在东北地区、华南地区以及西南地区，约占中国陆地面积的 19%。

从表 10-10 可见，2000～2004 年，建设用地的面积增加最大，约增加了 21746km^2，增长率达 32.79%；其次为林地，其面积增加了 10145km^2；湿地的面积也稍有增加。其他土地利用类型面积存在不同程度的减少。其中，未利用地、耕地的面积减少较大，分别减少了 17925km^2 和 10776km^2。2005～2009 年，除林地由增变减、水域面积由减转增外，其余土地利用类型的面积变化趋势不变。其中，林地面积减少了 3067km^2；建设用地面积以 28.27%的速度持续增加，林地和耕地面积的减少速率变缓。2010～2014 年，草地面积由减少转为增加，增加了 4833km^2；建设用地的增长率稍有减小，但仍增加了 25967km^2；耕地的减少速率重新加大，约减少了 11167km^2。以上各阶段土地利用类型面积的变化，充分体现了 2000～2014 年我国的城市化以及生态保护与修复工程的进程。城市化进程的不断加快，使得建设用地面积持续增大，但增长率稍有变缓。退耕还林等重大生态保护和修复工程的实施，使得林地面积增加，草地面积也逐渐由减转增，耕地和未利用地面积不断减少。由于国家水利工程的不断发展，水域及湿地的总体面积也在不断增加。总体而言，随着国家生态环境保护力度的不断加大，我国生态环境总体上有所改善，但城市化进程的加快使得部分地区的生态环境存在轻微恶化的情况。

表 10-10　各研究期单一土地利用变化

研究期		草地	耕地	林地	未利用地	水域	建设用地	湿地
2000～2004 年	变化量/km^2	−4202	−10776	10145	−17925	−27	21746	1039
	变化率/%	−0.14	−0.39	0.54	−1	0	32.79	3.01
2005～2009 年	变化量/km^2	−2045	−1951	−3067	−17727	306	23919	566
	变化率/ %	−0.07	−0.07	−0.16	−1	0	28.27	1.71
2010～2014 年	变化量/km^2	4833	−11167	−2844	−18541	1477	25967	274
	变化率/ %	0.16	−0.4	−0.15	−1.06	0.02	23.48	0.82

10.3.2　气候变化及生态修复对碳汇的相对贡献率

本书通过探究和分析气温、降水量、蒸散发量、水分盈亏量、FVC 等因素对岩石风化 CSF 产生影响的程度，以得出各影响因子对 CSF 的相对贡献率。由图 10-10 可知，CSF 在不同流域对各影响因素的响应差异明显，但是除内陆河片外，仍可以得出降水量及水分盈亏量是影响 CSF 的决定性因素，且呈比例相当的贡献。气温在西南诸河的贡献率达 28%，在气温明显下降的海河流域和松辽流域的相对贡献率分别为 19%和 14%，说明在低温和气温明显下降区域 CSF 对气温变化的响应较为明显。蒸散发量在海河流域及长江流域的贡献率较高，在其余流域的贡献率均不超过 6%。在 FVC 整体较低且降水贫乏的内陆河片，FVC 是相对贡献率(74%)最大的影响因子，因为内陆河片中出现大面积的 CSF 空值区域，同时也是降水量、蒸散发量、水分盈亏量及 FVC 的低值区，故除 FVC 外，其余影响因子的相对贡献率均较低。从全国范围看，水分盈亏量是影响 CSF 强度最主要的驱动因子，其相对贡献率达 57%；其次 CSF 对降水量变化的响应也较为明显，其相对贡献率达 35%。CSF 同时也受其他因素的影响，其中，气温的相对贡献率为 6%，蒸散发量和 FVC 的相对贡献率较低，均为 1%，说明 CSF 并不主要受控于这三个因素。

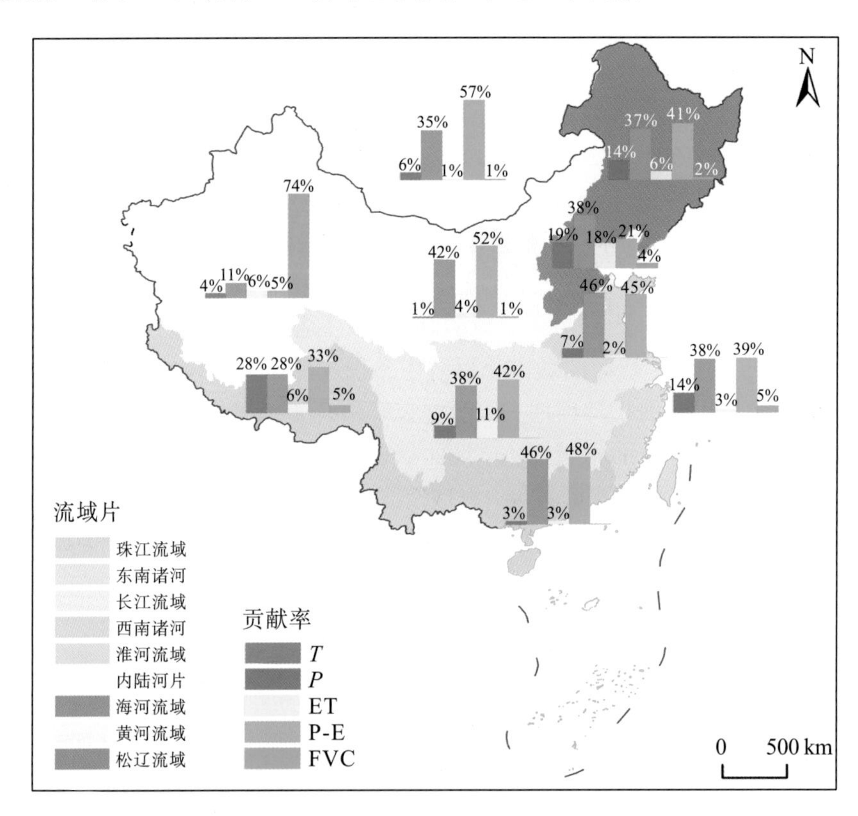

图 10-10 不同流域各影响因子对 CSF 影响的相对贡献率(Gong et al.，2020)

注：因数据通过四舍五入，各流域贡献率总和不为 100%，后同。

通过分析各影响因素对 CSF 的相对贡献率可知，降水量和水分盈亏量是影响岩石风化碳汇的决定性因素。气温和蒸散发量的相对贡献率虽小于以上二者，但对 CSF 也具有重要影响，其中在低温和气温下降区域，其相对贡献率较高。蒸散发量在不同流域中的相对贡献率并没有表现出一定的规律性，需要结合降水条件综合考虑得出该区域的水环境特征，以准确判断其对 CSF 的影响，水环境条件越好的区域，岩石风化过程越活跃。相对于以上因素，FVC 对 CSF 的相对贡献率大多较低，但在 FVC 低值区，其对 CSF 的影响最大。通过量化各影响因素的相对贡献率证实了 CSF 会快速响应气候变化及生态修复，从而影响全球碳循环和碳收支。

10.4　不同岩性的风化碳汇通量演变对比

通过分析研究期内中国陆地 12 类岩石 CSF 的时间演变发现，碳酸盐岩、混合沉积岩、基性火山岩、中性火山岩、硅质碎屑岩、变质岩 6 类岩石的 CSF 表现为减少趋势，其余 6 类岩石的 CSF 都呈现增加趋势。其中，CSF 减少趋势最明显的两类岩石为混合沉积岩及碳酸盐岩，其减少速率分别为-0.0246$tC \cdot km^{-2} \cdot a^{-1}$ 和-0.022$tC \cdot km^{-2} \cdot a^{-1}$；CSF 增加最显著的岩石为酸性火山岩，其增加速率为 0.0186$tC \cdot km^{-2} \cdot a^{-1}$。

碳酸盐岩、混合沉积岩、疏松沉积物及硅质碎屑岩的年均 CSF 均在 2002 年达到峰值；碳酸盐岩、基性深成岩、中性深成岩、中性火山岩、硅质碎屑岩、火山碎屑岩及变质岩的 CSF 在 2011 年均为谷值。此外，碳酸盐岩和混合沉积岩的演变趋势存在较大相似性，基性深成岩和中性深成岩的 CSF 演变趋势也较为相似。不同岩石岩性不同，但在气候变化、生态修复等因素共同作用下存在一致的变化倾向，说明岩石风化碳汇不仅受控于其岩性的影响，同时对外界环境变化也具有积极的反馈效应(图 10-11)。

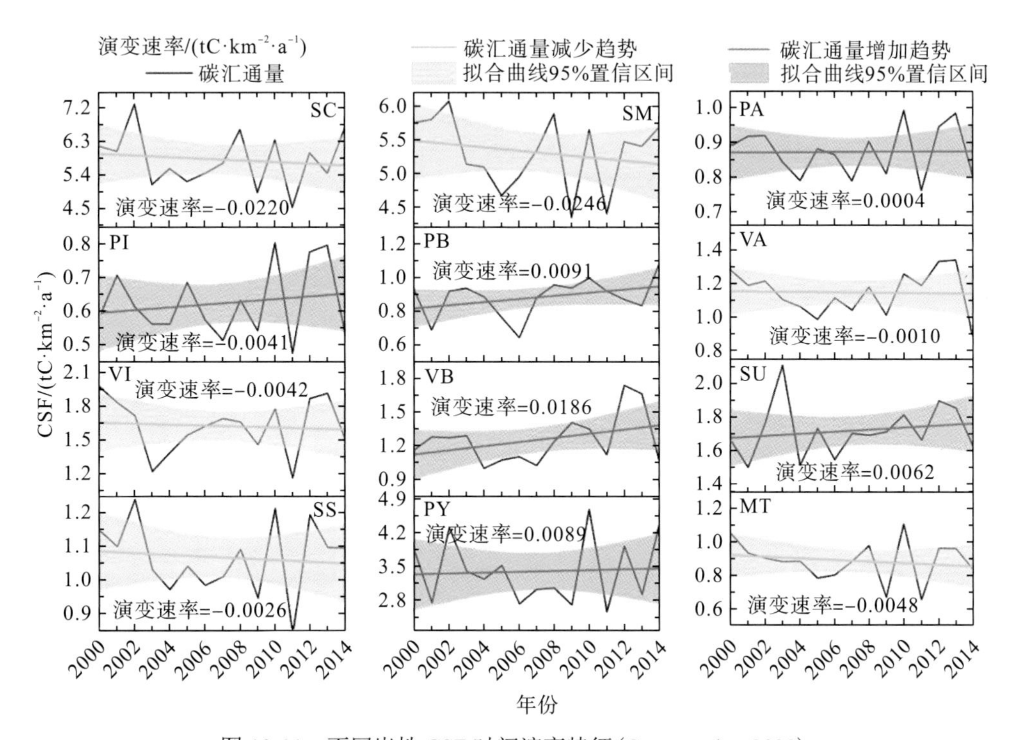

图 10-11　不同岩性 CSF 时间演变特征(Gong et al.，2020)

注：SC. 碳酸盐岩；SM. 混合沉积岩；PA. 酸性深成岩；PI. 中性深成岩；PB. 基性深成岩；VA. 酸性火山岩；VI. 中性火山岩；VB. 基性火山岩；SU. 疏松沉积物；SS. 硅质碎屑岩；PY. 火山碎屑岩；MT. 变质岩。

10.5 不同岩性下气候变化及生态修复对碳汇的影响

不同岩性 CSF 对各影响因子的响应不同。如图 10-12 所示，除基性火山岩、中性火山岩外，水分盈亏量、降水量对其余岩性的 CSF 相对贡献率较大；碳酸盐岩、混合沉积岩、中性深成岩、酸性火山岩及疏松沉积物的 CSF 对气温及蒸散发量均表现出一定程度的反馈，FVC 对以上 5 类岩性 CSF 的影响则十分微弱。

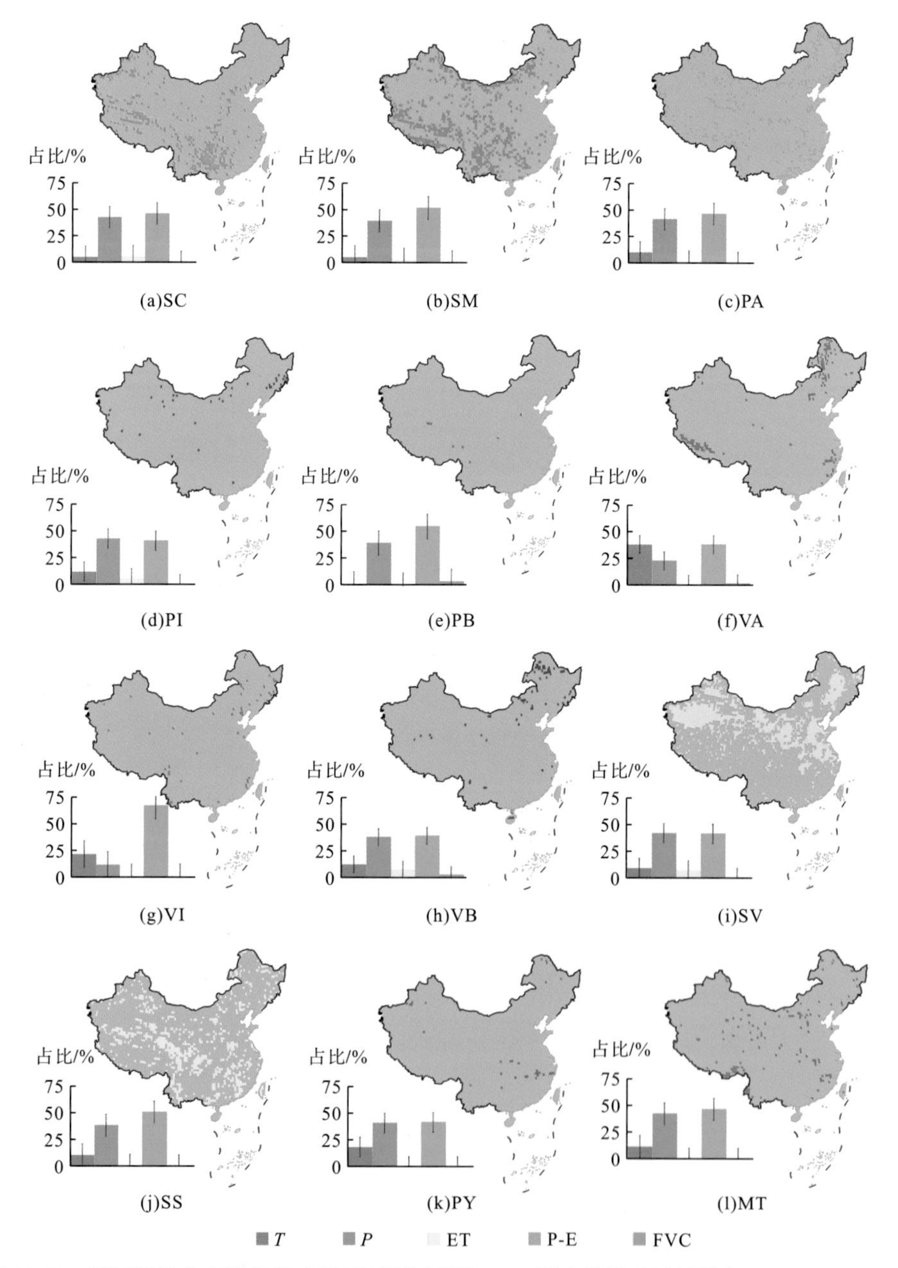

图 10-12 不同岩性分布及各影响因子对不同岩性 CSF 影响的相对贡献率(Gong et al.，2020)

对于基性深成岩、硅质碎屑岩、火山碎屑岩及变质岩，除水分盈亏量及降水量的影响最为显著外，气温也占有一定比例的相对贡献率，但蒸散发量和 FVC 的相对贡献率均较低。水分盈亏量和降水量对酸性深成岩 CSF 的影响最为显著，之后依次为 FVC、气温和蒸散发量，三者的贡献率均不高。气温对基性火山岩和中性深成岩 CSF 的影响明显高于其对于其他种类岩石 CSF 的影响，降水量对于以上两类岩石的影响小于气温的影响。

以上结果说明，分布范围分散的不同种类岩石对水分盈亏量及降水量变化的响应都十分明显，其次气温、蒸散发量也占有一定比例的相对贡献率，FVC 对 CSF 的影响较小。这与按流域分区所得结果存在一定区别，主要是内陆河片中 FVC 的相对贡献率异常高，说明通过不同的划分方式得到的各影响因素对 CSF 的相对贡献率有所差异。

本篇小结

岩石风化碳汇(RWCS)是解决遗失碳汇问题的关键，并且在缓解经济发展与全球变暖之间的矛盾方面发挥着重要作用。然而，由于观测和模型的不足，我们对 RWCS 趋势及其对近年来气候变化的响应的理解仍然具有挑战性。本篇估算了 2001～2018 年全球各类岩性的 RWCS 趋势以及环境因素的影响，并利用 LMG 模型定量评估气候变化及生态修复对中国岩石风化碳汇的相对贡献率。结果发现：全球 RWCS 为(0.32±0.2) $PgC\cdot a^{-1}$，通量为 2.7 $tC\cdot km^{-2}\cdot a^{-1}$，抵消了每年全球化石燃料 CO_2 排放量的 3%。RWCS 趋势显示略有增加(0.1 $TgC\cdot a^{-1}$)，并且 60%的区域处于稳定波动中，但是碳酸盐的显著增加和硅酸盐的减少，主要是由于降水和蒸散发的趋势不明显，此外，在 RWCS 高的地区，土壤水分含量也显著影响 RWCS 的变化(27.5%)。RWCS 趋势的持续性表明，全球一半以上的地区仍将保持稳定的波动，但是北半球高纬度地区将在平衡碳收支和碳固存方面发挥更重要的作用，这也可能增加土壤重金属污染风险。

2000～2014 年中国陆地岩石风化碳汇总量(CS)为 17.69 $TgC\cdot a^{-1}$，碳汇通量(CSF)为 2.53 $tC\cdot km^{-2}\cdot a^{-1}$；CSF 最高的两类岩石为碳酸盐岩(5.31 $tC\cdot km^{-2}\cdot a^{-1}$)及混合沉积岩(5.80 $tC\cdot km^{-2}\cdot a^{-1}$)；珠江流域的 CSF 最高(5.96 $tC\cdot km^{-2}\cdot a^{-1}$)，松辽流域的 CSF 最低(0.83 $tC\cdot km^{-2}\cdot a^{-1}$)，二者相差 6.18 倍；从空间分布上看，南方大部分地区及西藏西南部的 CSF 整体较高，中国的 FVC、气温、降水量、蒸散发量及水分盈亏量均呈现西北低、东南高的特点；研究期内中国 CSF 均值总体上以 0.0054 $tC\cdot km^{-2}\cdot a^{-1}$ 的速度轻微减少，水分盈亏量同样为下降趋势，其他因素均为上升趋势；CSF 南方地区减少区域为水分盈亏明显减少区域，CSF 北方减少区域多为水分盈亏减少及生态修复恶化区域；从全国范围看，水分盈亏量和降水量的相对贡献率分别为 57%和 35%；流域尺度上，在低温和气温明显下降区域 CSF 对气温变化的响应较为明显，FVC 在其低值区对 CSF 的影响较为明显；CSF 减少趋势最为明显的两类岩石为混合沉积岩及碳酸盐岩，其减少速率分别为−0.0246 $tC\cdot km^{-2}\cdot a^{-1}$ 和−0.022 $tC\cdot km^{-2}\cdot a^{-1}$，碳汇通量增加最显著的岩石为酸性火山岩，其演变斜率为 0.0186 $tC\cdot km^{-2}\cdot a^{-1}$。

本篇分析了近年来全球不同岩性 RWCS 的地理和时间分布，阐明了对碳排放的贡献，并量化了与主要气候因素结合的相对影响，因此对制定更加公平的减排措施具有一定的参考意义。此外，本篇验证了 GEM-CO_2 模型在中国的适用性，同时为深入理解中国岩石风化碳汇的分布规律及其影响因素提供了新的见解，并为定量评估气候变化及生态修复对 CSF 的影响提供了科学依据。

第四篇

外源酸的影响

第 11 章 外源酸对全球碳酸盐岩和硅酸盐岩化学风化速率与地质碳汇的影响

根据“全球碳项目”(Global Carbon Project，GCP)发布的每年全球碳预算报告，全球化学燃料燃烧和工业活动排放的CO_2每 10 年都有所增长。“全球碳项目”发布的《2019 年全球碳预算报告》指出，2009～2018 年全球化学燃料燃烧和工业活动每年 CO_2 平均排放量为(34.7±2)Gt。其中，约 45%累积在大气中，约 23%累积在海洋，约 29%累积在陆地，而接近 4%不知去向，即还存在 $0.4PgC \cdot a^{-1}$ 的遗失碳汇。此外，近年来全球提出了碳达峰和碳中和“双碳”目标，大部分国家面临着巨大降碳减排压力，亟待挖掘潜在的生态系统碳汇应对碳中和，尤其是潜力巨大的岩石风化碳汇。而全球碳酸盐岩和硅酸盐岩分布面积分别为 2200 万 km^2 和 5790 万 km^2，各占全球陆地总面积的 15%和 38.5%，具有巨大的碳汇潜力。IPCC 第五次气候变化评估报告(AR5)已经明确肯定了碳酸盐岩和硅酸盐岩化学风化地质碳汇的存在。因而，准确估算碳酸盐岩和硅酸盐岩化学风化产生的地质碳汇是解决全球遗失碳汇、平衡碳收支和助力碳中和的关键。然而，大量研究证据表明外源酸广泛参与了全球流域碳酸盐岩和硅酸盐岩化学风化过程，导致很大一部分外源酸化学风化结果被估算到碳酸盐岩和硅酸盐岩的化学风化碳汇中，使得岩石化学风化地质碳汇被大大高估，这极大地制约了碳酸盐岩和硅酸盐岩化学风化地质碳汇的准确评估，增加了平衡陆地碳收支的难度。目前，在全球尺度上，外源酸对碳酸盐岩和硅酸盐岩的化学风化过程的影响一直缺乏清晰的认识，其贡献也一直未得到明确量化，导致岩石化学风化碳汇也仍未纳入全球碳收支核算。因此，厘清外源酸对碳酸盐岩和硅酸盐岩化学风化过程的影响对于准确评估其化学风化碳汇量、助力碳中和及科学应对全球变暖具有重要的科学意义。

针对以上问题，本章基于 1992～2010 年 GLORICH 和 GEMS-GLORI 全球河流数据库中 253 个流域 7038 个水文站点的河水离子浓度数据，通过剥离岩性和量化硫酸参与份额，利用正演溶质混合模型评估硫酸对硅酸盐岩化学风化及其 CO_2 消耗的影响。此外，为了量化外源酸对全球碳酸盐岩化学风化的影响，本章基于全球 135 个流域 4374 个水文监测站点实测 HCO_3^- 与阳离子数据修正了碳酸盐岩化学风化正演混合溶蚀模型，并准确评估了外源酸对碳酸盐岩化学风化速率、HCO_3^-、CO_2 消耗及其碳汇效率的影响。最后，采用方差分解混合效应模型识别和量化了气温、植被和径流对岩石风化速率、HCO_3^- 和 CO_2 消耗通量的协同独立影响。

11.1 硫酸对硅酸盐岩化学风化速率、HCO_3^-和CO_2消耗的影响

11.1.1 硫酸对硅酸盐岩化学风化速率的影响

硫化物氧化形成的硫酸将H^+释放到岩石风化系统中，加速了硅酸盐岩化学风化过程。基于此，针对不同酸源的风化情景，本书建立了硅酸盐岩化学风化速率的评估模型。首先，本章估算了253个监测流域碳酸(H_2CO_3)与硫酸共同溶蚀作用下硅酸盐岩化学风化速率(图11-1)；然后，估算了碳酸单独溶蚀下硅酸盐岩化学风化速率；最后，基于流域面积计算了硅酸盐岩化学风化总量(表11-1)。结果表明，硫酸导致硅酸盐岩化学风化平均速率从$1.62t \cdot km^{-2} \cdot a^{-1}$增加到$1.93t \cdot km^{-2} \cdot a^{-1}$(增加$0.31t \cdot km^{-2} \cdot a^{-1}$)，相应的硅酸盐岩化学风化总量从$56.5Tg \cdot a^{-1}$增加到$69Tg \cdot a^{-1}$(图11-2)。由于碳酸和硫酸的溶解，二者作用下硅酸盐岩化学风化速率明显高于碳酸单独溶解的化学风化速率[图11-1(a)～图11-1(c)]。通过流域平均得出硫酸对硅酸盐岩化学风化速率的贡献率为17.18%[图11-1(d)]。总体上看，在253个监测流域中，硫酸参与硅酸盐岩化学风化过程导致其化学风化总量增加了$12.5Tg \cdot a^{-1}$[图11-2(b)]。

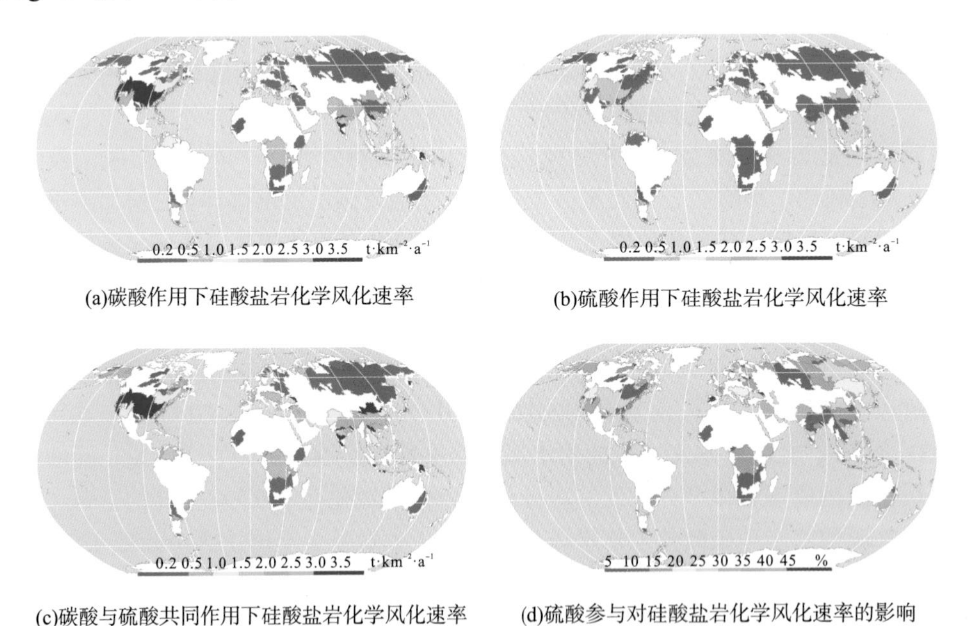

图11-1 碳酸和硫酸作用下全球流域硅酸盐岩化学风化速率及硫酸贡献

本章发现4个硅酸盐岩化学风化速率较高的地区，分别为北美东北部、西欧、中南美洲和南亚，这些区域基本属于碳酸盐岩面积较大的干旱流域。在大多数流域中，硫酸对硅酸盐岩化学风化速率的影响并不显著，除北美洲中部的密西西比河流域外，大多数流域的平均风化速率均小于$1t \cdot km^{-2} \cdot a^{-1}$。如图11-1(d)所示，干旱少雨和径流量较小的流域中，硫酸对硅酸盐岩化学风化速率的影响最为明显，如北美洲东部的密西西比河、圣劳伦斯河、

哥伦比亚河、科罗拉多河和格兰德河流域，亚洲的莱纳河、亚纳河、靛蓝河、科雷马河、黄河和森格藏布(狮泉河)(印度河)流域，澳大利亚的墨累河流域，非洲的朱巴河流域和南美洲的奥里诺科河流域，这些流域中硫酸的影响大于 10%，这表明降水引起的径流量制约了硅酸盐岩化学风化速率的空间格局。

(a)碳酸作用下硅酸盐岩化学风化总量

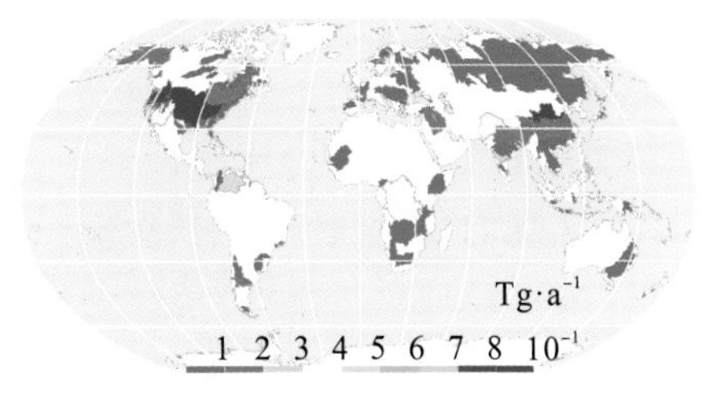

(b)硫酸作用下硅酸盐岩化学风化总量

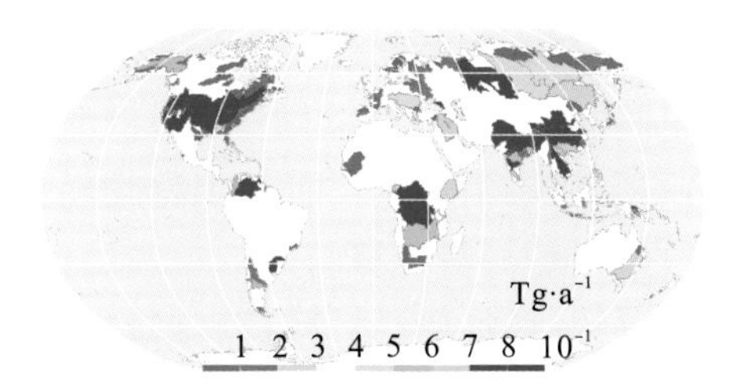

(c)碳酸与硫酸共同作用下硅酸盐岩化学风化总量

图 11-2　不同酸情景下全球流域硅酸盐岩化学风化总量

11.1.2　硫酸对硅酸盐岩化学风化 HCO_3^- 输入通量的影响

硅酸盐岩化学风化过程中，HCO_3^- 通量平均为 $4.2t \cdot km^{-2} \cdot a^{-1}$[图 11-3(a)]，总量为 $150Tg \cdot a^{-1}$，占流域总 HCO_3^- 通量的 17.8%[图 11-3(d)]。若不考虑硫酸的影响，则潜在 HCO_3^- 通量平均为 $5t \cdot km^{-2} \cdot a^{-1}$，潜在 HCO_3^- 总量为 $180Tg \cdot a^{-1}$。硫酸会导致 17.18%的硅酸盐岩化学风化 HCO_3^- 通量被高估[图 11-3(c)]。

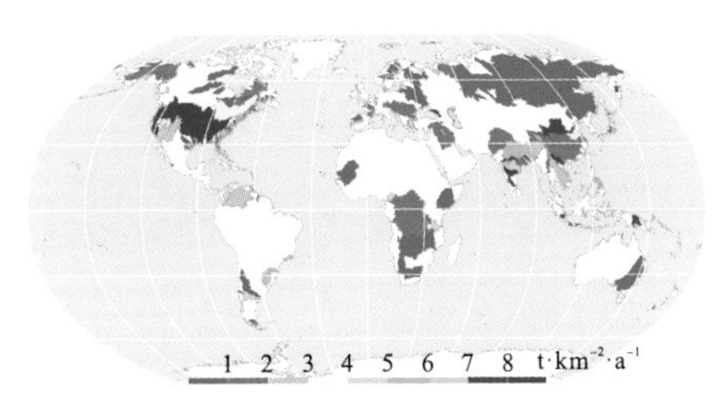

(a)碳酸风化硅酸盐岩释放的HCO_3^-通量

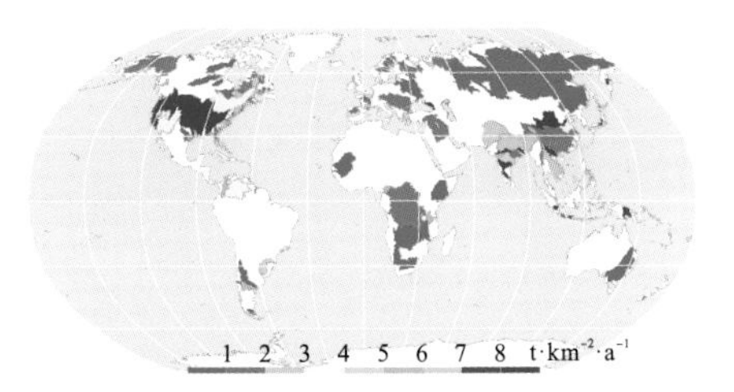

(b)碳酸与硫酸共同作用下硅酸盐岩化学风化产生的HCO_3^-通量

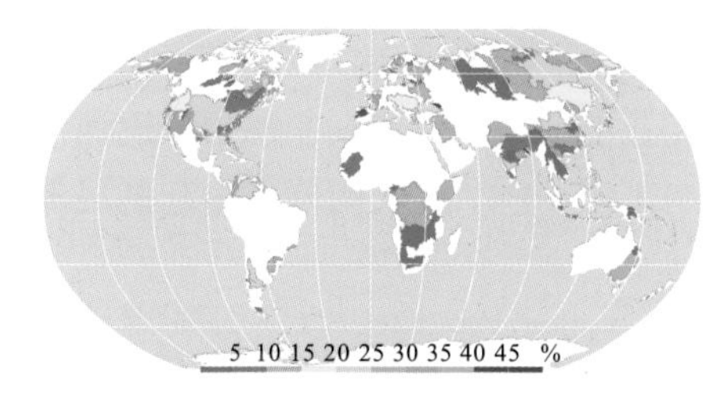

(c)硫酸参与硅酸盐岩化学风化产生的 HCO_3^-通量的占比

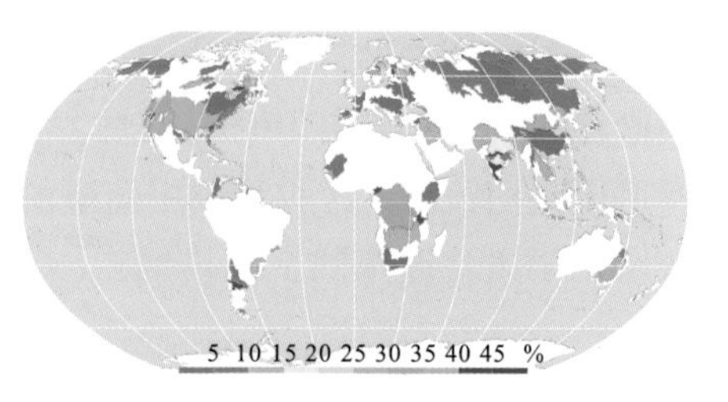

(d)碳酸参与硅酸盐岩化学风化产生的 HCO_3^-通量占比

图 11-3 全球流域不同酸源作用下基于阳离子计算的硅酸盐岩化学风化产生的 HCO_3^- 通量及其硫酸的影响

11.1.3 硫酸对硅酸盐岩化学风化 CO_2 消耗的影响

本章还建立了一个模型用来计算在考虑和不考虑硫酸的情景下硅酸盐岩化学风化过程中的 CO_2 消耗通量。首先根据碳酸和硫酸共同作用下硅酸盐岩化学风化产生的阳离子总量计算硅酸盐岩化学风化 CO_2 潜在消耗量，而 CO_2 净消耗量则是根据碳酸单独溶蚀作用下硅酸盐岩化学风化产生的净 HCO_3^- 量计算而得。

研究发现硫酸参与硅酸盐岩化学风化导致 CO_2 消耗被显著高估(图 11-4)。硅酸盐岩化学风化实际 CO_2 消耗仅有 3.03t·km^{-2}·a^{-1}，净总量为 105Tg·a^{-1}，若忽略硫酸的影响，则达到 3.61t·km^{-2}·a^{-1}，潜在总量为 130Tg·a^{-1}。硫酸导致 CO_2 通量高估 0.58t·km^{-2}·a^{-1}，总量高估 25Tg·a^{-1}，即基于传统监测方法评估 CO_2 消耗结果的 16.07%需扣除(图 11-5)。

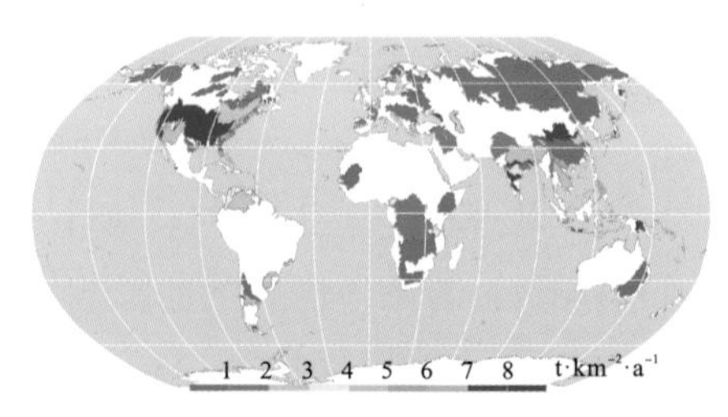

(a)没有考虑硫酸影响下硅酸盐岩化学风化潜在CO_2消耗通量

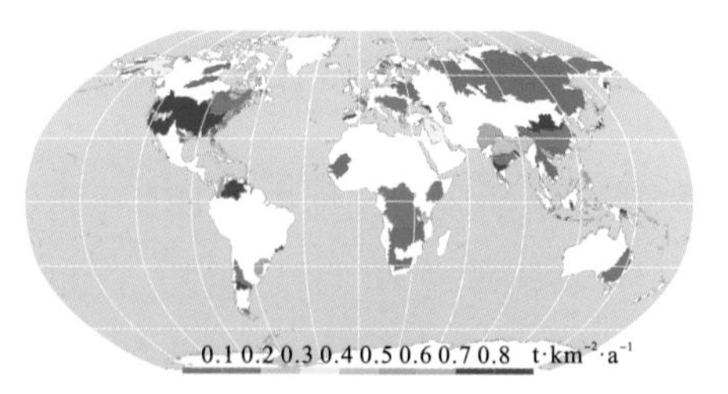

(b)仅硫酸作用下硅酸盐岩化学风化CO_2消耗通量

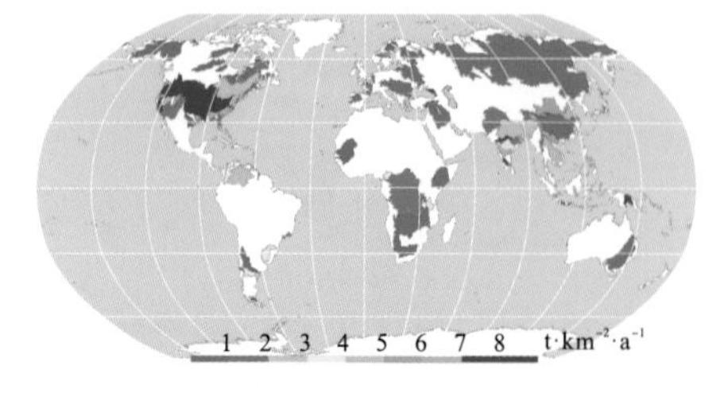

(c)碳酸与硫酸共同作用下硅酸盐岩化学风化CO_2净消耗通量

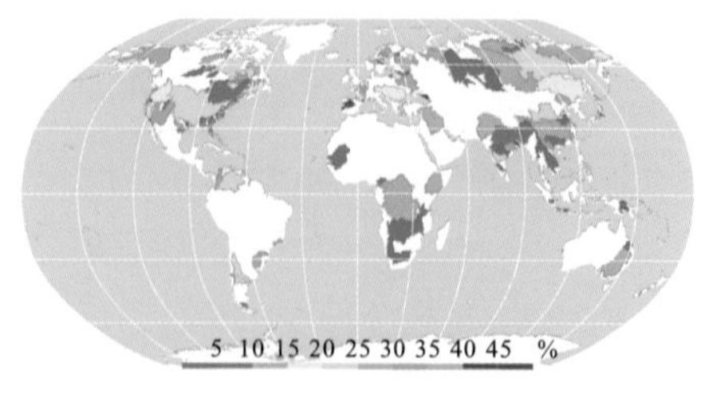

(d)硫酸参与碳酸风化硅酸盐岩时对其CO_2消耗通量的影响

图 11-4 全球 253 个流域不同酸作用下硅酸盐岩化学风化 CO_2 消耗通量及其硫酸的影响

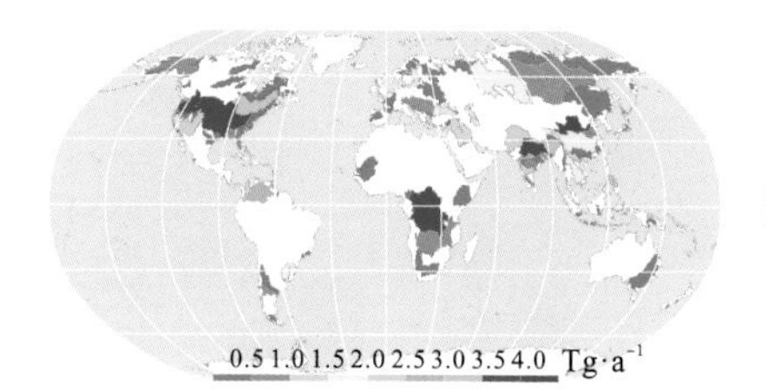

(a) 没有考虑硫酸影响下硅酸盐岩化学风化潜在CO_2消耗总量

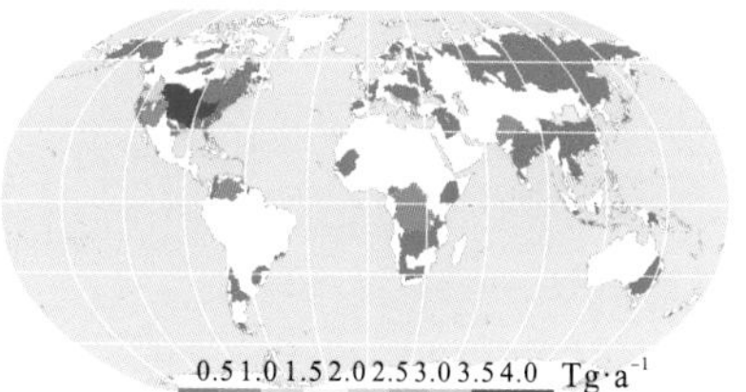

(b) 硫酸作用引起的硅酸盐岩化学风化CO_2消耗高估总量

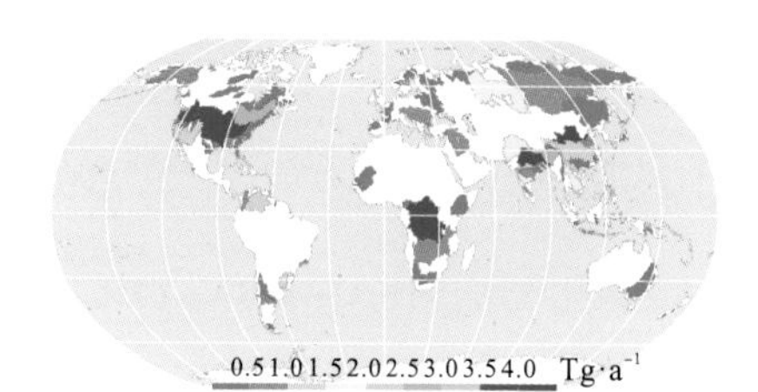

(c) 硅酸盐岩化学风化净CO_2消耗总量

图 11-5　不同酸作用下硅酸盐岩化学风化 CO_2 消耗总量

总的来说，硫化物氧化形成的硫酸加速了硅酸盐岩的化学风化速率(表 11-1)，同时也导致了 CO_2 消耗通量的高估(图 11-6)。且这些影响多集中在北半球中高纬度降水较少的流域。在北半球大部分监测流域中，硫酸的负面影响超过 30%，部分流域甚至超过 50%。相反，对于处在热带雨林及降水量很高的低纬度流域，硫酸对硅酸盐岩化学风化及其 CO_2 消耗的影响明显要小很多。

表 11-1　全球 253 个流域不同酸作用下硅酸盐岩化学风化速率、HCO_3^- 及 CO_2 消耗通量与总量

不同酸源	WR /($t\cdot km^{-2}\cdot a^{-1}$)	WT /($Tg\cdot a^{-1}$)	HCO_3^- /($t\cdot km^{-2}\cdot a^{-1}$)	$THCO_3^-$ /($Tg\cdot a^{-1}$)	CO_2 /($t\cdot km^{-2}\cdot a^{-1}$)	TCO_2 /($Tg\cdot a^{-1}$)
H_2CO_3	1.62	56.5	4.2	150	3.03	105
H_2CO_3+H_2SO_4	1.93	69	5	180#	3.61#	130#
H_2SO_4	0.31	12.5	0.8	30#	0.58#	25#

注：标有“#”的数值表示不考虑硫酸影响而计算的硅酸盐岩化学风化潜在 HCO_3^- 及其 CO_2 消耗通量和总量。

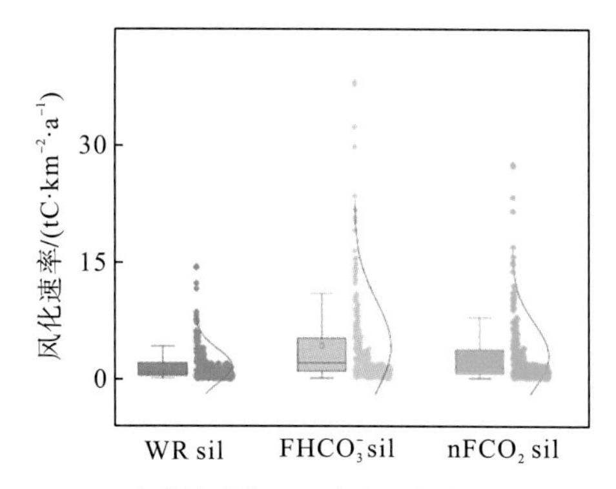

(a)碳酸单独作用下硅酸盐岩化学风化速率、HCO_3^-、CO_2消耗通量分布特征

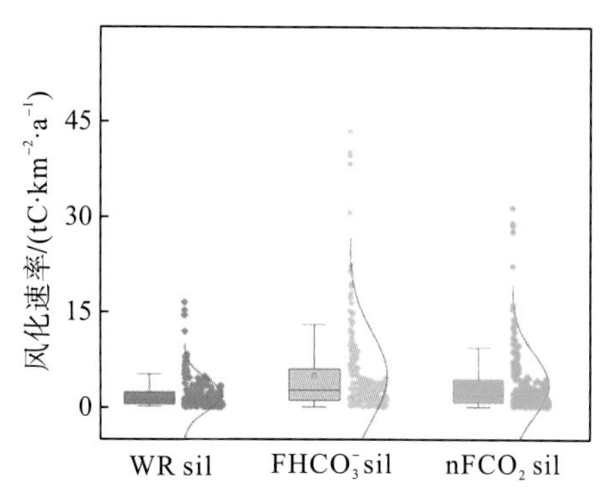

(b)碳酸和硫酸作用下硅酸盐岩化学风化速率、HCO_3^-、潜在CO_2消耗通量分布特征

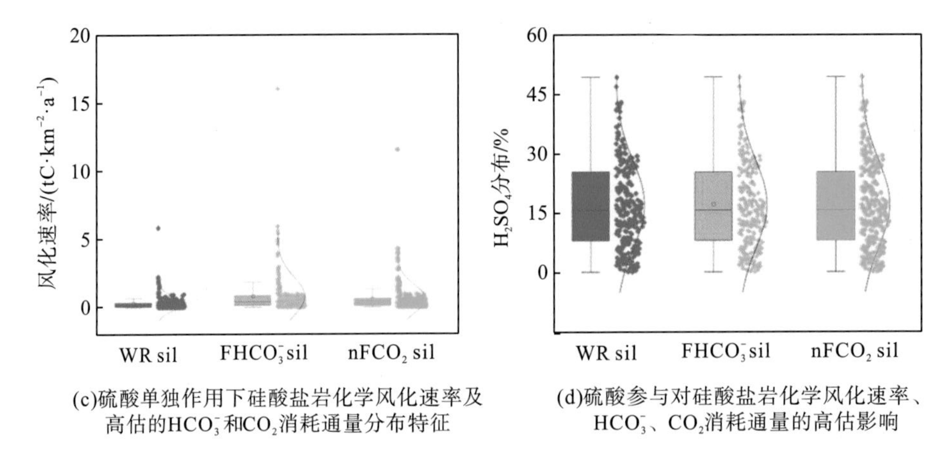

(c)硫酸单独作用下硅酸盐岩化学风化速率及高估的HCO_3^-和CO_2消耗通量分布特征

(d)硫酸参与对硅酸盐岩化学风化速率、HCO_3^-、CO_2消耗通量的高估影响

图 11-6 全球流域硅酸盐岩化学风化速率、HCO_3^- 和 CO_2 消耗通量分布特征及 H_2SO_4 的影响

11.1.4 基于硫酸的岩石风化评估模型验证

为了验证硅酸盐岩化学风化模型的准确性，本书进一步推算了硫酸作用下253 个流域碳酸盐岩化学风化产生的HCO_3^-。若没有其他干扰，理论HCO_3^-将等于实测HCO_3^-，本章利用理论计算与实测获取的HCO_3^-绘制了散点拟合图以表征数据的匹配性。如图 11-7(b)所示，经模型校正后大部分流域位于 1:1 线附近(拟合斜率=1.09，R^2=0.98)，平均相对误差为11.79%，计算得出的HCO_3^-理论值与现场实测值非常相似，而使用传统方法计算的HCO_3^-理论值则远高于实测值[图 11-7(a)]，所有流域位于 1:1 线上方(拟合斜率=2.02，R^2=0.7)，这说明上述化学反应质量收支方程及推导过程准确可靠。部分流域虽有所偏离，主要是过 Na^+所致。此外，水生生物吸收HCO_3^-进行利用，导致实测HCO_3^-低于理论值。

$$2(1-x)Ca^{2+}+2xMg^{2+}+SO_4^{2-}+2HCO_3^- \longrightarrow (Ca_{1-x}Mg_x)CO_3\downarrow+(1-x)Ca^{2+}+xMg^{2+}+SO_4^{2-}+CO_2\uparrow+H_2O \quad (11\text{-}1)$$

$$2(1-x)Ca^{2+}+2xMg^{2+}+2NO_3^-+2HCO_3^- \longrightarrow (Ca_{1-x}Mg_x)CO_3\downarrow+(1-x)Ca^{2+}+xMg^{2+}+2NO_3^-+CO_2\uparrow+H_2O \quad (11\text{-}2)$$

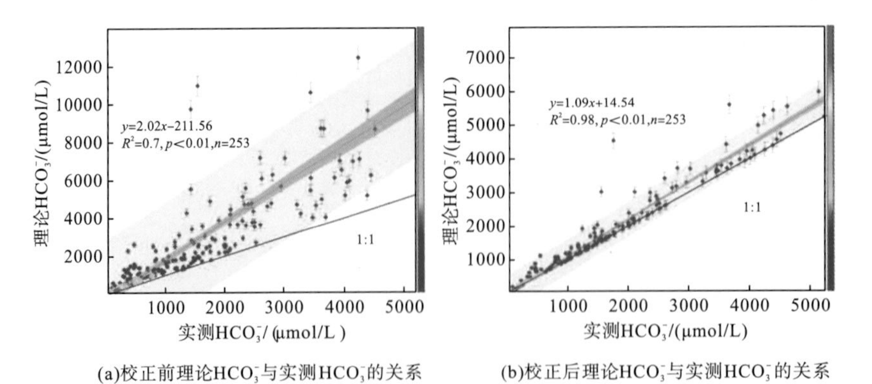

(a)校正前理论HCO_3^-与实测HCO_3^-的关系

(b)校正后理论HCO_3^-与实测HCO_3^-的关系

图 11-7 全球 253 个流域理论 HCO_3^- 与实测 HCO_3^- 的关系(Meybeck et al.，1996；1997；2012；Hartmann et al.，2019)

SO_4^{2-}在河水中滞留的时间较HCO_3^-长，高出两个数量级，能使释放的 Ca^{2+}、Mg^{2+}和HCO_3^-再次形成碳酸盐岩沉淀而向大气净释放 CO_2。当碳酸盐岩和硅酸盐岩部分风化产物(Ca^{2+}、Mg^{2+}和HCO_3^-)在海洋中进行沉淀时，1mol 的 Ca^{2+}和 C 通过沉积为碳酸盐岩而从海洋中去除时，将会有 1mol 的沉积 C 作为 CO_2 从大气-海洋系统中释放。从式(11-1)或式(11-2)可以看出，只要发生脱气作用，HCO_3^-消耗的速率是 Ca^{2+}、Mg^{2+}消耗速度的 2 倍，这是导致实测HCO_3^-低于理论上形成的HCO_3^-的原因之一。另外，本书利用系统反应过程特征结合系统输出值进行反推，但因为离子在移动过程中，也可能受到岩石颗粒、水中胶体吸附而含量偏低。Li 和 Ji(2016)根据端元比例 $Ca^{2+}/Na^+=0.2±0.5$ 和 $Mg^{2+}/K^+=0.5±0.25$ 计算了碳酸盐岩和硅酸盐岩化学风化速率的相对误差小于 10%，CO_2吸收速率相对估算误差小于 20%。本书根据实测阳离子数据计算理论HCO_3^-的平均相对误差为−37.66%。但根据上述端元比例经剥离硫酸和蒸发盐影响后，根据校正后理论阳离子计算HCO_3^-，与实测HCO_3^-相比，平均相对误差仅为−11.79%，降低了 68.69%。因此，以往研究中直接利用河水中监测的HCO_3^-浓度数据将导致岩石风化碳汇通量存在较大的不确定性。

11.1.5　与以往研究对比

如果不考虑硫酸的影响，根据 253 个流域硅酸盐岩化学风化净 CO_2 消耗平均通量($3.03t·km^{-2}·a^{-1}$)和全球陆地流域(南极洲除外)总面积(1.35 亿 km^2)换算的碳汇通量，计算硅酸盐岩化学风化的碳汇总量为 $0.12Pg·a^{-1}$，相当于 2009～2018 年平均遗失碳汇($0.4Pg·a^{-1}$)的 30%，略低于 Zhang 等(2021)基于 Celine 模型估算的全球硅酸盐岩化学风化碳汇结果($127.11Tg·a^{-1}$)。若考虑硫酸，基于潜在 CO_2 消耗平均通量($3.61t·km^{-2}·a^{-1}$)，根据上述推算，全球硅酸盐岩化学风化碳汇估计为 $0.13Pg·a^{-1}$，高于 Gaillardet 等(1999)基于全球最大 60 个流域平均值推算的全球硅酸盐岩化学风化碳汇结果($0.105Pg·a^{-1}$)，与 Munhoven(2002)用硅酸盐岩性面积计算的结果($0.13Pg·a^{-1}$)相近，却低于 Berner(2006)和 Suchet 等(2003)用硅酸盐岩性面积计算的结果($0.14Pg·a^{-1}$ 和 $0.15Pg·a^{-1}$)。根据上述推算，拓展到全球所有流域的硅酸盐岩化学风化碳汇有 $0.01Pg·a^{-1}$ 是由于硫酸影响而被高估，占遗失碳汇的 2.5%。此外，根据流域面积推算，我国硅酸盐岩风化碳汇总量为 $7.73Tg·a^{-1}$。

对比硅酸盐岩风化通量及其 CO_2 消耗总量，本书流域硅酸盐岩风化平均速率为 $1.93t·km^{-2}·a^{-1}$，仅为 Gaillardet 等 (1999)的计算结果($5.54t·km^{-2}·a^{-1}$)的 34.84%。而硅酸盐岩化学风化 CO_2 消耗总量($0.12Pg·a^{-1}$)更是仅为 Gaillardet 等(1999)计算结果($0.51Pg·a^{-1}$)的 23.53%，是 Hartmann 等(2009)基于全球 3 种方法估算的结果(0.55～$0.61Pg·a^{-1}$)的 19.67%～21.82%，即使与 Maffre 等(2018)的结果($0.34Pg·a^{-1}$)相比也仅是其 35.29%。本书出现这些差异的原因有两个：一是扣除了硫化物氧化形成的硫酸作用和蒸发盐岩溶解组分的干扰；二是基于流域尺度的评估并推算到全球所有流域面积，而以往研究中的估算大多是基于实际的硅酸盐面积。

11.2 外源酸对碳酸盐岩化学风化速率、HCO_3^-和 CO_2 消耗的影响

11.2.1 外源酸对碳酸盐岩化学风化速率的影响

为了探讨外源酸对碳酸盐岩化学风化速率的影响，本章根据实测HCO_3^-和阳离子反演的HCO_3^-建立了不同酸风化作用下碳酸盐岩化学风化速率的估算模型，探讨了外源酸对碳酸盐岩化学风化速率的影响。首先，本章分别计算了 135 个监测流域真实情景下(碳酸、硫酸和硝酸均参与)碳酸盐岩化学风化速率(图 11-8)。然后，分别计算了碳酸单独风化及其与硫酸和硝酸混合风化下的碳酸盐岩化学风化速率。

碳酸盐岩化学风化的主要过程是碳酸盐岩与大气或土壤中 CO_2 溶于水形成的碳酸作用而进行的风化溶蚀。在这种情况下，水体中总的HCO_3^-中各有 1/2 分别是由碳酸盐岩和大气或土壤 CO_2 衍生。如果不发生 CO_2 脱气，$[Ca^{2+}+Mg^{2+}]/[HCO_3^-]$的摩尔比为 1∶2。然而，当碳酸岩被 H_2SO_4/HNO_3 风化溶蚀时，HCO_3^-则全部从矿物衍生，$[Ca^{2+}+Mg^{2+}]/[HCO_3^-]$的摩尔比也变为 1∶1。以上的过程中可能存在两种风化情景：一是在硝酸和硫酸不足的情况下，两者分别与碳酸盐岩作用时仅产生HCO_3^-；二是当两者过量时将产生 CO_2 气体进入到大气中。这两种情景下，硝酸与硫酸分别与其溶蚀的碳酸盐岩摩尔量的比值有着巨大差异。仅产生HCO_3^-时，H_2SO_4∶$(Ca^{2+}+Mg^{2+})$∶HCO_3^-为 1∶2∶2，HNO_3∶$(Ca^{2+}+Mg^{2+})$∶HCO_3^-为 1∶1∶1，而产生CO_2时，产生的HCO_3^-为 0，H_2SO_4∶$(Ca^{2+}+Mg^{2+})$∶CO_2 将变为 1∶1∶1，HNO_3∶$(Ca^{2+}+Mg^{2+})$∶HCO_3^-变为 2∶1∶1。不同的情景下外源酸对碳酸盐溶蚀量、HCO_3^-及 CO_2 通量均可能产生较大的影响。因此，按以上步骤，本章考虑了两种情景下的碳酸盐岩化学风化结果，即分别为硝酸和硫酸与碳酸盐岩化学风化仅产生HCO_3^-及其仅产生 CO_2 的情景。

当硝酸和硫酸分别与碳酸盐岩化学风化仅产生HCO_3^-时，结果表明在碳酸、硝酸和硫酸三者共同风化作用下，碳酸盐岩平均化学风化速率达到 $25.65t\cdot km^{-2}\cdot a^{-1}$。而仅碳酸作用下，碳酸盐岩平均化学风化速率为 $13.79t\cdot km^{-2}\cdot a^{-1}$，而硝酸和硫酸分别使碳酸盐岩平均化学风化速率从 $13.79t\cdot km^{-2}\cdot a^{-1}$ 增加到 $18.51t\cdot km^{-2}\cdot a^{-1}$ 和 $20.94t\cdot km^{-2}\cdot a^{-1}$。相对于碳酸作用下的碳酸盐岩化学风化速率，硝酸和硫酸分别使全球碳酸盐岩平均化学风化速率提高了 34.23%和 51.85%，二者共同使碳酸盐岩平均化学风化速率提高了 86%。根据各个流域尺度上的贡献平均值来看，碳酸贡献了碳酸盐岩化学风化总速率的 46.84%，硝酸、硫酸和其二者分别贡献了 20.29%、32.87%和 53.16%。这意味着从全球尺度上看，外源酸已经成为了碳酸盐岩化学风化溶蚀的主要驱动因素之一。

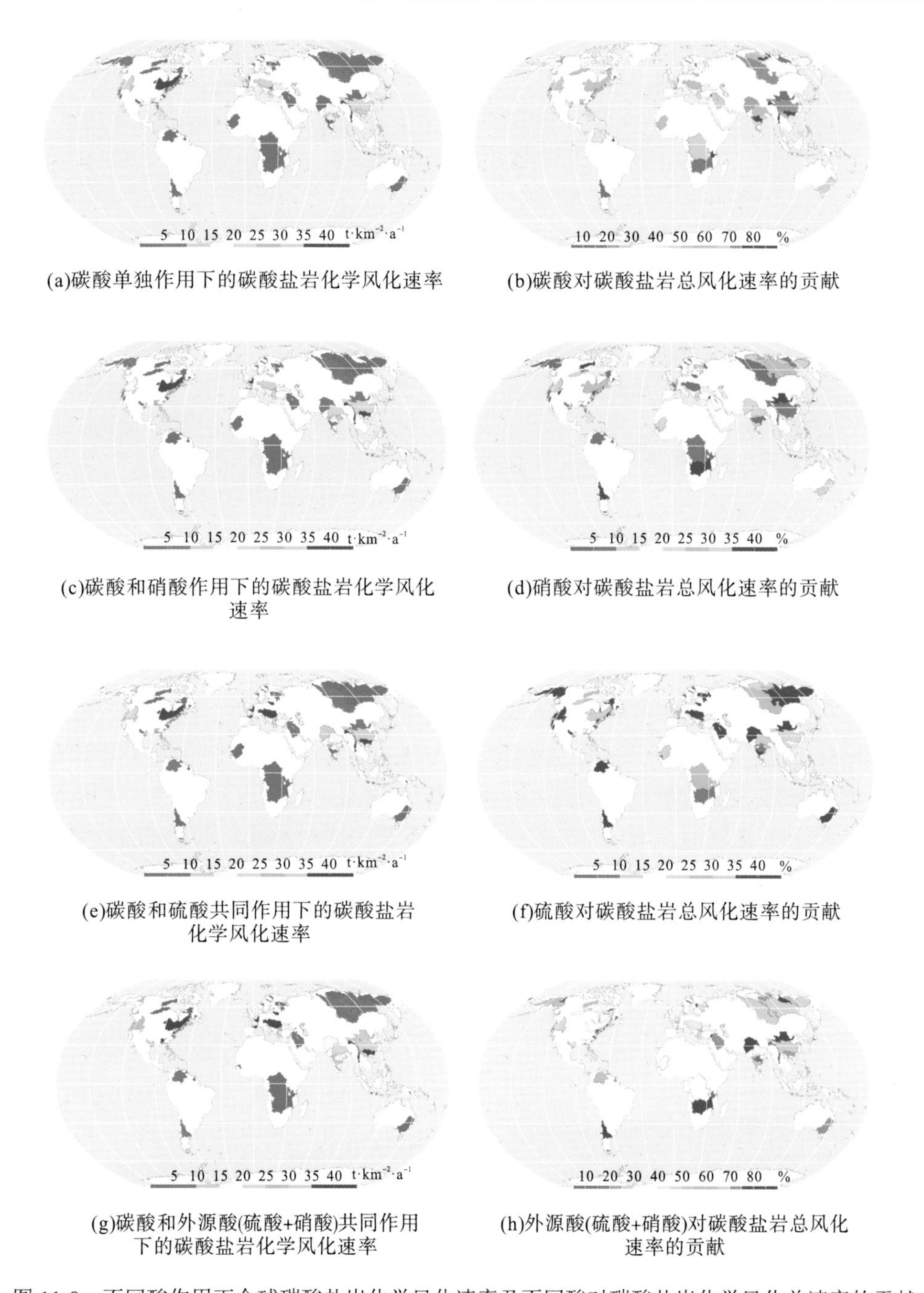

(a)碳酸单独作用下的碳酸盐岩化学风化速率　(b)碳酸对碳酸盐岩总风化速率的贡献

(c)碳酸和硝酸作用下的碳酸盐岩化学风化速率　(d)硝酸对碳酸盐岩总风化速率的贡献

(e)碳酸和硫酸共同作用下的碳酸盐岩化学风化速率　(f)硫酸对碳酸盐岩总风化速率的贡献

(g)碳酸和外源酸(硫酸+硝酸)共同作用下的碳酸盐岩化学风化速率　(h)外源酸(硫酸+硝酸)对碳酸盐岩总风化速率的贡献

图 11-8　不同酸作用下全球碳酸盐岩化学风化速率及不同酸对碳酸盐岩化学风化总速率的贡献

对于碳酸盐岩化学风化总量(图 11-9)，仅碳酸作用下，碳酸盐岩化学风化总量为 $276.95\text{Tg}\cdot\text{a}^{-1}$，而在碳酸和硝酸作用下风化总量增至 $354.67\text{Tg}\cdot\text{a}^{-1}$，在碳酸和硫酸作用下风化总量为 $411.66\text{Tg}\cdot\text{a}^{-1}$，而碳酸和外源酸(硝酸和硫酸)综合作用下的碳酸盐岩化学风化总量为 $489.38\text{Tg}\cdot\text{a}^{-1}$。

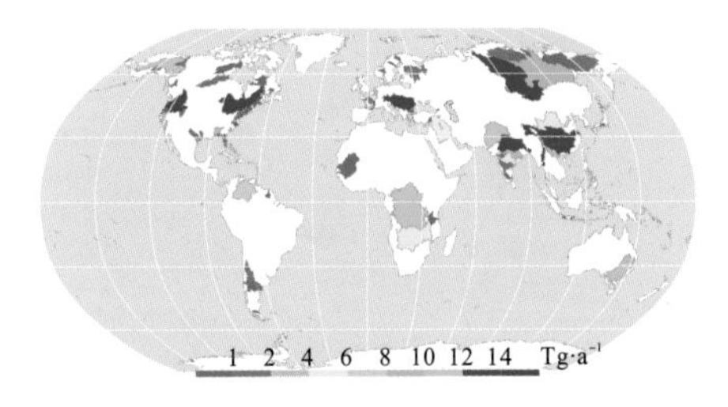

(a)仅碳酸作用下碳酸盐岩化学风化总量

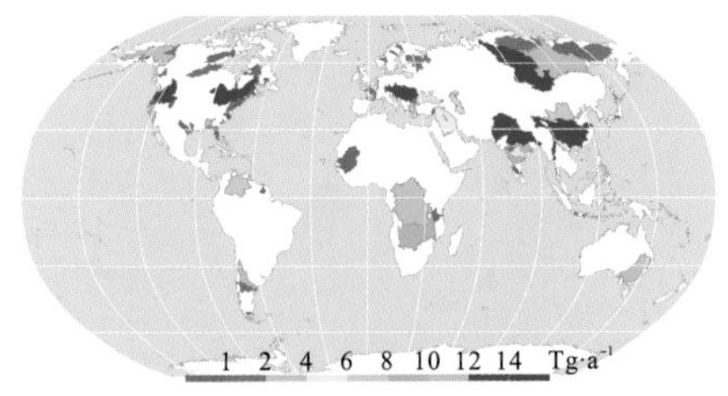

(b)碳酸和硝酸作用下碳酸盐岩化学风化总量

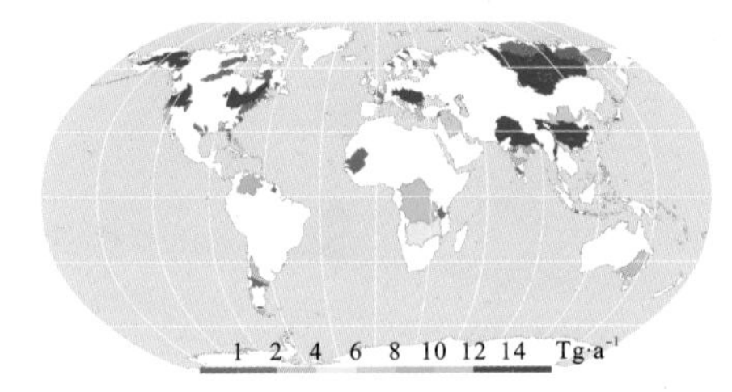

(c)碳酸和硫酸作用下碳酸盐岩化学风化总量

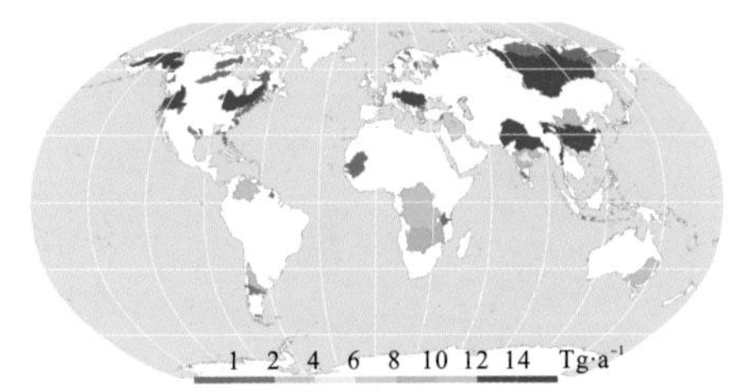

(d)不扣除外源酸下(硫酸+硝酸)碳酸盐岩化学风化总量

图 11-9 不同酸作用下的碳酸盐岩化学风化总量

从空间上看，受外源酸影响较小的流域主要有亚洲的长江、珠江、怒江(萨尔温江)、雅鲁藏布江(布拉马普特拉河)、戈达瓦里河和叶尼塞河等流域，非洲的鲁菲吉河和冈比亚河流域。而影响较大的流域有黄河流域、森格藏布(狮泉河)(印度河)流域、勒拿河和科雷马河流域，欧洲的涅瓦河流域，非洲的阿拉伯河和赞比西河流域，北美洲的育空河流域和南美洲的奥里诺科河流域。总体上看，干旱少雨的流域受外源酸的影响明显较大。总体上看，干旱少雨的流域受外源酸的影响明显较大。

当硝酸和硫酸分别与碳酸盐岩化学风化仅产生 CO_2 时，硫酸与 Ca^{2+}+Mg^{2+}的比值将从 1∶2 变为 1∶1，而 HNO_3 与 Ca^{2+}+Mg^{2+}也将从 1∶1 变为 2∶1。外源酸与碳酸盐岩的作用将减少碳酸盐岩溶蚀量而将最初生成的一份 HCO_3^- 进一步转化成 CO_2 并释放进大气中。此时，仅碳酸作用下碳酸盐岩平均风化速率达到了 $19.72t \cdot km^{-2} \cdot a^{-1}$(图 11-10)。硝酸和硫酸分别使碳酸盐岩平均化学风化速率从 $19.72t \cdot km^{-2} \cdot a^{-1}$ 增加到 $22.08t \cdot km^{-2} \cdot a^{-1}$ 和 $23.29t \cdot km^{-2} \cdot a^{-1}$。

根据各个流域尺度上的贡献平均值来看，碳酸贡献了碳酸盐岩化学风化总量的 73.42%，硝酸、硫酸及其二者分别贡献了 10.15%、16.43%和 26.58%。

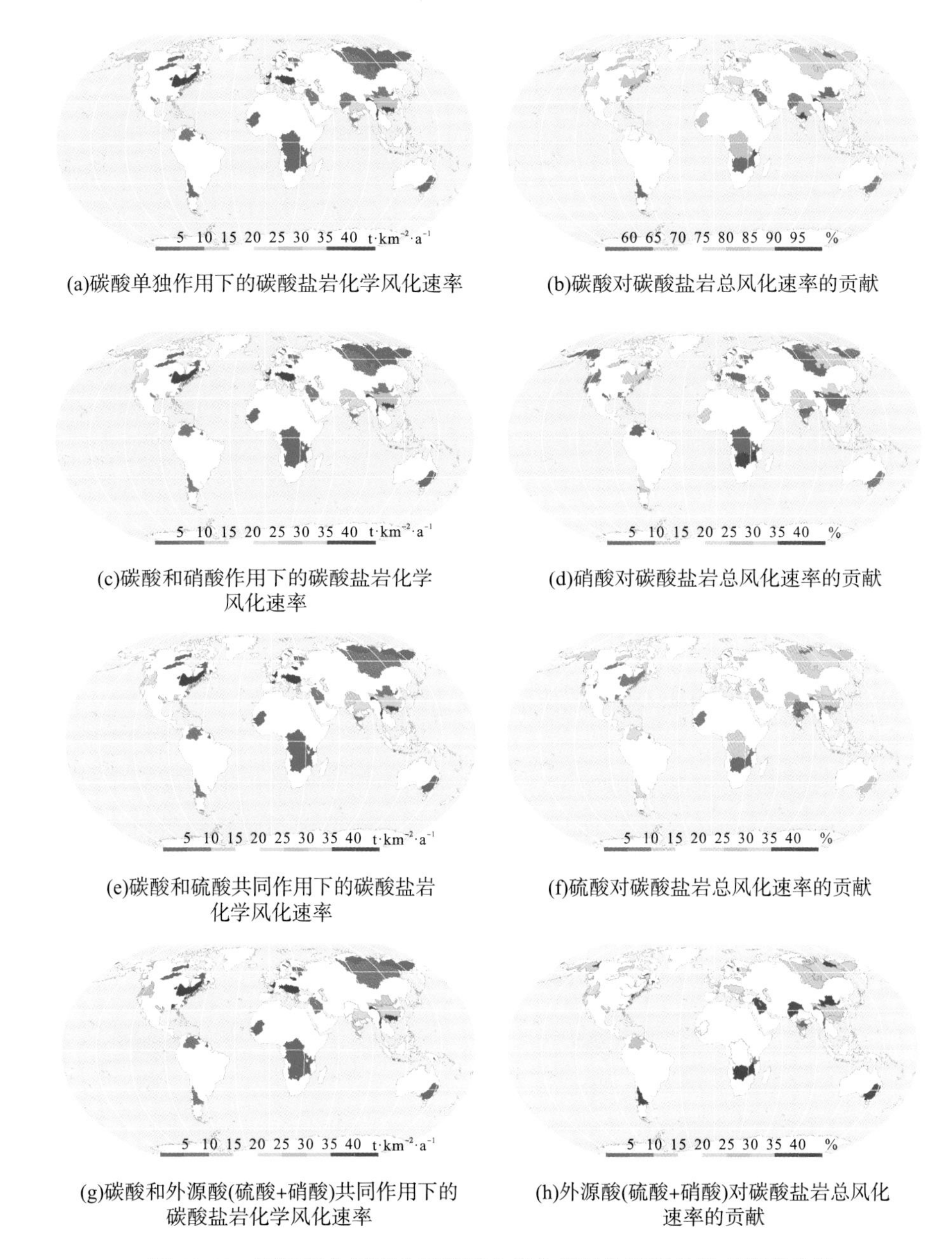

(a)碳酸单独作用下的碳酸盐岩化学风化速率　(b)碳酸对碳酸盐岩总风化速率的贡献

(c)碳酸和硝酸作用下的碳酸盐岩化学风化速率　(d)硝酸对碳酸盐岩总风化速率的贡献

(e)碳酸和硫酸共同作用下的碳酸盐岩化学风化速率　(f)硫酸对碳酸盐岩总风化速率的贡献

(g)碳酸和外源酸(硫酸+硝酸)共同作用下的碳酸盐岩化学风化速率　(h)外源酸(硫酸+硝酸)对碳酸盐岩总风化速率的贡献

图 11-10　不同酸作用下全球碳酸盐岩化学风化速率及其对碳酸盐岩化学风化总速率的贡献(产生 CO_2 情景)

硝酸和硫酸分别使全球碳酸盐岩平均化学风化速率提高了 11.97%和 18.10%，二者共同作用仅使碳酸盐岩平均化学风化速率提高了 30.07%。而对于这个风化情景下的碳酸盐岩化学风化总量(图 11-11)，仅碳酸作用下，碳酸盐岩化学风化总量为 383.17Tg · a^{-1}，而在碳酸和硝酸作用下风化总量增至 422.03Tg · a^{-1}，在碳酸和硫酸作用下风化总量为 450.53Tg · a^{-1}，而碳酸和外源酸(硝酸和硫酸)综合作用下的碳酸盐岩化学风化总量为 489.38Tg · a^{-1}。

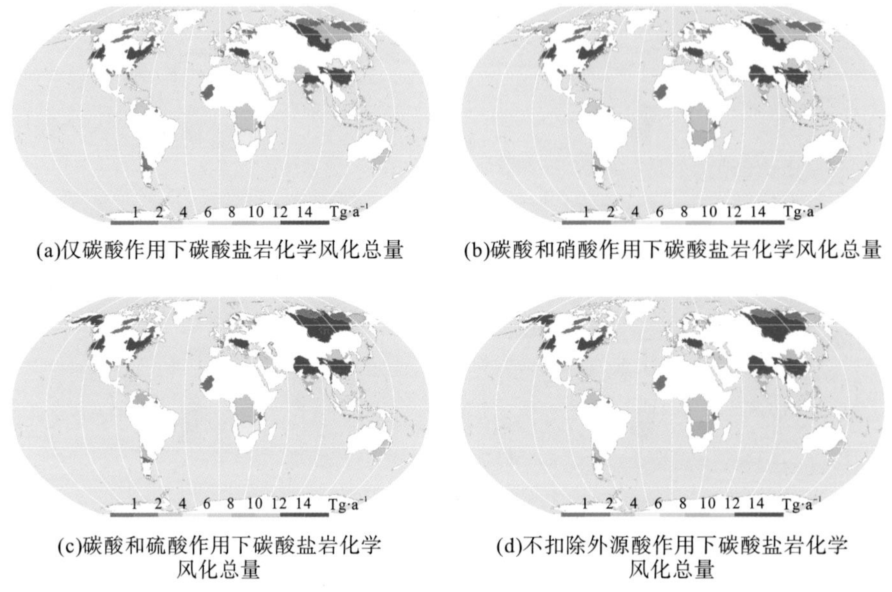

(a)仅碳酸作用下碳酸盐岩化学风化总量　(b)碳酸和硝酸作用下碳酸盐岩化学风化总量

(c)碳酸和硫酸作用下碳酸盐岩化学风化总量　(d)不扣除外源酸作用下碳酸盐岩化学风化总量

图 11-11　不同酸作用下碳酸盐岩化学风化总量(产生 CO_2 情景)

11.2.2　外源酸对碳酸盐岩化学风化 HCO_3^- 通量的影响

为了更好地理解岩性对风化增加 CO_2 消耗量的作用，本章识别并区分了硅酸盐岩化学风化和碳酸盐岩化学风化产生的 HCO_3^-。当硝酸和硫酸分别与碳酸盐岩化学风化仅产生 HCO_3^- 时，碳酸盐岩化学风化产生的 HCO_3^- 通量平均为 25.17t·km^{-2}·a^{-1}，而硅酸盐岩化学风化产生的 HCO_3^- 仅为 4.52t·km^{-2}·a^{-1}，仅占前者的 18.0%。全球 135 个流域中，碳酸盐岩和硅酸盐岩化学风化分别贡献了总 HCO_3^- 的 82.04%和 17.96%（图 11-12）。

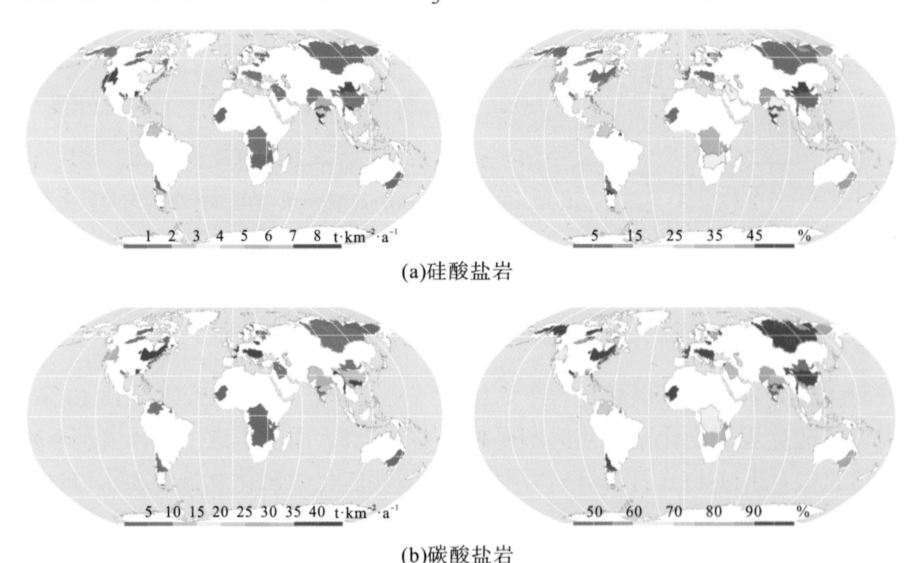

(a)硅酸盐岩

(b)碳酸盐岩

图 11-12　硅酸盐岩和碳酸盐岩化学风化产生的 HCO_3^- 通量及其对流域总 HCO_3^- 通量的贡献

在所选择的全球 135 个流域中，大部分为硅酸盐面积主控的流域，但是这些流域中 HCO_3^- 却是由碳酸盐岩化学风化主控，这是因为碳酸盐岩化学风化速率快，产生的 HCO_3^- 要比硅酸盐岩化学风化产生的 HCO_3^- 多很多。不只是对于 HCO_3^-，包括其他离子组分，在很多流域，碳酸盐岩的溶蚀作用都控制了流域的化学风化通量(Beaulieu et al.，2012)。而且，在碳酸盐岩分布面积较大的流域，HCO_3^- 及 Ca^{2+} 和 Mg^{2+} 的通量贡献会更大。若硝酸和硫酸与碳酸盐岩化学风化仅产生 CO_2 而不产生 HCO_3^- 时，流域中所有的 HCO_3^- 均为碳酸与碳酸盐岩化学风化产生，其平均通量为 $25.17t \cdot km^{-2} \cdot a^{-1}$。

当硝酸和硫酸分别与碳酸盐岩化学风化仅产生 HCO_3^- 时，基于 135 个流域监测的 HCO_3^- 数据，在去除蒸发盐岩和硅酸盐岩溶蚀影响后，估算了硫酸和硝酸对碳酸盐岩化学风化产生的 HCO_3^- 通量的影响。如图 11-13 所示，碳酸盐岩化学风化过程中，硝酸和

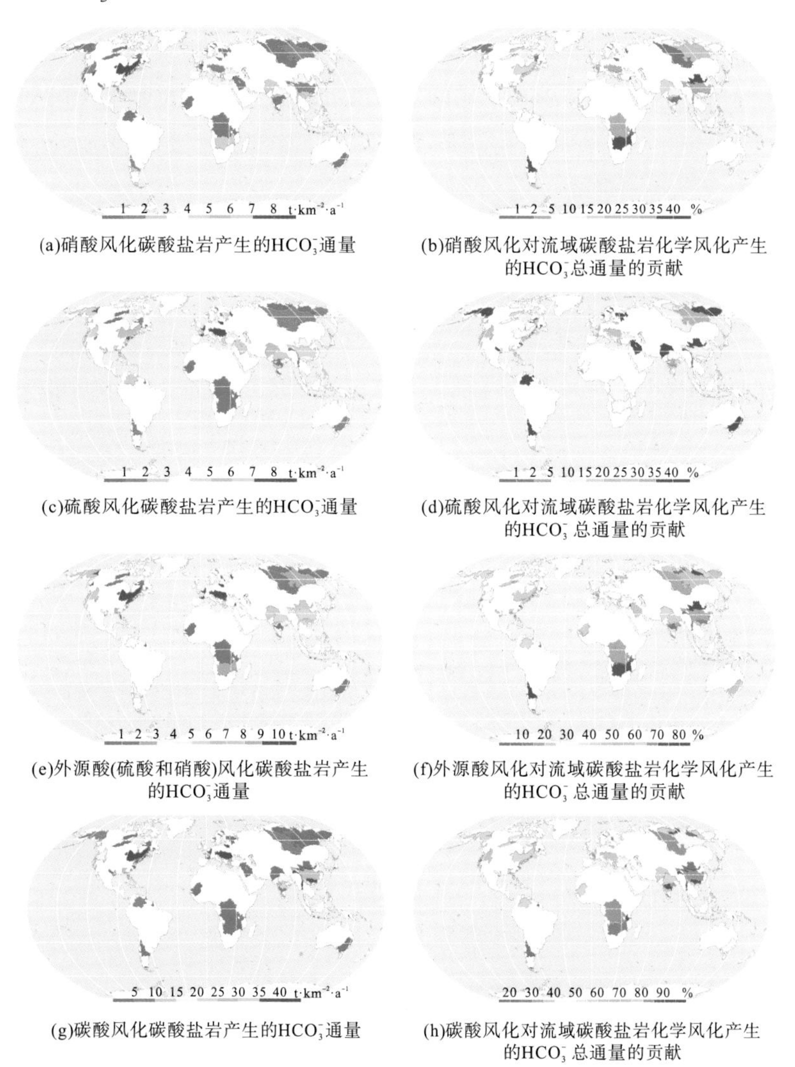

(a)硝酸风化碳酸盐岩产生的 HCO_3^- 通量
(b)硝酸风化对流域碳酸盐岩化学风化产生的 HCO_3^- 总通量的贡献
(c)硫酸风化碳酸盐岩产生的 HCO_3^- 通量
(d)硫酸风化对流域碳酸盐岩化学风化产生的 HCO_3^- 总通量的贡献
(e)外源酸(硫酸和硝酸)风化碳酸盐岩产生的 HCO_3^- 通量
(f)外源酸风化对流域碳酸盐岩化学风化产生的 HCO_3^- 总通量的贡献
(g)碳酸风化碳酸盐岩产生的 HCO_3^- 通量
(h)碳酸风化对流域碳酸盐岩化学风化产生的 HCO_3^- 总通量的贡献

图 11-13　碳酸和不同外源酸参与碳酸盐岩化学风化产生的 HCO_3^- 通量及其对流域碳酸盐岩化学风化总 HCO_3^- 通量的贡献

硫酸风化碳酸盐岩产生的HCO_3^-通量分别为 3.02t·km^{-2}·a^{-1}和 4.56t·km^{-2}·a^{-1}，分别占碳酸盐岩化学风化产生的HCO_3^-总通量的 15.35%和 24.31%(流域贡献平均)。

在硝酸和硫酸共同作用下，碳酸盐岩化学风化产生的HCO_3^-平均通量为 7.58t·km^{-2}·a^{-1}，贡献了碳酸盐岩化学风化产生HCO_3^-总通量的 39.66%。碳酸盐岩化学风化产生的HCO_3^-通量明显比硫酸和硝酸的贡献大了很多。碳酸盐岩化学风化产生的HCO_3^-平均通量为 17.6t·km^{-2}·a^{-1}，占 135 个流域碳酸盐岩化学风化产生的HCO_3^-总通量的 60.34%，是外源酸贡献的 1.5 倍。

不同酸情景风化下碳酸盐溶蚀产生的HCO_3^-总量也具有很大的差异(图 11-14)。碳酸盐岩化学风化产生的HCO_3^-总量为 492.7Tg·a^{-1}，仅碳酸作用下，碳酸盐岩化学风化总量为 355.7Tg·a^{-1}，而在硝酸和硫酸作用下HCO_3^-总量分别为 50Tg·a^{-1}和 87Tg·a^{-1}，两者共同作用下产生了 137Tg·a^{-1}的HCO_3^-。根据各个流域尺度上的贡献平均值来看，碳酸贡献了碳酸盐岩化学风化总量的 60.34%，硝酸、硫酸和其二者分别贡献了 15.35%、24.31%和

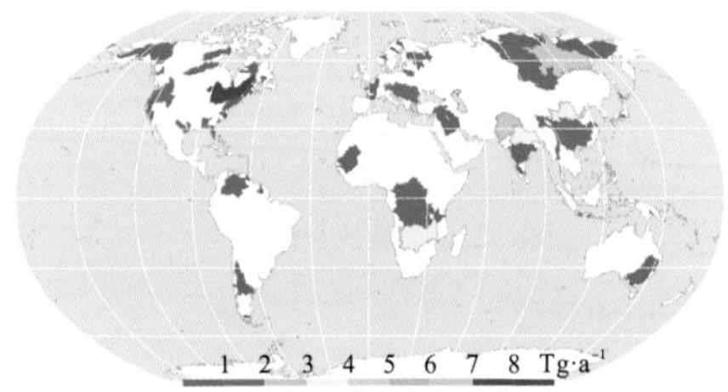

(a)仅碳酸作用情景下估算的碳酸盐岩化学风化产生的HCO_3^-总量

(b)硝酸作用下碳酸盐岩化学风化产生的HCO_3^-总量

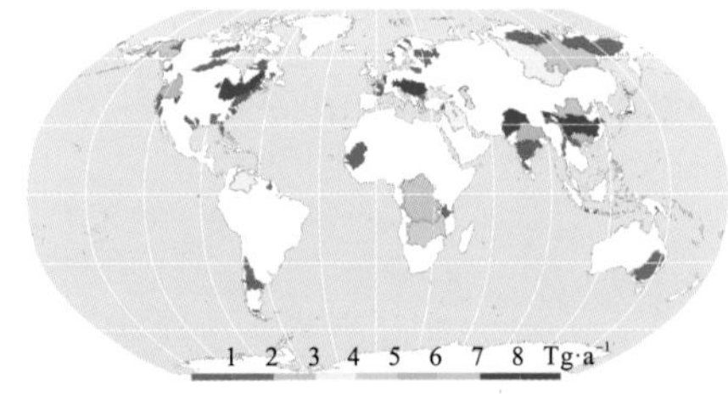

(c)硫酸作用下碳酸盐岩化学风化产生的HCO_3^-总量

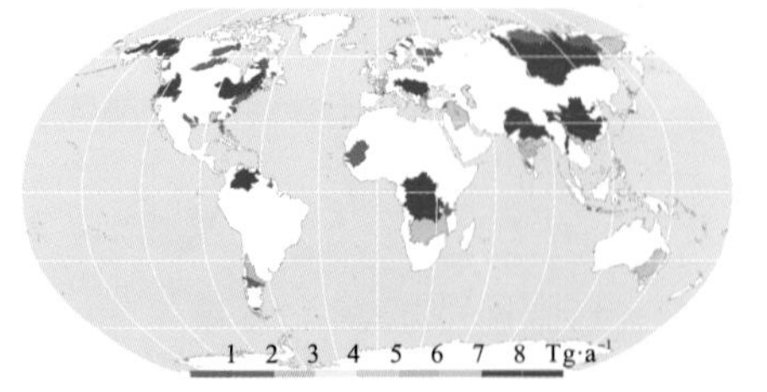

(d)硝酸和硫酸共同作用下碳酸盐岩化学风化产生的HCO_3^-总量

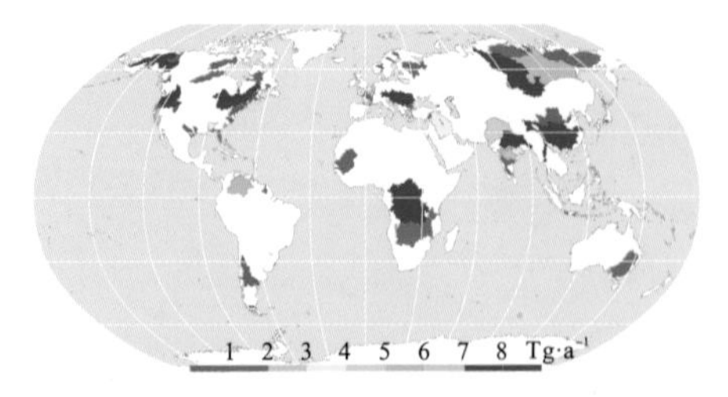

(e)不扣除外源酸情景下碳酸盐岩化学风化产生的HCO_3^-总量

图 11-14 不同酸参与碳酸盐岩化学风化产生的HCO_3^-总量

39.66%。当硝酸和硫酸分别与碳酸盐岩化学风化仅产生 CO_2 时，流域中的 HCO_3^- 均来源于碳酸与碳酸盐岩的化学风化作用，其中有一半的 HCO_3^- 来自大气，另一半则来自碳酸盐岩本身的溶蚀。

外源酸加速了碳酸盐岩化学风化的 HCO_3^- 通量，但并不会增加硅酸盐岩化学风化释放的 HCO_3^- 通量，这是因为硅酸盐岩化学风化产生的 HCO_3^- 仅来自大气/土壤 CO_2 形成的碳酸，而碳酸盐岩化学风化产生的 HCO_3^- 不仅有来源于大气 CO_2 的成分，还有碳酸盐岩本身。而外源酸增加的 HCO_3^- 通量就是全部来源于碳酸盐岩中碳的释放。

11.2.3　外源酸对碳酸盐岩化学风化 CO_2 消耗的影响

河水中 HCO_3^- 通量是以往研究中估算碳酸盐岩化学风化碳汇的重要参数。外源酸参与岩石风化并不会消耗大气 CO_2，但是会加快碳酸盐岩化学风化速率释放额外的 HCO_3^-，从而导致以往基于河水监测 HCO_3^- 评估的碳酸盐岩化学风化碳汇存在被高估的问题。本书通过逐步剥离硝酸和硫酸的影响评估了不同酸参与下的碳酸盐岩化学风化 CO_2 消耗通量（图 11-15）。

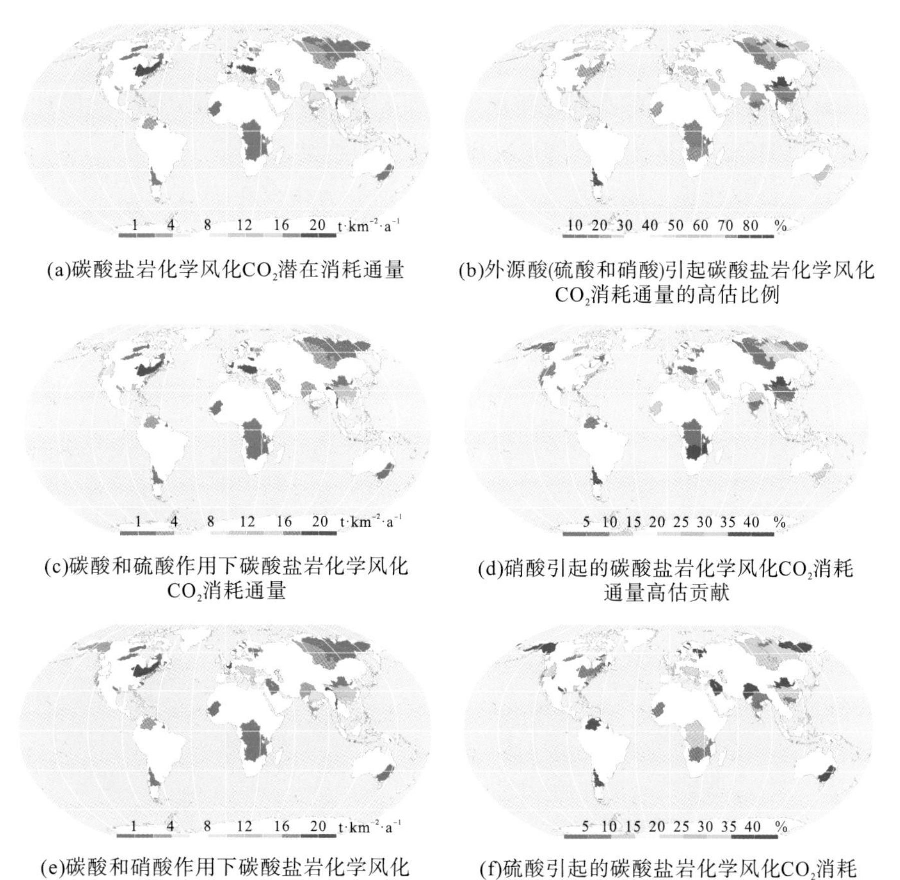

(a)碳酸盐岩化学风化 CO_2 潜在消耗通量

(b)外源酸(硫酸和硝酸)引起碳酸盐岩化学风化 CO_2 消耗通量的高估比例

(c)碳酸和硫酸作用下碳酸盐岩化学风化 CO_2 消耗通量

(d)硝酸引起的碳酸盐岩化学风化 CO_2 消耗通量高估贡献

(e)碳酸和硝酸作用下碳酸盐岩化学风化 CO_2 消耗通量

(f)硫酸引起的碳酸盐岩化学风化 CO_2 消耗通量高估贡献

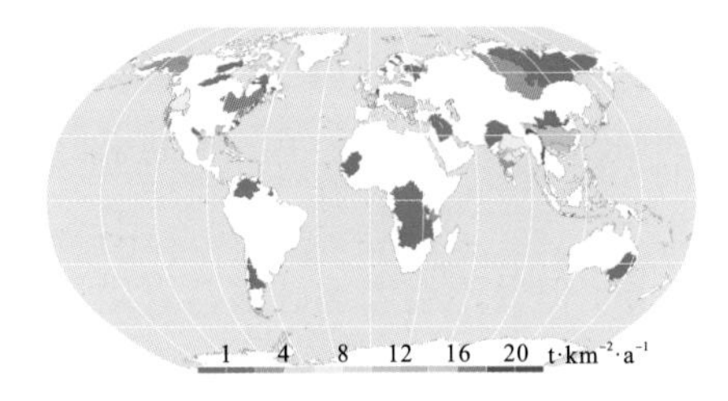

(g)碳酸作用下碳酸盐岩化学风化CO_2消耗通量

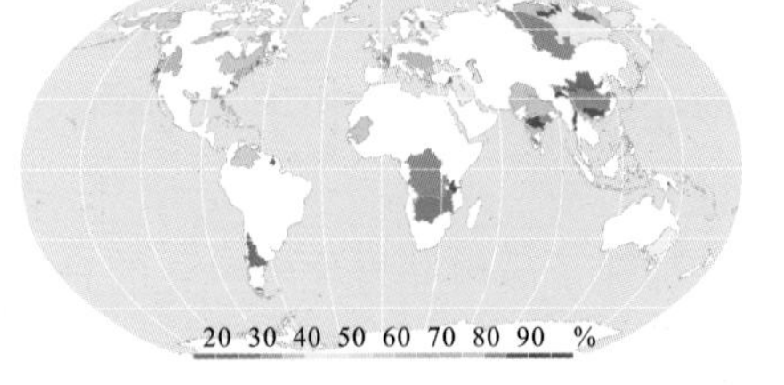

(h)碳酸与碳酸盐岩化学风化产生的CO_2消耗通量与CO_2潜在消耗通量的比例

图 11-15 碳酸和外源酸作用下全球碳酸盐岩化学风化 CO_2 消耗通量空间分布特征及不同酸化学风化高估影响

当硝酸和硫酸分别与碳酸盐岩化学风化仅产生 HCO_3^- 时，结果表明在不考虑硝酸与硫酸参与时，碳酸盐岩化学风化 CO_2 潜在消耗通量为 $9.08t \cdot km^{-2} \cdot a^{-1}$，而分别扣除硝酸和硫酸的影响后，碳酸盐岩化学风化 CO_2 消耗通量分别降为 $7.99t \cdot km^{-2} \cdot a^{-1}$ 和 $7.44t \cdot km^{-2} \cdot a^{-1}$(表 11-2)。若扣除硝酸和硫酸的影响，仅碳酸作用下，碳酸盐岩化学风化 CO_2 消耗平均通量为 $6.35t \cdot km^{-2} \cdot a^{-1}$，相当于潜在碳酸盐岩化学风化 CO_2 消耗平均通量的 69.93%。若根据各个流域外源酸导致的 CO_2 消耗通量高估比例平均计算，硝酸和硫酸分别导致 15.35%和 24.31%的碳酸盐岩化学风化 CO_2 消耗通量被高估(流域平均)，两者共同参与碳酸盐岩化学风化导致传统评估的 39.66%的 CO_2 消耗通量被高估。这部分的高估主要是因为硝酸和硫酸参与碳酸盐岩化学风化增加了 HCO_3^- 输入通量，而传统的计算方法却将这部分来源的 HCO_3^- 默认为是碳酸风化碳酸盐岩的结果。

而对于这个风化情景下的碳酸盐岩化学风化 CO_2 消耗总量(图 11-16)，仅碳酸作用下，碳酸盐岩化学风化 CO_2 消耗总量为 $128TgCO_2 \cdot a^{-1}$，而在碳酸和硝酸作用下风化总量增至 $146TgCO_2 \cdot a^{-1}$，在碳酸和硫酸作用下风化总量为 $160TgCO_2 \cdot a^{-1}$，而碳酸和外源酸(硝酸和硫酸)综合作用下的碳酸盐岩化学风化总量为 $180TgCO_2 \cdot a^{-1}$。

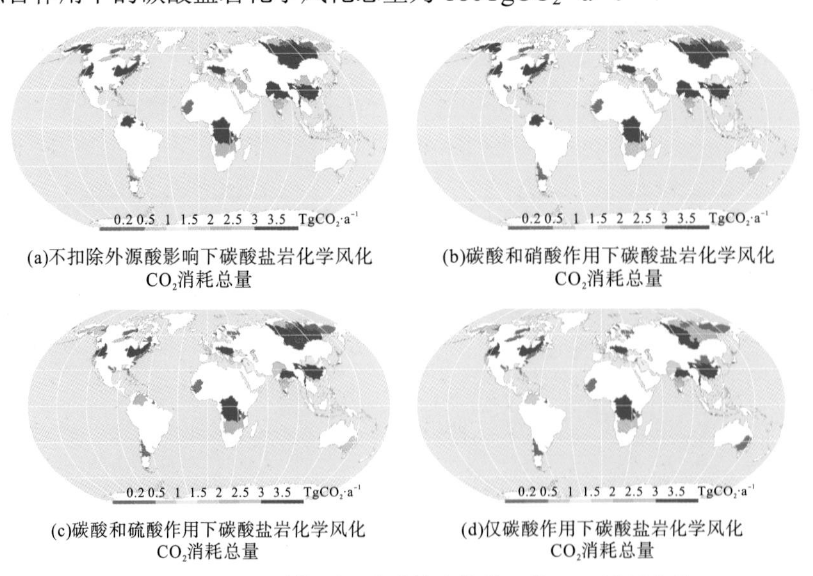

(a)不扣除外源酸影响下碳酸盐岩化学风化CO_2消耗总量

(b)碳酸和硝酸作用下碳酸盐岩化学风化CO_2消耗总量

(c)碳酸和硫酸作用下碳酸盐岩化学风化CO_2消耗总量

(d)仅碳酸作用下碳酸盐岩化学风化CO_2消耗总量

图 11-16 不同酸作用下碳酸盐岩化学风化 CO_2 消耗总量

从空间上看，高估的流域主要在亚洲的黄河及森格藏布(狮泉河)(印度河)流域、科雷马河流域、非洲的阿拉伯河流域、欧洲的涅瓦河流域、南美洲的奥里诺科河流域和科罗拉多河流域、北美洲的育空河流域和澳大利亚的墨累河流域等。

当硝酸和硫酸分别与碳酸盐岩化学风化仅产生 CO_2 逃逸出水面而不产生 HCO_3^- 时，2 份硝酸与 1 份碳酸盐岩发生化学风化作用产生一份 Ca^{2+} 或 Mg^{2+}，并释放一份 CO_2，1 份硫酸与碳酸盐岩作用产生 1 份 Ca^{2+} 或 Mg^{2+} 同时释放一份 CO_2。此时，潜在消耗的 CO_2 即为碳酸与碳酸盐岩反应消耗的大气/土壤 CO_2，其平均通量为 9.08t·km^{-2}·a^{-1}，而在此基础上扣除硝酸和硫酸分别与碳酸盐岩作用产生并释放到大气中的 CO_2 后，其平均通量降为 6.35t·km^{-2}·a^{-1}。外源酸参与碳酸盐岩化学风化仍然是导致 39.66%的 CO_2 消耗通量被高估，但是这个情景虽然没有增加大气 CO_2 消耗，但是却大大加快了外源酸溶蚀碳酸盐岩的速率(表 11-3)。

表 11-2　全球 135 个流域不同酸源风化情景下碳酸盐岩化学风化速率、HCO_3^-、CO_2 消耗通量与总量(仅产生 HCO_3^-)

不同酸源	WR /(t·km^{-2}·a^{-1})	WT /(Tg·a^{-1})	HCO_3^- /(t·km^{-2}·a^{-1})	THCO_3^- /(Tg·a^{-1})	CO_2 /(t·km^{-2}·a^{-1})	TCO_2 /(Tg·a^{-1})
H_2CO_3	13.79	276.95	17.6	355.7	6.35	128
H_2CO_3+HNO_3	18.51	354.67	20.62	405.7	7.44#	146#
H_2CO_3+H_2SO_4	20.94	411.66	22.16	442.7	7.99#	160#
H_2CO_3+HNO_3+H_2SO_4	25.65	489.38	25.17	492.7	9.08#	180#

注：标有“#”的数值表示不考虑 H_2SO_4 影响而计算的碳酸盐岩化学风化潜在 CO_2 消耗通量与总量。

表 11-3　全球 135 个流域不同酸源风化情景下碳酸盐岩化学风化速率、HCO_3^-、CO_2 消耗通量与总量(仅产生 CO_2)

不同酸源	WR /(t·km^{-2}·a^{-1})	WT /(Tg·a^{-1})	HCO_3^- /(t·km^{-2}·a^{-1})	THCO_3^- /(Tg·a^{-1})	CO_2 /(t·km^{-2}·a^{-1})	TCO_2 /(Tg·a^{-1})
H_2CO_3	19.72	383.17	25.17	355.7	6.35	128
H_2CO_3+HNO_3	22.08	422.03	—	—	—	—
H_2CO_3+H_2SO_4	23.29	450.53	—	—	—	—
H_2CO_3+HNO_3+H_2SO_4	25.65	489.38	25.17	492.7	9.08#	180#

注：标有“#”的数值表示不考虑 H_2SO_4 影响而计算的碳酸盐岩化学风化潜在 CO_2 消耗通量与总量。

11.2.4　与全球碳酸盐岩化学风化结果对比

本书从全球尺度定量评估了外源酸对碳酸盐岩化学风化过程的影响。对于所评估的 135 个流域，在考虑外源酸的影响下，流域碳酸盐岩平均风化速率为 25.65t·km^{-2}·a^{-1}，略高于其全球平均水平(24t·km^{-2}·a^{-1})(Gaillardet et al.，1999)。但仅考虑碳酸和硫酸的影响则为 20.94t·km^{-2}·a^{-1}，仅考虑碳酸和硝酸影响，风化速率为 18.51t·km^{-2}·a^{-1}，仅碳酸作用下，碳酸盐岩化学风化平均速率为 13.79t·km^{-2}·a^{-1}，略低于碳酸盐岩区域最集中的中国(18.59t·km^{-2}·a^{-1})(Li et al.，2020)。若不考虑外源酸影响，流域碳酸盐岩化学风化 CO_2

潜在消耗平均通量为 $9.08t \cdot km^{-2} \cdot a^{-1}$，若考虑外源酸影响下，流域碳酸盐岩化学风化 CO_2 平均消耗通量为 $6.35t \cdot km^{-2} \cdot a^{-1}$，低于全球流域碳酸盐岩和硅酸盐岩化学风化 CO_2 平均消耗通量($10.82t \cdot km^{-2} \cdot a^{-1}$)(Gaillardet et al.，1999)。如图 11-17 所示，随着硝酸和硫酸的加入，碳酸盐岩化学风化速率、HCO_3^- 及 CO_2 消耗通量都明显增加。外源酸对碳酸盐岩化学风化速率的贡献甚至超过了碳酸的贡献，对 HCO_3^- 的贡献也超过了碳酸贡献的一半，明显高估了 CO_2 的估算结果，这表明外源酸加速了碳酸盐岩化学风化速率及 HCO_3^- 输入通量，给碳酸盐岩化学风化地质碳汇评估造成了极大的不确定性。本章量化了外源酸对碳酸盐岩化学风化过程的影响，为各流域乃至全球陆地碳酸盐岩化学风化碳汇评估提供了外源酸影响值的理论参考。

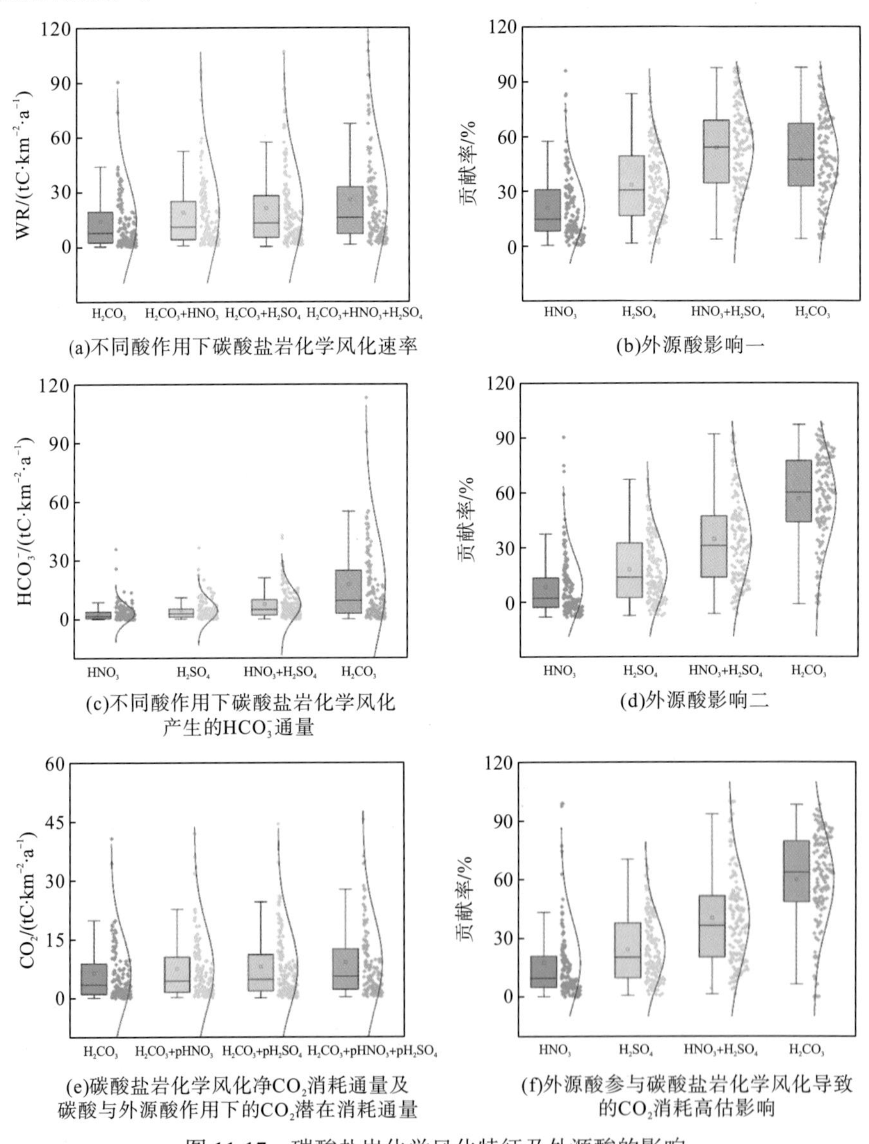

图 11-17 碳酸盐岩化学风化特征及外源酸的影响

注：$pHNO_3$ 和 pH_2SO_4 分别表示在不扣除 HNO_3 和 H_2SO_4 的影响下估算的碳酸盐岩化学风化 CO_2 消耗量。

此外，通过与全球尺度上碳酸盐岩化学风化碳汇相关研究结果的对比发现(表 11-4)，本章基于 135 个流域估算的碳酸盐岩化学风化净 CO_2 消耗总量($0.13PgCO_2 \cdot a^{-1}$)是 Li 等(2019)结果($0.43PgCO_2 \cdot a^{-1}$)的 30.23%。出现这些差异主要是因为本书扣除了外源酸影响和硅酸盐及蒸发盐岩溶解组分的干扰。此外，认为用于估算面积的差异性是 CO_2 消耗总量偏差较大的另一个原因。本章碳酸岩风化结果与基于流域总径流量和流域总面积估算的结果偏差较小，而与实际碳酸盐岩出露面积估算的结果偏差较大。本章碳酸岩风化结果与 Gaillardet 等(1999)和 Li H W 等(2019)的结果最为相近(表 11-4)，主要是因为这些结果是根据流域总径流量进行计算的，从而使用的是流域总面积，而其他差异较大的研究使用的则是实际碳酸盐岩出露面积或硅酸盐岩分布面积，其中，部分研究结果略小于本章结果，则是计算面积使用了全球陆地总面积。此外，本章表明外源酸对碳酸盐岩的风化作用存在明显的空间异质性，这是由于不同流域中含硫化物矿物及硝酸的比例以及参与碳酸盐岩化学风化的比例也都不一样。

若不考虑硫酸和硝酸的影响，根据全球 135 个流域潜在 CO_2 消耗平均通量($9.08t \cdot km^{-2} \cdot a^{-1}$)换算的碳通量，按照全球流域总面积为 1.35 亿 km^2 推算，全球碳酸盐岩化学风化碳汇总量为 $0.33Pg \cdot a^{-1}$，与 Zeng 等(2019)基于热力学溶蚀模型及 Xi 等(2021)基于 GEM-CO_2 模型计算的全球碳酸盐岩化学风化碳汇结果较为相似(均为 $0.32Pg \cdot a^{-1}$)。若考虑外源酸的影响，根据碳酸盐岩化学风化净 CO_2 消耗通量($6.35t \cdot km^{-2} \cdot a^{-1}$)转换的碳通量和全球流域总面积进行推算，则全球碳酸盐岩化学风化碳汇总量为 $0.23Pg \cdot a^{-1}$，相当于 2009～2018 年平均遗失碳汇($0.4Pg \cdot a^{-1}$)的 57.5%，这说明碳酸盐岩化学风化碳汇可能是导致全球遗失碳汇的主要原因之一。本章外推到全球所有流域的碳酸盐岩化学风化碳汇结果与以往多个研究估算的全球平均值($0.22～0.26Pg \cdot a^{-1}$)相近(Suchet et al.，2003；Munhoven，2002；Hartmann et al.，2009)，但略低于 Gombert(2002)基于热力学溶蚀模型根据全球 266 个气象站点的数据估算的全球喀斯特碳酸盐岩化学风化碳汇结果($0.3Pg \cdot a^{-1}$)，更是远低于 Martin (2017)根据全球岩性分布计算得到的全球碳酸盐岩区域的化学风化碳汇($0.8Pg \cdot a^{-1}$)，但却高于 Gaillardet 等(1999)通过对全球最大 60 个流域的碳酸盐岩溶蚀碳汇研究结果($0.15 Pg \cdot a^{-1}$)。由此可见，根据全球流域面积推算，外源酸可能导致全球碳酸盐岩化学风化净碳汇被高估 $0.1Pg \cdot a^{-1}$，占遗失碳汇的 25%。若把硅酸盐岩化学风化碳汇考虑进来，本章全球碳酸盐岩和硅酸盐岩化学风化地质净碳汇总量为 $0.35Pg \cdot a^{-1}$，占 IPCC 第五次报告提出的全球岩石化学风化碳汇($0.4Pg \cdot a^{-1}$) (Ciais et al.，2013；Stocker et al.，2013；Friedlingstein et al.，2019)的 87.5%。剩余 12.5%的碳汇不明的原因是本章扣除了外源酸和蒸发盐岩溶蚀的影响，以及只考虑了碳酸盐岩和硅酸盐岩而并未考虑其他可能形成岩石风化碳汇的岩性。此外，根据流域面积推算，我国碳酸盐岩风化碳汇总量为 $14.82Tg \cdot a^{-1}$，略高于 Li 等(2018)基于热力学溶蚀模型估算的碳酸盐岩化学风化结果($13.76Tg \cdot a^{-1}$)。

本章将基于 135 个流域岩石风化平均 CO_2 消耗通量转换得到的碳汇通量推算到全球所有流域得到的全球硅酸盐岩和碳酸盐岩化学风化净碳汇($0.12Pg \cdot a^{-1}$ 和 $0.23Pg \cdot a^{-1}$)分别与全球净陆地碳汇、植被、海洋及耕地与草地碳汇现有研究进行了深入对比。结果发现全球碳酸盐岩和硅酸盐岩化学风化地质总碳($0.35Pg \cdot a^{-1}$)约占陆地生态系统净碳汇（～3.2Pg·a^{-1}）的 10.94%（Friedlingstein et al.，2019），约占全球植被净碳汇量（～1.2Pg·a^{-1}）的 29.17%（Pan et al.，2011），约占全球土壤碳汇（0.786Pg·a^{-1}）的 30%，约占海洋碳汇（2.5Pg·a^{-1}）的 14%，约占全球耕地与草地净碳汇量（0.4～1.4Pg·a^{-1}）的 25%～87.5%（Lal，2001；Smith et al.，2008）。其中，全球碳酸盐岩化学风化碳汇分别占陆地生态系统净碳汇、植被净碳汇、海洋净碳汇及耕地和草地净碳汇的 7.2%、19.17%、9.2%和 16.43%～57.5%。这说明了碳酸盐岩和硅酸盐岩化学风化地质碳汇即使受到外源酸的影响而有所削弱，但对于陆地生态系统甚至海洋生态系统来说也都是不可忽视的重要碳汇。此外，根据中国 2018 年的碳排放量数据（2.8Pg）与本研究推算的中国碳酸盐岩及硅酸盐岩化学风化碳汇量（22.55Tg）的比值（0.8%）可知，中国碳酸盐岩和硅酸盐岩化学风化碳汇仅能抵消掉中国不到 1%的碳排放量。而在全球尺度上，全球碳酸盐岩和硅酸盐岩化学风化碳汇量也仅抵消掉 3.5%的碳排放量。

表 11-4　碳酸盐岩化学风化 CO_2 消耗量级与其他学者研究对比

区域	研究数据	估算方法	年份	CO_2 消耗速率 /($t \cdot km^{-2} \cdot a^{-1}$)	CO_2 消耗总量 /($PgCO_2 \cdot a^{-1}$)	来源
全球	流域岩石类型组成数据	温带流模型	1987	23.32	0.51	Meybeck et al.，1987
全球	232 个纯岩性小流域水化学数据	GEM-CO_2 模型	1995	—	0.42	Suchet et al.，1995
全球	水化学监测数据	水化学径流法	1997	—	2.24	Yuan et al.，1997
全球	60 条大河流站点汇编数据	反演模型	1999	10.8	0.55	Gaillardet et al.，1999
全球	中国部分站点数据汇编	水化学径流法	2000	19.11	0.42	Liu and Zhao，2000
全球	利用 226 个气象站资料	热力学溶蚀模型	2002	39.56	1.1	Gombert，2002
全球	水化学径流数据	GKWM 和 GEM-CO_2	2002	3.17	0.3	Munhoven，2002
全球	49 条大河水化学数据	GEM-CO_2 模型	2003	2.86	0.4	Suchet et al.，2003
全球	15 个岩性类别	反演法	2009	2.67～2.78	0.3～0.32	Hartmann et al.，2009
全球	利用 16 个气象站数据集	水化学径流法	2010	23.61	1.58	Liu et al.，2010
全球	全球岩性数据	GEM-CO_2 模型	2017	138.23	2.93	Martin et al.，2017
全球	全球各地降水中 DIC/HCO_3^- 浓度	偶联水生光合作用的碳酸盐岩风化碳汇模型	2018	—	1.76	Liu et al.，2018
全球	生态遥感及水文站点数据	热力学溶蚀模型	2018	262.75	3.26	Li et al.，2018
全球	90 条大型河流站点汇编数据	水化学径流法	2019	7.93	0.43	李朝君 等，2019
全球	生态遥感数据	热力学溶蚀模型	2019	15.76	1.17	Zeng et al.，2019
全球	生态遥感数据	GEM-CO_2 模型	2021	9.9	1.17	Xi et al.，2021
全球	135 个河流水化学监测数据	正演模型（推算到全球）	2021	6.35	0.84	本书

注：“—”表示无数据。

11.2.5　外源酸对碳酸盐岩化学风化的影响

硫酸对岩石风化的影响是由于其参与岩石风化过程中增加了岩石的额外溶蚀组分，并向大气净释放 CO_2。如表 11-5 所示，全球各地区硫酸对风化速率的影响大都介于 30%～50%，对 CO_2 消耗通量的影响集中在 15%～30%，表明硫酸对岩石风化通量的影响明显高于 CO_2 消耗通量的影响。本章外源酸对碳酸盐岩化学风化通量的平均影响(39.66%)，硝酸和硫酸对于 CO_2 的消耗通量高估的流域平均影响分别为 24.31%和 15.35%。硫酸对碳酸盐岩化学风化 CO_2 消耗通量的影响与基于全球碳酸盐同位素得到的研究结果相近(26%)(Li et al.，2014)。与其他研究相比，虽然略有差异，但总体上看，大部分研究结果接近本书流域平均的结果，表明硫酸对岩石风化的影响不容忽视。但是，虽然硫酸的参与加大了硅酸盐岩化学风化，但是导致其增加的速率和总量都极小，远远没有对碳酸盐岩的影响显著。由于硫酸作用，流域中监测到的 HCO_3^- 并非完全是消耗大气/土壤 CO_2 所产生，也包括碳酸溶蚀硅酸盐岩以及硫酸风化碳酸盐岩产生的 HCO_3^- 来源。而以往研究往往忽略了硫酸等外源酸的作用，并将其视为碳酸作用的风化结果。因此，在不考虑硫酸影响和蒸发盐岩的干扰而对碳酸盐岩化学风化碳汇量进行估算而得到的结果可能是高估的。这在全球不同流域都有类似的报道，如马更些河流域硫酸参与岩石风化消耗的 CO_2 量比没有考虑硫酸时少了 66.67%，24%的 DIC 增量来源于硫酸的化学风化作用(Beaulieu et al.，2011)，中国韩江和汀江流域研究显示硫酸参与导致碳酸盐岩化学风化 CO_2 扣除率分别达到 80.33%和 81.74%，对硅酸盐岩化学风化 CO_2 扣除率分别达到 43.05%和 38.36%(Yu et al.，2017)。在中国南方地区，贵州省北盘江流域 42%的碳酸盐溶解来源于硫酸(Li et al.，2008)，若根据岩性面积推算到全球，得出硫酸的贡献为 26%(Li et al.，2014)。本章进一步对比了几个典型的喀斯特流域，发现恒河流域硫酸对碳酸盐岩和硅酸盐岩化学风化速率的影响分别为 13.15%和 6.58%，对 CO_2 消耗通量降低的影响则分别为 8.02%和 6.58%。这与 Galy 和 France-Lanord (1999)得出的硫酸控制恒河 6%～9%的风化反应的结论较为相似。对比长江的研究，本章硫酸对碳酸盐岩化学风化速率及其 CO_2 消耗的影响分别为 24.25%和 12.12%，与 Zhang 等(2016)的研究结果(风化速率：28%；CO_2 消耗通量：14%)相近。

尽管全球大部分流域都是由硅酸盐岩面积主控，但是流域中 HCO_3^- 通量主要还是由碳酸盐岩溶蚀主导。在马更些河流域，碳酸盐岩化学风化产生的 HCO_3^- 贡献达到了 73%(Beaulieu et al.，2012)，本章全球平均贡献值达到了 60.34%。在中国南方喀斯特流域，地下河中碳酸、硫酸、硝酸溶蚀碳酸盐岩产生的 DIC 通量在城市流域为 67.5%、26.0%和 6.5%，而在森林流域为 93.3%、3.4%和 3.3%。本章的结果显示硝酸和硫酸风化碳酸盐岩产生的 HCO_3^- 通量贡献分别为 12.08%和 18.26%。碳酸对 HCO_3^- 输入的贡献为 69.66%，而外源酸对 HCO_3^- 输入的总贡献为 30.34%，与 Zhang 等(2020)在城市流域的研究结果相似，但远高于森林流域的结果。如表 11-5 所示，全球各地区硫酸对风化速率和 CO_2 消耗通量的影响具有明显的空间异质性，硫酸影响的全球平均贡献也处于合理的范围内。Zhang 等(2020)的研究显示老龙洞地下河流域外源酸贡献了超过 50%的碳源量，其中硫酸的贡献达到 48.37%，硝酸的贡献超过 10%，即使是人为活动干扰较小的森林流域，外源酸的贡献也超过了 10%。在韩国南部的主要河流中，硫酸参与岩石风化导致估算的大气 CO_2 消耗总量有 29% 被高估，碳酸作用产生的真实碳汇仅为 71%(Shin et al.，2011)。在南盘江和北盘江，硫酸分别导致 14.17%和 18.43%的 CO_2 消耗量被高估(Xu and Liu，2007)。西南喀斯特流域硫酸风化碳酸盐岩的速率为 35.7tC·km^{-2}·a^{-1}，向大气释放 CO_2 的速率为 8.2tC·km^{-2}·a^{-1}。由此可见，硫酸和硝酸确实参与了矿物溶解，并增加了河流碳通量。以往研究显示岩石风化加速发生的地方总是伴随着大量的人为酸源输入，在很多流域，河流中的 H_2SO_4 主要来自人为污水输入和硫化物的氧化(Lerman et al.，2007；Liu and Han，2020)，而统计和化学计量分析表明 HNO_3 与农业活动密切相关。

表 11-5 硫酸对碳酸盐岩化学风化速率及其 CO_2 消耗通量的影响(%)与以往研究对比

估算区域	估算方法	年份	WR_{carb} /(t·km^{-2}·a^{-1})	CO_{2carb}/%	来源
斯特林巴赫流域	化学计量分析	1995	—	73	Suchet et al.，1995
雅鲁藏布江(布拉马普特拉河)	$\delta^{13}C_{DIC}$	1999	—	20～30	Galy and France-Lanord，1999
恒河	$\delta^{13}C_{DIC}$	1999	—	6～9	Galy and France-Lanord，1999
阿拉斯加中南部台地冰川	化学计量分析	2000	22	—	Anderson et al.，2000
乌江	化学计量分析	2004	32.99	14.81	Han and Liu，2004
清水江	化学计量分析	2004	29.07	19.12	Han and Liu，2004
舞阳河	化学计量分析	2004	25	22.98	Han and Liu，2004
加拿大科迪勒拉	$\delta^{13}C_{DIC}$和 $\delta^{34}S_{SO4}$	2005	—	48*	Spence and Telmer，2005
全球	化学计量分析	2007	13	低影响	Lerman et al.，2007
马更些河	溶解硫酸盐的 $\delta^{34}S$ 和 $\delta^{18}O$	2007	—	24	Calmels et al.，2007
南盘江	化学计量分析	2007	11.9	14.17	Xu and Liu，2007
北盘江	化学计量分析	2007	18.43	23.69	Xu and Liu，2007
西江	化学计量分析	2009	11.32	27	Gao et al.，2009
北盘江	碳同位素证据	2008	—	42	Li et al.，2008
中国西南	化学计量分析	2008	—	33	刘丛强 等，2008
清水河	化学计量分析	2008	36.71*	15.76*	刘丛强 等，2008
南盘江	化学计量分析	2008	—	25.7*	刘丛强 等，2008
乌江	化学计量分析	2008	52.82*	12.78*	刘丛强 等，2008
三江源	正演模型	2009	—	30*	Noh et al.，2009
全球	$\delta^{13}C_{DIC}$和 $^{34}S_{SO4}$，岩性面积推算	2014	—	26	Li et al.，2014
怒江(萨尔温江)	化学计量分析	2015	—	27.4*	陶正华 等，2015
乌江	$\delta^{13}C_{DIC}$、$\delta^{18}O_{SO4}$和 $^{34}S_{SO4}$	2016	43.42	40	Li and Ji，2016
长江	化学计量分析	2014	38.7	30	Guo et al.，2014
长江	水化学平衡法和 Galy 估算模型	2016	28	14	张连凯 等，2016
重庆老龙洞地下河	化学计量分析	2012	48.92	59.23	Cao et al.，2012

续表

估算区域	估算方法	年份	WR_{carb} /$(t \cdot km^{-2} \cdot a^{-1})$	CO_{2carb}/%	来源
钱塘江	离子平衡	2016	—	23	Liu et al.，2016
韩江	离子平衡	2017	—	80.33	Yu et al.，2017
汀江	离子平衡	2017	—	81.74	Yu et al.，2017
乌江上游	化学计量分析	2017	—	14.92	Huang et al.，2017
尼洋河	正演模型	2018	29.37*	28.8*	刘旭 等，2018
重庆	$\delta^{13}C_{DIC}$、$\delta^{18}O_{SO4}$ 和 $\delta^{34}S_{SO4}$	2020	—	26	Zhang et al.，2020
柳江	$\delta^{34}S_{SO4}$	2019	6.27	19.48	Zhu et al.，2019
全球 135 条河流	正演模型	2020	32.86	24.31	本书

注：*代表的是硫酸对碳酸盐岩和硅酸盐岩的总体贡献。

另有研究表明在中国南方槽谷型岩溶区的老龙洞地下河流域岩溶碳汇量为 $35.50tCO_2 \cdot km^{-2} \cdot a^{-1}$，硝酸和硫酸与碳酸盐岩作用产生的潜在碳源量分别为 $3.58tCO_2 \cdot km^{-2} \cdot a^{-1}$ 和 $17.17tCO_2 \cdot km^{-2} \cdot a^{-1}$。外源酸的贡献高达 50%，其中硫酸与硝酸的贡献比为 5:1（全球平均结果为 5:3）。但是，与此相距不远的雪玉洞流域岩溶碳汇量为 $30.34tCO_2 \cdot km^{-2} \cdot a^{-1}$，硝酸和硫酸与碳酸盐岩作用产生的潜在碳源量仅分别为 $1.17tCO_2 \cdot km^{-2} \cdot a^{-1}$ 和 $2.16tCO_2 \cdot km^{-2} \cdot a^{-1}$，这个流域外源酸的影响特别小，仅有 10%左右。不同流域结果差异很大，表明外源酸对碳酸盐岩的风化作用存在明显的空间异质性。这是由于不同流域中含硫化物矿物及硝酸的比例不一样，来源也不尽相同。如果忽略外源酸对碳酸盐岩化学风化的影响，老龙洞、雪玉洞地下河流域岩溶碳汇量将被估算为 $56.34tCO_2 \cdot km^{-2} \cdot a^{-1}$ 和 $33.67tCO_2 \cdot km^{-2} \cdot a^{-1}$，分别增加 58.70%和 10.98%。

人类活动增加的 DIC 通量主要来源于大气酸沉降（特别是 S 沉降）对碳酸盐岩的溶蚀，在两个流域中均占人类增加的 DIC 通量的 64%，其次是污水（包括粪便）和化肥中 N 的硝化作用产生的硝酸对碳酸盐岩的溶蚀。另外，人类活动增加的 DIC 通量在两个流域都表现为雨季（5～10 月，>83%）远远大于旱季。因此，在全球碳循环评估中应该认真考虑人类活动对碳酸盐岩溶蚀的影响。

外源酸影响下碳酸盐岩化学风化碳汇之所以会被高估，其主要原因是除碳酸对碳酸盐岩的风化作用外，以各种途径进入水体的外源酸也会引起碳酸盐溶解，并且这个过程并不吸收大气/土壤中的 CO_2，反而会促进碳酸盐岩中固定的 C 以 HCO_3^- 的形式释放到水中，因而导致河流中的 HCO_3^- 含量升高。而传统的估算方法由于难以区分监测到的 HCO_3^- 中到底有多少是来源于大气 CO_2 而直接用其计算碳酸盐岩化学风化碳汇，这相当于把外源酸溶蚀碳酸盐形成的 HCO_3^- 当作是碳酸盐岩自然风化过程中吸收大气/土壤 CO_2 而形成的 HCO_3^-，因而导致高估。此外，碳酸风化硅酸盐岩也会产生 HCO_3^-，使 HCO_3^- 的来源变得更为复杂，使外源酸的高估影响进一步加剧。

张之淦（2012）建议将水化学径流法计算的碳酸盐岩化学风化碳汇结果乘以一个校正系数 0.65，用于排除外源酸的误差（35%），这表明外源酸对碳酸盐岩化学风化碳汇的影响贡献被认定为 35%。然而，由于本章计算的外源酸的全球平均贡献为 39.66%，因此，特建议在全球碳酸盐岩化学风化碳汇研究中可以考虑扣除大约传统估算结果的 40%以校正外源酸引起的误差。

11.2.6 基于外源酸的碳酸盐岩化学风化模型验证

为了验证硫酸和硝酸共同参与岩石风化过程中上述评估模型的正确性，本章基于 139 个流域计算理论 HCO_3^-（Mortatti and Probst, 2003），并基于流域尺度对其进行了验证。理论上碳酸盐岩化学风化产生的总 HCO_3^-，可由以下方程式计算：

$$[HCO_3^-]_{carb}^{Theorical} = [HCO_3^-]_{carb}^{*} - [HCO_3^-]_{sil} \tag{11-3}$$

式中，$[HCO_3^-]_{carb}^{Theorical}$ 是碳酸盐岩化学风化产生的理论 HCO_3^-。

基于 139 个流域碳酸盐岩化学风化产生的 HCO_3^- 理论值，在扣除硅酸盐岩化学风化及蒸发盐岩溶蚀的影响下，逐渐考虑硫酸和硝酸在风化碳酸盐岩过程中产生的 HCO_3^-，并与流域实测的 HCO_3^- 进行线性回归拟合，以论证外源酸对碳酸盐岩化学风化 HCO_3^- 通量的影响。由图 11-18 可以看出，基于碳酸盐岩化学风化产生的阳离子（Ca^{2+}+Mg^{2+}）评估的理论 HCO_3^- 与实测 HCO_3^- 浓度偏差较大[图 11-18(a)]，相比于硝酸的影响，硫酸对碳酸盐岩的风化作用贡献了流域较高的 HCO_3^- 浓度[图 11-18(b)]。在考虑硫酸和硝酸后，流域中碳酸盐岩化学风化理论 HCO_3^- 与实际风化过程中产生的 HCO_3^- 吻合[图 11-18(c)]。

此外，本章又基于流域碳酸盐岩化学风化过程中正负离子守恒定律进行二次验证[图 11-18(d)～图 11-18(f)]，将不同酸风化情景下碳酸盐岩化学风化产生的阴离子当量与流域中碳酸盐岩真实风化情景下推导出的阳离子当量进行线性回归拟合，以证实外源酸对碳酸盐岩化学风化的影响。研究显示，相对于 HCO_3^-，碳酸盐岩化学风化产生的 Ca^{2+}和 Mg^{2+}明显过剩[图 11-18(d)]，这表明需要额外的外源酸来平衡过剩的阳离子。在考虑了 SO_4^{2-} 后，HCO_3^- 和 SO_4^{2-} 能够平衡碳酸盐岩化学风化产生的大部分过剩的 Ca^{2+}和 Mg^{2+}[图 11-18(e)]。而在进一步考虑 NO_3^- 后，流域中碳酸盐岩化学风化产生的阳离子(Ca^{2+}、Mg^{2+})理论上能够被阴离子（SO_4^{2-}、HCO_3^- 和 NO_3^-）平衡[图 11-18(f)]。

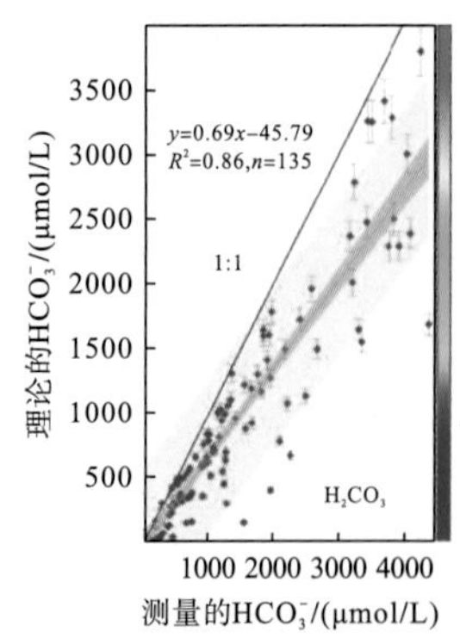

(a)不考虑外源酸、硅酸盐岩化学风化及蒸发盐共同溶蚀影响，假定所有的风化结果均来自碳酸盐岩的碳酸风化，通过Ca^{2+}、Mg^{2+}计算的理论HCO_3^-与实测的HCO_3^-的线性回归拟合

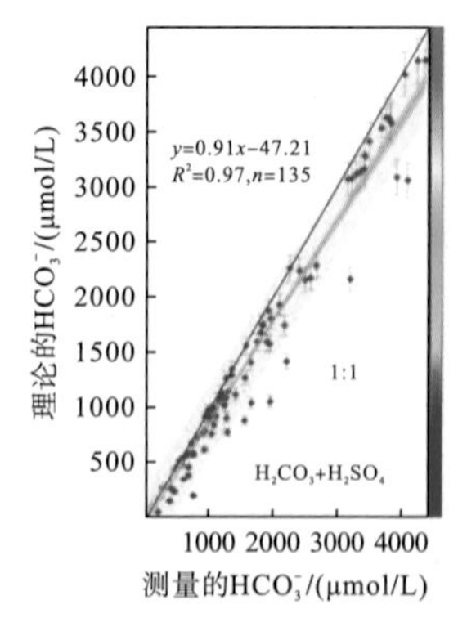

(b)扣除硅酸盐岩化学风化和蒸发盐岩溶蚀，扣除硫酸风化产生的阳离子后根据剩余的阳离子计算的理论HCO_3^-与实测的HCO_3^-的线性回归拟合

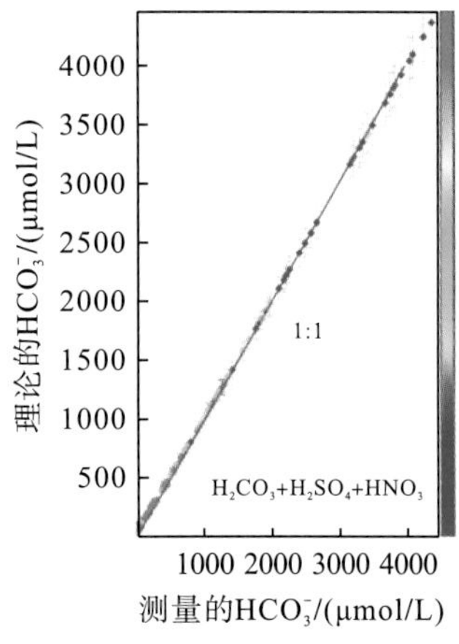

(c)扣除硫酸和硝酸影响后的理论HCO_3^-与实测的HCO_3^-的线性回归拟合

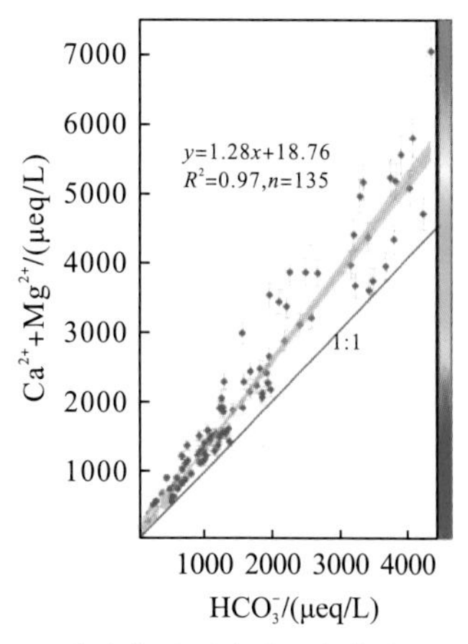

(d)碳酸作用下碳酸盐岩化学风化产生的阴离子当量与流域碳酸盐岩真实风化情景产生的阳离子当量之间的线性回归

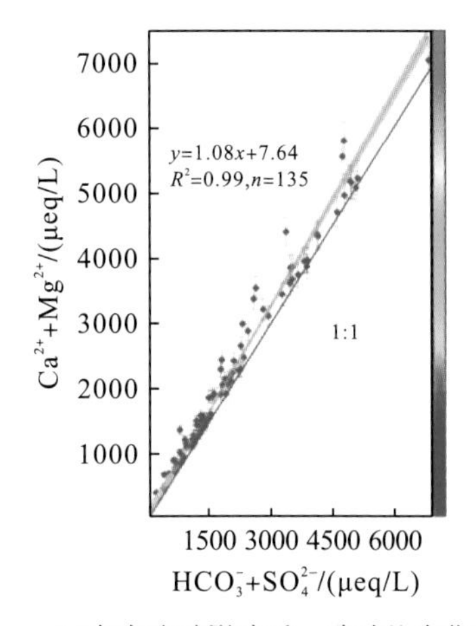

(e)考虑硫酸影响后，碳酸盐岩化学风化产生的的阴离子当量与流域碳酸盐岩真实风化情景产生的阳离子当量之间的线性回归

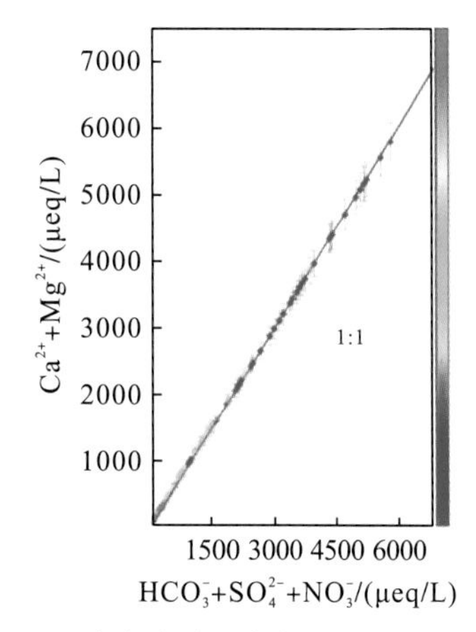

(f)考虑硫酸和硝酸影响后，碳酸盐岩化学风化产生的的阴离子当量与流域中真实情景下碳酸盐岩化学风化阳离子当量线性回归拟合

图 11-18　不同酸作用下碳酸盐岩化学风化产生的 HCO_3^- 理论值与实测值在扣除了硅酸盐岩化学风化影响后的 HCO_3^- 的拟合关系及离子电荷平衡特征(Meybeck and Ragu，1996；Meybeck and Ragu，1997；Meybeck and Rayu，2012；Hartmann et al.，2019)

11.3　外源酸对碳酸盐岩化学风化碳汇效率的影响

11.3.1　硫酸对碳酸盐岩化学风化碳汇效率的影响

由于碳酸盐岩化学风化速率相对于硅酸盐更加迅速，并且结合水生微生物的光合作用，硅酸盐岩化学风化可能只占到岩石风化过程吸收大气 CO_2 量的 6%，剩下的 94%的量可能均为碳酸盐岩化学风化过程的结果(Liu et al.，2011)。全球碳酸盐岩面积约为 2200 万 km^2，占陆地面积的 15%(曹建华 等，2017)。因此，研究外源酸对碳酸盐岩化学风化

的影响对于理解岩石碳循环更有意义。

若不考虑外源酸影响，在仅有碳酸风化碳酸盐岩的过程中，碳汇效率为 0.5，但是一旦有外源酸参与岩石风化，就会增加风化系统中 HCO_3^- 通量，导致碳酸盐岩化学风化碳汇效率降低。这主要是因为硫酸和硝酸溶蚀碳酸盐增加了 HCO_3^- 输入通量，但却没有增加大气 CO_2 的消耗。通过剥离外源酸与岩石的风化反应，考虑了不同外源酸与碳酸混合溶蚀碳酸盐岩的风化情景，本章探讨了外源酸对岩石风化碳汇效率的影响(图 11-19)。结果表明外源酸参与岩石风化过程降低了碳酸盐岩化学风化碳汇效率。在碳酸风化碳酸盐岩的过程中硝酸的参与导致其碳汇效率平均降低到 0.39，而硫酸的参与使其碳汇效率平均降低到 0.36。若硝酸和硫酸都参与到碳酸与碳酸盐岩的混合反应过程中，则碳汇效率平均降低到 0.3。硝酸和硫酸的参与分别使碳酸盐岩化学风化碳汇效率降低了 21.37%和 28.97%，它们二者共同参与时则使碳汇效率降低了 39.66% (图 11-20)。这是因为外源酸增大 HCO_3^- 输入会使来源于大气 CO_2 的 HCO_3^- 在碳酸盐岩化学风化产生的总 HCO_3^- 中的比例减少，从而导致流域岩石风化碳汇监测及估算的结果产生较大的误差。而当硝酸和硫酸与碳酸盐岩化学风化仅产生 CO_2 时，外源酸影响下碳酸盐岩化学风化碳汇效率也是 0.3，碳汇效率降低幅度与外源酸风化作用下产生 HCO_3^- 情景的影响一致，也是 39.66%。

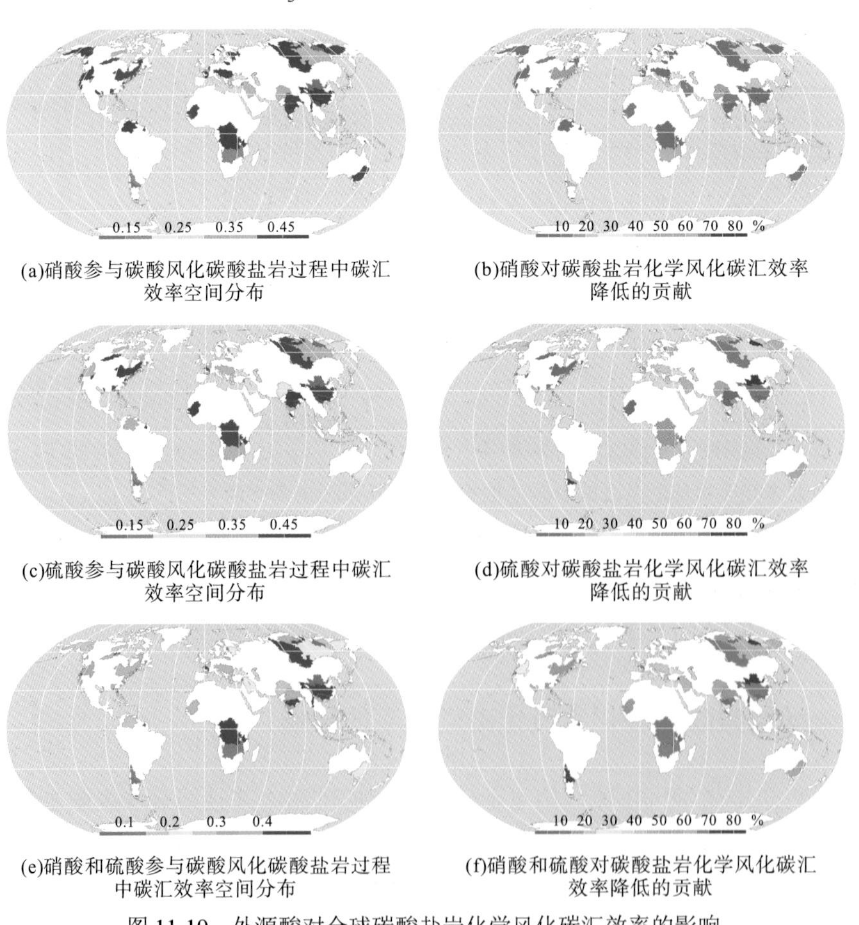

(a)硝酸参与碳酸风化碳酸盐岩过程中碳汇效率空间分布

(b)硝酸对碳酸盐岩化学风化碳汇效率降低的贡献

(c)硫酸参与碳酸风化碳酸盐岩过程中碳汇效率空间分布

(d)硫酸对碳酸盐岩化学风化碳汇效率降低的贡献

(e)硝酸和硫酸参与碳酸风化碳酸盐岩过程中碳汇效率空间分布

(f)硝酸和硫酸对碳酸盐岩化学风化碳汇效率降低的贡献

图 11-19 外源酸对全球碳酸盐岩化学风化碳汇效率的影响

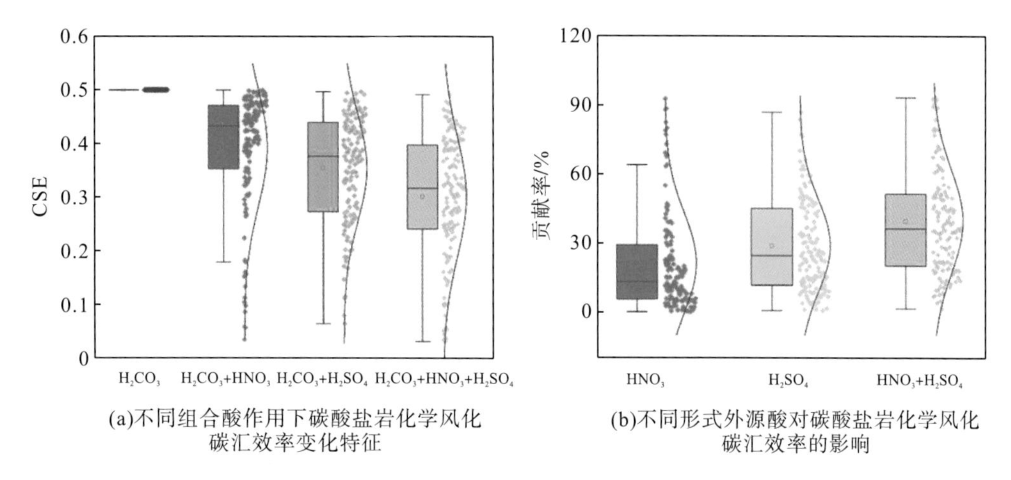

(a)不同组合酸作用下碳酸盐岩化学风化碳汇效率变化特征

(b)不同形式外源酸对碳酸盐岩化学风化碳汇效率的影响

图 11-20　不同组合酸作用下碳酸盐岩化学风化碳汇效率变化特征及外源酸影响

从空间上看，亚纳河、勒拿河、科雷马河流域，黄河流域，森格藏布(狮泉河)(印度河)流域，涅瓦河流域，赞比西河流域，墨累河流域，阿拉伯河流域，科罗拉多河和内格罗河流域等碳酸盐岩化学风化碳汇效率受外源酸影响而降幅较大。

11.3.2　外源酸对碳酸盐岩化学风化碳汇碳汇效率的影响

作为促进风化剂，硫酸和硝酸在地表相互作用过程中不会消耗大气或土壤 CO_2，它们会增加碳酸盐岩的溶解，并增加地下水中 HCO_3^- 的浓度。这一过程导致大气或土壤 CO_2 对 HCO_3^- 的贡献减少，因此，硫酸和硝酸中的质子取代了碳酸，碳酸盐岩化学风化吸收的 CO_2 将不足，导致碳酸盐岩化学风化碳汇效率下降。如图 11-21 所示，随着风化剂中外源酸含量的增加，HCO_3^- 在显著上升，而碳汇效率却随外源酸占比([SO_4^{2-} + NO_3^-]与[SO_4^{2-} + NO_3^- + HCO_3^-]的离子当量比)的增加而明显降低，这表明外源酸参与碳酸盐岩化学风化虽然增加了 HCO_3^-，但却没有增加大气 CO_2 消耗，导致碳酸盐岩化学风化碳汇效率降低。外源酸含量增加到 1000 μeq/L 后 HCO_3^- 浓度增加变缓[图 11-21(a)]，再增加则更加平缓，可能是此时外源酸参与碳酸盐岩反应过程中不再产生 HCO_3^- 的终端产物，而是将该过程中产生的 HCO_3^- 进一步反应生成 CO_2。当外源酸占比超过 50%后，大部分流域的碳酸盐岩化学风化碳汇效率都降到了 0.1 之下[图 11-21(b)]。由此可见，外源酸输入的占比越大，对碳酸盐岩化学风化碳汇效率的影响就越高。

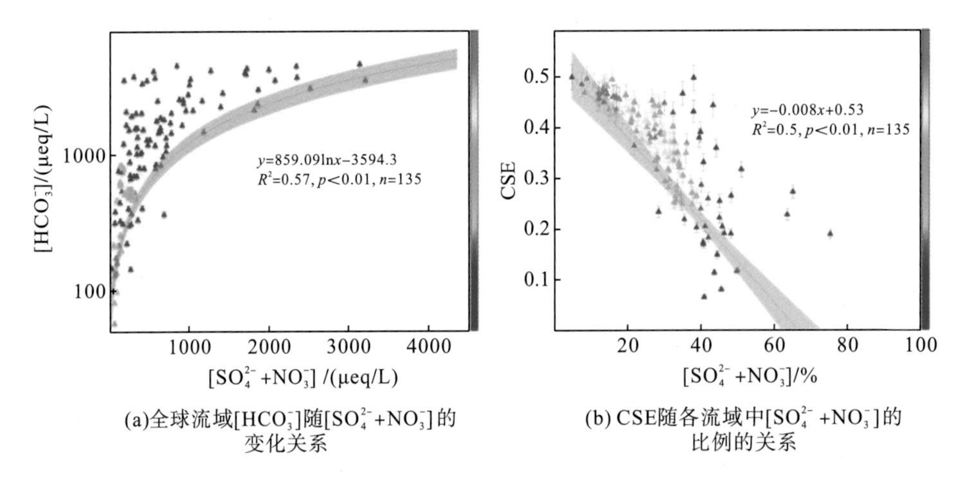

(a)全球流域[HCO_3^-]随[SO_4^{2-}+NO_3^-]的变化关系

(b) CSE随各流域中[SO_4^{2-}+NO_3^-]的比例的关系

图 11-21 外源酸参与对全球碳酸盐岩化学风化碳汇效率的影响(Meybeck and Ragu，1996；Meybeck and Ragu，1997；Meybeck and Ragu，2012；Hartmann et al.，2019)

11.3.3 与以往研究对比

Suchet 等(1995)以法国东北部孚日(Vosges)山脉的一个小流域为例，报道了主要由于酸性雨水对硅酸盐岩石的化学风化作用，大气或土壤中的 CO_2 吸收量减少了 73%。法国西南部加龙河钙质流域中 25 个人工碳酸盐小流域大量氮肥的使用，导致从大气或土壤中吸收的 CO_2 对河流 HCO_3^- 的贡献率平均下降了 7%～17%(Perrin et al.，2008)。这是因为氮肥通过硝化作用溶解碳酸盐而不能利用土壤中的 CO_2，但碳酸盐岩的溶解量和 HCO_3^- 浓度会增加(Suchet et al.，1995；Jiang, 2013；Li et al.，2011)。Suchet 等(1995)和 Lerman 等(2007)还估计，如果岩石化学风化仅通过硫酸溶解发生，全球大气或土壤 CO_2 吸收的减少将小于 10%。根据碳酸盐岩与 CO_2 和水反应的化学计量系数，碳酸岩被碳酸自然溶解过程中预期消耗的大气或土壤 CO_2 与总 HCO_3^- 的理论比率应为 50%。但是，乌江上游大多数水样的碳汇效率都较低，雨季平均大气或土壤 CO_2 与总 HCO_3^- 的比率在 0.07%～49.97%(Huang et al.，2017)，平均值为 34.33%；雨季后为 11.25%～49.30%，平均值为 35.83%。由于外源酸促进了 HCO_3^- 通量增加，该流域大气/土壤 CO_2 对 HCO_3^- 总量的平均贡献率分别下降了 15.67%(雨季)和 14.17%(雨季后)。这说明硝酸和硫酸等外源酸参与了土壤 CO_2 的溶解过程。由于硝酸和硫酸的影响，本章中长江流域碳酸盐岩化学风化碳汇效率分别降低到 0.48 和 0.43，相比于自然风化过程分别降低了 4%和 14%，比其上游的乌江流域的影响要小。对于全球 135 个流域平均特征，硝酸和硫酸参与碳酸盐岩化学风化过程中碳汇效率分别为 0.39 和 0.36，分别比碳酸盐岩自然风化过程中的碳汇效率(0.5)降低了 22%和 28%，这表明本章计算的外源酸对全球碳酸盐岩化学风化碳汇效率的影响贡献处于合理范围。以上这些结果表明，前人可能高估了岩溶地区碳酸盐岩化学风化对 CO_2 的消耗，因此需要重新评价前人研究计算的岩溶过程中大气/土壤 CO_2 吸收通量，清晰认识外源酸参与碳酸盐岩化学风化过程中碳汇效率特征，以促进对全球碳循环的全面了解。

11.4　岩石化学风化影响因素与驱动机制

11.4.1　植被对岩石风化速率、HCO_3^- 和 CO_2 消耗的影响

大陆表面岩石化学风化作用取决于许多因素，包括岩性、气候、构造、侵蚀、土壤或植被以及风化带中酸度的可用性。其中，径流、气温和植被被认为是影响岩石风化的主要因素(Dong et al.，2019；Li et al.，2018；Li C J et al.，2019；Li H W et al.，2018)。

植被恢复可以涵养水源并提高土壤 CO_2 分压，对岩石风化具有积极的促进作用。图 11-22 提供了不同径流量下岩石风化及其 CO_2 与植被变化的关系，碳酸盐岩及硅酸盐岩的风化速率、HCO_3^- 及 CO_2 消耗通量均随植被增长而增加。植被增长促进了碳酸盐岩和硅酸盐岩的风化，但是这种积极作用并非持续存在。对于碳酸盐岩化学风化，前期的植被增长对其风化速率、HCO_3^- 及其 CO_2 消耗通量的促进作用最为显著，随后增速放缓，并在 NDVI 为 0.5～0.7 时具有明显的速率峰值(图 11-22)，当 NDVI 超过 0.7 时，在一些径流量较高的流域，植被的促进作用仍然较高。而对于硅酸盐岩化学风化，风化速率、HCO_3^- 和 CO_2 消耗通量都随植被增长而增大，并没有表现明显的峰值(图 11-23)。在高植被覆盖流域(NDVI＞0.7)，往往径流量也比较高，对硅酸盐岩化学风化的促进作用也更加明显。

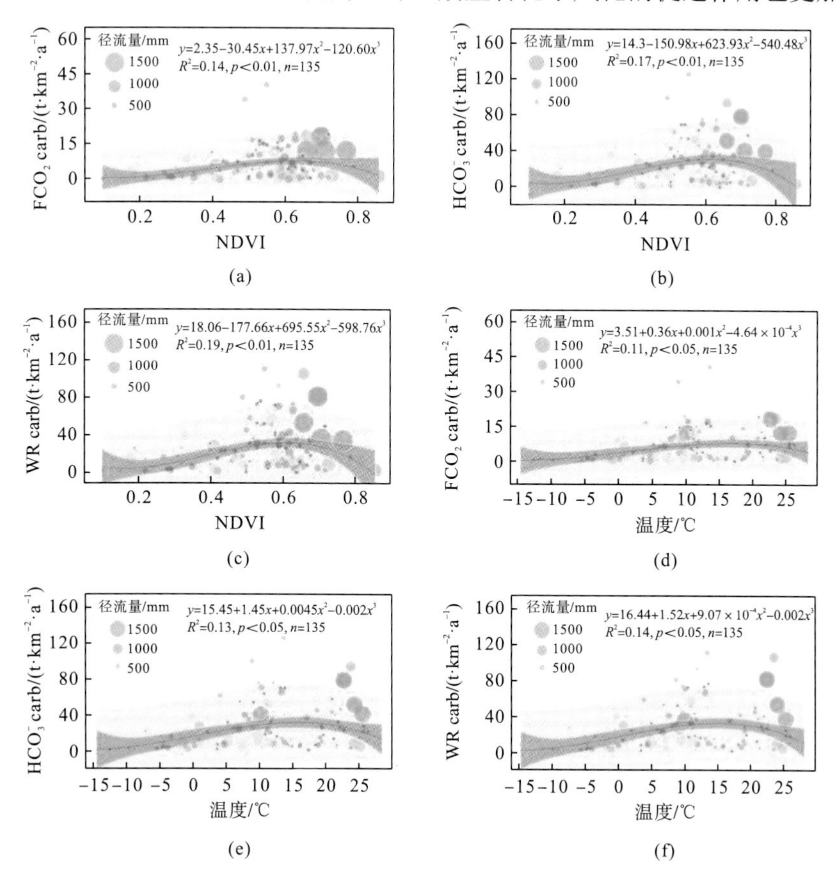

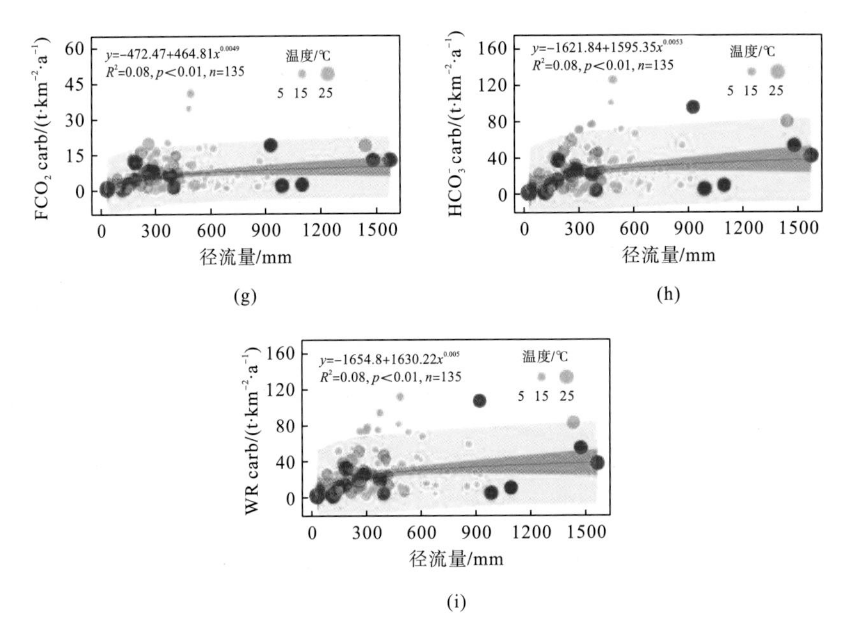

图 11-22 径流量、温度和 NDVI 分别对全球碳酸盐岩化学风化速率、HCO_3^- 和 CO_2 消耗通量变化的影响

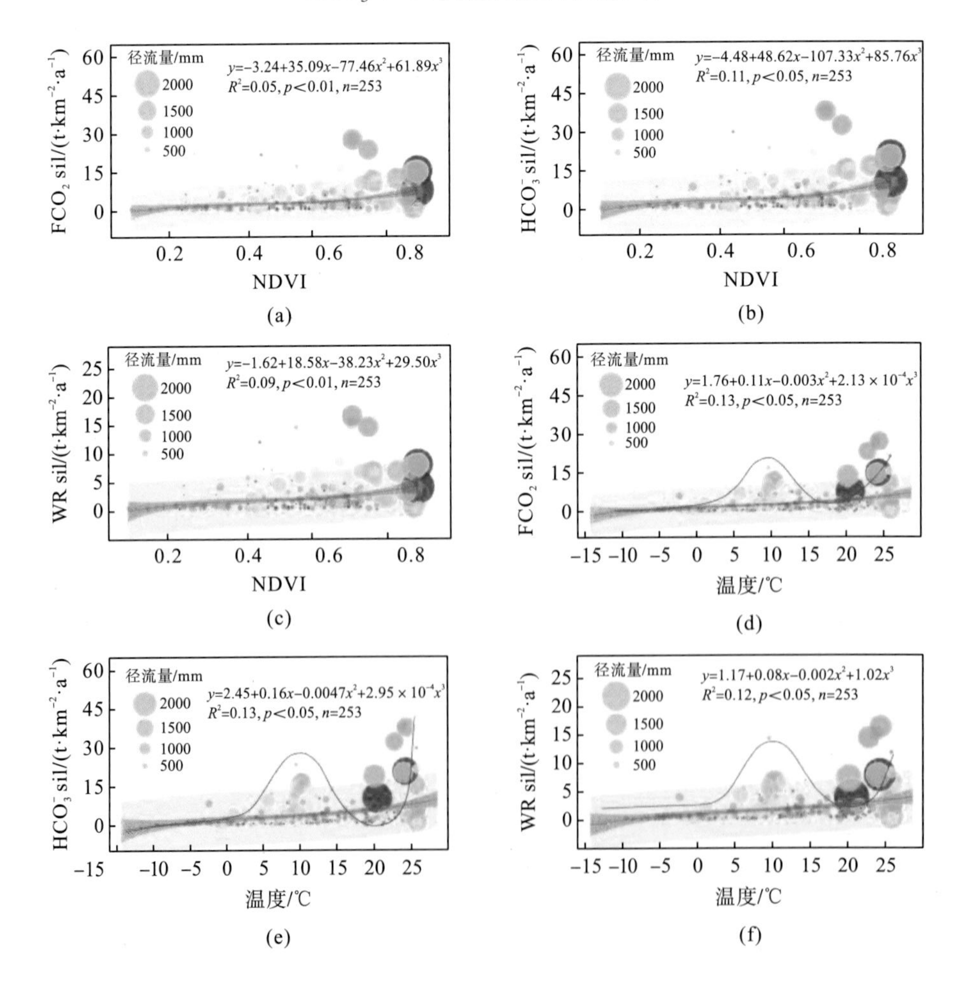

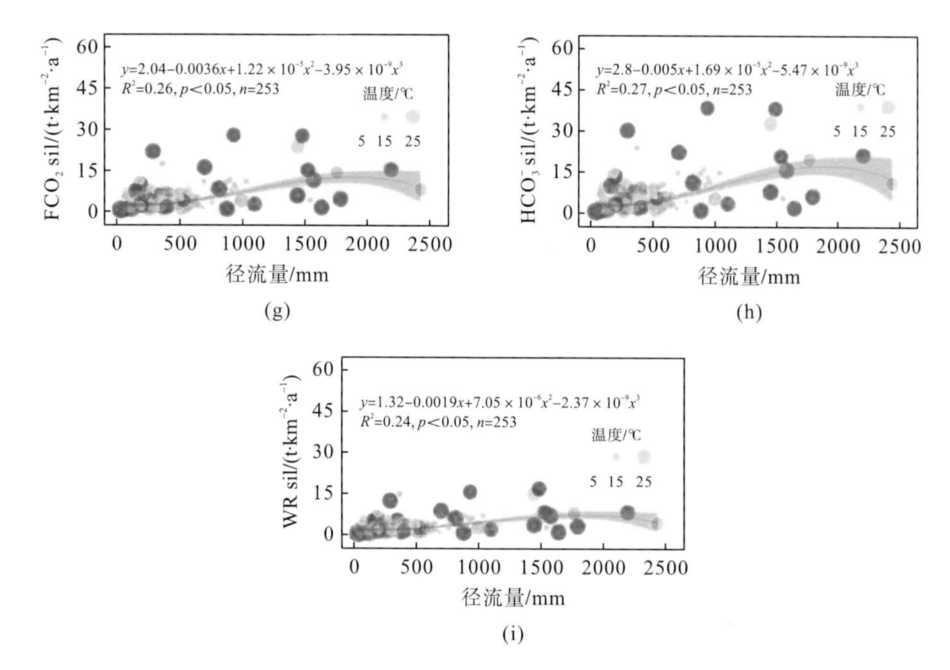

图 11-23　径流量、温度和 NDVI 分别对全球硅酸盐岩化学风化速率、HCO_3^- 和 CO_2 消耗通量的变化的影响

11.4.2　气温对岩石风化速率、HCO_3^- 和 CO_2 消耗的影响

温度是通过影响岩石化学风化反应速率常数来影响风化反应速率的。如图 11-22 和图 11-23 所示，在 0～25℃，气温对岩石风化的影响最大，具有较高的风化速率、HCO_3^- 及 CO_2 消耗通量，温度过高（>25℃）或过低（<0℃）都会限制碳酸盐（图 11-22）和硅酸盐（图 11-23）岩石风化速率和 CO_2 消耗通量。但是部分气温较高的流域，径流量的增加能抵消气温的限制从而提高碳酸盐岩化学风化速率和 CO_2 消耗通量。不过，整体上气温较低的流域岩石风化速率、HCO_3^- 和 CO_2 消耗通量都较低。

11.4.3　径流对岩石风化速率、HCO_3^- 和 CO_2 消耗的影响

图 11-22 和 11-23 表明岩石风化速率及其 CO_2 消耗通量随径流量和气温增加的变化。总体而言，碳酸盐岩化学风化速率、HCO_3^- 和 CO_2 消耗通量随径流量的增加而增加，并呈指数级增长，而径流对硅酸盐岩化学风化的影响呈先增大后减小的趋势。当径流深度超过 1500mm 时，硅酸盐岩石的风化速率逐渐减小。径流对碳酸盐岩化学风化的影响比对硅酸盐岩化学风化的影响更为显著。无论是碳酸盐还是硅酸盐岩的风化，径流量较大的流域风化通量明显较高。但是径流量对碳酸盐岩化学风化的影响要大于硅酸盐，无论是风化速率、HCO_3^-，还是 CO_2 消耗通量，在径流量过高的流域并没有发现很高的硅酸盐岩化学风化通量[图 11-23(g)～图 11-23(i)]，但是碳酸盐岩化学风化的各种通量都较明显[图 11-22(g)～图 11-22(i)]。

11.4.4 植被、气温和径流制约下外源酸对岩石风化速率、HCO_3^- 和 CO_2 消耗的影响

为了揭示硫酸对岩石风化及其 CO_2 消耗影响贡献的空间异质性，本章进一步分析了气温、植被及径流对硫酸风化岩石的贡献的影响特征。总体上，无论是对于碳酸盐岩还是硅酸盐岩的风化特征，碳酸的贡献都是随 NDVI、气温和径流的增加而增大。但是，硝酸和硫酸对岩石风化的影响随气温、植被及径流的增长而下降。本研究也发现气温和植被对硝酸和硫酸风化影响表现为先增长后降低的趋势。气温过高或过低的情景均会制约硫酸活性进而导致硝酸和硫酸对岩石风化的影响较低，在年均温度(＞20℃)和径流量较高的流域，硫酸的贡献明显较低，这是气温对风化过程的抑制和径流量对硫酸的稀释作用所导致。而在高覆盖植被区硫酸对岩石风化的影响明显比在低覆盖植被区流域低。总体上看，NDVI 恢复到 0.4～0.7 能够很好地促进岩石风化速率、HCO_3^- 和 CO_2 消耗。但是，这个植被覆盖区间中硫酸作用明显加强，这可能是一定覆盖的植被能够有效促进硫酸的活性。而植被太低的区域一般都是干旱区，这些地区的硝酸和硫酸浓度较高，但是随 NDVI 增长，硝酸和硫酸的影响明显加强，而在 NDVI 均值大于 0.7 的流域硫酸的影响明显较低(图 11-24～图 11-26)，这是因为植被覆盖较高的流域径流量也较高，除高径流量的稀释作用外，植被对硫酸根的吸收加强也降低了硫酸的浓度。

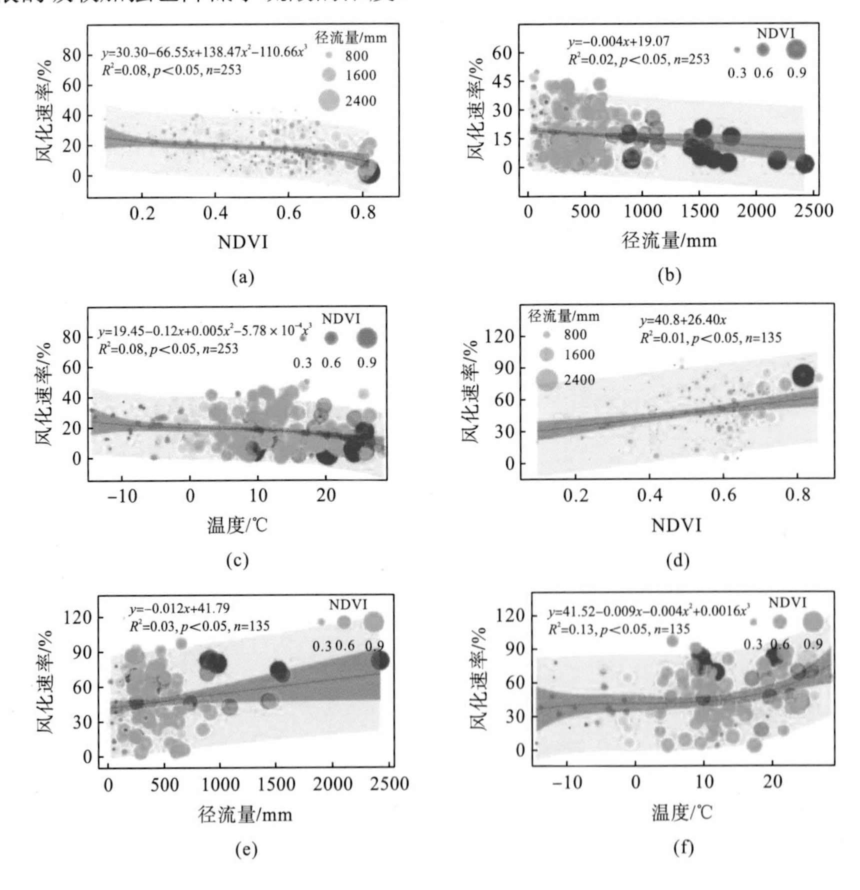

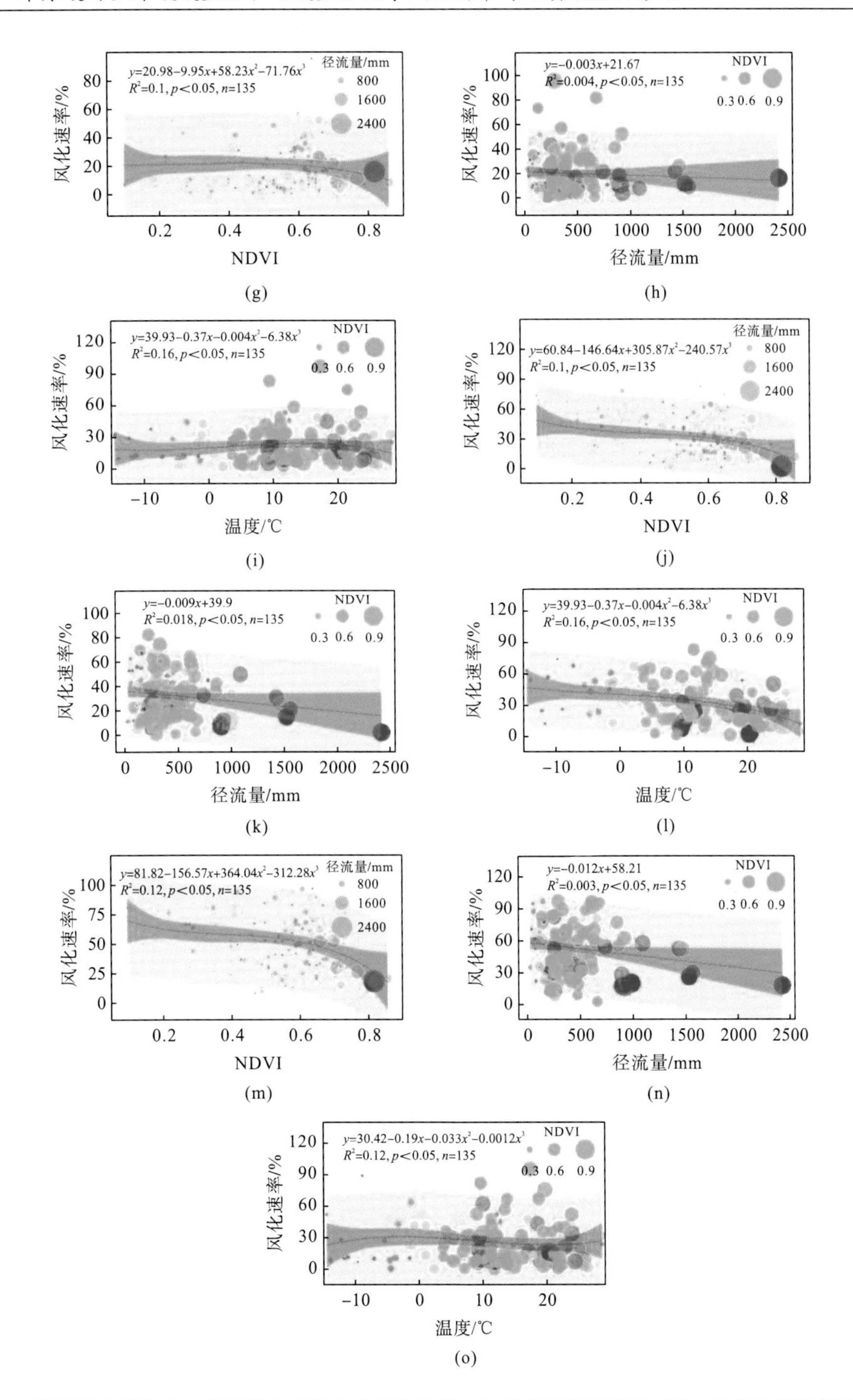

图 11-24　碳酸和外源酸对全球碳酸盐岩和硅酸盐岩化学风化速率的影响随 NDVI、径流量和温度的变化特征

注：(a)、(b) 和 (c) 分别为硫酸对硅酸盐岩化学风化速率的影响随 NDVI、径流和温度变化的特征；(d)、(e) 和 (f) 分别为碳酸对碳酸盐岩化学风化速率的影响随 NDVI、径流和温度变化的特征；(g)、(h) 和 (i) 分别为硝酸对碳酸盐岩化学风化速率的影响随 NDVI、径流和温度变化的特征；(j)、(k) 和 (l) 分别为硫酸对碳酸盐岩化学风化速率的影响随 NDVI、径流和温度变化的特征；(m)、(n) 和 (o) 分别为外源酸 (硝酸和硫酸) 对碳酸盐岩化学风化速率的影响随 NDVI、径流和温度变化的特征。碳酸盐岩化学风化速率由 $HCO_3^-{}_{carb}$ 和基于 $HCO_3^-{}_{carb}$ 反演的 $Ca^{2+}{}_{carb}$ 和 $Mg^{2+}{}_{carb}$ 之和计算得出。硅酸盐岩化学风化速率为其阳离子风化速率，由 $Na^+{}_{sil}$、$K^+{}_{sil}$、$Ca^{2+}{}_{sil}$ 和 $Mg^{2+}{}_{sil}$ 之和计算。对每个流域分别进行 NDVI、径流和温度的颜色编码以反映其影响。红色曲线表示拟合趋势线。每个波段的宽度反映了参数拟合的不确定性。

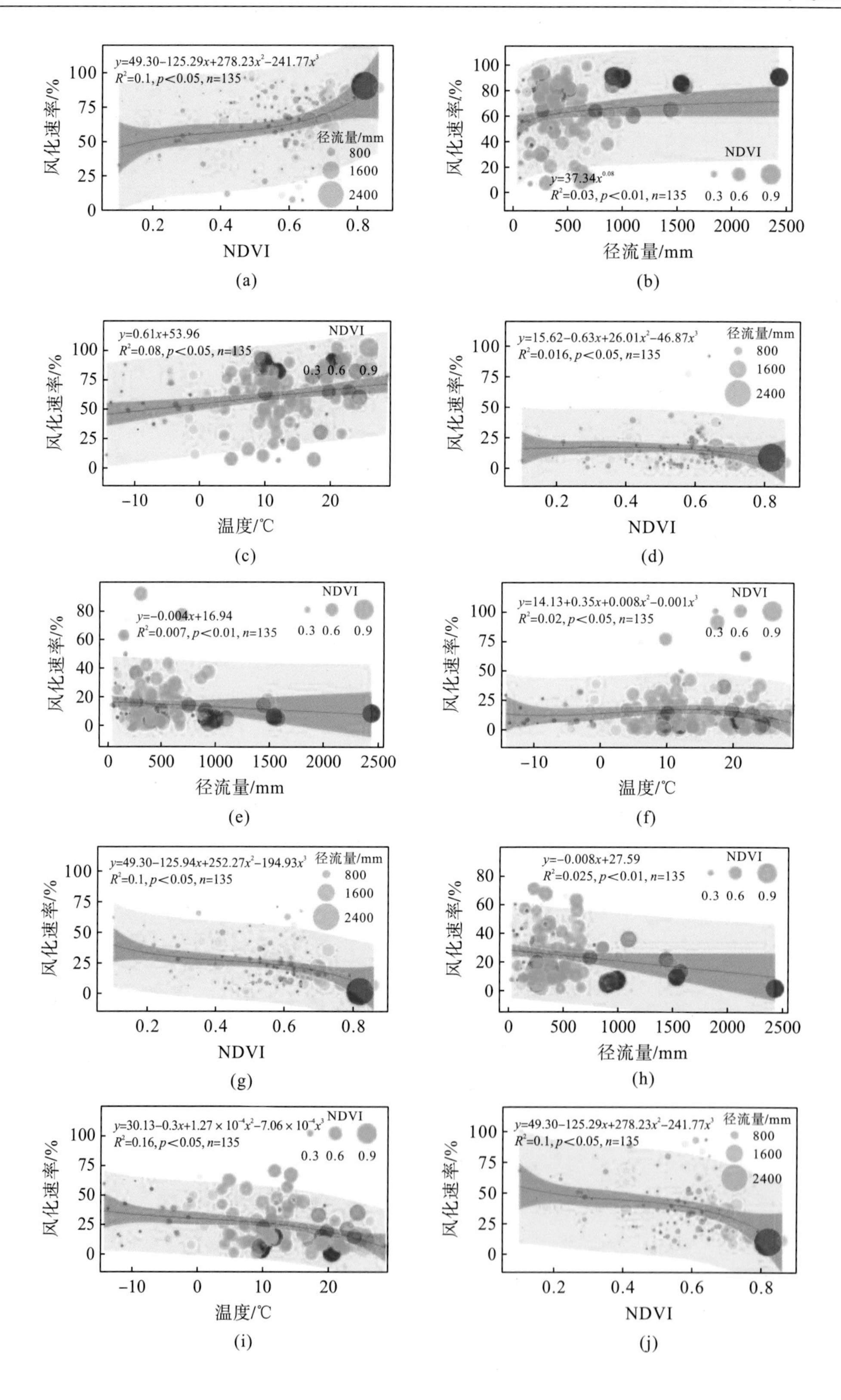

y=49.30−125.29x+278.23x²−241.77x³
R²=0.1, p<0.05, n=135
径流量/mm
800
1600
2400
风化速率/%
NDVI
(a)
y=37.34x^0.08
R²=0.03, p<0.01, n=135
NDVI
0.3 0.6 0.9
径流量/mm
(b)
y=0.61x+53.96
R²=0.08, p<0.05, n=135
温度/℃
(c)
y=15.62−0.63x+26.01x²−46.87x³
R²=0.016, p<0.05, n=135
(d)
y=−0.004x+16.94
R²=0.007, p<0.01, n=135
(e)
y=14.13+0.35x+0.008x²−0.001x³
R²=0.02, p<0.05, n=135
(f)
y=49.30−125.94x+252.27x²−194.93x³
R²=0.1, p<0.05, n=135
(g)
y=−0.008x+27.59
R²=0.025, p<0.01, n=135
(h)
y=30.13−0.3x+1.27×10⁻⁴x²−7.06×10⁻⁴x³
R²=0.16, p<0.05, n=135
(i)
y=49.30−125.29x+278.23x²−241.77x³
R²=0.1, p<0.05, n=135
(j)

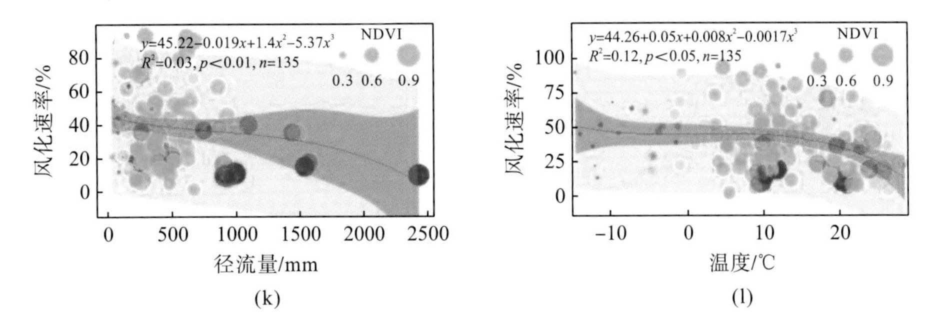

图 11-25　碳酸及外源酸对全球碳酸盐岩化学风化产生的 HCO_3^- 影响随 NDVI、径流量和温度的变化特征

注：(a)、(b) 和 (c) 分别为碳酸对碳酸盐岩化学风化产生的 HCO_3^- 的影响随 NDVI、径流和温度变化的特征；(d)、(e) 和 (f) 分别为硝酸对碳酸盐岩化学风化产生的 HCO_3^- 的影响随 NDVI、径流和温度变化的特征；(g)、(h) 和 (i) 分别为硫酸对碳酸盐岩化学风化产生的 HCO_3^- 的影响随 NDVI、径流和温度变化的特征；(j)、(k) 和 (l) 分别为外源酸（硝酸和硫酸）对碳酸盐岩化学风化产生的 HCO_3^- 的影响随 NDVI、径流和温度变化的特征；对每个流域分别进行 NDVI、径流和温度的颜色编码以反映其影响。红色曲线表示拟合趋势线。每个波段的宽度反映了参数拟合的不确定性。

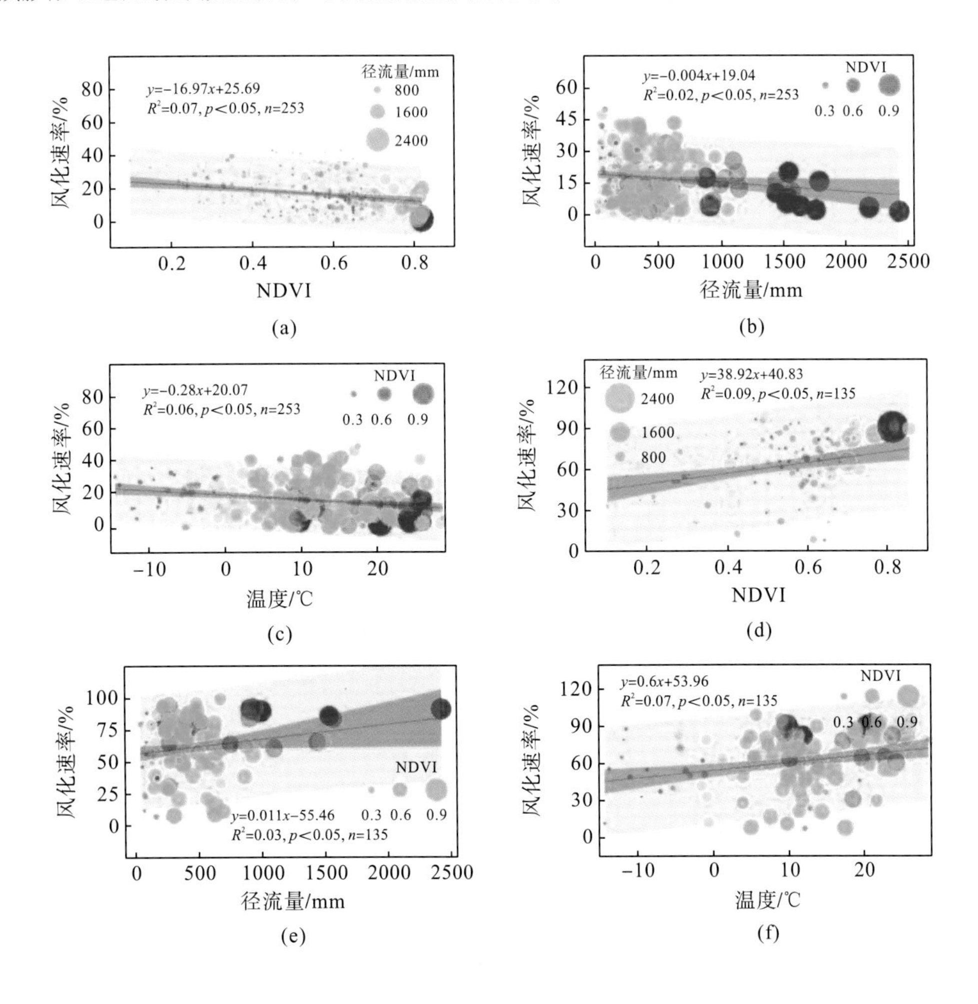

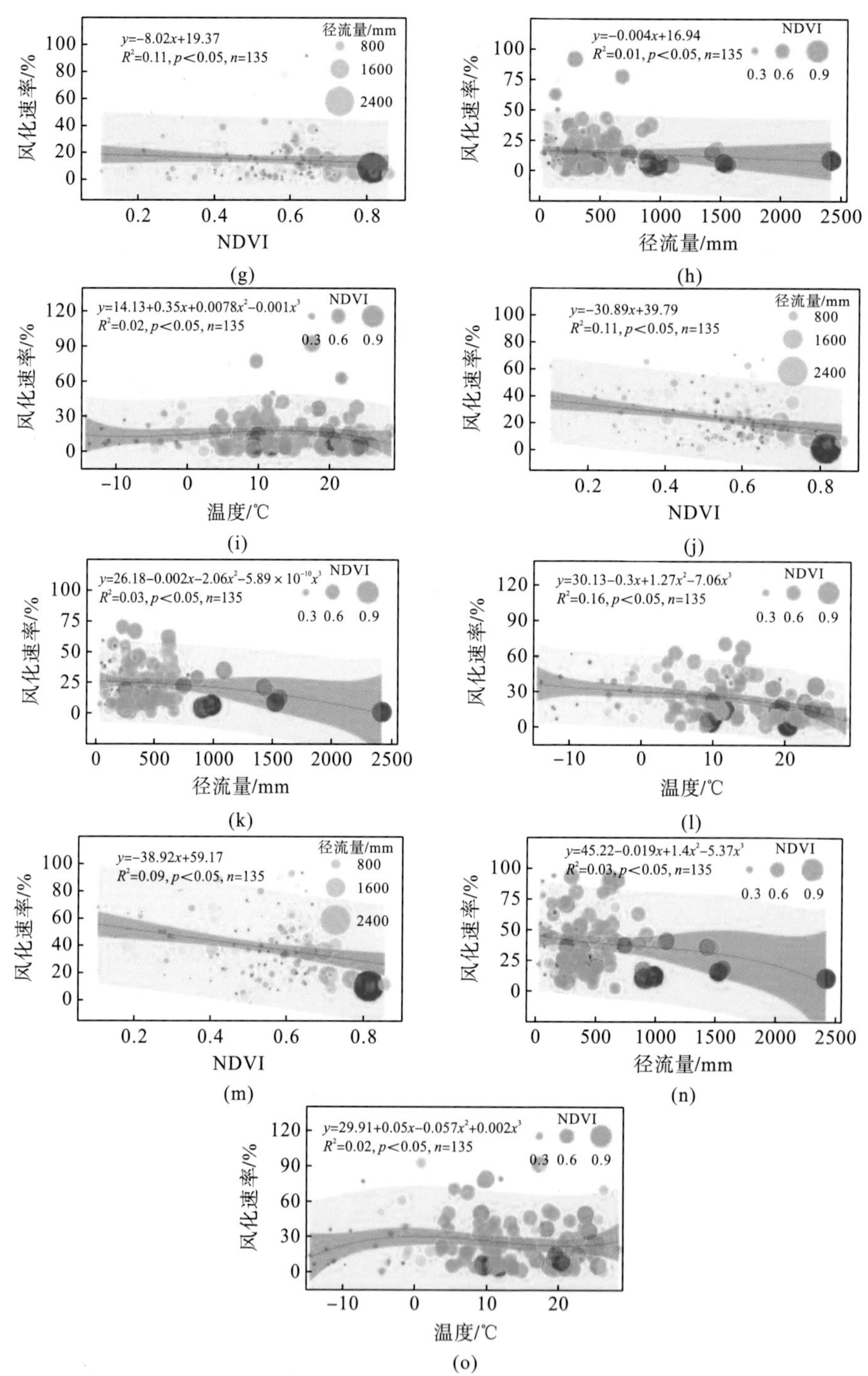

图 11-26 碳酸及外源酸对全球碳酸盐岩和硅酸盐岩化学风化 CO_2 消耗通量的影响随 NDVI、径流量和温度的变化特征

注：(a)、(b)和(c)分别为硫酸对硅酸盐岩化学风化 CO_2 消耗通量的影响随 NDVI、径流和温度变化的特征；(d)、(e)和(f)分别为碳酸对碳酸盐岩化学风化 CO_2 消耗通量的影响随 NDVI、径流和温度变化的特征；(g)、(h)和(i)分别为硝酸对碳酸盐岩化学风化 CO_2 消耗通量的影响随 NDVI、径流和温度变化的特征。(j)、(k)和(l)分别为硫酸对碳酸盐岩化学风化 CO_2 消耗通量的影响随 NDVI、径流和温度变化的特征；(m)、(n)和(o)分别为外源酸(硝酸和硫酸)对碳酸盐岩化学风化 CO_2 消耗通量的影响随 NDVI、径流和温度变化的特征。对每个流域分别进行 NDVI、径流和温度的颜色编码以反映其影响。红色曲线表示拟合趋势线。每个波段的宽度反映了参数拟合的不确定性。

11.4.5 植被、气温和径流对岩石风化速率、HCO_3^- 和 CO_2 消耗通量变化的贡献

前述结果表明气温、径流和植被 3 个因素对岩石风化速率、HCO_3^- 及 CO_2 消耗都有显著的影响。为了分析气温、径流和植被之间表现出的协同作用和独立作用，本书采用方差分解的方法将总的变异分解为 4 个主要的组分：①3 种因素各自的独立作用（*a*、*b* 和 *c*）；②两因素之间的协同作用（*d*、*e* 和 *f*）；③3 种因素之间的协同作用（*g*）；④未解释的变异。

由于本章中的研究数据是全球 253 个流域的数据集合，具有较大的空间差异性，因而 3 个因子仅解释了岩石风化特征 30%左右的变异。这些因素中，无论是对于碳酸盐岩还是硅酸盐岩的化学风化，径流的总解释率（＞20%）和独立解释率（＞14%）都最高。不过，各因素对碳酸盐岩及硅酸盐岩化学风化贡献差异很明显。如图 11-27 所示，气温对碳酸盐岩化学风化的独立解释力并不高，但是对硅酸盐岩化学风化的独立解释力较高（＞9%）。相反，植被虽然对两者的独立解释力均不高，但是其综合解释率均很高。植被对碳酸盐岩化学风化的独立贡献表现为负效应，而对硅酸盐岩化学风化的独立贡献却表现为正效应。相对于硅酸盐岩化学风化，植被对碳酸盐岩化学风化的综合贡献明显较高（＞10%）。由此可见，碳酸盐岩化学风化受径流及植被控制明显，而硅酸盐岩主要受径流及气温控制。但是，3 个因素的协同作用超过了气温和植被的独立作用，这说明即使某一因素的独立作用较小，但其引起的间接协同作用却不可忽视，如植被的恢复可能无法直接增加岩石风化碳汇，但可以通过涵养水源，改变气候环境，提高土壤 CO_2 分压，从而促进岩石风化的进程。此外，变异分离的结果表明（图 11-27），植被与气温和径流引起的协同作用（*d*+*g*）比其各自独立作用更为显著，这也表明在植被覆盖较高的地区，碳酸盐岩和硅酸盐岩化学风化效应普遍比植被低覆盖区较强。

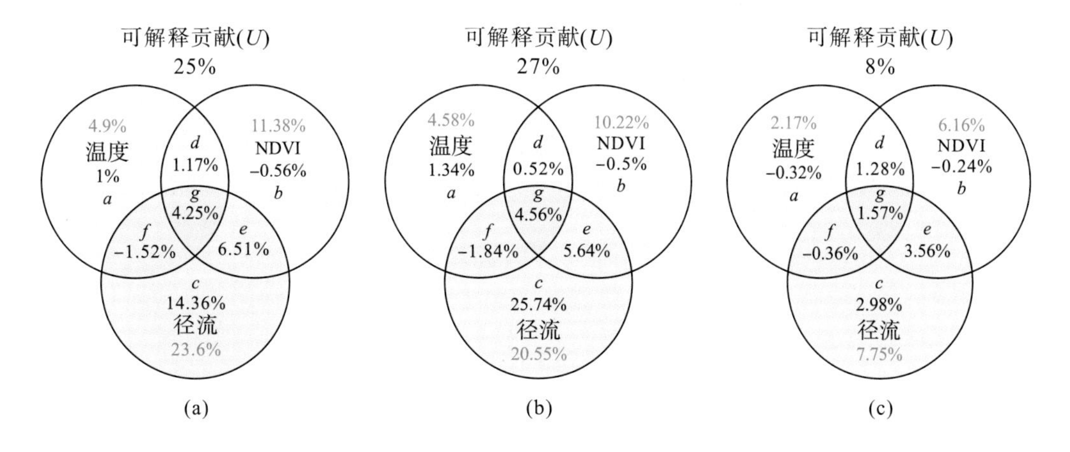

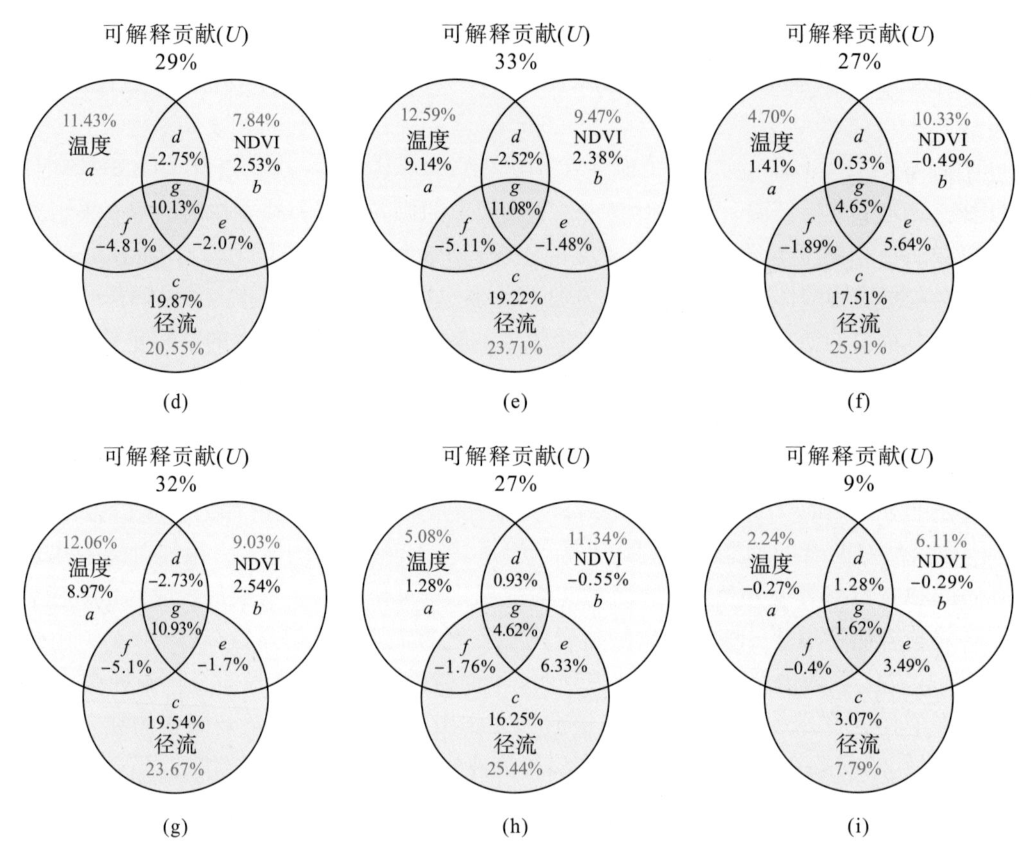

图 11-27 温度、NDVI 和径流对全球碳酸盐岩和硅酸盐岩化学风化速率、HCO_3^- 和 CO_2 消耗通量变化的相对贡献

注：各分量在总变异中所占的百分比如图所示；*a*、*b*、*c* 为因子间的独立解释率；*d*、*e*、*f*、*g* 为因子间的协同解释率。红色的数字代表每个因素的总体贡献。温度、NDVI 和径流对碳酸盐岩化学风化总速率(a)、碳酸单独作用下碳酸盐岩化学风化速率(b)及外源酸作用下碳酸盐岩化学风化速率(c)的相对贡献；温度、NDVI 和径流对硅酸盐岩化学风化总速率(d)、碳酸单独作用下硅酸盐岩化学风化速率(e)的相对贡献；温度、NDVI 和径流对碳酸盐(f)和硅酸盐(g)风化净 CO_2 消耗的相对贡献；温度、NDVI 和径流对碳酸盐岩化学风化产生的总 HCO_3^- 的相对贡献(h)及对外源酸溶蚀碳酸盐岩产生的 HCO_3^- (i)的相对贡献。

11.4.6 与以往研究对比

Schwartzman 等(1989)研究发现植被覆盖区岩石的化学剥蚀速率明显高于裸岩区的化学剥蚀速率，差异较大的区域剥蚀速率达到 1000 倍以上。本章支持了该研究结论，在不同植被覆盖特征下碳酸盐岩化学风化通量差异最大接近 1000 倍，即使风化速率小于硅酸盐，其风化速率差异也达到 100 倍左右，这主要是因为碳酸盐岩具有比硅酸盐更快速的溶解动力学特性(>100 万～1000 万倍) (Stocker et al.，2013)。在植被较好且径流量较高的流域，碳酸和硫酸共同作用下碳酸盐岩和硅酸盐岩化学风化通量及其 CO_2 消耗通量都明显较高，这是因为气候和植被生物作用延长了水分滞留时间，减少了地表蒸发，从而稳定了土壤的含水量，使得流域径流总量较高，能够加速 CO_2 的溶解和消耗(Millot et al.，2003；Li et al.，2018；He et al.，2020)。植被在生长过程中的根系不但会在土壤中形成微孔环境，增加岩石矿物与液体的接触面积，而且还会分泌有机酸 (Viers et al.，2014)。此外，根系的呼吸作用会提升土壤中溶解态的 CO_2 浓度，从而加快岩石化学风化通量，加速 CO_2 消耗。另外，植被凋落物覆盖在土壤表面，可通过降低地表反照率减少地面长波辐射，并能使土壤与大气温度保持隔离形成有效的保温层，从而使碳酸盐岩在土壤中化学风化过程长期处于潮湿和温暖的环境。这些影响会获得较长的 CO_2-水-岩作用时间和较高的矿物风化碳汇率。由此可见，在径流条件较好地区加大植被的恢复，能够很好地降低硫酸的影响从而促进岩石风化对 CO_2 的消耗。然而，植被覆盖过高的地区由于累积较厚的掉落物，增加了基岩与酸源的风化路径长度(Dong et al.，2019)，反而会对风化过程起到限制作用，这也是植被过高地区尽管径流量较高，但岩石风化通量及 CO_2 消耗通量仍处于较低值的原因。

对应碳酸盐岩和硅酸盐岩化学风化过程中的主控因素，以往的研究也存在一些争议。在马更些河(Mackenzie R.)流域的研究表明径流量增加能持续促进碳酸盐岩风化，但是对于硅酸盐岩的影响超过 300 mm 后就逐渐降低(Millot et al.，2003)。CO_2 消耗率和 HCO_3^- 通量的增加与气温和降水量的上升有关(Beaulieu et al.，2012)，并表现为指数型增长，该研究表明高纬度地区的化学风化似乎对未来的气候变化非常敏感，认为在 21 世纪末之前，可以通过风化将其 CO_2 消耗率提高 50%以上。本章认为温度和径流是控制硅酸盐岩化学风化通量的主要因素，这与 White 和 Blum(1995)和 Brady 和 Caroll (1994)的结论一致，他们认为气候中的温度和降水因素比地形和机械侵蚀对化学风化通量的影响更强烈，但是这个结论与 Gaillardet 等(1999)的认识相违背，该研究表明硅酸盐岩的风化是径流-温度与物理剥蚀的耦合过程，而碳酸盐岩化学风化强度取决于土地温度，在 10～15℃内具有最高的溶蚀量(Gaillardet et al.，2019)。本章认为径流量和植被主导了碳酸盐岩化学风化的进程，而气温在一定程度上仅表现为控制作用，但这却与Ren 等(2020)对硅酸盐岩的研究认识存在差异，该研究显示青藏高原季风降水量增加的趋势与化学风化减少的记录形成对比，表明化学风化主要受百万年尺度温度的调节，而不是降水量，出现这种差异的原因可能是研究时间尺度所致。

研究发现在径流量较大的流域，硝酸和硫酸对硅酸盐和碳酸盐岩化学风化及 CO_2 消耗的影响不显著，而在干旱流域影响更为显著。在径流量较大的流域，硫酸引起的岩石风化速率、HCO_3^- 和 CO_2 扣除量都有明显下降(图 11-23～图 11-25)，这解释了中高纬度干旱流域硝酸和硫酸对岩石风化和其碳汇效应影响较高，而低纬度径流量较高的流域影响较低的现象。究其原因，可能是过大的径流量对硫化物氧化形成的硫酸产生了稀释作用，从而降低了硫酸对岩石的风化作用。径流的稀释作用在之前就已有相关的研究报道，并认为硫酸的影响与径流深具有很大的关系。研究表明碳酸盐溶解速率与 SO_4^{2-} 浓度成正比关系，但是它却受到径流深的影响。当径流深小于 150mm 时，径流深增加促进了硫化物被氧化进而形成硫酸，并提高其浓度，但若持续增加，径流量的稀释作用反而降低了硫酸的浓度(Beaulieu et al.，2011)，从而间接地削弱了硫酸的影响。Beaulieu 等(2011)运用 B-WITCH 模型在马更些河流域研究发现 SO_4^{2-} 浓度高且径流深较大的区域，CO_2 消耗通量较低。相反，在 SO_4^{2-} 浓度较低且径流量大的区域，CO_2 消耗通量非常高。模型研究表明当模型中出现较高浓度 SO_4^{2-} 时，CO_2 消耗出现了负消耗区，SO_4^{2-} 浓度较低的区域其 CO_2 消耗虽然不至于形成负消耗区，但也有相应的下降。而从模型中完全移除硫铁矿来源的硫酸盐时，

CO_2负消耗区也将消失，这意味着硫酸的加入改变了区域碳酸参与水-岩反应的比例，碳酸与硫酸对岩石风化形成的竞争表现出CO_2消耗不同程度地递减。此外，Donnini等(2016)的研究也表明岩石风化的CO_2消耗与径流量呈现很高的相关性。不过，相反的是，在重庆槽谷岩溶区的老龙洞地下河流域，外源酸对岩溶作用的碳循环影响雨季大于旱季，暴雨期间的影响更大(Zhang et al.，2020)，其碳源碳汇比从旱季的0.35增加到雨季的0.73、暴雨条件的0.77。尽管碳汇和潜在碳源量均因径流量的增加而增大，但二者的增速并不一致，雨季潜在碳源量的增速明显比碳汇量的快。由此可见，在雨季和暴雨条件下，外源酸对碳酸盐岩的溶蚀作用更强，可能的原因是雨季有更多硫酸、硝酸输入流域，或更有利于硫酸、硝酸的形成。但是雪月洞地下河流域外源酸(硫酸、硝酸)对岩溶作用的碳循环影响却均是旱季大于雨季。而在人为活动干扰较小的雪玉洞流域，旱季(0.15)碳源/净碳汇量比值却是略大于雨季的比值(0.10)，雨季带来的径流量增加对外源酸参与岩石风化的影响较小。这主要是因为在人类活动影响较大流域，降水能有效促进外源酸的生成，产生的碳源量不但随径流量增加而增大，而且随外源酸的增加而增大得更加明显。因此雨季更容易导致碳源的增加，对岩溶作用的碳循环影响也更为显著。而在人类活动影响较小的流域，降雨增加尽管增大了径流量，但是对于外源酸的影响作用却相对稳定。这些认识很好地解释了本书不同径流深的各个流域中硫酸贡献的差异性。尽管如此，在有硫酸参与岩石风化的流域中，岩石风化速率均有不同程度的提高，且CO_2消耗通量也均有相应的下降，这表明流域硫化物矿物的氧化将大大降低岩石风化过程中大气CO_2的消耗。但是，碳汇总量主要取决于径流深度，故而在低纬度降水丰富的流域CO_2消耗量大(图11-15)。不过，这些地区硝酸和硫酸参与的影响相对较低，反而在径流量较小的中高纬度流域影响较大，可能是较高的径流量稀释了硫酸的浓度，导致降水丰富的低纬度流域岩石风化以水-岩-CO_2反应为主。而在高纬度地区由于降水量较小，流域径流量中硫酸浓度较高，硫酸参与碳酸风化岩石的比例加大。考虑到碳酸风化岩石需要满足流动的水力条件，本章研究认为径流量大或植被覆盖高的流域其风化系统受到的自然扰动也相对较大，对岩石的碳酸风化有很好的促进作用，但是对硫酸的风化却有削弱作用。相反，在干旱少雨且植被较少的流域中，风化系统所受的自然扰动明显减小，岩石的碳酸风化贡献较低，而硫酸的影响反而被突出。总体上看，径流量增加比植被增加能够更好地促进岩石风化及其大气CO_2吸收，并更有效地减少硫酸的影响。此外，气候因素、土壤生物呼吸作用、土壤水含量、土壤厚度也被确定为基岩化学风化的主要控制因素(Romero-Mujalli et al.，2018；Li H W et al.，2019；Jiang et al.，2020)，最新的研究报道岩石风化对土地利用变化具有较强的敏感性(Zeng et al.，2019；Krissansen-Totton et al.，2020)，从而影响CO_2消耗。这些因素在未来研究中应被全面考虑。

本章从全球尺度上定量评估了外源酸对碳酸盐岩化学风化的影响。主要贡献是针对全球碳酸盐岩化学风化进行了外源酸的校正，并提供了一个修正的全球估计值(40%)。图11-28详细描述了在碳酸、硝酸及硫酸等外源酸混合作用下碳酸盐岩化学风化对大气或土壤CO_2吸收的概念模型。岩石风化对大气或土壤CO_2固定主要分为两个过程。深蓝色图框表示以地下水为主的岩石风化捕获大气/土壤CO_2过程；浅蓝色图框表示以地表水为主的水生生物光合作用固碳及稳定碳的过程，这两个过程作用均可能发生HCO_3^-脱气而沉积的作用。红色虚框表明不同来源的氮氧化物和硫化物经氧化形成硝酸和硫酸的生物地球化学过程。硝酸、硫酸与碳酸共同参与下的岩石风化反应机理为：①大气中 SO_2、气态氮氧化物形成酸雨沉降；②大气氮硫氧化物颗粒物沉降入水体；③人为排放氮、硫污染物（肥料、废水）进入水体；④流域硫化物（煤和黄铁矿等）氧化以及硫酸盐溶解；⑤氮氧化物及硫化物经氧化后在水中形成硝酸和硫酸；⑥硝酸和硫酸水解大量 H^+进入岩溶水文系统；⑦大气/土壤 CO_2 溶解进入水体；⑧CO_2 与水进行反应形成碳酸；⑨碳酸分解电离形成 HCO_3^-；⑩碳酸分解电离形成 H^+；⑪碳酸及硅酸盐岩溶解形成 CO_3^{2-}、Ca^{2+}和 Mg^{2+}；⑫岩石溶解生成的 CO_3^{2-} 与碳酸和硫酸电离的 H^+结合生成 HCO_3^-；⑬水生生物光合作用形成生物碳泵作用，利用 HCO_3^- 合成有机物，并释放 O_2；⑭ HCO_3^- 脱气与碳酸盐沉积作用；⑮水生生物消耗 HCO_3^- 生成有机物的沉积作用。[DIC1]是地下水系统中溶解无机碳的浓度；[DIC2]是地表水系统中溶解无机碳的浓度（Liu et al.，2018）；[AOC]是地表水系统中被淹没的水生光养生物通过光合作用将[DIC1]（地下水系统中的 DIC）转化为地表水系统中的可同化有机碳（assimilable organic carbon，AOC）的浓度；Q 表示径流。

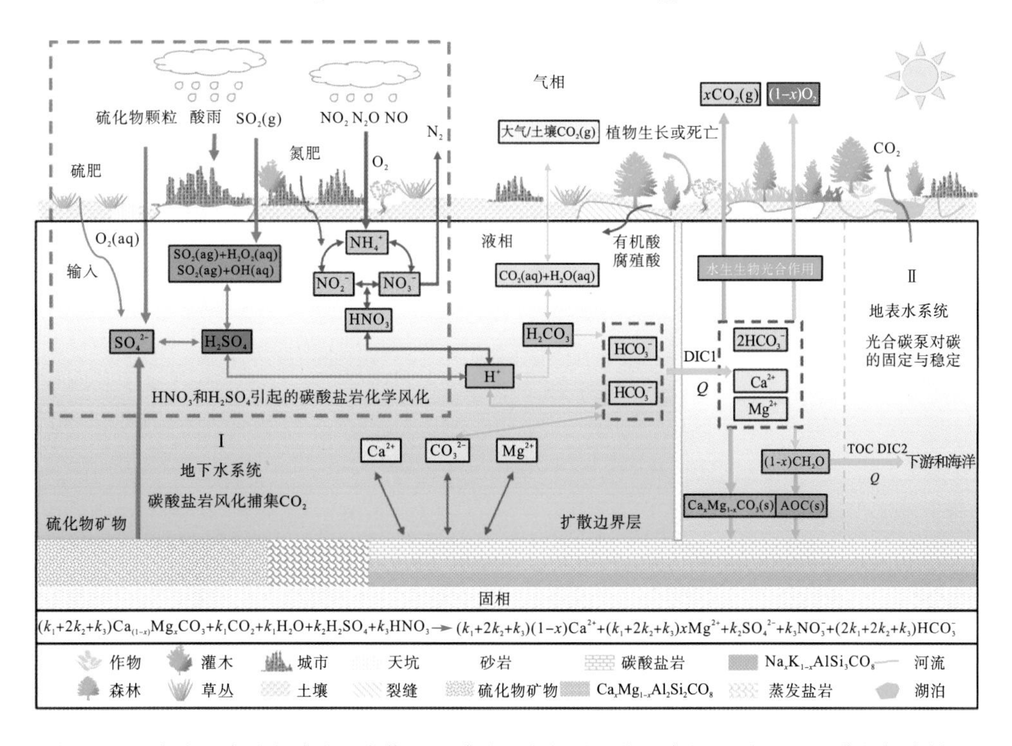

图 11-28　硝酸、硫酸和碳酸混合作用下碳酸盐岩化学风化对大气/土壤 CO_2 吸收的概念模型

注：红色虚框显示了生物地球化学过程中硝酸和硫酸的形成机制。

如图 11-28 所示，大陆岩石风化作用产生的 HCO_3^- 经历了从地下水系统向地表水系统的转换，并最终流向海洋。碳酸盐岩化学风化受水流和大气或土壤 CO_2 驱动，并受外源酸的影响，过程复杂且受环境变化的影响敏感，随时可发生风化、沉积、脱气、矿化和植被转化利用。刘再华（2000）利用水化学-流量方法和碳酸盐岩石片试验方法计算得出全球碳酸盐岩化学风化每年只形成了 0.11 Pg C·a^{-1}的净碳汇。而后根据 DBL 理论模型计算得出全球碳酸盐岩因化学风化而形成的碳汇量为 0.41PgC·a^{-1}。两种方法结合最终得出全球因碳酸盐再沉积而释放 CO_2产生的大气 C 源为 0.3PgC·a^{-1}。这说明碳酸盐岩化学风化后的再沉积而脱气释放的 CO_2将达到最终固碳量的 3 倍，大部分(3/4)碳酸盐岩化学风化消耗的 CO_2 都会再次回到大气中，而且这种再沉积的脱气作用与环境和气候密切相关，这暗示着若完全考虑外源酸影响下的碳酸盐岩化学风化、沉积、脱气和有机碳向无机碳转换等的完整过程，则很多流域有可能是净碳源过程。此外，随着人类活动的加强，农业活动产生的污染物中，大量含 S、N 化合物经生物地球化学作用形成了硫酸和硝酸进入岩溶水文系统溶蚀碳酸盐岩，产生额外的HCO_3^-。然而，这些HCO_3^-并不是来源于大气 CO_2，而是全部来自碳酸盐岩。由此可见，以往研究高估了碳酸盐岩化学风化对大气 CO_2 的吸收。因此，本章建议重新评价前人研究计算的岩溶过程中大气/土壤 CO_2 吸收通量。另外，除碳酸及硝酸和硫酸形式的外源酸的影响外，随着全球岩溶区植被的大面积恢复与变绿(Feng et al.，2016；Tong et al.，2016；Li H W et al.，2018；Tong et al.，2018；2018；Tong et al.，2020)，植被生长过程中植物根系分泌出的有机酸以及植物死亡分解形成腐殖酸也会加速碳酸盐岩的风化进程(Zeng et al.，2019)，进而增加碳酸盐岩化学风化碳汇评估的不确定性，这部分的影响以往也未被有效考虑，在未来也应该被重视。

本篇小结

明确外源酸对全球碳酸盐岩和硅酸盐岩化学风化的影响对准确评估岩石碳汇量、寻找遗失碳汇、完善全球碳循环模型及科学应对全球变暖具有重要的科学意义。然而，量化外源酸对岩石化学风化的贡献是理解外源酸影响陆地碳循环机制的关键和难点。本书基于1992～2010年GLORICH和GEMS-GLORI全球河流数据库中253个流域7038个站点的河水离子浓度数据，通过剥离岩性和量化硫酸参与份额修正了正演溶质混合模型以评估硫酸对硅酸盐岩化学风化及其CO_2消耗的影响。并基于全球135个流域4374个监测站点实测HCO_3^-与阳离子数据建立了一套正演的混合溶蚀模型，评估了外源酸对碳酸盐岩化学风化速率、HCO_3^-、CO_2消耗及其碳汇效率的影响。最后，采用方差分解混合效应模型识别和量化气温、植被和径流对岩石风化速率、HCO_3^-和CO_2消耗通量的协同独立影响。研究表明，硫酸加快了全球硅酸盐岩化学风化速率，导致其地质碳汇被高估17.18%，而以硝酸和硫酸为主的外源酸也加速了全球碳酸盐岩化学风化速率，二者分别使全球碳酸盐岩平均化学风化速率提高了34.23%和51.85%，共同使碳酸盐岩平均化学风化速率提高了86%。此外，研究从全球尺度上量化了外源酸对全球流域碳酸盐岩化学风化CO_2消耗的影响。研究显示外源酸参与碳酸盐岩化学风化导致传统评估结果39.66%的CO_2消耗通量被高估。基于此，本书建议在全球碳酸盐岩化学风化碳汇研究中可以考虑扣除大约传统估算结果的40%以校正外源酸参与碳酸盐岩化学风化引起的估算误差。另外，外源酸参与碳酸盐岩化学风化降低了其碳汇效率。在碳酸风化碳酸盐岩的过程中，硝酸的参与导致其碳汇效率平均降低到0.39，而硫酸的参与使其碳汇效率平均降低到0.36。当硝酸和硫酸都参与到碳酸与碳酸盐岩的化学风化过程中，碳汇效率平均降低到0.3。硝酸和硫酸的参与分别使碳酸盐岩化学风化碳汇效率降低了21.37%和28.97%，研究揭示了碳酸盐岩化学风化碳汇效率与外源酸之间的关系，阐明了外源酸对碳酸盐岩化学风化过程中的无机碳来源的调控影响。对于岩石化学风化效应的驱动机制，通过混合效应模型结果表明，碳酸盐岩化学风化主要受径流和植被控制，而硅酸盐岩化学风化主要受径流和气温控制。

综上，本书从全球尺度上评估了外源酸作用下全球流域碳酸盐岩和硅酸盐岩化学风化速率、HCO_3^-和CO_2消耗量及碳汇效率，解释了最近十年平均遗失碳汇87.5%的去向，促进了全球碳收支的准确核算，推动了将岩石化学风化碳汇纳入全球碳收支核算的进程，为我国制定碳达峰、碳中和行动纲领提供了科学依据。此外，本书从全球尺度量化了外源酸对全球碳酸盐岩和硅酸盐岩化学风化过程的影响，并提出了扣除大约传统估算结果的40%

以校正外源酸参与碳酸盐岩化学风化引起的估算误差的建议，为各流域乃至全球陆地碳酸盐岩和硅酸盐岩化学风化碳汇评估提供了外源酸影响值的理论参考，为全球碳循环的深入理解和碳中和实现提供了新的认识。

第五篇

陆海有机碳运移

第 12 章　全球主要河流由陆地向海洋运移的有机碳通量

有机碳(organic carbon，OC)是陆地和水生生态系统生物地球化学过程的关键元素，在陆地-海洋界面的碳迁移和循环过程中，河流是连接陆地和海洋生态系统碳库的关键环节(Raymond et al.，2008；Li H W et al.，2018，2019a)，这一环节对全球碳循环研究具有重要意义(Dagg et al.，2004；Wang et al.，2012；Liu et al.，2015)。

陆地碳通过河流进入海洋是全球碳循环中一个重要的横向运输通道(Liu et al.，2020)。河流连接着地球上两个最大的碳库，即陆地和海洋生态系统。许多学者研究了河流到海洋的年碳通量。Li 等(2017)估算了 115 条主要河流从陆地到海洋的总碳排放量为 $1.06PgC \cdot a^{-1}$。Cai 等(2011)揭示陆地到海洋的总迁移碳量为 $1.05PgC \cdot a^{-1}$。此外，河流 OC 输移受植被覆盖、土壤有机碳含量、降水、蒸发等诸多因素的影响(Yang et al.，2019；李朝君 等，2019；Li H W et al.，2019)，一段时间内河流有机碳输运通量是流域内各种因素相互作用的结果(姚冠荣 等，2005；Kang et al.，2019；Wu L et al.，2017)。

河流输送的有机碳连接着陆地和海洋碳库，在地质历史上与大气二氧化碳浓度密切相关。因此，研究河流碳源、输运和输出通量可以更好地揭示表生环境下的碳循环过程，本章以全球 90 条大型河流流域为研究对象，依据 Ludwig 等(1996)建立的颗粒性有机碳(particulate organic carbon，POC)计算方法和 Li 等(2017)建立的溶解有机碳(dissolved organic carbon，DOC)计算方法，估算在不同经纬度和气候带下有多少 OC 被输移到海洋，分析哪些地区的陆地贡献更多、哪些海洋接收的 OC 更多及其空间分布特征。

12.1　量级：每年从陆地到海洋的有机碳总量有多少

全球 POC 总量的空间分布特征[图 12-1(a)]表明，大部分流域的 POC 总量小于 $0.15TgC \cdot a^{-1}$，POC 总量最大的流域是亚马孙河流域(大于 $2TgC \cdot a^{-1}$)，中国黄河流域 POC 总量为 $0.5 \sim 2.0TgC \cdot a^{-1}$，北美密西西比河流域 POC 总量为 $1 \sim 2TgC \cdot a^{-1}$。全球主要流域 DOC 总量的空间分布[图 12-1(b)]表明，DOC 总量较大的流域主要包括南美洲的亚马孙河流域、中非的刚果河流域和中国的黄河流域，这些流域的 DOC 总量为 $1 \sim 2TgC \cdot a^{-1}$ 或大于 $2TgC \cdot a^{-1}$。POC 和 DOC 之和为河流向海洋迁移的 OC 总量[图 12-1(c)]。密西西比河流域海洋有机碳从陆地迁移到海洋的总量最大，为 $5.8TgC \cdot a^{-1}$，其次是黄河流域，其 OC 输运总量为 $2.9 \sim 5.8TgC \cdot a^{-1}$，全球主要流域陆地向海洋迁移的平均值为 $3.82TgC \cdot a^{-1}$。

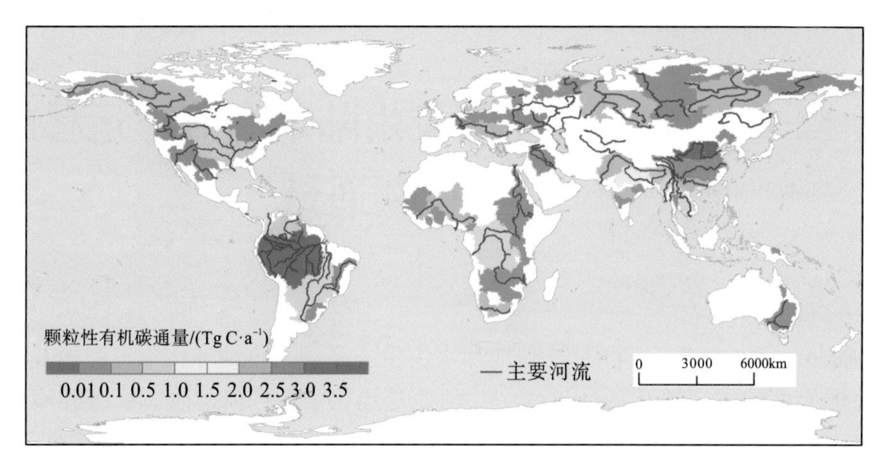

(a)POC的空间格局

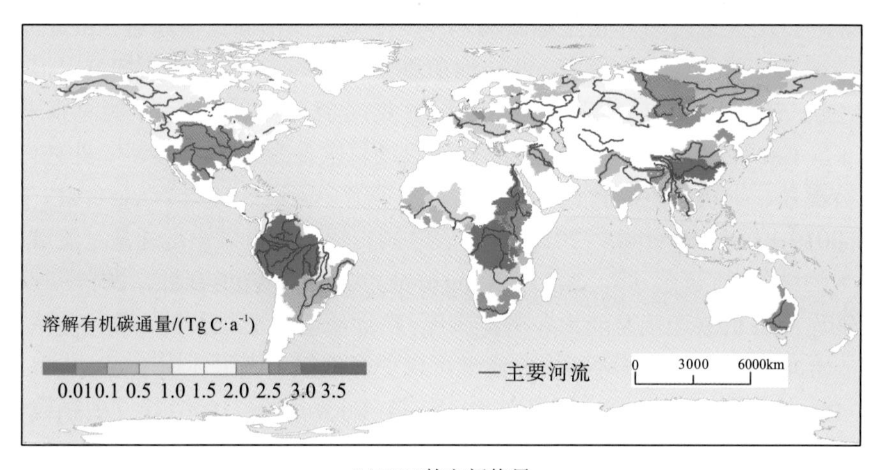

(b)DOC的空间格局

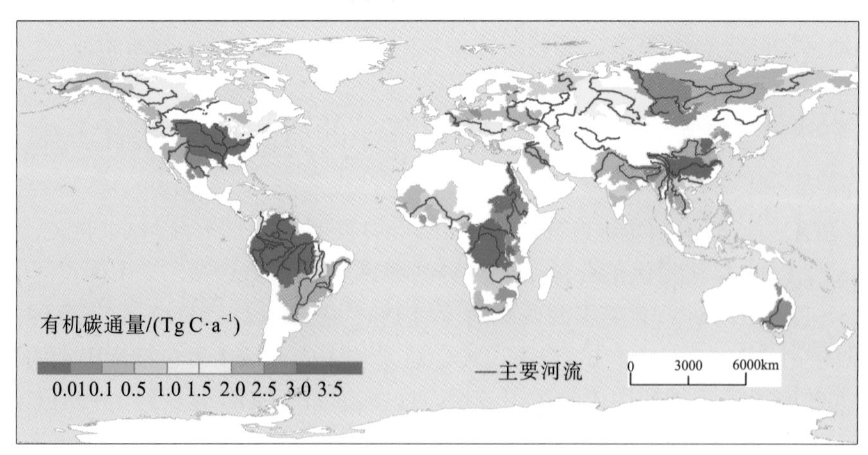

(c)OC的空间格局

图 12-1 全球主要河流的 POC、DOC、OC 的空间格局

注：F_{POC}为 POC 的年际通量，F_{DOC}为 DOC 的年际通量，F_{OC}为 POC+DOC 的年际通量，其单位都为(TgC・a^{-1})；GLORICH 数据库。

12.2　主要河流不同流域的有机碳产量

河流有机碳产量受到众多因素的影响，其作用可能是促进也可能是限制。河流 DOC 和 POC 产量的空间格局与土壤有机碳(soil organic carbon，SOC)和河流流量的空间格局相似。POC 产量高的流域大多分布在高山或高原地区，如黄土高原[图 12-2(a)]。降水和径流将大量土壤颗粒从地表运移，尤其是在斜坡上，其中一半或更多的土壤颗粒进入山谷或河流(Pimentel，2006；Lal，2003)。例如，一些研究发现，亚马孙河流域 99%的沉积物来自安第斯山脉及其东麓丘陵，而大量运移到河流中的土壤带来了 SOC，促进了海洋有机碳量的增加。

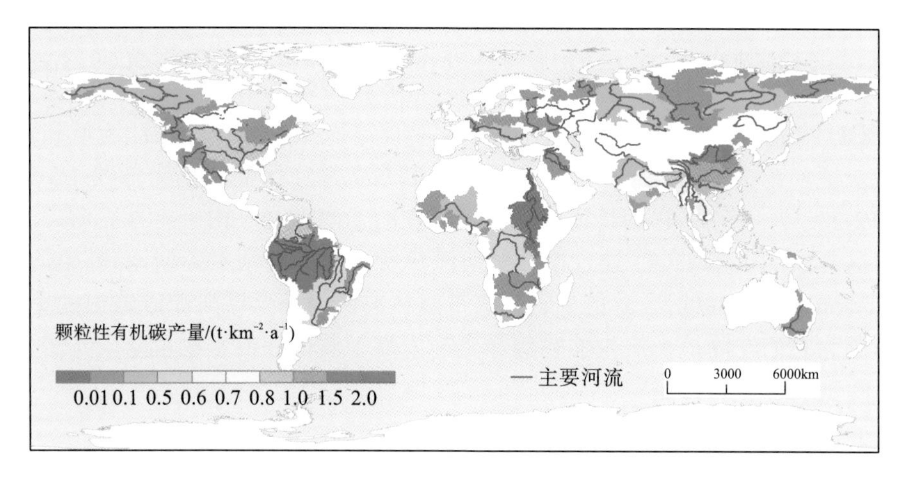

(a)POC产量的空间格局

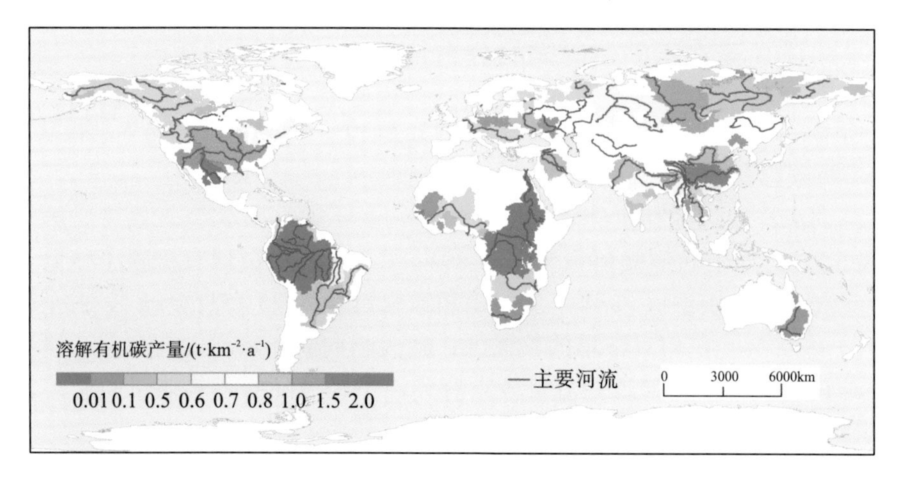

(b)DOC产量的空间格局

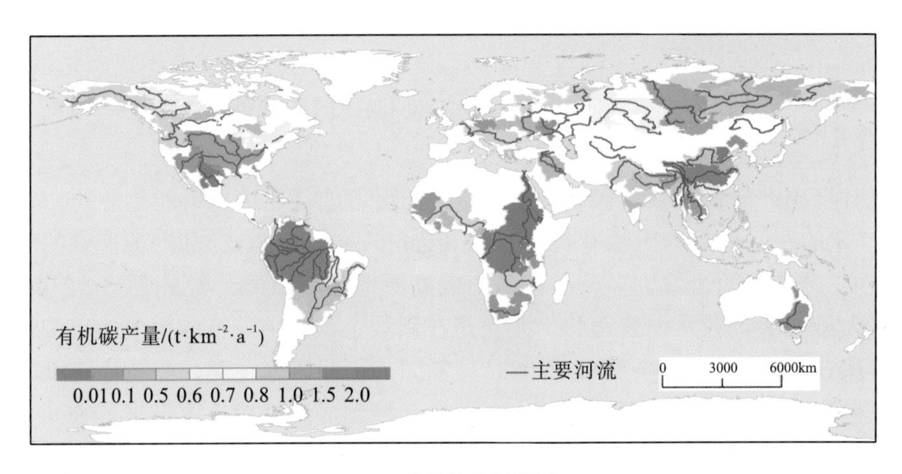

(c)OC产量的空间格局

图 12-2 全球河流 POC、DOC、OC 产量的空间格局(河流数据源自 GEMS-GLORI 数据库)

高 DOC 产量来主要自以下地区：热带雨林区、刚果河流域、长江流域和欧亚大陆北部的泥炭地和森林[图 12-2(b)]。北部泥炭地和永久冻土区储存了全球约 1/3 的土壤有机碳[图 12-2(c)]。然而，它们只占全球陆地面积的 16%左右。由于全球变暖，泥炭地和永久冻土区释放的大量 DOC 通过增加的河流流量被输送到额尔齐斯河(鄂毕河)和叶尼塞河(Peterson et al.，2002)。总的来说，热带雨林被认为是全球河流碳输出的重要来源，这可能是因为它们在陆地上产生的初级净生产力高于其他任何生物群落，并储存了全球陆地 OC 的 25%(刘东，2017)。

12.3 有机碳总量的分布和格局

12.3.1 有机碳总量在不同气候带的分布特征

基于柯本气候分类法，本章将全球气候划分为 12 个气候带，不同气候带从大陆向海洋输送的有机碳总量存在显著差异(图 12-3)。

从大陆向海洋输运的有机碳总量较高的流域主要集中在 3 个气候带。第一类是半干旱区(Sem)，其总有机碳输运量为 147.89Tg $C\cdot a^{-1}$，占全球有机碳迁移量的比例达 35.21%。其次是热带潮湿区(TrR)，其总有机碳输运量为 75.45TgC$\cdot a^{-1}$，占全球总有机碳迁移量的 17.97%。在相对干旱的气候区，从大陆向海洋输送的有机碳运移量平均值较低，这与该气候带下的河流径流量较小有关，小径流降低了其挟带的悬浮物中的颗粒性有机碳含量和 DOC 浓度。

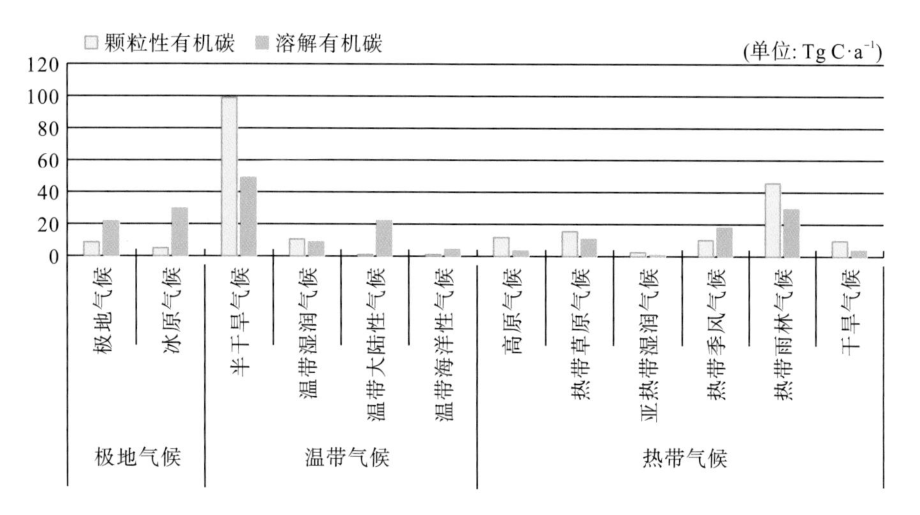

图 12-3　不同气候条件下有机碳总量的分布特征

12.3.2　有机碳总量在不同经纬度上的变化特征

根据从陆地运移到海洋的有机碳总量在不同经纬度的分布特征，可以确定在全球范围有机碳总量较高的集中关键区域。根据全球主要流域有机碳总量的平均分布，可以得到全球有机碳总量在经纬度上的分布特征(图 12-4)。

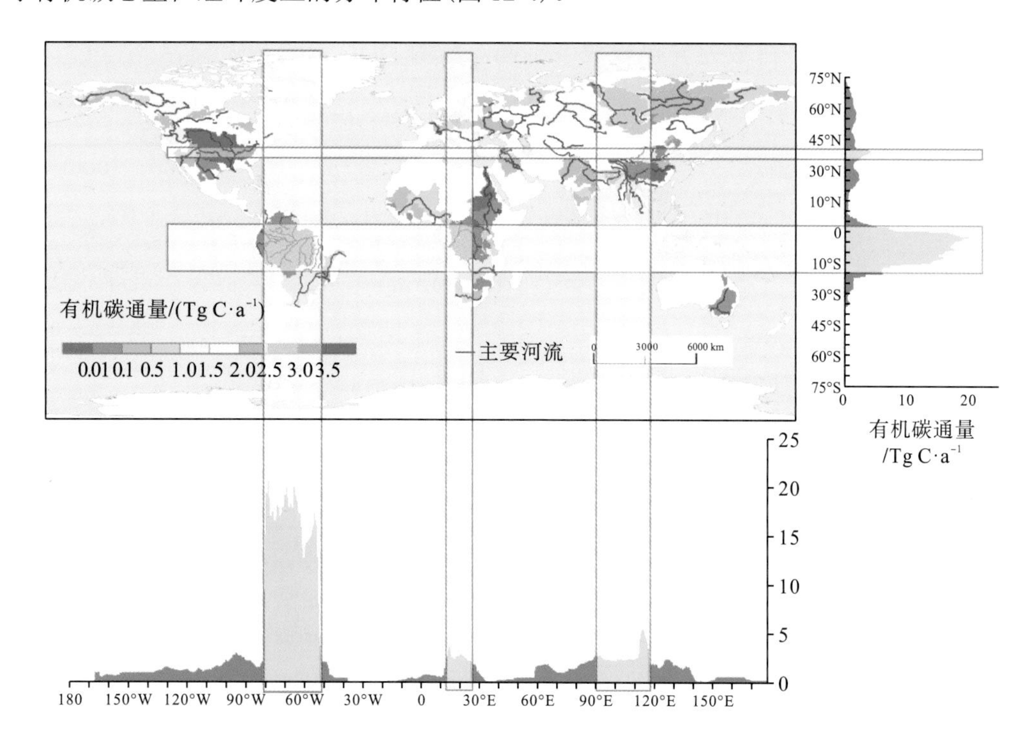

图 12-4　不同经纬度有机碳运移量的分布特征(河流数据源自 GEMS-GLORI 数据库)

从纬度上看，陆海有机碳总量的高值主要分布在赤道附近(5°N～20°S)和北半球中纬度(35°N～42°N)。在经度分布上存在3个关键区域，即50°W～80°W、15°E～28°E和90°E～118°E，而5°N～20°S区域有机碳总量占全球有机碳总量的72.76%。

在经纬度的关键带交汇区域，陆海有机碳运移量较高，说明该区域有较大的碳汇运移。从全球范围看，密西西比河流域、亚马孙河流域、刚果河流域、黄河流域、额尔齐斯河(鄂毕河)流域是有机碳从陆地向海洋迁移的集中关键区域。

12.4 有机碳运移的源和汇

12.4.1 源：不同大洲入海有机碳的贡献

结果表明，亚洲的总悬浮固体(total suspended solid，TSS)占本研究中全部流域TSS的76.68%、POC占57.65%、DOC占30.80%，流域面积占本研究中全部流域面积的32.46%。亚洲运移了全球POC的大部分，而北美洲DOC占37.51%。然而，南美洲的流域径流量占全球径流量的45.12%，却只运移了28.68%的POC和9.94%的DOC(表12-1)。河流中POC和DOC的运移量受到众多因素的影响，径流并不能完全决定POC和DOC的运移量大小，流域内的自然条件和人类活动都会影响河流中有机碳含量，如流域内的地表覆被情况、土壤有机碳含量以及地貌起伏情况等；此外，人类活动产生的DOC排放差异也造成了不同流域的DOC运移量差异。

表12-1 不同大洲和海洋有机碳的特征

区域		流域面积		径流量		TSS		POC		DOC	
		值/($\times10^6$km^2)	占比/%	值/(km^3·a^{-1})	占比/%	含量/(mg·L^{-1})	占比/%	运移量/(TgC·a^{-1})	占比/%	运移量/(TgC·a^{-1})	占比/%
大洲	亚洲	18.75	32.46	5861.13	30.36	118478.20	76.68	126.84	57.65	61.61	30.80
	欧洲	3.33	5.77	757.07	3.92	723.40	0.47	3.95	1.80	20.35	10.18
	非洲	11.61	20.11	1817.67	9.41	12284.20	7.95	8.84	4.02	15.02	7.51
	北美洲	10.12	17.52	2020.59	10.46	19595.50	12.68	16.48	7.49	75.01	37.51
	南美洲	11.94	20.68	8712.20	45.12	1751.20	1.13	63.09	28.68	19.87	9.94
	大洋洲	2.00	3.47	139.59	0.72	1686.30	1.09	0.79	0.36	8.14	4.07
海洋	北冰洋	11.85	20.52	2414.27	12.50	840.70	0.52	9.28	4.22	9.32	4.66
	大西洋	25.64	44.40	11667.44	60.43	23146.20	14.28	80.45	36.57	96.62	48.31
	太平洋	8.42	14.59	2914.90	15.10	113040.30	69.75	103.08	46.86	58.66	29.33
	印度洋	7.18	12.43	2022.15	10.47	23146.20	14.28	24.96	11.35	20.67	10.34
	地中海和黑海	4.66	8.07	289.48	1.50	1896.80	1.17	2.23	1.01	14.73	7.36

12.4.2　汇：不同海洋接收的有机碳总量分布特征

海洋作为陆源入海有机碳的汇，不同区域的海洋接收的有机碳总量具有差异性，入海径流和 DOC 进入大西洋的比例最大，分别为 60.43%和 48.31%。太平洋接收的 TSS 最大，占本研究中全部流域入海 TSS 的 69.75%，占本研究中海洋面积 14.59%的太平洋却接收了全球 46.86%的入海 POC（图 12-5）。

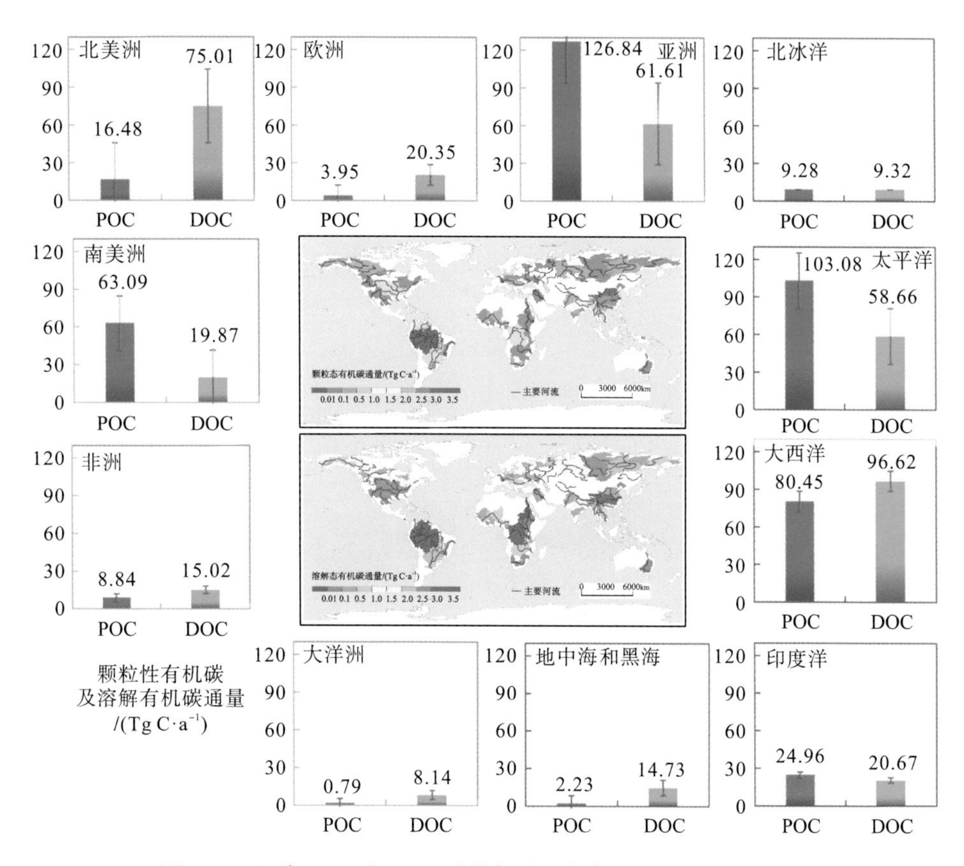

图 12-5　河流 DOC 和 POC 通量在不同大陆和海洋中的空间变化

（河流数据源自 GEMS-GLORI 数据库）

12.5　影响入海有机碳运移量的主要因素

流域的径流量直接决定了对入海物质的运移能力，通常较高的径流量的运移能力越大，在全球主要流域中，径流量大于 500$km^3 \cdot a^{-1}$ 的流域中，最大的流域为南美洲的亚马孙河流域，其次为亚洲的长江流域、黄河流域以及叶尼塞河流域，北美洲的密西西比河流域、非洲的刚果河流域的径流量在量级上相近[图 12-6(a)]。这些流域径流量较大的原因一是流域面积较大使得径流的汇水面积大，二是所在气候带的降水量较为丰富(叶尼塞河流域除外)。

TSS 浓度决定了河流径流运移的物质量。TSS 浓度的空间分布[图 12-6(b)]表明，TSS 浓度大于 1000mg·L^{-1} 的流域主要分布在南亚、北美西南部、非洲中部和澳大利亚西南部，全球以 TSS 浓度为 100～250mg·L^{-1} 的分布最广。

全球主要流域的 POC 含量浓度空间分布[图 12-6(c)]是根据 TSS 浓度计算得到，全球大部分流域 POC 含量与 TSS 浓度呈正相关，但中非盆地 TSS 浓度与 POC 含量呈负相关。

流域内土壤有机碳的储量直接影响随着土壤侵蚀运移到河流中的有机碳量，全球陆地 SOC 的空间分布[图 12-6(d)]表明，SOC 的最大储量为 1.16 PgC，SOC 储量最低的区域主要分布在北非撒哈拉沙漠地区。此外，澳大利亚中部和西部也是低 SOC 储量的集中连片地区。高 SOC 储量的地区主要分布在 30°N 以北的欧亚大陆和北美地区，最高值出现在东南亚马来群岛。

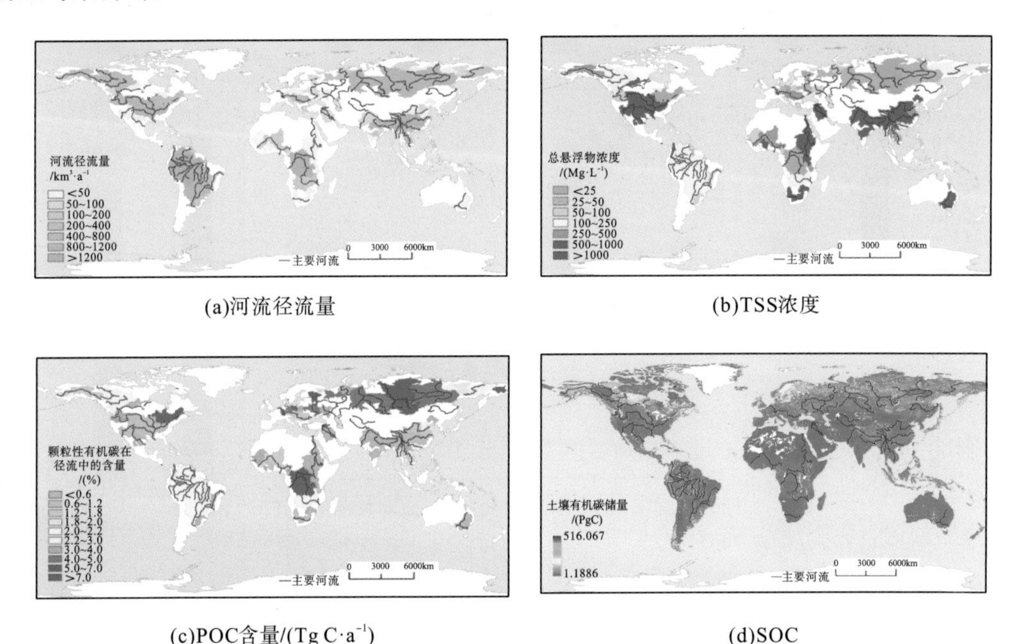

图 12-6 影响因素数据的空间分布(河流数据源自 GEMS-GLORI 数据库)

12.6 陆源有机碳入海过程分析

陆源有机碳入海主要包括 POC 和 DOC 两个部分的运移转化过程[图 12-7(a)]。DOC 作为最容易被降解和最“活跃”的有机碳，是河流和近海水体中微生物的直接碳源，也是水体中温室气体排放的主要碳源之一。结合已有观测数据和前人研究，全球尺度上河流中的 DOC 主要来源于土壤碳库(Li M X et al.，2019)。土壤中有机碳在微生物作用下将凋落物、细根和植物残体降解为粒径更小、易溶于水或酸碱的 DOC，作为微生物的重要碳源。

相较于易降解的 DOC，POC 结构虽然相对稳定，但其通过河流进入海洋的总量却与 DOC 总量相近甚至更多(Ludwig et al.，1996)。此外，POC 也可能来自河流与海洋水体水生生物作用的自源性部分，也可以被部分生物直接吸收利用。因此，河流 POC 通量的估算在全球河流碳输送甚至全球碳收支评估中也是必不可少的。河流中 POC 主要来自土壤侵蚀过程，在运移至河流过程中同样会被降解、沉积以及被大坝拦截等(韩志伟 等，2009；陆银梅，2015)(图 12-7)。

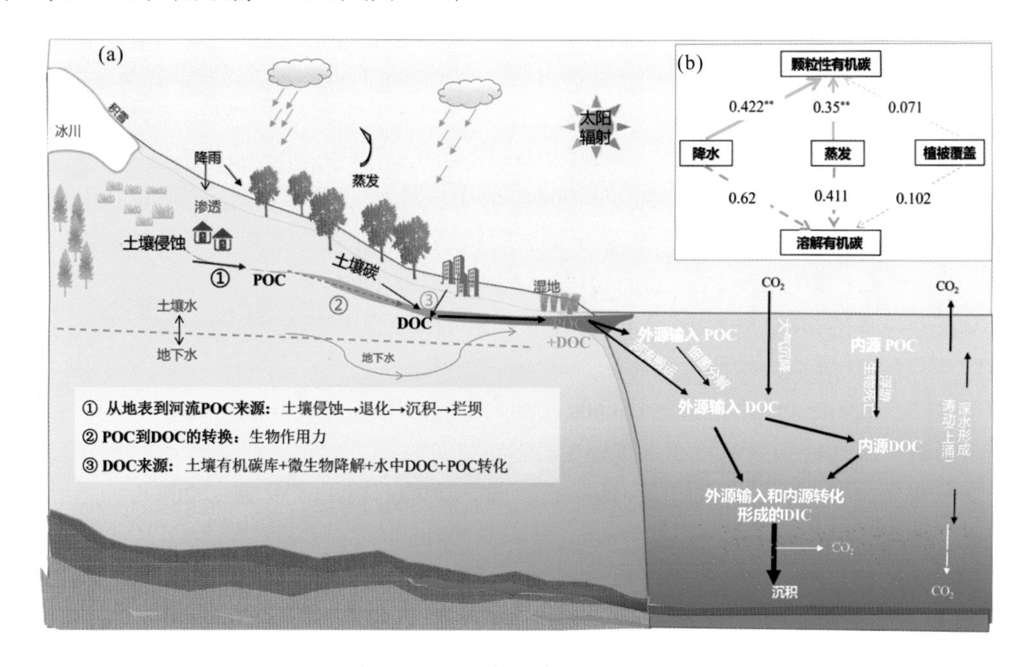

图 12-7　入海有机碳运移过程分析

影响入海 DOC 和 POC 的有降水量、蒸散发量、土壤有机碳含量以及植被覆盖度等因素，各流域内这些因素的差异造成了不同流域的入海有机碳运移量。通过皮尔逊(Pearson)相关系数检验得到POC和DOC均与降水量和蒸散发量达到0.01 水平的显著相关[图 12-7(b)]。此外，虽然 NDVI 与 POC 和 DOC 未达到显著相关，但 NDVI 对土壤侵蚀的影响会间接影响到进入河流中的 POC 通量。

有机碳在河流的运移过程中和进入海洋之后，都会进行转化。首先是 POC 向 DOC 的转化，其次是 DOC 向 DIC 的转化。海洋中浮游植物通过死亡分解向海洋输入 POC，再通过细菌分解、代谢为 DOC，未被生物降解的部分结合入沉积物，低分子有机组分分泌至水体很快被细菌所利用，如此不断参与地球化学循环(Yang et al.，2016)。

第 13 章　溶解有机碳从陆地到海洋的通量显著

河流将土壤、大气、海洋碳库联结起来(Li M et al.，2019；Malcolm and Durum，1976；Sun et al.，2010)，流向海洋的碳是全球碳循环的主要环节 (Abril et al.，2002；Bolin et al.，1979；Maavara et al.，2017)，有机碳中溶解有机碳(DOC)是影响水生态系统功能的关键来源 (Parr et al.，2019；Wen et al.，2019)，此外，河流 DOC 产量和运移还影响着水化学平衡及温室气体的排放 (Barros et al.，2011；Bastviken et al.，2011；Butman and Raymond，2011)。随着寻找碳遗失的研究增多 (Li et al.，2018；Schindler，1999)，入海 DOC 逐渐成为研究热点(Bauer et al.，1992；Evans et al.，2005；Raymond and Bauer，2000，2001)。因此，明确区域，特别是估算全球河流 DOC 的空间格局、每年向海洋排放的量级对全球碳收支和水生态环境保护至关重要(Bauer et al.，2013；Fichot et al.，2014；Fichot and Benner，2011；Kaiser et al.，2017；Song et al.，2016)。

在这样的背景下，国内外学者对河流 DOC 估算进行了研究，早在 20 世纪 90 年代，Ludwig 等(1996)就已经利用分布世界的 29 条河流的数据构建了估算 DOC-Flux(F_{DOC})的经验公式，研究认为，全球每年从陆地到海洋的有机碳通量约为 0.38 亿 t，其中约有 0.21PgC 以溶解形式进入海洋；Abril 等(2002)在调查欧洲 9 个相对河口中有机碳的行为过程时，采用该经验模型估算的欧洲河流占全球有机碳总量的 7%，肯定该模型可以向其他区域推广。在其他模式下，Aitkenhead 和 McDowell(2000)等使用 C∶N 模型，估算从陆地到海洋的碳出口总量为 $0.36PgC\cdot a^{-1}$；Cole 等(2007)根据陆地进入内陆水生系统的碳与从陆地进入海洋的碳的比例，估计陆地向海洋输出的有机碳为 $0.38\sim0.53PgC\cdot a^{-1}$；Yang 等(2013)研究三峡水库水体中 DOC 的时空分布时，利用经验计算得到每年有 0.4PgC 的有机碳通过河流进入海洋，其中约 0.22PgC 为溶解有机碳。除了以上方法外，Li 等(2017)在更新的全球数据库基础上，建立了新的河流 DOC 模型，认为大陆每年向海洋排放了 0.24PgC 溶解有机碳，之后 Selemani 等(2018)利用该模型探明了泛加尼河流域溶解有机碳的分布和影响及对印度洋的通量贡献。这些研究无疑强有力地推动了对河流 DOC 的研究，对更好地了解河口的有机碳行为具有重要意义。

但是，现有研究对于陆地运输到海洋的溶解有机碳总量仍存在争议。尽管全球生态环境因子变化和河流运移量的相关关系已体现在河流 DOC 的经验模型中，但这一反馈被认为只在特定区域、时间尺度起作用，因为环境因子的变化对河流 DOC 的影响不是一成不变的(Meybeck，1982)。此外，在不同模型下，估算区域乃至全球的河流有机碳有所不同，更重要的是，应用不同模型估算全球河流溶解态碳的研究极少，所以准确估算河流 DOC 成为解决全球遗失碳汇及碳收支不平衡的难题之一。

针对以上问题，本章收集了 197 条河流数据，基于路德维希(Ludwig)模型和李明旭(Limingxu)模型对全球河流 DOC 进行估算，从量级、空间分布格局及海洋中溶解有机碳的来源做了全面剖析。此外，将两个模型的模拟结果与其他学者的研究结果做了对比分析，从客观上分析了两个模型的适用性，这为估算全球河流 DOC 提供了一个很好的参考模板，对准确模拟河流溶解态碳，寻找海洋潜在碳源提供了一条新的途径。

13.1 DOC 通量影响因素

13.1.1 河流 DOC 通量估算模型

Ludwig 等(1996)通过分析全球 29 条河流构建 F_{DOC} 的经验公式[式(13-1)]，这极大地促进了全球河流溶解有机碳的研究。该模型如下：

$$F_{\mathrm{DOC}} = 0.0040Q - 8.76\mathrm{Slope} + 0.095\ \mathrm{Soil\ C}$$
$$r = 0.90, \qquad P > 0.001, \qquad n = 29 \tag{13-1}$$

式中，F_{DOC} 为河流 DOC 通量($\mathrm{t \cdot a^{-1} \cdot km^{-2}}$)；$Q$ 为径流深(mm)；Soil C 为每立方米有机碳量($\mathrm{kg/m^3}$)。Ludwig 等对世界 29 条河流进行分析，认为河流 DOC 通量与地形成反比，与径流深和土壤有机碳密度成正比，平缓的地形有利于降水在盆地内的滞留，增强淋滤效果，有利于 DOC 的生成 (Hinson et al.，2017；Jansen and Painter，1974；Larsen et al.，2011)。

经验公式(13-2)是基于 Ludwig 模型的 Limingxu 方法(Li et al.，2017)，该公式是基于 109 条河流构建的新模型，Li 等认为河流 DOC 通量不仅与径流呈显著正相关(r^2=0.93，p<0.001)，而且与土壤有机碳呈显著正相关(r^2=0.60，p<0.001)。该模型对河流 DOC 通量的估算如下：

$$F_{\mathrm{DOC}} = 0.0081 + 0.0044Q + 0.05\mathrm{Soil\ C}$$
$$\mathrm{Soil\ C} = \sum_{i=1}^{m}\sum_{j=1}^{n} OC(i,j) \times BD(i,j) \times A(i,j) \tag{13-2}$$
$$r^2 = 0.95,\ p < 0.001,\ n = 109$$

式中，F_{DOC} 为河流 DOC 通量($\mathrm{t \cdot a^{-1} \cdot km^{-2}}$)；$Q$($\mathrm{km^3 \cdot a^{-1}}$)和 Soil C($\mathrm{PgC \cdot a^{-1}}$)分别为径流和土壤有机碳总量，其中 $1\mathrm{PgC}=10^3\mathrm{TgC}=10^9\mathrm{tC}$，该模型能较好地解释和预测河流 DOC 通量与 Q 和 Soil C 之间的关系。

13.1.2 DOC 通量主控因素

据了解，除经验公式涉及的环境因子外，河流 DOC 还受其他因素的影响，如降水量、初级净生产力及蒸散发量等(张永领，2012)，所以本书在分析河流 DOC 的主控因素时加入了这 3 个因素。基于 Ludwig 模型和 Limingxu 模型估算的 DOC 通量和相关环境因子，结合斯皮尔曼(Spearman)等级相关法，分析探索河流 DOC 主控因素。Spearman 等级相关法是一种描述数据变化方向相关性的方法，它可以根据数据的量级排序位置计算相关系数，只要两个因子的位置具有单调的函数关系，那么就是相关的，它适用于未经过归一化、非正态分布的原始数据 (Hamilton et al.，1977)。

图 13-1 为基于两两因子间的 Spearman 相关系数矩阵图，矩阵图上的数字代表等级相关性的大小，中间绿色的直方图代表各因子的分布情况，左下部分为两两因子之间的散点分布示意图，符号“*”代表不同的显著性水平(*为 95%、**为 99%、***为 99.9%)。从图中可以看出，大多数因子在 95%的置信区间上都是显著相关的，且部分因子相关系数较高。对于经验公式(13-1)估算的河流 DOC 受径流深、土壤有机碳含量、坡度的影响较大，相关系数分别为 0.787、0.703、0.444，而经验公式(13-2)估算的河流 DOC 与降水量、土壤有机碳含量、径流深相关性较强，相关系数分别为 0.501、0.406、0.401。综合来看，河流 DOC 主要受径流深、土壤有机碳含量及降水量的影响，且均为正相关关系。

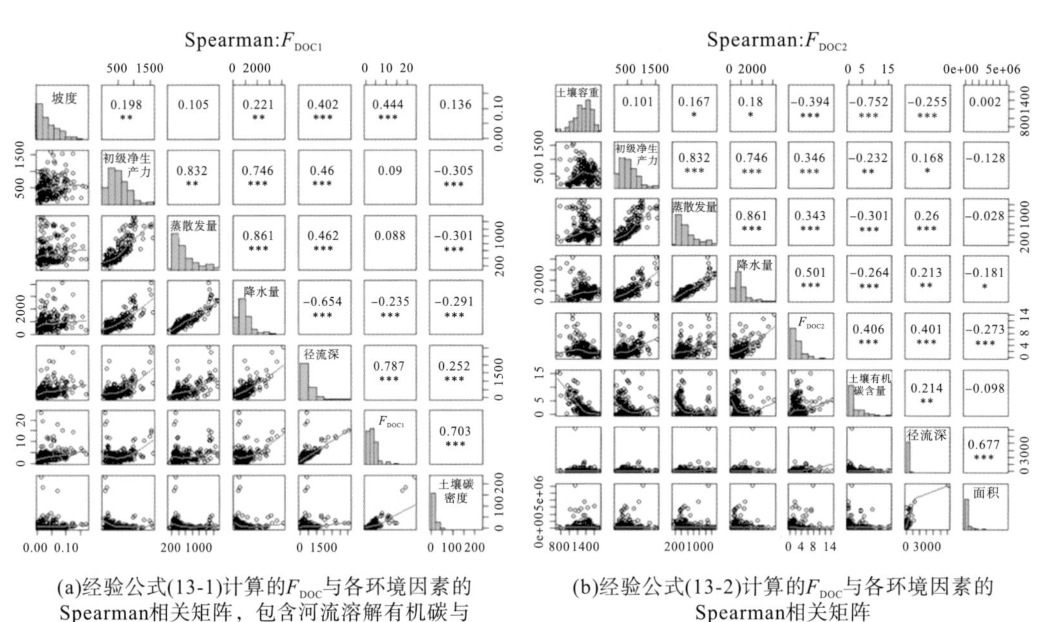

(a)经验公式(13-1)计算的F_{DOC}与各环境因素的Spearman相关矩阵，包含河流溶解有机碳与坡度、初级净生产力、蒸散发量、降水量、径流深和土壤碳密度的相关性

(b)经验公式(13-2)计算的F_{DOC}与各环境因素的Spearman相关矩阵

图 13-1 河流 DOC 产出与环境因子的相关关系

13.1.3 DOC 通量环境因子的空间分布

土壤是全球碳循环中重要的有机碳库(Aitkenhead and McDowell，2000；Trumbore et al.，1996)，而土壤有机碳是反映土壤质量以及土壤缓冲能力的一个重要指标，对温室效应与全球气候变化具有重要的控制作用(Jones et al.，2005；Lal，2004；Schuur et al.，2015；Tranvik et al.，2009)。从图 13-2 中可以看出各环境因子的分布情况，这些因子呈现出不同的空间格局。

很多研究证明土壤有机碳是河流 DOC 的主要来源(Lehmann and Kleber，2015；Schlesinger and Andrews，2000；Schmidt et al.，2011)，在更新数据的基础上，我们发现全球土壤有机碳密度高值区主要在南美洲、东南亚和亚洲北部高纬度地区的热带雨林，土壤有机碳含量分布也是如此；径流量的高值区主要集中在赤道附近，而坡度较高的地区主要在中国、北美和南美西部地区。环境因子的不同，导致不同地区的河流 DOC 通量产生差异，如高山和冰川区的河流中 DOC 浓度偏低；而流经生产量较高地区如沼泽地、泥炭地的河流中 DOC 的含量则会很高(Mantoura and Woodward，1983)。

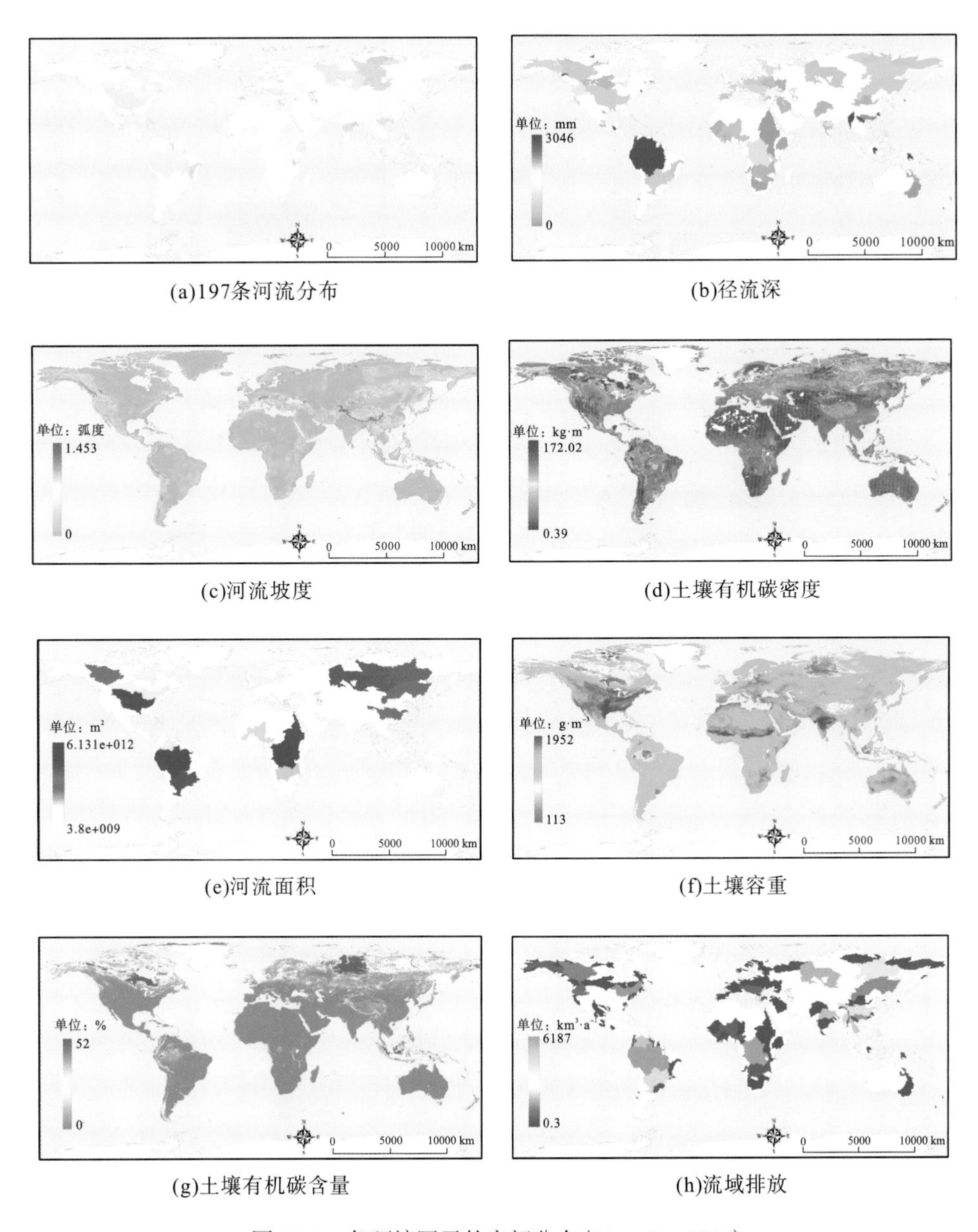

(a)197条河流分布　(b)径流深

(c)河流坡度　(d)土壤有机碳密度

(e)河流面积　(f)土壤容重

(g)土壤有机碳含量　(h)流域排放

图 13-2　各环境因子的空间分布(Li et al.，2017)

如图 13-3 所示，从整体看，全球河流环境因子在各流域上的分布差异情况不一。各因子在相互独立的情况下，从图中箱状图的上下四分位和 5%～95%区间数据分布集中度可知，土壤容重区域数据分布最稳定，基本为(1300±200) $g \cdot m^{-3}$；径流深数据较稳定，区域数据的分布情况受个别高值影响；土壤有机碳含量和坡度区域数据分布相似，呈三角形分布，分布基本稳定。而土壤有机碳密度、径流在全球尺度上最大值与最小值相差较大，区域差异大，因此，河流溶解有机碳一定与土壤碳、径流存在某种直接关系，这验证了全球河流 DOC 通量的空间分异与主要来源。

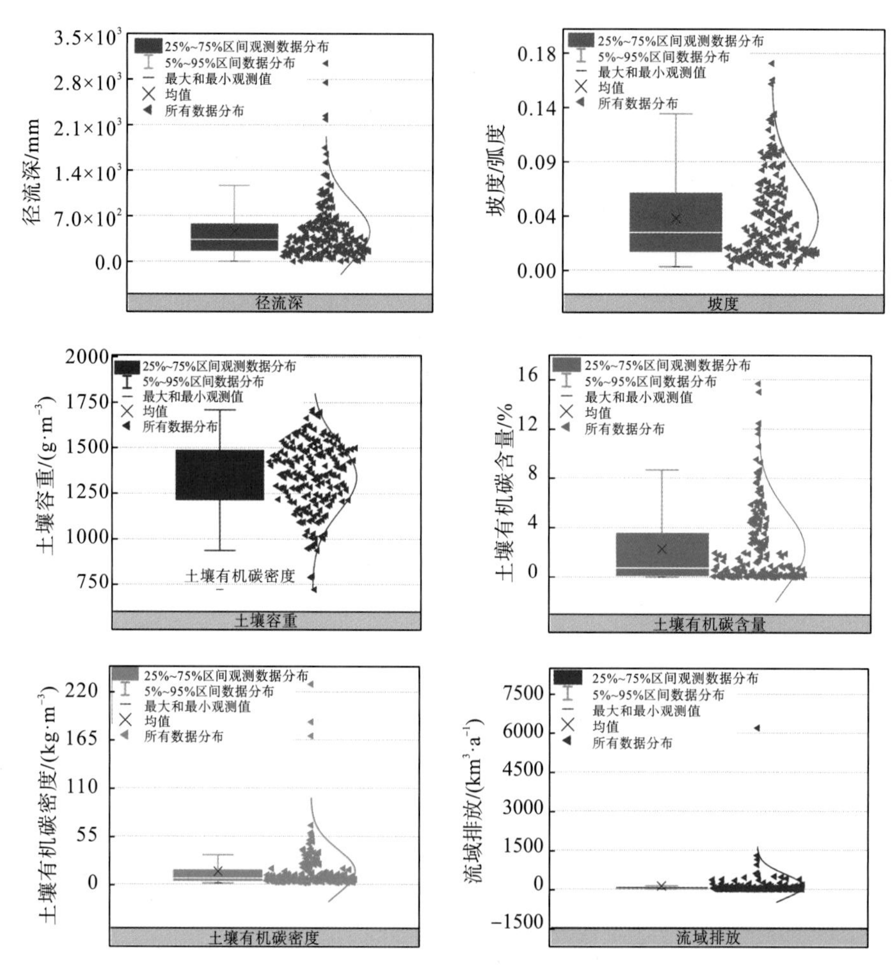

图 13-3 全球河流环境因子区域量级分布情况(Li et al.，2017)

13.2 河流 DOC 通量的空间格局

基于河流环境因子，利用不同的经验模型估算全球河流溶解有机碳空间分布(图 13-4)，整体来看，估算的全球河流 DOC 通量河流间分布差别大，在流域层面，DOC 通量高值区主要集中在亚洲的额尔齐斯河(鄂毕河)、勒拿河、叶尼塞河、长江流域，北美洲的马更些河、密西西比河，南美洲的亚马孙河、巴拉那河以及非洲的刚果河 9 条面积较大的流域上。其中，亚马孙河流域面积最大，约为 6.131×10^6km^2，有机碳量最高，每年产生 34.07～47.69TgC；面积较小的流域地区多为低值区，其中科拉河面积最小，约为 3.8×10^3km^2，每年产生河流 DOC 量也最小，为 0.008～0.014 TgC。值得注意的是，流域面积对 DOC 通量存在一定影响但不是主要因素（Dick et al.，2015；Sobek et al.，2007；Xenopoulos et al.，2003），如大洋洲的塞皮克河，就是 DOC 通量高值区。两经验公式所用数据集不同，但估算的溶解有机碳分布特征基本相同，差异较大的基本集中在亚洲及北美的小面积流域[图 13-4(c)]。

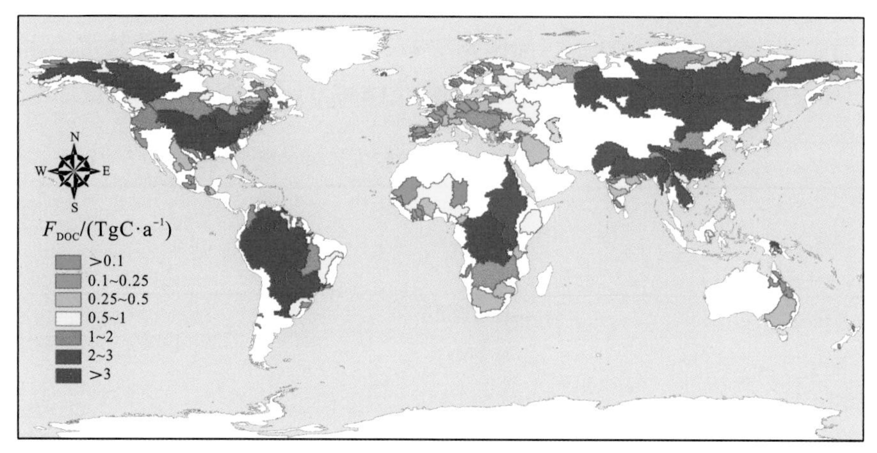

(a)公式(13-1)计算的全球河流溶解有机碳空间分布图

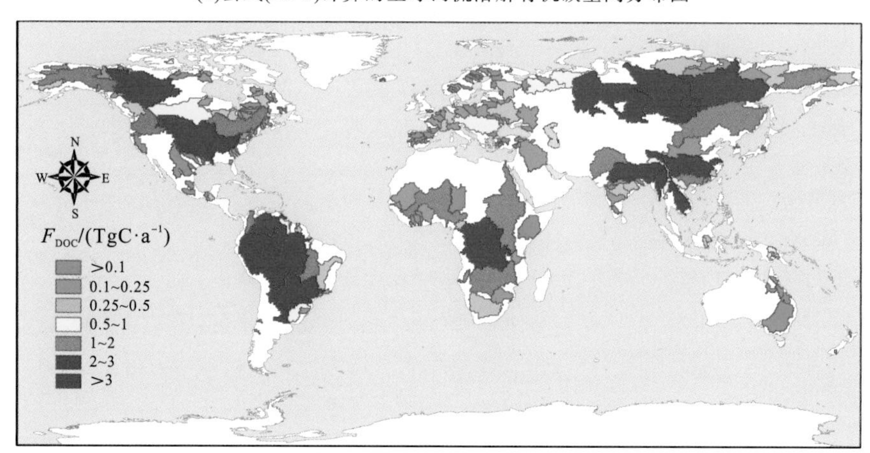

(b)公式(13-2)计算的溶解有机碳空间图

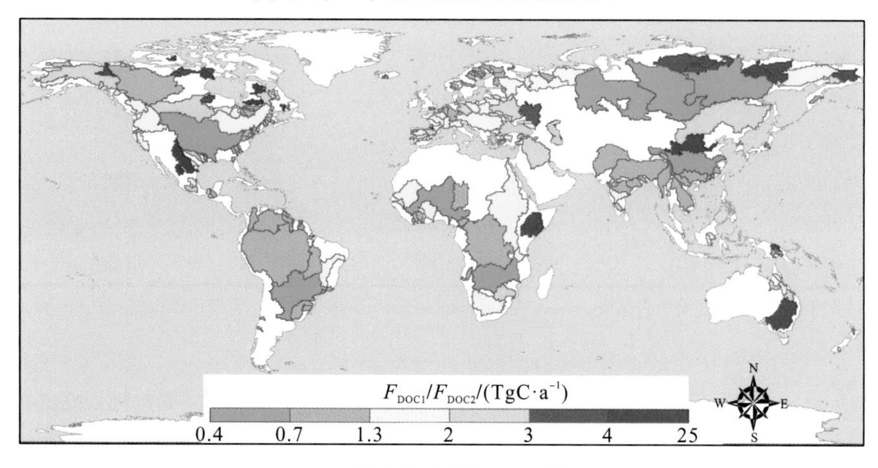

(c)两公式模拟的相除差异值

图 13-4　两种公式所模拟的全球河流 DOC 的空间格局

为了与其他学者的研究结果进行比较，本书在文献中收集了 22 条河流的 DOC 通量参考值，与经验公式(13-1)、经验公式(13-2)的 DOC 通量结果做对比。从表 13-1 中可以看出，估算的河流 DOC 通量都在同一量级，22 条河流中大部分河流的 DOC 通量呈现增加趋势，如亚马孙河、哥伦比亚河、冈比亚河等，也有部分河流呈下降趋势，如森格藏布(狮泉河)(印度河)、塞内加尔河，这间接说明了 DOC 的局部细微波动情况。

表 13-1　世界上一些河流的溶解有机碳的通量对比

序号	河流	面积/($\times10^6km^2$)	文献来源	F_{DOC}/($t\cdot km^{-2}\cdot a^{-1}$)	本研究	
					F_{DOC1}/($t\cdot km^{-2}\cdot a^{-1}$)	F_{DOC2}/($t\cdot km^{-2}\cdot a^{-1}$)
1	亚马孙河	6.131	Coppola 等(2019)	4.461	5.56	7.78
2	长江	1.813	Lu 等(2011)	5.690	3.66	5.62
3	哥伦比亚河	0.667	Gilbert 等(2013)	0.795	2.59	1.64
4	顿河	0.422	Romankevitch 和 Artemyev(1985)	0.6	1.38	0.42
5	冈比亚河	0.042	Seitzinger 等(2002)	0.262	1.19	0.71
6	恒河	1.011	Krishna 等(2015)	2.215	2.93	3.95
7	加龙河	0.055	Etcheber unpublished	0.892	2.38	1.55
8	黄河	0.756	Li 等(2017)	0.481	1.33	0.31
9	森格藏布(狮泉河)(印度河)	0.948	Bajwa 等(2016)	2.929	2.13	2.00
10	卢瓦河	0.112	Minaudo 等(2015)	1.379	1.56	1.11
11	马更些河	1.755	Lesack 等(2007)	0.838	3.53	4.33
12	密西西比河	3.155	Duan 等(2007)	1.319	1.11	1.79
13	额尔齐斯河(鄂毕河)	2.656	Avagyan 等(2016)	1.182	3.86	7.18
14	奥兰治河	1	Hart(1987)	0.250	0.47	0.26
15	奥里诺科河	1.1	Mora 等(2014)	4.824	5.19	5.15
16	巴拉那河	2.806	Kopprio 等(2014)	1.432	1.45	3.08
17	波河	0.07	Corazzari 等(2015)	2.065	4.83	3.26
18	莱茵河	0.201	Hoffmann 等(2009)	1.013	2.35	2.07
19	罗纳河	0.097	Vauclin 等(2019)	0.885	4.01	2.59
20	塞内加尔河	0.354	Mbaye 等(2016)	1.476	0.48	0.31
21	怀卡托河	0.013	ARA unpublished	4.576	4.55	6.05
22	育空河	0.844	Shatilla 等(2019)	0.953	2.48	1.32

注：F_{DOC1} 为 Ludwig 经验公式所得结果；F_{DOC2} 为 Limingxu 经验公式所得结果。表中部分数据来源于 Ludwig 和 Probst(1996)。

如果以流域面积 100 万 km^2 为界，流域面积大于 100 万 km^2 称为较大流域，反之则称为较小流域，相比 DOC 参考值，不难看出 Ludwig 模型估算较大流域的 DOC 通量较接近，如亚马孙河、额尔齐斯河(鄂毕河)等；Limingxu 模型计算较小流域的 DOC 通量波动较小，如俄罗斯境内的顿河、非洲南部奥兰治河等。此外，也存在两个经验公式计算都接近的，如南美洲的奥里诺科河。整体上看(图 13-5)，全球区域上的分布基本相同，数据呈现稳定的三角形；从均值比较看，Ludwig 模型估算的 DOC 总量较 Limingxu 模型大，最大值也是如此，同时在河流 DOC 总量上，其中有 10 条河流差异较大，分别是：亚马孙河、黑龙江(阿穆尔河)、雅鲁藏布江(布拉马普特拉河)、长江、勒拿河、密西西比河、额尔齐斯河(鄂毕河)、巴拉那河、塞皮克河、叶尼塞河，产生差异的原因可能与两经验公式的模型参数相关，如土壤碳密度等。

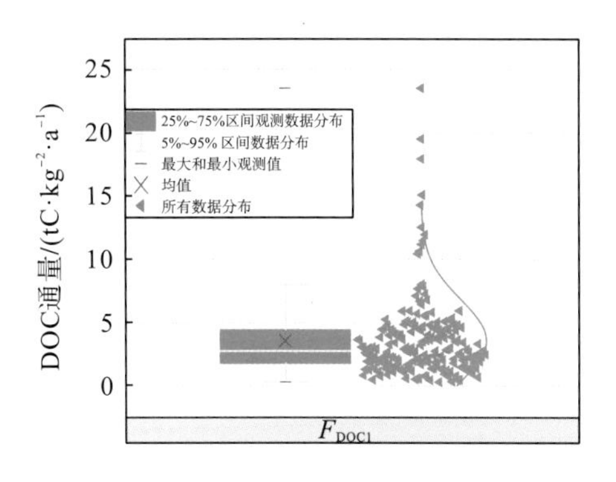

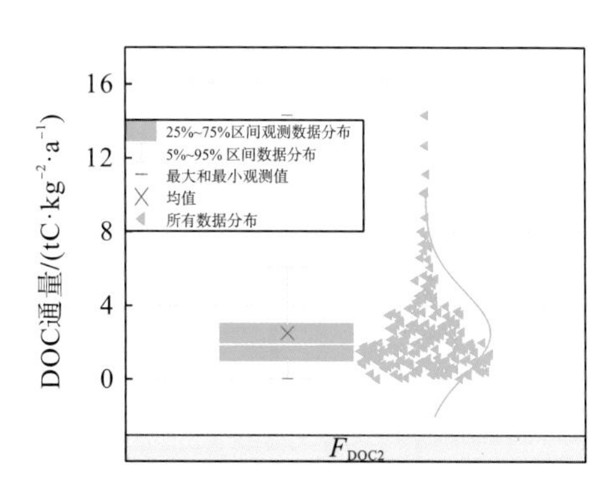

图 13-5　全球河流 F_{DOC} 区域量级分布情况

13.3　河流溶解有机碳在大陆和入海方面的变化

基于对河流 DOC 的掌握，为了解全球河流 DOC 通量运移状况，本书从大陆产生和海洋吸收两个角度，对河流溶解碳通量进行统计分析(图 13-6、表 13-2)。发现全球从陆地输运到海洋的溶解有机碳总量为 193～204TgC·a^{-1}，主要运输到大西洋、北冰洋和太平洋，输运量分别为 72.6～88.3TgC·a^{-1}、55.1～66.4TgC·a^{-1} 和 26.5～40.8TgC·a^{-1}。河流溶解有机碳总量在各大洲出口的顺序为：亚洲＞南美洲＞北美洲＞非洲＞欧洲＞大洋洲。其中，亚洲平均每年运移 74.7～91.3TgC、南美洲平均每年运移 50.4～67.6TgC、北美洲平均每年运移 23.9～32.2TgC、非洲平均每年运移 12.7～14.7TgC、欧洲平均每年运移 6.6～10.8TgC、大洋洲平均每年运移 2.42～10.46TgC。根据 IPCC 第五次评估报告中提出的“遗漏汇”2.5PgC，表明以上过程是遗失碳汇的重要组成部分(蒲俊兵 等，2015)。

在分布上(表 13-2)，DOC 在非洲、欧洲及北美洲有所下降，近年来 DOC 整体波动呈下降走势。对比 Ludwig 等(1996)和 Li 等(2017)之和均值看，估算的全球河流 DOC 是比较可信的，根据误差分析显示 Ludwig 等的经验公式更为保守适用。此外，从表 13-2 中可以看出，流量与流域面积的乘积是河流有机碳量的主要控制者 (Curiale，2017；Mayer，1994)。

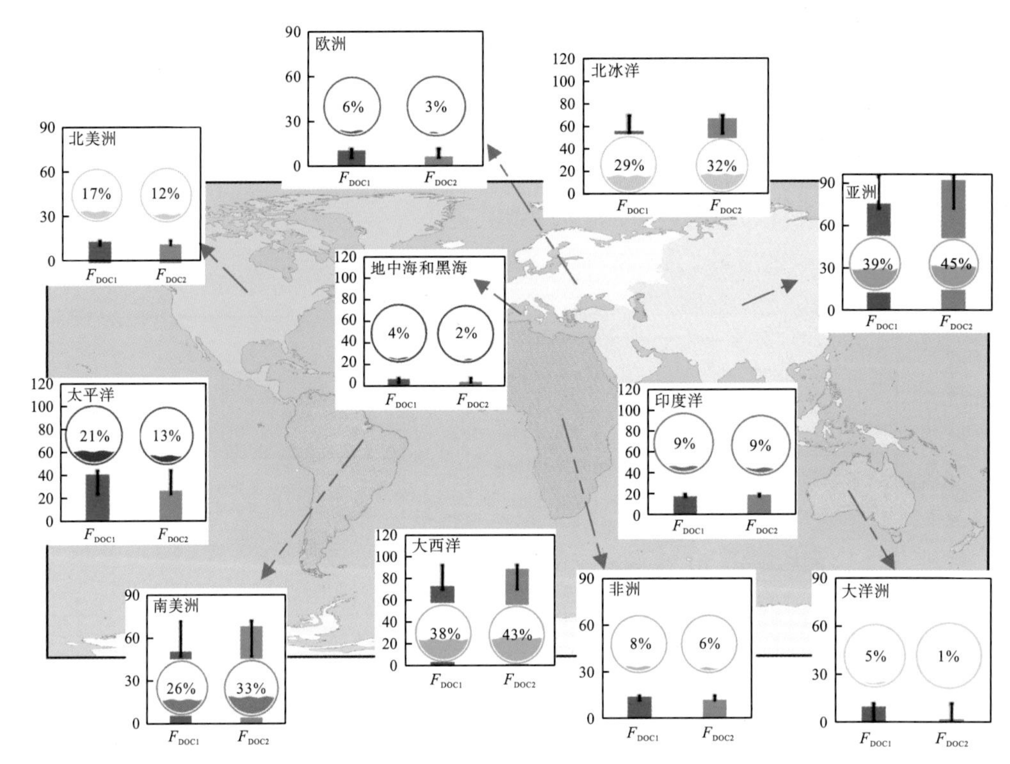

图 13-6　两种经验模型估算的大陆和海洋的河流 DOC 通量的空间变化

注：柱上的水波图表示每个大陆和海洋在总 DOC 中的百分比。

表 13-2　经验公式(13-1)和公式(13-2)估算的大洲 DOC 分布

大洲	面积 /(10^6km^2)	径流量 /($km^3·a^{-1}$)	径流深 /mm	土壤碳密度 /($kg·m^{-3}$)	Ludwig /($TgC·a^{-1}$)	Limingxu /($Tg C·a^{-1}$)	均值	F_{DOC1} /($Tg C·a^{-1}$)	误差	F_{DOC2} /($Tg C·a^{-1}$)	误差	$F_{DOC2}-F_{DOC1}$的差值
非洲	12.789	1887.47	2562	60.696	20.11	25.03	22.57	14.734	7.836	12.739	9.831	−1.995
亚洲	20.878	6744.18	20721	598.975	69.01	87.13	78.07	74.712	3.358	91.372	13.302	16.66
欧洲	5.139	1289.52	18985	402.97	14.69	19.72	17.205	10.801	6.404	6.668	10.537	−4.133
北美洲	12.17	2918.58	24561	737.164	41.18	42.21	41.695	32.193	9.502	23.99	17.705	−8.203
大洋洲	2.467	455.25	11599	157.54	3.67	5.67	4.67	10.46	5.79	2.428	2.242	−8.032
南美洲	12.356	9065.85	11263	98.606	56.11	58.73	57.42	50.379	7.041	67.614	10.194	17.235
总计	65.806	22360.85	89691	2055.956	204.77	238.49	221.63	193.283	39.931	204.814	63.811	11.531
海洋	面积 /(10^6km^2)	径流量 /($km^3·a^{-1}$)	径流深 /mm	土壤碳密度 /($kg·m^{-3}$)	Ludwig /($TgC·a^{-1}$)	Limingxu /($TgC·a^{-1}$)	均值	F_{DOC1} /($Tg C·a^{-1}$)	误差	F_{DOC2} /($Tg C·a^{-1}$)	误差	$F_{DOC2}-F_{DOC1}$的差值
北冰洋	14.311	2989.61	12484	861.088	28.28	28.19	28.235	55.147	26.912	66.464	38.229	11.317
大西洋	27.363	12545	38293	496.73	103.59	107.3	105.445	72.654	32.791	88.339	17.106	15.685
印度洋	8.603	2382.63	5894	129.37	19.06	31.02	25.04	17.716	7.324	19.26	5.78	1.544
太平洋	10.168	3962.51	28988	452.795	49.46	64.13	56.795	40.808	15.987	26.505	30.29	−14.303
地中海和黑海	5.3601	481.1	4032	115.97	/	5.5	2.75	6.956	4.206	4.245	1.495	−2.711
总计	65.806	22360.85	89691	2055.956	200.39	236.14	218.265	193.283	87.22	204.814	92.9	11.531

注：Ludwig 的模型没有包含南极洲；斜杠表示文献中没有此数据；表中部分数据来源于 Ludwig 等(1996)和 Li(2017)。

在海洋吸纳方面，从表 13-2 可以看出，各海洋的径流深大小：大西洋>太平洋>北冰洋>印度洋>地中海和黑海，而从 F_{DOC1} 和 F_{DOC2} 可以看出，入海 DOC 大小顺序：大西洋>北冰洋>太平洋>印度洋>地中海和黑海。其中，大西洋平均每年接收 DOC 72.65～88.34TgC、北冰洋平均每年接收 DOC 55.15～66.46TgC、太平洋平均每年接收 DOC 26.51～40.81TgC、印度洋平均每年接收 DOC 17.72～19.26TgC、地中海和黑海最小，平均每年接收 DOC 4.25～6.96TgC。值得注意的是，除北冰洋外，各大洋 DOC 与径流深变化一致，北冰洋的径流深虽不及太平洋，但 DOC 却高达太平洋每年吸纳 DOC 的 2.5 倍，土壤有机碳密度可能是北冰洋发生逆转的主要贡献者(Lal，2005；Minasny et al.，2017；Schumacher，2002)。

为了解海洋 DOC 的贡献来源，各大洲运输方向、各大洲对海洋贡献的 DOC 通量和河流数量，通过统计(表 13-3)，发现出口河流 DOC 最多的亚洲，主要贡献给了北冰洋，其次是太平洋和大西洋；出口河流 DOC 第二多的南美洲，主要运移到了大西洋、太平洋。值得注意的是，入海 DOC 最多的大西洋，就有约 70% DOC 来自南美洲，其中有 13 条河流参与了至大西洋的有机碳运移，主要贡献者是亚马孙河。而入海 DOC 碳量次之的北冰洋和太平洋，分别就有超过 60%和 50%的 DOC 来自亚洲，其中北冰洋主要接收了勒拿河和额尔齐斯河(鄂毕河)所运移的 DOC，而太平洋则主要吸纳了中国长江运移的 DOC。

表 13-3　大洲对海洋的贡献统计表

大洲	海洋	河流数/条	F_{DOC1}/(Tg C・a^{-1})	F_{DOC2}/(Tg C・a^{-1})
非洲	印度洋	4	2.57	2.12
	地中海和黑海	1	2.50	1.83
	大西洋	12	9.66	8.79
总计		17	14.73	12.74
亚洲	北冰洋	9	36.16	53.63
	印度洋	13	14.68	17.03
	地中海和黑海	7	0.36	0.21
	太平洋	18	23.52	20.50
总计		47	74.71	91.37
欧洲	北冰洋	5	2.36	1.42
	地中海和黑海	11	4.10	2.20
	大西洋	34	4.35	3.04
总计		50	10.80	6.67
北美洲	北冰洋	23	16.63	11.41
	大西洋	25	8.46	9.04
	太平洋	9	7.10	3.55
总计		57	32.19	23.99
大洋洲	印度洋	3	0.47	0.11
	太平洋	8	9.99	2.32

续表

大洲	海洋	河流数/条	F_{DOC1}/(Tg C·a^{-1})	F_{DOC2}/(Tg C·a^{-1})
总计		11	10.46	2.43
南美洲	大西洋	13	50.18	67.47
	太平洋	2	0.20	0.15
总计		15	50.38	67.61
		197	193.28	204.81

13.4 河流溶解有机碳在经纬度上的变化

为辨析全球河流 DOC 在经纬度上的分布情况，基于不同模型估算的河流 DOC 通量结果，经统计其在经度和纬度两个方面的通量(图 13-7、图 13-8)，发现两模型模拟的全球河流 DOC 在经纬度上的变化趋势基本一致。首先，在纬度剖面，识别了 4 个关键带，总量高值区主要集中在 60°N、30°N 和赤道附近两个地区，整体上呈现出由北向南逐渐减少的趋势。在经度剖面，同样识别了 4 个关键带，DOC 总量在靠近 70°W、30°E、110°E 及 140°E 附近出现了四次峰，整体上呈现出中间高、两头低的趋势。

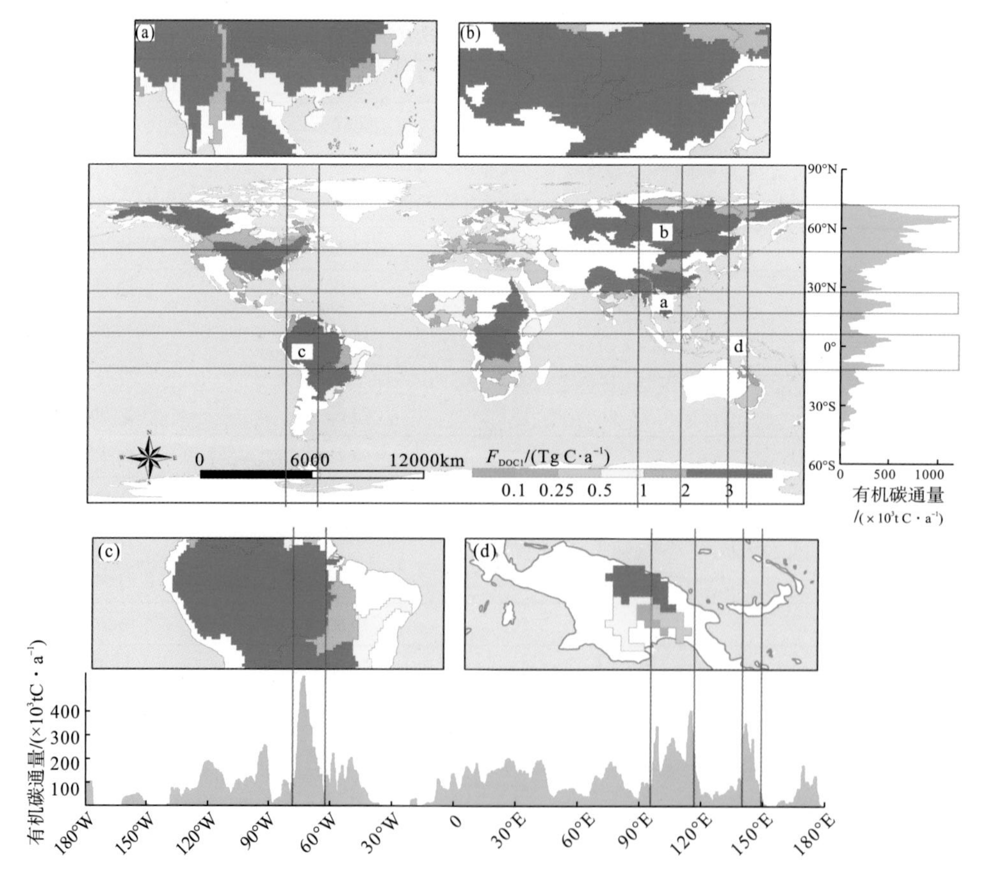

图 13-7 公式(13-1)的全球溶解有机碳的通量分布图和主要贡献河流

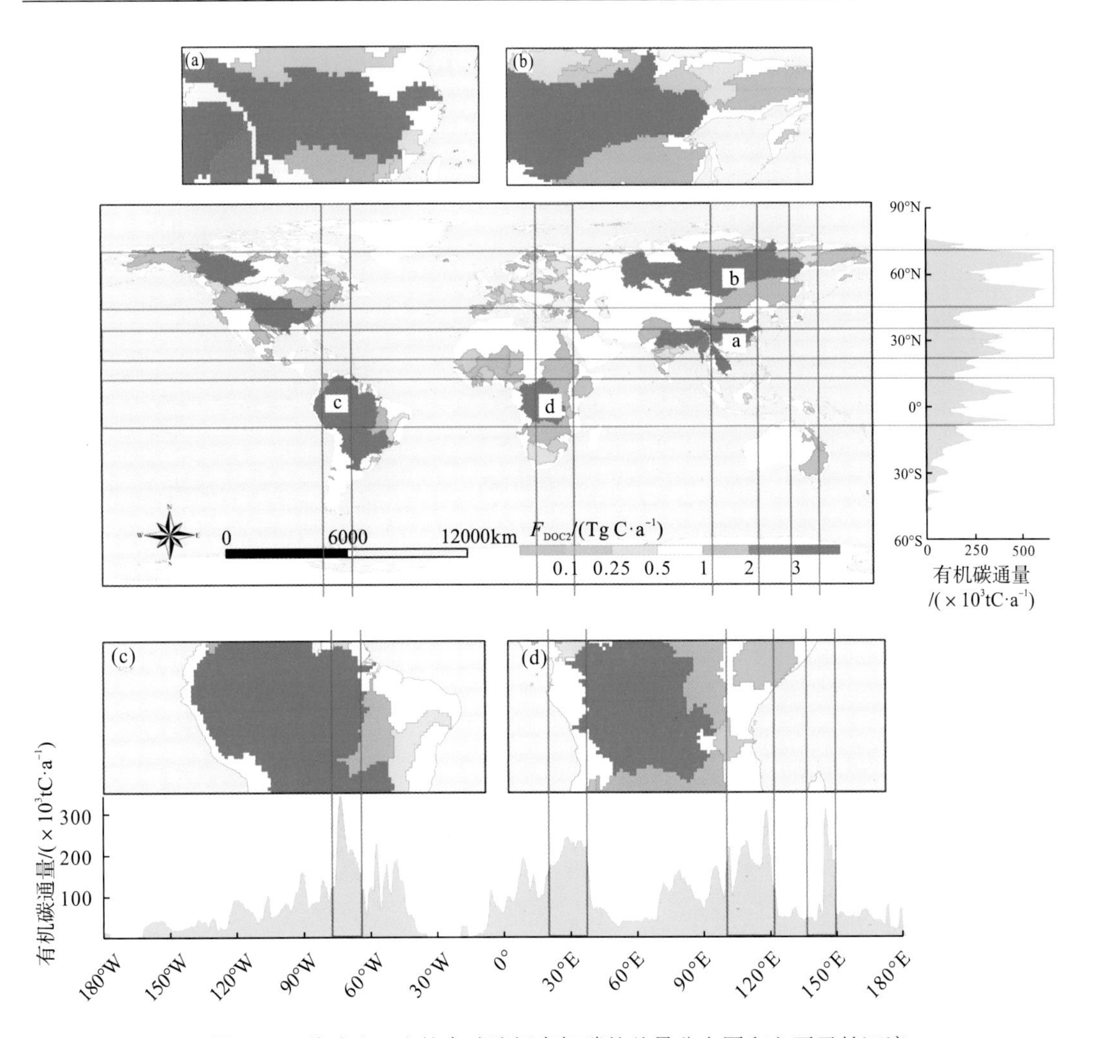

图 13-8　公式(13-2)的全球溶解有机碳的总量分布图和主要贡献河流

此外，本书识别了 DOC 总量在经纬度剖面上出现峰值时主要的贡献河流。在 60°N 和 90°E～120°E 交叉附近出现的峰值主要是亚洲的叶尼塞河、勒拿河、黑龙江(阿穆尔河)等作了主要贡献；在 30°N 和 90°E～120°E 交叉附近出现的峰值主要来源于中国的长江和珠江；在赤道和 60°W～90°W 交叉附近出现的峰值主要源于南美洲的亚马孙河、奥里诺科河等河流；在赤道和 30°E 交叉附近出现的峰值主要是非洲的刚果河、尼罗河等作了主要贡献；另外，大洋洲的塞皮克河流也是 DOC 通量高值区，这些河流是海洋 DOC 通量的主要提供者(表 13-4)。

由表 13-4 可知，纬度带剖面河流溶解碳总量大小为 30°N～60°N＞0°～30°N＞60°N～90°N＞0°～30°S＞30°S～60°S。在经度带剖面，两模型从经度带流出的河流溶解碳总量最大为 90°E～120°E＞60°W～90°W＞0°～30°E。值得注意的是，DOC 在 30°N～60°N，90°E～120°E 出现最大峰值，每年产出范围分别高达 2100 万～2600 万 tC 和 900 万～1100 万 tC。

表 13-4 两模型在经纬度上的溶解有机碳量统计表

项目		F_{DOC1}/(Tg C · a^{-1})	F_{DOC2}/(Tg C · a^{-1})
纬度带	60°N～90°N	18.01	10.20
	30°N～60°N	26.46	21.14
	0°～30°N	15.08	16.65
	0°～30°S	7.98	8.99
	30°S～60°S	1.14	0.80
经度带	150°W～180°W	1.40	0.89
	120°W～150°W	3.24	1.99
	90°W～120°W	7.84	4.40
	60°W～90°W	10.06	8.41
	30°W～60°W	4.64	4.27
	0°～30°W	1.85	1.61
	0°E～30°E	8.38	9.19
	30°E～60°E	6.34	4.69
	60°E～90°E	5.59	5.68
	90°E～120°E	11.10	9.89
	120°E～150°E	5.85	4.51
	150°E～180°E	2.42	2.26

第 14 章 受侵蚀控制的地球生物圈颗粒性有机碳输出

土壤资源是地球表面陆地生态系统的重要组成成分，是氮、磷等营养物质和有机碳的主要陆地储存库(Quinton et al., 2010)。土壤侵蚀过程包含颗粒的剥离、侵蚀泥沙在景观上的迁移和再分配，以及沉积或输出到河流系统(Zoljargal，2013)，并且通过土壤、水和养分的流失对土地的生产力有直接的负面影响(Oost et al., 2007；Alewell et al., 2020；Guerra，2020)。土壤有机碳对土壤的化学、物理和生物特性有重要影响(Gregorich et al.，1998)。土壤的迁移和埋藏减少了有机碳的分解，可能导致长期的碳存储(Quinton et al.，2010)。

河流是连接全球海洋和大陆碳循环两个最大活性碳库的重要环节(Wang et al.，2012；Liu et al.，2020)，河流有机碳包含颗粒性有机碳和溶解有机碳(刘东，2017)。在全球范围内，每年有多达 4 亿吨的陆源有机碳通过河流进入海洋，其中 POC 和 DOC 约各占一半(Burdige，2005；Xu et al.，2018；Xiao et al.，2020)。通过 POC 或 DOC 从河流向海洋输出的有机碳对气候变化非常敏感(Bruhwiler et al.，2018；Fabre et al.，2019)。但是，陆源 POC 并没有完全运往海洋，经过海岸转化和氧化消耗后，剩余的河流 POC 被埋藏在河口或海岸沉积物中，形成重要的碳汇(Amon and Benner，1996；Saliot et al.，2002；Vaillancourt et al.，2005；Bianchi and Allison，2009)。

为此，很多科学家对河流有机碳开展了大量研究并取得了显著进展，研究对象包括亚马孙河(Richey et al.，1990)、独龙江(伊洛瓦底江)和怒江(萨尔温江)(Bird et al.，2008)、叶尼塞河(Fabre et al.，2019)、密西西比河(Bianchi et al.，2007)、刚果河(Safiullah et al.，1987；Subramanian and Ittekkot，1991)、黄河和长江(Wang et al.，2012；Ran et al.，2013；Liu et al.，2020)以及许多大区域和海洋(Helmke et al.，2010；Laura et al.，2011；Schuur et al.，2015；Sweetman et al.，2019)。

但是，全球河流从大陆向海洋运移了多少有机碳还存在争议。Meybeck(1982)估算出入海颗粒性有机碳总量为 0.18 Pg C·a^{-1}。Ludwig 等(1996)利用河流总悬浮固体估算出以颗粒形式进入海洋的有机碳约为 0.17 Pg C·a^{-1}。Beusen 等(2005)通过建立线性回归模型估算出入海颗粒性有机碳总量为 0.2 Pg C·a^{-1}，Li 等(2017)通过计算流域土壤侵蚀总量，以此估算出全球颗粒性有机碳总量为 0.24 Pg C·a^{-1}。还有研究表明气候变暖和大陆侵蚀都影响河流有机碳的运移(Probst et al.，1994；Galy et al.，2015；Pavia et al.，2019)。由此可知，颗粒性有机碳研究量级和空间分布的差异，阻碍了对颗粒性有机碳总量全球和具体信息的更精准估算，给气候变化、碳预算和寻找遗失碳汇带来了挑战。

为此，本章基于土壤侵蚀、河流总悬浮固体和径流量模型估算河流颗粒性有机碳的量级和空间分布，以找出更适合颗粒性有机碳总量计算的公式。空间分布主要根据河流碳源的大陆、河流碳流入的海洋、河流所在的经纬度带和不同流域面积进行比较。通过对全球主要河流采用不同方法所得结果进行对比研究，能够提高对控制有机碳在陆地和海洋之间的河流运输过程的认识。

14.1 颗粒性有机碳整体变化

由土壤侵蚀模型、河流总悬浮固体模型和径流量模型估算的全球河流颗粒性有机碳总量分别为 199.75Tg $C \cdot a^{-1}$、169.91Tg $C \cdot a^{-1}$、119.81Tg $C \cdot a^{-1}$；土壤侵蚀总量($F_{erosion}$)为 0.01～30.92Tg $C \cdot a^{-1}$，平均值为 1.64Tg $C \cdot a^{-1}$；河流总悬浮固体(F_{tss})为 0.01～75.12Tg$C \cdot a^{-1}$，平均值为 1.39Tg $C \cdot a^{-1}$；径流总量(F_{runoff})为 0.01～37.93Tg $C \cdot a^{-1}$，平均值为 0.98Tg $C \cdot a^{-1}$。

不同模型计算的颗粒性有机碳总量在空间上表现出较大的差异。由图 14-1(a)可知，输出颗粒性有机碳总量较高的流域有黑龙江(阿穆尔河)、密西西比河、刚果河、马更些河、森格藏布(狮泉河)(印度河)和长江以及一些高纬度的河流[勒拿河、叶尼塞河和额尔齐斯河(鄂毕河)]。这些河流主要流经热带雨林地区、东亚和东南亚地区、北亚地区和北美地区，是颗粒性有机碳总量的主要来源。

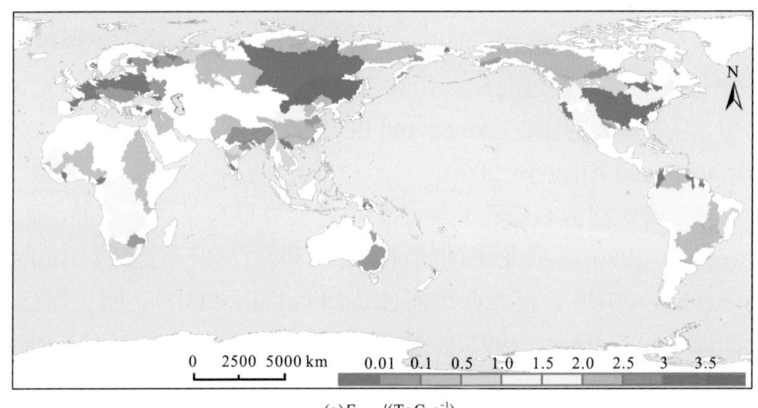

(a)$F_{erosion}$/($TgC \cdot a^{-1}$)

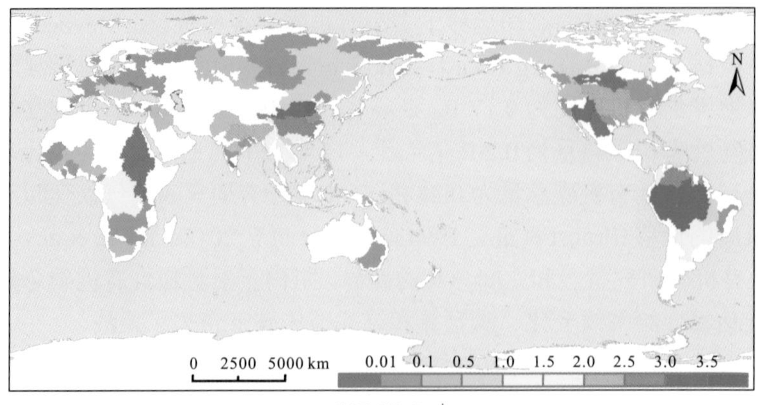

(b)F_{tss}/($TgC \cdot a^{-1}$)

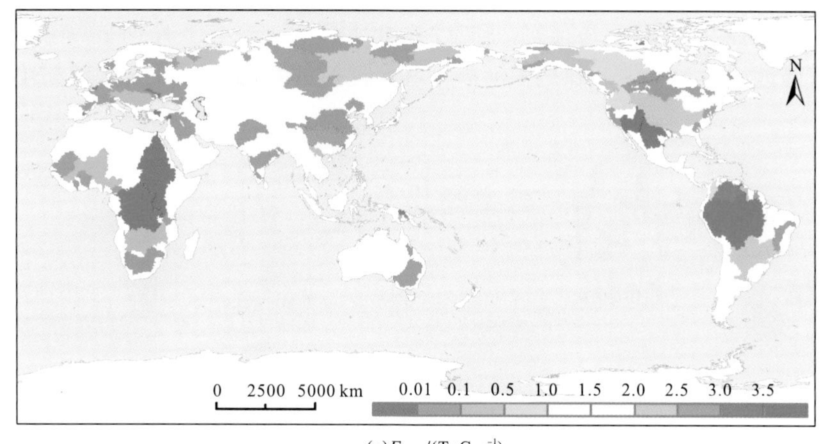

(c)F_{runoff}/(TgC·a^{-1})

图 14-1　颗粒性有机碳总量空间分布［径流深数据来源于全球河流数据(GEMS-GLOK 数据库)］

由图 14-1(b)可知，大部分河流颗粒性有机碳总量小于 1TgC·a^{-1}，亚马孙河流域和海河流域颗粒性有机碳总量在 3TgC·a^{-1} 以上。海河的总悬浮固体最高，达 73333mg·L^{-1}，依据总悬浮固体的总量模型计算可知，海河的颗粒性有机碳总量为 75.12TgC·a^{-1}(表 14-1)。勒拿河流域、叶尼塞河流域和密西西比河流域颗粒性有机碳总量次之，分别为 0.95TgC·a^{-1}、3.47TgC·a^{-1} 和 0.55TgC·a^{-1}(表 14-1)。由图 14-1(c)可知，颗粒性有机碳总量输出较高的流域有亚马孙河、科罗拉多河、刚果河、塞皮克河、奥里诺科河和长江，其总量分别为 37.93TgC·a^{-1}、23.19TgC·a^{-1}、5.47TgC·a^{-1}、5.38TgC·a^{-1}、4.6TgC·a^{-1} 和 4.01TgC·a^{-1}。由于其总量分布和径流量的输出成正比，径流量越大的河流，颗粒性有机碳总量越高，因此，与这些径流量较大的河流相比，径流量小的河流的颗粒性有机碳总量输出就较少。

14.1.1　纬度带上的变化

通过对颗粒性有机碳分布的纬向分析找出高值区域，这对研究有机碳总量具有重要意义。基于全球主要河流流域纬向分布的平均颗粒性有机碳总量统计(图 14-2)，河流 POC 沿着纬度带的总体趋势如下：基于侵蚀估算的颗粒性有机碳高值区域主要分布在 35.5°N～74.5°N，该区域的河流有黑龙江(阿穆尔河)、勒拿河、叶尼塞河、额尔齐斯河(鄂毕河)、密西西比河和马更些河；基于河流总悬浮固体和径流量估算的颗粒性有机碳总量的高值区域出现在 4.50°N～13.50°S。亚马孙河、奥里诺科河和刚果河是 POC 总量的主要贡献者。整体来看，流域颗粒性有机碳主要分布在 25.75°N～41.5°N 和 4.50°N～13.50°S(图 14-2)。

14.1.2　不同流域上的变化

将不同流域面积划为不同等级，探讨河流颗粒性有机碳总量在不同流域面积中的变化。由图 14-3 可知，从河流数量上看，面积小于 50 万 km^2 的流域较多，但是其面积仅占研究流域总面积的 17.96%。面积大于 200 万 km^2 的流域较少，但是其面积占研究流域总面积的比例达 42.82 %，有亚马孙河、勒拿河、叶尼塞河、额尔齐斯河(鄂毕河)、尼罗河、刚果河和密西西比河。其中，除尼罗河外，其余河流的颗粒性有机碳总量都较大。

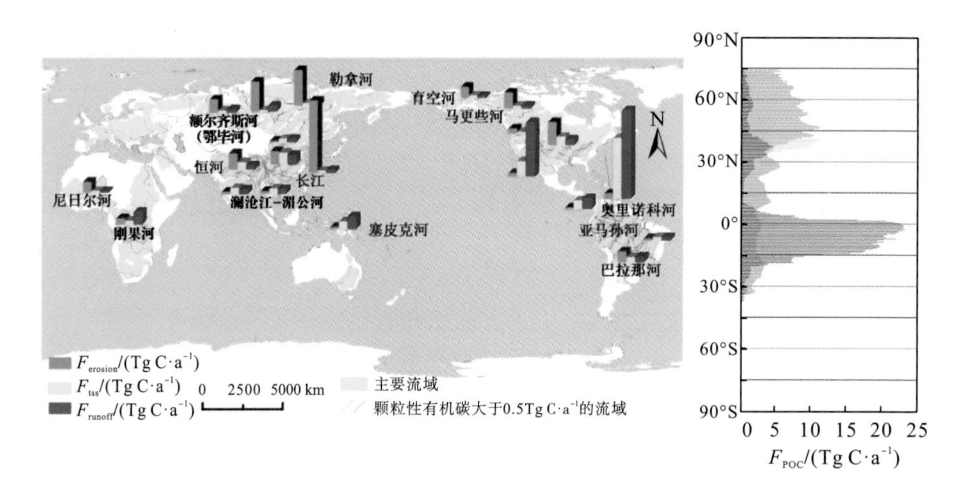

图 14-2 颗粒性有机碳总量纬向变化

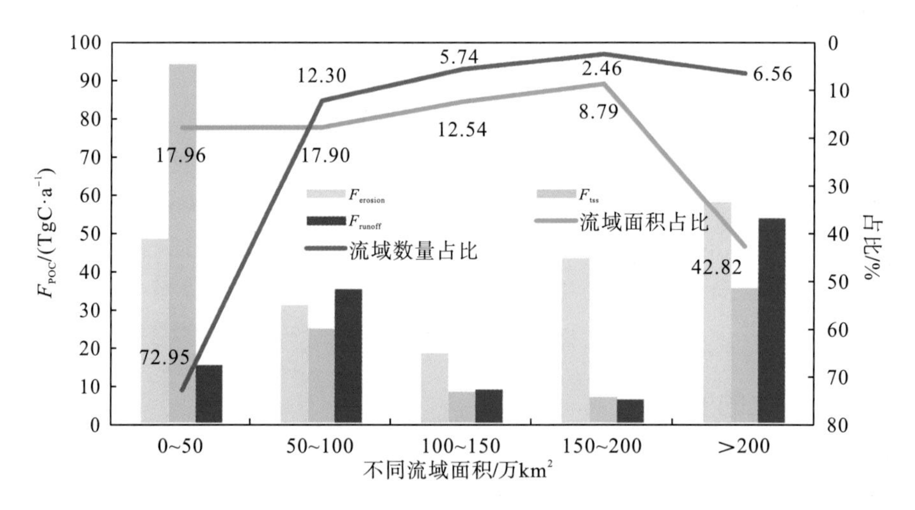

图 14-3 不同流域面积中 POC 分布

由图 14-3 可知，流域面积小于 50 万 km^2 的河流颗粒性有机碳总量为 15.36～94.12TgC · a^{-1}，代表性流域有珠江(1.08～2.64TgC · a^{-1})、独龙江(伊洛瓦底江)(0.72～1.49TgC · a^{-1})、沃尔特河(0.10～2.59TgC · a^{-1})、哈坦加河(0.11～5.17TgC · a^{-1})、因迪吉尔卡河(0.17～4.63TgC · a^{-1})和马格达莱纳河(0.08～1.57TgC · a^{-1})；面积为 150 万～200 万 km^2 的流域面积占研究流域总面积的 8.79%，颗粒性有机碳总量为 6.35～43.37TgC · a^{-1}；面积大于 200 万 km^2 的流域，其流域面积占研究流域总面积的 42.82%，颗粒性有机碳总量为 35.57～58.14TgC · a^{-1}，代表性流域是亚马孙河(2.33～37.93TgC · a^{-1})、刚果河(1.67～5.47TgC · a^{-1})、密西西比河(2.25～9.76TgC · a^{-1})、巴拉那河(2.3～4.53TgC · a^{-1})和叶尼塞河(0.55～12.78Tg C · a^{-1})；面积在 100 万～200 万 km^2 的流域颗粒性有机碳总量最少。面积小于 50 万 km^2 的流域中，基于河流总悬浮固体估算的颗粒性有机碳总量结果偏高，而

其他流域面积中基于土壤侵蚀估算的总量较高。

14.2　陆地和海洋中 POC 总量的变化

图 14-4 显示了颗粒性有机碳总量在不同大陆和海洋中的分布和比例。由图 14-4(b)可知，河流颗粒性有机碳的总量输出变化为：亚洲>南美洲>北美洲>非洲>欧洲>大洋洲。亚洲是颗粒性有机碳输出最多的大陆，这与 Beusen(2005)的研究结果一致。基于侵蚀估算的

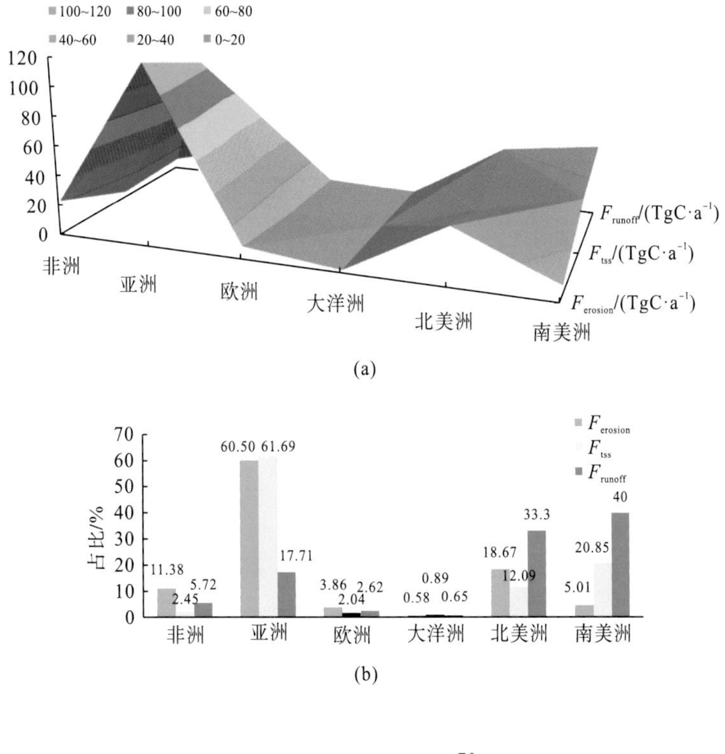

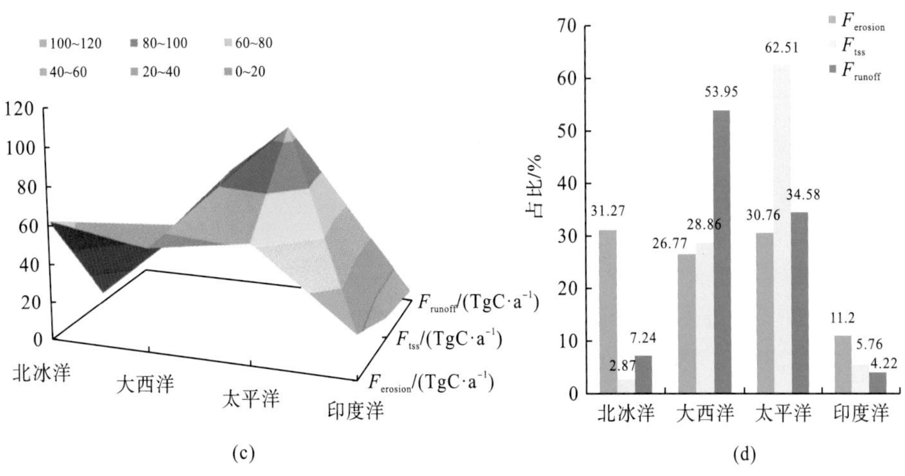

图 14-4　不同大陆和海洋颗粒性有机碳总量分布及比例

颗粒性有机碳总量输出依次为：亚洲(60.50%)、北美洲 (18.67%)、非洲(11.38%)、南美洲 (5.01%)、欧洲 (3.86%)和大洋洲(0.58%)。然而，基于河流总悬浮固体和径流量估算的颗粒性有机碳总量并不遵循这一规律，例如，基于河流总悬浮固体估算的下降顺序为：亚洲(61.69%)、南美洲(20.85%)、北美(12.09%)、非洲(2.45%)、欧洲(2.04%)、大洋洲(0.89%)；此外，基于径流量估算的变化如下：南美洲(40.00%)、北美(33.33%)、亚洲(17.71%)、非洲(5.72%)、欧洲(2.62%)、大洋洲(0.65%)。

对于接收海洋来看，由图 14-4(c)可知，太平洋接收的颗粒性有机碳总量高于大西洋、北冰洋和印度洋。由图 14-4(d)可知，从颗粒性有机碳总量比例来看，各海洋接收基于侵蚀估算的颗粒性有机碳总量占比依次为：北冰洋(31.27%)、太平洋(30.76%)、大西洋(26.77%)和印度洋(11.2%)。然而，与其分布不同的是，基于河流总悬浮固体估算的颗粒性有机碳流向北冰洋(2.87%)、印度洋(5.76%)、大西洋(28.86%)和太平洋(62.51%)；此外，海洋接收基于径流量估算的颗粒性有机碳总量占比随径流量的减少而减少，其分布为大西洋(53.95%) 、太平洋(34.58%)、北冰洋(7.24%)和印度洋(4.22%)。

从以上分析结果可以看出，基于侵蚀估算的颗粒性有机碳总量主要流向北冰洋，这可能是因为受永久冻结影响的 21 个集水区的北极土壤富含有机碳，以及由于全球气候变化(Bruhwiler et al.，2018)，导致有机碳出口增加了(Fabre，2019)。基于河流总悬浮固体估算的颗粒性有机碳总量超过 60%流向太平洋，这可能是因为亚洲的河流受到季风的影响，河流挟带了大量的沉积物，使得这些河流将大部分颗粒性有机碳总量输出到太平洋(Huang et al.，2012；Liu D et al.，2020)。此外，由于亚马孙河流域水量巨大，径流产生的颗粒性有机碳主要输出到大西洋。

14.3 侵蚀、总悬浮固体和径流量对 POC 的影响

土壤侵蚀是调动地表有机碳的关键过程(Quinton et al., 2010; Liu et al.，2018)。由图 14-1(a)和图 14-5(a)看出，颗粒性有机碳和土壤侵蚀总量的空间分布格局具有很大的相似性，土壤侵蚀主要发生在亚洲和北美洲南部。与 Borrelli 等(2017)研究认为人类活动和土地利用变化导致土壤侵蚀发生，耕地扩张可能会导致全球土壤侵蚀增加，预计增幅最大的地区是撒哈拉以南非洲、南美和东南亚的结果相近。土壤侵蚀对颗粒性有机碳总量的影响在于，很多河流颗粒性有机碳产生于土壤碳库，并通过土壤侵蚀传递到河流碳库。通常，降水和地表径流冲刷会导致土壤侵蚀和土壤特性(即有机碳含量、粉砂、沙粒和黏土含量)的变化，导致土壤表面的土壤颗粒被带入山谷或者河流(Pimentel，2006)。坡度大、地表植被覆盖度低的地区，随着降水强度增加，地表冲刷变强，被带走的颗粒物增多(陈晓安等，2017)。除此之外，暴雨不仅造成土壤侵蚀，而且导致河流流量突然上升，从而输送更多的颗粒碳(Li et al., 2017)。因此，在本书的研究中，考虑到了将土壤侵蚀和径流量相结合。

本书中多年 POC 含量百分比均值为 0.48%～36.89%[图 14-5(b)]，POC 含量百分比较高的河流为高韦里河(16.73%)、奥德河(10.67%)、穆斯河(9.84%)、叶尼塞河(9.56%)、涅瓦河(9.23%)、圣劳伦斯河(8.81%)、屈米河(7.85%)、哈坦加河(7.59%)、刚果河(7.20%)、

阿尼加河(7.20%)，纳尔逊河占 36.89%(表 14-1)。由图 14-1(b)和图 14-5(b)可知，POC 含量百分比分布与颗粒性有机碳总量的分布没有呈现出很强的相关性。河流总悬浮固体是颗粒性有机碳的载体，Ludwig 等(1996)直接用总固体悬浮物浓度和总固体悬浮物浓度中的 POC 含量百分比计算河流颗粒性有机碳总量。因此，当总固体悬浮物浓度最小值为 $2250mg \cdot L^{-1}$时，对应 POC 含量百分比值为 0.5。由图 14-1(b)和图 14-5(b)可知，总固体悬浮物和 POC 含量百分比表现出相反的关系，这主要是土壤剖面颗粒性有机碳含量的变化，土壤剖面自上而下颗粒性有机碳含量呈对数减少，随着侵蚀模数的增大，侵蚀影响到的土壤剖面深度也加大，因此，随水流汇入河道泥沙中的颗粒性有机碳相对比例也变小(高全洲和沈承德，1998)。

研究流域多年平均径流量为 0.30～$6609.22km^3 \cdot a^{-1}$，与颗粒性有机碳总量空间分布格局相似[图 14-1(c)、图 14-5(c)]。尼罗河的径流量最低，因为其大部分受信风的影响，且有很长的河段流经沙漠，流域普遍干旱，导致沙漠沿途河水水量因蒸发、渗漏，失去大量径流而无补给(Melesse et al.，2006)。亚马孙河和刚果河两者径流量都很高，从位置看，亚马孙河流域跨南北半球，有热带森林和热带草原两类气候区，炎热潮湿，雨量充沛(曹爽 等，2018)；除此之外，刚果河流域也流经赤道两侧，获得南北半球丰富降水的交替补给，具有水量大及年内变化小的水情特征。

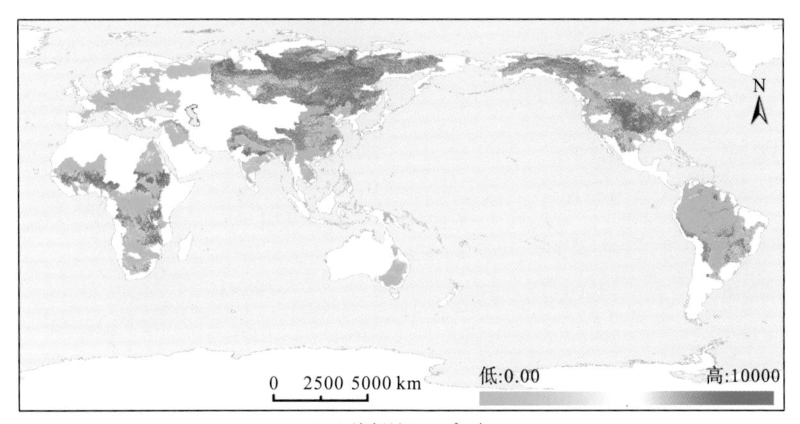

(a)土壤侵蚀/$(t \cdot km^2 \cdot a^{-1})$

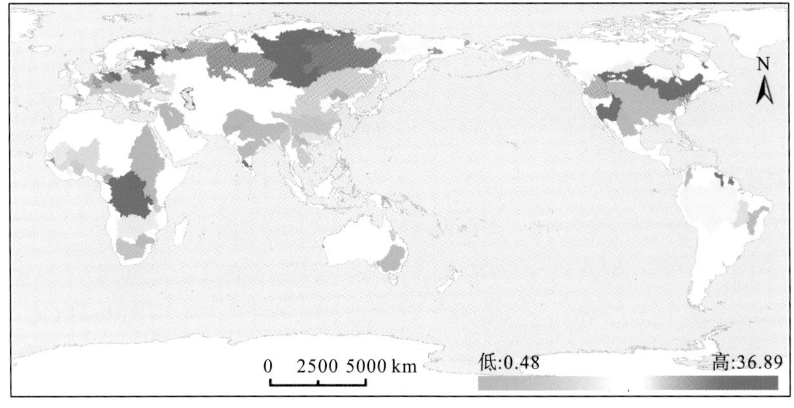

(b)POC/%

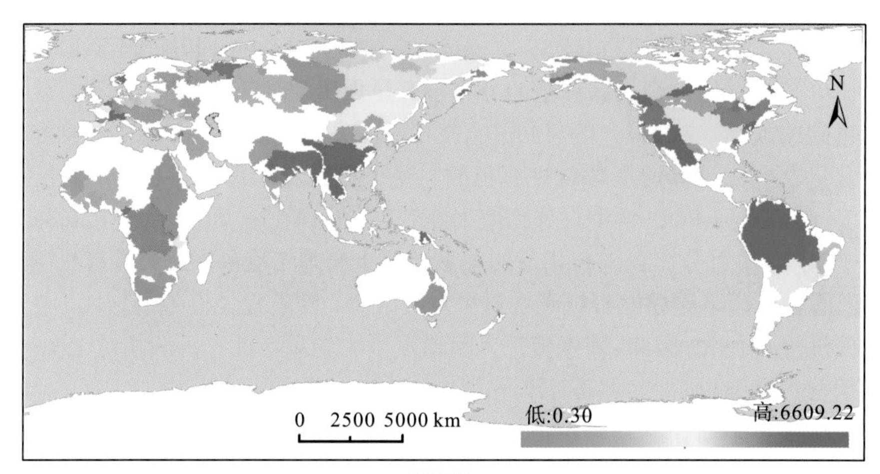

(c)径流量/mm

图 14-5 影响因素空间分布

表 14-1 全球主要河流径流特征

流域	径流深/mm	径流量/(km³·a⁻¹)	POC/%	$F_{erosion}$/(Tg C·a⁻¹)	F_{tss}/(Tg C·a⁻¹)	F_{runoff}/(Tg C·a⁻¹)
阿拉巴莱讷河	572.00	18.19	6.34	0.26	0.03	0.04
阿杜尔河	669.00	31.54	6.88	0.02	0.05	0.08
奥尔巴尼河	328.00	41.33	2.84	0.16	0.14	0.11
奥尔塔马霍河	307.00	61.12	2.07	0.11	0.25	0.18
亚马孙河	1078.00	6609.22	2.17	2.33	26.12	37.93
阿姆古埃马河	311.00	8.71	4.39	0.24	0.02	0.02
黑龙江(阿穆尔河)	185.00	343.18	3.77	30.92	0.94	1.28
阿纳巴尔河	168.00	15.02	5.93	1.03	0.03	0.04
邦达马河	110.00	11.14	3.09	0.07	0.04	0.03
婆罗门河	418	14.04	0.61	0.42	0.51	0.03
布拉索斯河	44.00	5.12	0.71	0.63	0.23	0.01
布格河	53.00	2.91	2.49	0.03	0.01	0.02
伯德金河	67.00	8.64	1.39	0.54	0.04	0.02
高韦里河	238.00	20.73	16.73	0.22	0.02	0.05
杰伊汉河	341.00	6.54	0.76	0.15	0.04	0.01
长江	513.00	929.90	1.04	5.65	4.99	4.01
邱吉尔河	2698.4	778.94	3.40	0.44	2.3	3.28
科罗拉多河(亚利桑那州)	6487	4300.88	6.62	1.59	6.55	23.19
科罗拉多河(得克萨斯州)	23.00	2.46	0.67	0.51	0.02	0.01
哥伦比亚河	353.00	236.16	4.04	2.1	0.61	0.84

续表

流域	径流深 /mm	径流量 /(km³·a⁻¹)	POC/%	$F_{erosion}$ /(Tg C·a⁻¹)	F_{tss} /(Tg C·a⁻¹)	F_{runoff} /(Tg C·a⁻¹)
科尔维尔河	320.00	16.00	1.48	0.8	0.08	0.04
达莫达尔河	500.00	10.83	0.49	0.42	0.15	0.02
多瑙河	253.00	206.70	1.43	0.49	0.99	0.72
道加瓦河	232.00	17.20	6.57	0.04	0.03	0.04
德拉瓦河	519.00	12.22	5.16	0.02	0.02	0.03
第聂伯河	106.00	53.42	4.94	0.2	0.11	0.15
德内斯特河	148.00	8.52	1.84	0.07	0.04	0.02
泰晤士河	49.00	20.68	3.64	0.47	0.06	0.05
德拉门塞尔瓦河	467.00	7.94	2.21	0.12	0.03	0.02
埃布罗河	188.00	16.09	0.65	0.11	0.1	0.04
易北河	162.00	23.81	5.43	0.03	0.05	0.06
埃塞奎博河	1085.00	125.86	6.35	0.02	0.2	0.41
弗莱河	2189.00	140.97	0.74	0.06	0.86	0.46
菲沙河	509.00	115.29	2.22	0.7	0.45	0.37
冈比亚河	117.00	12.99	5.07	0.63	0.03	0.03
恒河	470.00	475.52	0.63	6.98	3.16	1.86
加伦河	313.00	17.22	2.71	0.08	0.06	0.04
格洛玛河	483.00	19.84	0.86	2.87	0.11	0.05
哥达瓦里河	335.00	84.53	0.51	1.43	0.7	0.26
海河	144.00	0.26	0.50	0.94	75.12	0.1
汉江	825.00	22.81	1.22	0.02	0.12	0.06
元江(红河)	1025.00	146.92	0.63	0.15	0.98	0.49
淮河	185.00	40.15	1.62	0.5	0.18	0.11
黄河	55.00	41.56	0.51	2.64	6.01	0.11
哈德孙河	501.00	13.90	4.53	0.03	0.03	0.03
因迪吉尔卡	169.00	57.85	1.80	4.63	0.25	0.17
森格藏布(狮泉河)(印度河)	62.00	58.82	0.49	6.22	0.8	0.17
独龙江(伊洛瓦底江)	1185.00	488.22	1.01	1.08	2.64	1.92
尤卡尔河	58.00	1.15	4.04	0.02	0.01	0.01
堪察加河	592.00	30.34	3.53	0.27	0.09	0.08
哈坦加河	234.00	85.18	7.59	5.17	0.11	0.26
克拉马斯河	486.00	15.21	2.48	0.11	0.06	0.04
科雷马河	200.00	130.70	2.74	4.19	0.45	0.42

续表

流域	径流深 /mm	径流量 /($km^3 \cdot a^{-1}$)	POC/%	$F_{erosion}$ /($Tg C \cdot a^{-1}$)	F_{tss} /($Tg C \cdot a^{-1}$)	F_{runoff} /($Tg C \cdot a^{-1}$)
克里希纳河	116.00	29.73	0.49	0.77	0.31	0.08
库班河	231.00	12.24	0.97	0.07	0.07	0.03
卡斯科奎姆河	439.00	44.67	2.86	0.49	0.15	0.12
屈米河	260.00	9.75	7.85	0.05	0.01	0.02
勒拿河	211.00	519.06	5.61	15.14	0.96	2.06
辽河	74.00	16.54	0.49	0.91	0.2	0.04
林波波河	59.00	20.61	0.57	0.46	0.15	0.05
马更些河	166.00	291.44	2.63	6.8	1.03	1.06
马格达莱纳河	1009.00	247.51	0.68	0.08	1.57	0.88
马罗尼河	872.00	59.21	6.45	0.01	0.09	0.17
澜沧江（湄公河）	587.00	467.25	1.47	1.13	2.21	1.83
默兹河	352.00	13.73	3.88	0.01	0.04	0.03
梅津河	355.00	19.93	5.65	0.12	0.04	0.05
密西西比河	178.00	561.71	0.72	9.76	3.47	2.25
穆斯河	399.00	43.29	9.84	0.11	0.04	0.12
墨累河	7.00	7.60	0.57	0.52	0.05	0.02
北德维纳河	316	111.39	4.94	0.36	0.24	0.35
纳德姆河	308	17.25	6.92	1.1	0.02	0.04
纳尔逊河	79.00	84.58	36.89	1.15	0.01	0.26
内马努斯河	175.00	17.17	5.56	0.03	0.03	0.04
涅瓦河	285.00	80.23	9.23	0.34	0.08	0.24
尼日尔河	128.00	151.04	1.71	4.62	0.67	0.5
尼罗河	0.10	0.29	0.54	5.31	0.01	0.01
诺特韦河	570.00	37.51	6.05	0.19	0.06	0.1
额尔齐斯河（鄂毕河）	135.00	358.65	5.07	5.63	0.74	1.35
奥德河	148.00	16.58	10.67	0.02	0.01	0.04
奥列内克河	163.00	32.60	5.70	3.3	0.06	0.09
阿尼加河	276.00	15.37	7.20	0.08	0.02	0.04
奥伦治河	11.00	9.62	0.81	1.4	0.61	0.02
奥里诺科河	1032.00	1046.79	2.66	0.74	3.68	4.6
巴拉那河	204.00	572.42	2.58	4.53	2.05	2.3
白绍拉河	404	120.39	4.56	1.46	0.28	0.39
品仁纳河	318.00	22.77	5.06	0.34	0.05	0.06

续表

流域	径流深 /mm	径流量 /(km^3·a^{-1})	POC/%	$F_{erosion}$ /(Tg C·a^{-1})	F_{tss} /(Tg C·a^{-1})	F_{runoff} /(Tg C·a^{-1})
波河	699.00	47.78	1.44	0.14	0.23	0.13
波托马克河	322.00	9.64	3.98	0.02	0.03	0.02
普拉里河	2751.00	81.43	0.67	0.03	0.52	0.25
莱茵河	310.00	62.41	4.95	0.13	0.13	0.18
罗讷河	565.00	54.97	1.04	0.16	0.29	0.16
萨斯喀彻温河	2.5	1.61	0.61	2.56	0.01	0.01
鲁菲吉河	198.00	35.44	1.09	0.73	0.19	0.1
萨宾河	175.00	4.24	2.21	0.04	0.02	0.02
萨克拉门托河	293.00	18.16	2.93	0.15	0.06	0.04
圣劳伦斯河	330	366.96	8.81	2.17	0.38	1.38
萨卡里亚河	106.00	5.37	0.53	0.1	0.04	0.01
萨纳加河	461.00	58.62	4.54	0.17	0.14	0.17
桑蒂河	378.00	14.59	4.30	0.03	0.04	0.03
圣弗朗西斯科河	143.00	89.38	3.94	1.3	0.23	0.27
萨凡纳河	416.00	10.96	1.80	0.02	0.05	0.02
斯海尔德河	526.00	6.00	2.30	0.01	0.02	0.01
塞纳河	201.00	13.64	0.51	0.02	0.21	0.03
塞内加尔河	55.00	19.50	3.62	1.7	0.05	0.05
塞皮克河	1525.00	1200.18	3.90	0.91	3.18	5.38
塞伊汉河	249.00	4.94	0.62	0.07	0.03	0.02
沙特阿拉伯河	85.00	62.74	0.48	0.74	0.7	0.18
斯基恩塞尔瓦河	621.00	6.40	2.31	0.11	0.02	0.01
斯蒂金河	943.00	48.16	1.26	0.62	0.24	0.14
苏里南河	688.00	11.01	6.13	0.02	0.02	0.02
萨斯奎哈纳河	479.00	34.37	4.69	0.09	0.08	0.09
托坎廷斯河	491.00	357.69	2.03	0.97	1.46	1.34
利根川河	493.00	8.04	1.35	0.04	0.04	0.02
沃尔特河	93.00	36.83	1.04	2.59	0.2	0.1
怀卡托河	883.00	12.10	2.66	0.01	0.04	0.03
维斯瓦河	164.00	32.19	3.74	0.06	0.09	0.09
亚纳河	144.00	32.17	2.90	4.8	0.11	0.09
叶尼塞河	239	607.86	9.56	12.78	0.55	2.47
育空河	236.00	199.24	1.54	4.73	0.92	0.69

续表

流域	径流深 /mm	径流量 /(km^3·a^{-1})	POC/%	$F_{erosion}$ /(Tg C·a^{-1})	F_{tss} /(Tg C·a^{-1})	F_{runoff} /(Tg C·a^{-1})
刚果河	324.00	1218.24	7.20	2.66	1.67	5.47
赞比西河	80.00	101.20	2.12	2.39	0.4	0.32
珠江	831.00	372.01	2.11	0.72	1.49	1.41
总计	52797.60	26269.40	433.34	199.75	169.91	119.81

本篇小结

从陆地到海洋的有机碳在全球范围内的迁移量级和分布特征影响人们对陆地和海洋碳循环的理解。溶解有机碳(DOC)是陆地和海洋碳循环的重要组成部分，是制约全球气候变化的关键因素。然而，从主要河流到海洋的 OC(DOC 和 POC)总量特征仍不明确，陆地运输到海洋的溶解有机碳通量仍存在争议，全球尺度的 DOC 研究较少。颗粒有机碳不仅对陆地和海洋之间的碳交换具有重要作用，其数量和空间格局还对全球碳预算至关重要。本篇确定了从主要河流到海洋的 OC 总量特征。基于 GEMS-GLORI 数据库中 1996～2000 年水化学数据，使用两种不同的计算方法对全球的 197 条 DOC-Flux 进行重新的模拟研究，利用土壤侵蚀总量模型法($F_{erosion}$)、河流总悬浮固体总量模型(F_{tss})和径流总量模型(F_{runoff})，计算了颗粒性有机碳总量的空间分布，并估算了全球河流颗粒性有机碳向海洋输送的总量。结果表明，近 4 亿吨有机碳从陆地向海洋输送，其中，POC 为 220TgC・a^{-1}、DOC 为 200Tg C・a^{-1}。亚洲仅占全球流域面积的 32.46%，却贡献了 57.65%的 POC 总量，北美洲占全球流域面积的 17.52%，贡献了 37.51%的 DOC 总量。其中，太平洋获得了 48%的 POC 总量，大西洋获得了 46%的 DOC 总量。对 5 个关键区域进行了分析和识别，其中 5°N～20°S 的流域对全球 OC 总量的贡献率为 72.76%，主要分布在南美洲的亚马孙河流域和中非的刚果河流域。

在总量上，从陆地运输到海洋的 DOC 总量为 193～204TgC・a^{-1}，其中大西洋、北冰洋、太平洋每年分别吸收了 72.6～88.3TgC・a^{-1}、55.1～66.4TgC・a^{-1}、26.5～40.8TgC・a^{-1}的 DOC；在来源上，大西洋中约 70%的 DOC 来源于南美洲，其中大部分来自亚马孙河流域；北冰洋和太平洋中分别有超过 60%和 50%的 DOC 来自亚洲，其中北冰洋的 DOC 主要来自俄罗斯亚洲部分的勒拿河和额尔齐斯河(鄂毕河)，太平洋主要吸纳来自中国长江的 DOC。总体来说，亚洲大陆是海洋有机碳库的主要贡献者，平均每年向海洋输送 7470 万～9130 万 tC；在流域尺度上，DOC 主要来源于亚马孙河、刚果河、巴拉那河、密西西比河、马更些河、额尔齐斯河(鄂毕河)、叶尼塞河、勒拿河、长江 9 个流域，其中亚马孙河是全球 DOC 贡献最大的流域，每年有 3407 万～4769 万 tC 输送到海洋；在经纬度上，DOC 在 30°N～60°N、90°E～120°E 出现最大峰值，每年为 2100 万～2600 万 tC 和 900 万～1100 万 tC。

陆地生物圈每年向海洋运移 POC 为 119.81～199.75Tg C・a^{-1}。与以往研究认为太平洋和北冰洋是 POC 的主要接纳者不同，本书研究认为太平洋和大西洋接收更多的 POC，并且分别接收 30.76%～62.51%，26.77%～53.95%。出现这样的差异，可能与土壤侵蚀、河流总悬浮固体和径流量的综合影响有关。亚洲比其他洲运移出更多的 POC(60.50%～61.69%)。亚马孙河是大西洋 POC 的主要贡献者，贡献了 53.30%～58.68%。此外，因为人类活动强烈和高侵蚀区的众多大流域广泛分布，在纬度带上发现 POC 总量存在两个关键带(25.75°N～41.5°N 和 4.50°N～13.50°S)。

这些观点直接揭示了全球河流有机碳从陆地到海洋的迁移的变化，增强了我们对全球有机碳从陆地到海洋空间再分配的认识，为陆地和海洋的有机碳循环提供了数据清单，并可能有助于遗失碳汇生命科学及全球气候变化问题的解决。

参考文献

蔡崇法, 丁树文, 史志华, 等, 2000. 应用USLE模型与地理信息系统IDRISI预测小流域土壤侵蚀量的研究. 水土保持学报(2): 19-24.

曹建华, 蒋忠诚, 袁道先, 等, 2017. 岩溶动力系统与全球变化研究进展. 中国地质(44): 874-900.

曹建华, 杨慧, 康志强, 2011. 区域碳酸盐岩溶蚀作用碳汇通量估算初探——以珠江流域为例. 科学通报, 56(26): 2181-2187.

曹爽, 秦天玲, 石晓晴, 等, 2018. 亚马孙流域降雨径流时空变化分析. 水文, 38(1): 90-96.

陈率, 钟君, 李彩, 等, 2020. 西南不同岩性混合小流域化学风化特征. 生态学杂志, 39(4): 1288-1299.

陈晓安, 杨洁, 汤崇军, 等, 2017. 雨强和坡度对红壤坡耕地地表径流及壤中流的影响. 农业工程学报, 33(9): 141-146.

仇晓龙, 王宝利, 梁重山, 等, 2019. 筑坝对河流水化学和流域风化速率估算的影响——以乌江支流三岔河、猫跳河为例. 地球与环境, 47(6): 768-776.

崔之久, 杨建强, 陈艺鑫, 2007. 中国花岗岩地貌的类型特征与演化. 地理学报, 62(3): 675-690.

方精云, 郭兆迪, 朴世龙, 等, 2007. 1981～2000年中国陆地植被碳汇的估算. 中国科学: 地球科学, 37(6): 804-812.

方精云, 于贵瑞, 任小波, 等, 2015. 中国陆地生态系统固碳效应——中国科学院战略性先导科技专项"应对气候变化的碳收支认证及相关问题"之生态系统固碳任务群研究进展. 中国科学院院刊, 30(6): 848-857.

方精云, 朱江玲, 王少鹏, 等, 2011. 全球变暖、碳排放及不确定性. 中国科学: 地球科学, 41(10): 1385.

高全洲, 沈承德, 1998. 河流碳通量与陆地侵蚀研究. 地球科学进展, 13(4): 369-375.

郭兆迪, 胡会峰, 李品, 等, 2013. 1977～2008年中国森林生物量碳汇的时空变化. 中国科学: 生命科学, 43(5): 421-431.

韩志伟, 刘丛强, 吴攀, 等. 2009. 大坝拦截对河流水溶解组分化学组成的影响分析——以夏季乌江渡水库为例[J]. 长江流域资源与环境, 18(4): 361.

何少琛, 2016. 欧盟碳排放交易体系发展现状、改革方法及前景. 长春: 吉林大学.

蒋勇军, 刘秀明, 何师意, 等, 2016. 喀斯特槽谷区土地石漠化与综合治理技术研发. 生态学报, 36(22): 7092-7097.

蒋忠诚, 覃小群, 曹建华, 等, 2011. 中国岩溶作用产生的大气 CO_2 碳汇的分区计算. 中国岩溶, 30(4): 363-367.

蒋忠诚, 袁道先, 曹建华, 等, 2012. 中国岩溶碳汇潜力研究. 地球学报, 33(2): 129-134.

李朝君, 王世杰, 白晓永, 等, 2019. 全球主要河流流域碳酸盐岩风化碳汇评估, 地理学报, 74(7): 1319-1332.

李汇文, 王世杰, 白晓永, 等, 2018. 西南近50年实际蒸散发反演及其时空演变. 生态学报, 38(24): 8835-8848.

李汇文, 王世杰, 白晓永, 等, 2019. 中国石灰岩化学风化碳汇时空演变特征分析. 中国科学: 地球科学, 49(6): 986-1003.

李晶莹, 张经, 2003. 黄河流域化学风化作用与大气 CO_2 的消耗. 海洋地质与第四纪地质, 23(2): 43-49.

李佩成, 郭曼, 王丽霞, 等, 2011. 近60年来中国大陆降水、气温动态及其相互关系的初步研究. 中国工程科学, 13(4): 29-36.

廖宏, 朱懿旦, 2010. 全球碳循环与中国百年气候变化. 第四纪研究, 30(3): 445-455.

刘丛强, 蒋颖魁, 陶发祥, 等, 2008. 西南喀斯特流域碳酸盐岩的硫酸侵蚀与碳循环. 地球化学, 37(4): 404-414.

刘东, 2017. 基于遥感与实测资料的河流有机碳通量估算研究. 杭州: 浙江大学.

刘盼, 任春颖, 王岩松, 等, 2019. 基于RUSLE模型的梅河口市土壤侵蚀动态分析. 水土保持通报, 39(1): 172-179.

刘少华, 严登华, 王浩, 等, 2016. 中国大陆流域分区TRMM降水质量评价. 水科学进展, 27(5): 639-651.

刘旭, 张东, 高爽, 等, 2018. 青藏高原小流域化学风化过程及其 CO_2 消耗通量: 以尼洋河为例. 生态学杂志, 37(3): 688-696.

刘玉, 2006. 花岗岩风化碳汇规律及影响因素研究. 重庆: 西南大学.

刘再华, 2000. 碳酸盐岩岩溶作用对大气 CO_2 沉降的贡献. 中国岩溶, 19(4): 293-300.

刘再华, 2012. 岩石风化碳汇研究的最新进展和展望. 科学通报, 57(21): 95-102.

刘再华, Dreybrodt W, 2012. 碳酸盐风化碳汇与森林碳汇的对比——碳汇研究思路和方法变革的必要性. 中国岩溶(31): 345-348.

刘再华, Dreybrodt W, 韩军, 等, 2005. $CaCO_3$-CO_2-H_2O 岩溶系统的平衡化学及其分析. 中国岩溶(24): 1-14.

陆银梅, 2015. 红壤坡地水力侵蚀下土壤有机碳迁移分布规律及流失过程模拟研究. 长沙: 湖南大学.

潘美慧, 伍永秋, 任斐鹏, 等, 2010. 基于 USLE 的东江流域土壤侵蚀量估算. 自然资源学报, 25(12): 2154-2164.

蒲俊兵, 蒋忠诚, 袁道先, 等, 2015. 岩石风化碳汇研究进展: 基于 IPCC 第五次气候变化评估报告的分析. 地球科学进展, 30(10): 1081-1090.

覃小群, 刘朋雨, 黄奇波, 等, 2013. 珠江流域岩石风化作用消耗大气/土壤 CO_2 量的估算. 地球学报, 34(4): 455-462.

邱冬生, 庄大方, 胡云锋, 等, 2004. 中国岩石风化作用所致的碳汇能力估算. 地球科学, 29(2): 177-182, 190.

宋贤威, 高扬, 温学发, 等, 2016. 中国喀斯特关键带岩石风化碳汇评估及其生态服务功能. 地理学报, 71(11): 1926-1938.

孙瑞, 吴志祥, 陈帮乾, 等, 2016. 近 55 年海南岛气候要素时空分布与变化趋势. 气象研究与应用, 37(2): 1-7.

陶正华, 张东, 李晓东, 等, 2015. 西南三江(金沙江、澜沧江和怒江)流域化学风化过程. 生态学杂志, 34(8): 2297-2308.

王静爱, 左伟. 2010. 中国地理图集. 北京: 中国地图出版社.

解晨骥, 高全洲, 陶贞, 等, 2013. 东江流域化学风化对大气 CO_2 的吸收. 环境科学学报(33): 2123-2133.

谢人栋, 赵翠薇. 2018. 基于栅格尺度的喀斯特槽谷区生态环境脆弱性时空分异研究. 长江科学院院报, 35(4): 48-53.

姚冠荣, 高全洲. 2005. 河流碳循环对全球变化的响应与反馈. 地理科学进展, 24(5): 50-60.

姚冠荣, 高全洲. 2007. 河流碳输移与陆地侵蚀-沉积过程关系的研究进展. 水科学进展, 18(1): 133-139.

余冲, 徐志方, 刘文景, 等, 2017. 韩江流域河水地球化学特征与硅酸盐岩风化——风化过程硫酸作用. 地球与环境, 45(4): 390-398.

袁道先, 1997. 现代岩溶学和全球变化研究. 地学前缘, 4(21): 21-29.

张冠华, 丁文峰, 王一峰, 等, 2020. 2000 年以来长江流域水沙情势变化及成因分析. 水土保持学报, 34(3): 98-104.

张兰, 沈敬伟, 刘晓璐, 等, 2019. 2001—2016 年三峡库区植被变化及其气候驱动因子分析. 地理与地理信息科学, 35(2): 38-46.

张连凯, 覃小群, 刘朋雨, 等, 2016. 硫酸参与的长江流域岩石化学风化与大气 CO_2 消耗. 地质学报, 90(8): 1933-1944.

张娜, 金建新, 佟长福, 等. 2017. 西藏参考作物蒸散量时空变化特征与影响因素. 干旱区研究, 34(5): 1027-1034.

张乾柱, 2018. 硅酸盐岩风化碳汇与中国热带季风区花岗岩流域碳循环. 科学技术与工程, 18(15): 19-27.

张永领, 2012. 河流有机碳循环研究综述. 河南理工大学学报(自然科学版), 31(03): 344-351.

张之淦, 2012. 对《中国岩溶作用产生的大气 CO_2 碳汇的分区计算》一文的商榷. 中国岩溶, 31(3): 339-344.

朱先进, 于贵瑞, 高艳妮, 等, 2012. 中国河流入海颗粒态碳通量及其变化特征. 地理科学进展, 31(1): 118-122.

邹艳娥, 2016. 广西碧水岩流域岩石化学风化过程的碳汇效应. 北京: 中国地质大学(北京).

Abril G, Nogueira M, Etcheber H, et al., 2002. Behaviour of organic carbon in nine contrasting European estuaries. Estuarine, Coastal and Shelf Science, 54(2): 241-262

Aitkenhead J A, McDowell W H, 2000. Soil C: N ratio as a predictor of annual riverine DOC flux at local and global scales. Global Biogeochemical Cycles, 14(1): 127-138.

Alewell C, Ringeval B, Ballabio C. et al., 2020. Global phosphorus shortage will be aggravated by soil erosion. Nature Commun ications, 11: 4546 .

Alley R B, Cuffey K M, Evenson E B, et al., 1997. How glaciers entrain and transport basal sediment: Physical constraints. Quaternary Science Reviews, 16(9): 1017-1038.

Amiotte S, Probst J L, 1993a. Modelling of atmospheric CO_2 consumption by chemical weathering of rocks: Application to the Garonne, Congo and Amazon basins. Chemical Geology, 107(3): 205-210.

Amiotte S, Probst J L, 1993b. CO_2 flux consumed by chemical weathering of continents: Influences of drainage and lithology. Comptes Rendus de l Academie des Sciences Serie Ii, 317(5): 615-622.

Amiotte S, Probst J L, Ludwig W, 2003. Worldwide distribution of continental rock lithology: Implications for the atmospheric/soil CO_2 uptake by continental weathering and alkalinity river transport to the oceans. Global Biogeochemical Cycles. 17(2): 1-13.

Amon R M W, Benner R,1996. Photochemical and microbial consumption of dissolved organic carbon and dissolved oxygen in the Amazon River system. Geochimica et Cosmochimica Acta, 60(10): 1783-1792.

Anderson S P, Drever J I, Frost C D, et al., 2000. Chemical weathering in the foreland of a retreating glacier. Geochimica et Cosmochimica Acta, 64(7): 1173-1189.

Arain R, 1987. Persisting trends in carbon and mineral transport monitoring of the Indus River. Transport of Carbon and Minerals in Major World Rivers, 4: 417-421.

Arthur M A, Kump L R, Najjar R G, 1998. When the rivers ran dry: A hypothesis for end-Permian mass extinctions. EOS Trans. Am. Geophys. Union, 79: F405.

Arvidson R, Mackenzie F, Guidry M, 2006. MAGic: A Phanerozoic model for the geochemical cycling of major rock-forming components. American Journal of Science, 306(3): 135-190.

Avagyan A, Runkle B R K, Hennings N, et al., 2016. Dissolved organic matter dynamics during the spring snowmelt at a boreal river valley mire complex in Northwest Russia. Hydrological Processes, 30(11): 1727-1741.

Bai Z G, Dent D, 2009. Recent land degradation and improvement in China. Ambio, 38: 150-156.

Bajwa A, Ali U, Mahmood A, et al., 2016. Organochlorine pesticides(OCPs) in the Indus River catchment area, Pakistan: status, soil－air exchange and black carbon mediated distribution. Chemosphere, 152: 292-300.

Baret F, Weiss M, Lacaze R, et al., 2013. GEOV1: LAI, FAPAR essential climate variables and FCOVER global times series capitalizing over existing products. Part1: Principles of development and production. Remote Sensing of Environment, 137(10): 299-309.

Barros N, Cole J J, Tranvik L J, et al., 2011. Carbon emission from hydroelectric reservoirs linked to reservoir age and latitude. Nature Geoscience, 4(a): 593-596.

Bastviken D, Tranvik L J, Downing J A, et al., 2011. Freshwater methane emissions offset the continental carbon sink. Science, 331(6031): 50.

Batjes N H, 2016. Harmonized soil property values for broad-scale modelling (WISE30sec) with estimates of global soil carbon stocks. Geoderma. 269: 61-68.

Bauer J E, Cai W J, Raymond P A, et al., 2013. The changing carbon cycle of the coastal ocean. Nature, 504(7478): 61-70.

Bauer J E, Williams P M, Druffel E R M, 1992. 14C activity of dissolved organic carbon fractions in the north-central Pacific and Sargasso Sea. Nature,357(6038): 667-670.

Beaudoing H, Rodell M, 2017. GLDAS noah land surface model L4 monthly 0.25×0.25 degree V2.0, Greenbelt, Maryland, USA, goddard earth sciences data and information services center (GES DISC), Accessed: [2017/05/01].

Beaulieu E, Goddéris Y, Donnadieu Y, et al., 2012. High sensitivity of the continental-weathering carbon dioxide sink to future climate change[J]. Nature Climate Change, 2(5): 346-349.

Beaulieu E, Goddéris Y, Labat D, et al., 2011.Modeling of water-rock interaction in the mackenzie basin: competition between sulfuric and carbonic acids. Chemical Geology, 289(1-2): 114-123.

Beaupré S R, Kieber D J, Keene W C, et al., 2019. Oceanic efflux of ancient marine dissolved organic carbon in primary marine aerosol. Science Advances, 5(10): eaax 6535.

Berner E K, Berner R A, 1996. Global environment: Water, air and geochemical cycles. https: //www.osti.gov/biblio/258914.

Berner E K, Berner R A, 2012. Global environment: Water, air, and geochemical cycles. second edition. princeton: Princeton University Press.

Berner R A, 2006. Geocarbsulf: A combined model for phanerozoic atmospheric O_2 and CO_2. Geochimica et Cosmochimica Acta, 70(23): 5653-5664.

Berner R A, Kothavala Z, 2001. Geocarb III: A revised model of atmospheric CO_2 over phanerozoic time. American Journal of Science, 301: 182-204.

Berner R A, Lasaga A C, Garrels R M, 1983. The carbonate–silicate geochemical cycle and its effect on atmospheric carbon dioxide over the past 100 million years. American Journal of Science, 284(10): 1175-1182.

Berner R A, 2006. A combined model for Phanerozoic atmospheric O_2 and CO_2. Geochimica et Cosmochimica Acta, 70(23): 5653-5664.

Beusen A H W, Dekkers A L M, Bouwman A F, et al., 2005. Estimation of global river transport of sediments and associated particulate C, N, and P. Global Biogeochemical Cycles. 19 (4), GB4S05.

Bianchi T S, Allison M A, 2009. Large-river delta-front estuaries as natural "recorders" of global environmental change. Proceedings of the National Academy of Sciences, 106(20): 8085-8092.

Bianchi T S, Wysocki L A, Stewart M, et al., 2007. Temporal variability in terrestrially-derived sources of particulate organic carbon in the lower Mississippi River and its upper tributaries. Geochimica et Cosmochimica Acta, 71(18): 4425-4437.

Bird M I, Robinson R A J, Oo N W, et al., 2008.A preliminary estimate of organic carbon transport by the Ayeyarwady (Irrawaddy) and Thanlwin (Salween) Rivers of Myanmar. Quaternary International, 186(1): 113-122.

Bluth G J S, Kump L R, 1994. Lithologic and climatologic controls of river chemistry. Geochimica et Cosmochimica Acta, 58(10): 2341-2359.

Boden T A, Marland G, Andres R J, 2017. Global, Regional, and National Fossil–Fuel CO_2 Emissions. Oak Ridge National Laboratory, U.S. Department of Energy, Oak Ridge, Tenn., USA, available at: http: //cdiac.ornl.gov/trends/emis/overview_2014.html, last access: 28 June.

Bolin B, Degens E T, Kempe S, et al., 1979. SCOPE 13. The global carbon cycle. SCOPE 13. Glob. Carbon Cycle.

Bolin B, Degens E T, Kempe S, et al., 1980. The global carbon cycle—scope. carbon in the rock cycle. Amercian Science, 13.

Bonan G B, 2008. Forests and climate change: Forcings, feedbacks, and the climate benefits of forests. Science, 320(5882): 1444-1449.

Börker J, Hartmann J, Romero-Mujalli G, et al., 2019. Aging of basalt volcanic systems and decreasing CO_2 consumption by weathering. Earth surface Dynamics, 7(1): 191-197.

Borrelli P, Robinson D A, Fleischer L R, et al., 2017.An assessment of the global impact of 21st century land use change on soil erosion. Nature Communications, 8(1): 2013.

Brady P V, Caroll S A, et al.,1994. Direct effects of CO_2 and temperature on silicate weathering: possible implications for climate control. Geochimica et Cosmochimica Acta, 58(7): 1853-1856.

Brandt M, Yue Y M, Wigneron J P, et al., 2018. Satellite-observed major greening and biomass increase in South China Karst during recent decade. Earths Future(6): 1017-1028.

Breiman L, 2001. Random forest. Machine Learning, 45(1): 5-32.

Brook G A, Folkoff M E, Box E O, 2010. A world model of soil carbon dioxide. Earth Surface Processes and Landforms, 8(1): 79-88.

Bruhwiler L, Michalak A M, Birdsey R, et al., 2018. Chapter 1: Overview of the global carbon cycle// Second State of the Carbon Cycle Report (SOCCR2): A Sustained Assessment Report. U.S. Global Change Research Program, Washington, DC, USA: 42-70.

Burdige D J, 2005. Burial of terrestrial organic matter in marine sediments: A re-assessment. Global Biogeochemical Cycles, 19(4): 1-7.

Butman D, Raymond P A, 2011. Significant efflux of carbon dioxide from streams and rivers in the United States. Nature Geoscience, 4(12): 839-842.

Cai W J, 2011. Estuarine and coastal ocean carbon paradox: CO_2 sinks or sites of terrestrial carbon incineration? Annu. Rev. Mar. Sci., 3(1): 123-145.

Caldeira K, 1995. Long-term control of atmospheric carbon dioxide: low-temperature seafloor alteration or terrestrial silicate-rock weathering?. American Journal of Science, 295(9): 1077-1114.

Calmels D, Gaillardet J, Brenot A, et al., 2007. Sustained sulfide oxidation by physical erosion processes in the Mackenzie River basin: Climatic perspectives. Geology, 35: 1003-1006.

Calmels D, Gaillardet J, François L, 2014. Sensitivity of carbonate weathering to soil CO_2 production by biological activity along a temperate climate transect. Chemical Geology, 390: 74-86.

Canadell M B, Escoffier N, Ulseth A J, et al., 2019. Alpine glacier shrinkage drives shift in dissolved organic carbon export from quasi-chemostasis to transport limitation. Geophysical Research Letters,46(15): 8872-8881.

Cao J H, Yuan D X, Groves C, et al., 2012. Carbon fluxes and sinks: The consumption of atmospheric and soil CO_2 by carbonate rock dissolution. Acta Geologica Sinica, 86(4): 963-972.

Catalan J, Pla–Rabés S, García J, et al., 2014. Air temperature–driven CO_2 consumption by rock weathering at short timescales: Evidence from a Holocene lake sediment record. Geochimica et Cosmochimica Acta, 136: 67-79.

Chen C, Park T, Wang X H, et al., 2019. China and India lead in greening of the world through land–use management. Nature Sustainability, 2(2): 122-129.

Chen H, Zou J, Cui J, et al.,2018. Wetland drying increases the temperature sensitivity of soil respiration. Soil, 120: 24-27.

Chen J M, Ju W M, Ciais P, 2019. Vegetation structural change since 1981 significantly enhanced the terrestrial carbon sink. Nature Communications, 10(1): 1-7.

Chen M Y, Shi W, Xie P P, et al., 2008. Assessing objective techniques for gauge–based analyses of global daily precipitation[J]. Journal of Geophysical Research Atmospheres, 113(D4): 1-13.

Chen Y, Hedding D W, Li X, et al., 2020. Weathering dynamics of Large Igneous Provinces (LIPs): A case study from the Lesotho Highlands. Earth and Planetary Science Letters, 530: 115871.

Ciais P, Sabine C, Bala G, et al., 2013. Carbon and Other Biogeochemical Cycles. Cambridge: Cambridge University Press.

Clarke L E, 2007. Scenarios of greenhouse gas emissions and atmospheric concentrations: Report. US climate change science program.

Cole J J, Prairie, Y T, Caraco N F, et al., 2007. Plumbing the global carbon cycle: Integrating inland waters into the terrestrial carbon budget. Ecosystems, 10(1): 172-185.

Coppola, A I, Seidel, M, Ward, N D, et al., 2019. Marked isotopic variability within and between the amazon river and marine dissolved black carbon pools. Nature Communications, 10(1): 1-8.

Corazzari L, Bianchini G, Billi P, et al., 2016. A preliminary note on carbon and nitrogen elemental and isotopic composition of Po River suspended load. Rendiconti Lincei, 27(1): 89-93.

Cowton T, Nienow P, Bartholomew I, et al., 2012. Rapid erosion beneath the Greenland ice sheet. Geology, 40(4): 343-346.

Curiale J A, 2017. Total Organic Carbon (TOC). Encyclopedia of Petroleum Geoscience: Cham, 1-5.

Dagg M, Benner R, Lohrenz S, et al., 2004. Transformation of dissolved and particulate materials on continental shelves influenced by large rivers: plume processes. Cont. Shelf Res., 24(7-8): 833-858.

Dahm C N, Gregory S V, Kilho P, 1981. Organic carbon transport in the Columbia River. Estuarine Coastal and shelf science,13(6): 645-658.

Davy P, Crave A,2000. Upscaling local-scale transport processes in large-scale relief dynamics. Physics and Chemistry of the Earth, Part A: Solid Earth and Geodesy, 25(6-7): 533-541.

Dee D P, Uppala S M, Simmons A J, et al., 2011. The ERA-Interim reanalysis: Configuration and performance of the data assimilation system. Quarterly Journal of the Royal Meteorological Society, 137(656): 553-597.

Deng Y, Wang S, Bai X, et al., 2019. Characteristics of soil moisture storage from 1979 to 2017 in the karst area of China. Geocarto International, 36(8): 903-917.

Deng Y, Wang S, Bai X, et al., 2020a. Variation trend of global soil moisture and its cause analysis. Ecological Indicators, 110: 105939.

Deng Y, Wang S, Bai X, et al., 2020b. Spatiotemporal dynamics of soil moisture in the karst areas of China based on reanalysis and observations data. Journal of Hydrology, 585: 124744.

Deng Y, Wang S, Bai X, et al., 2020c. Vegetation greening intensified soil drying in some semi-arid and arid areas of the world. Agriculture and Forest Meteorology, 108103: 292-293.

Depetris P J, Cascante E, 1985. Carbon transport in the Parana River. Transport of Carbon and Minerals in Major World Rivers, 3: 299-304.

Deronde B, Debruyn W, Gontier E, et al., 2014. 15 years of processing and dissemination of SPOT–VEGETATION products. International Journal of Remote Sensing, 35(7): 2402-2420.

Dessert C, Dupré B, François L, et al., 2001. Erosion of Deccan Traps determined by river geochemistry: Impact on the global climate and the $^{87}Sr/^{86}Sr$ ratio of seawater. Earth and Planetary Science Letters, 188(3-4): 459-474.

Dessert C, Dupré B, Gaillardet J, et al., 2003. Basalt weathering laws and the impact of basalt weathering on the global carbon cycle. Chemical Geology, 202(3-4): 257-273.

Dick J J, Tetzlaff D, Birkel C, et al., 2015. Modelling landscape controls on dissolved organic carbon sources and fluxes to streams. Biogeochemistry,122(2): 361-374.

Dlugokencky E, Tans P, 2018. Trends in atmospheric carbon dioxide, national oceanic & atmospheric administration, Earth System Research Laboratory (NOAA/ESRL).

Dong X, Murray A B, Heffernan J B, 2019. Ecohydrologic feedbacks controlling sizes of cypress wetlands in a patterned karst landscape. Earth Surface Processes Landforms, 44(5): 1178-1191.

Donnini M, Frondini F, Probst J L, et al.,2016. Chemical weathering and consumption of atmospheric carbon dioxide in the alpine region. Global & Planetary Change, 136(JAN.): 65-81.

Drever J I, 1994. The effect of land plants on weathering rates of silicate minerals. Geochimica et Cosmochimica Acta, 58(10): 2325-2332.

Dreybrodt W, 1988. Processes in Karst Systems. Berlin: Springer Verlag.

Duan S, Bianchi T S, Shiller A M, et al., 2007. Variability in the bulk composition and abundance of dissolved organic matter in the lower Mississippi and Pearl rivers. Journal of Geophysical Research: Biogeosciences, 112(G2).

Dürr H H, Meybeck M, Dürr S H,2005. Lithologic composition of the Earth' s continental surfaces derived from a new digital map emphasizing riverine material transfer. Global Biogeochemical Cycles, 19(4): GB4S10.

Eisma D, Cadée G C, Laane R, 1982. Supply of suspended matter and particulate and dissolved organic carbon from the Rhine to the coastal North Sea. Mitteilungen aus dem Geologisch-Paläontologischen Institut der Universität Hamburg, (52): 483-505.

Evans C D, Monteith D T, Cooper D M, 2005. Long-term increases in surface water dissolved organic carbon: Observations, possible causes and environmental impacts. Environmental Pollution, 137(1): 55-71.

Fabre C, Sauvage S, Tananaev N, et al., 2019. Assessment of sediment and organic carbon exports into the Arctic ocean: The case of the Yenisei River basin. Water Research, 158(JUL.1): 118-135.

Falkowski P, Scholes R J, Boyle E, et al., 2000. The global carbon cycle: A test of our knowledge of earth as a system. Science, 290(5490): 291-296.

Fan B L, Zhao Z Q, Tao, F X,et al.,2014. Characteristics of carbonate, evaporite and silicate weathering in Huanghe River basin: A comparison among the upstream, midstream and downstream. Journal of Asian Earth Sciences, 96: 17-26.

Fang J Y, Chen A P, Peng C H, et al., 2001. Changes in forest biomass carbon storage in China between 1949 and 1998. Science, 292(5525): 2320-2322.

Fang J Y, Guo Z D, Hu H F, et al., 2014. Forest biomass carbon sinks in East Asia, with special reference to the relative contributions of forest expansion and forest growth. Global Change Biology, 20(6): 2019-2030.

Febles-González J M, Vega-Carreno M B, Tolon-Becerra A, et al., 2012. Assessment of soil erosion in karst regions of Havana, Cuba. Land Degradation & Development, 23(5): 465-474.

Feng X, Fu B, Piao S, et al., 2016. Revegetation in China' s Loess Plateau is approaching sustainable water resource limits. Nature Climate Change, 6: 1019-1022.

Fernández-Martínez M, Vicca S, Janssens I A, et al., 2014. Nutrient availability as the key regulator of global forest carbon balance. Nature Climate Change, 4(6): 471-476.

Fichot C G, Benner R, 2011. A novel method to estimate DOC concentrations from CDOM absorption coefficients in coastal waters. Geophysical Research Letters,38: Lo3610.

Fichot C G, Lohrenz S E, Benner R, 2014. Pulsed, cross-shelf export of terrigenous dissolved organic carbon to the Gulf of Mexico. Journal of Geophysical Research: Oceans,119(2): 1176-1194.

Finlayson B L, Mcmahon T A, 2007. Updated world map of the Köppen-Geiger climate classification. Hydrology and Earth System Sciences, 11(3): 259-263.

Ford D, Williams P, 2007. Karst Hydrogeology and Geomorphology. London: Unwin Hyman,

François L M, Godderis Y, 1998. Isotopic constraints on the Cenozoic evolution of the carbon cycle. Chemical Geology, 145(145): 177-212.

Friedlingstein P, Jones M W, O' Sullivan M, et al.,2019. Global carbon budget 2019. Earth System Science Data, 11(4): 1783-1838.

Friedlingstein P, O' sullivan M, Jones M W, et al., 2020. Global carbon budget 2020. Earth System Science Data,12(4): 3269-3340.

Gabet E J, 2007. A theoretical model coupling chemical weathering and physical erosion in landslide-dominated landscapes. Earth and Planetary Science Letters, 264(1-2): 259-265.

Gabriel, C E, Kellman L, 2014. Investigating the role of moisture as an environmental constraint in the decomposition of shallow and deep mineral soil organic matter of a temperate coniferous soil. Biology and Biochernistry, 68: 373-384.

Gaillardet J, Calmels D, Romero-Mujalli G, et al., 2019. Global climate control on carbonate weathering intensity. Chemical Geology, 527: 118762.

Gaillardet J, Dupré B, Louvat P, et al.,1999. Global silicate weathering and CO_2 consumption rates deduced from the chemistry of large rivers. Chemical Geology, 159(1-4): 3-30.

Gaillardet J, Galy A, 2008. Himalaya-carbon sink or source? Science, 320: 1727.

Galy A, France-Lanord C, 1999.Weathering processes in the Ganges-Brahmaputra basin and the riverine alkalinity budget. Chemical Geology, 159(1-4): 31-60.

Galy A, France-Lanord C,2001. Higher erosion rates in the Himalaya: Geochemical constraints on riverine fluxes. Geology, 29(1): 23-26.

Galy V, Peucker-Ehrenbrink B, Eglinton T, 2015. Global carbon export from the terrestrial biosphere controlled by erosion. Nature, 521(7551): 204-207.

Gan W B, 1983. Carbon transport by the Yangtze (at Nanjing) and Huanghe (at Jinan) rivers, People's Republic of China. Transport of Carbon and Minerals in Major World Rivers, 2: 459-470.

Gao Q, Tao Z, Huang X, et al., 2009. Chemical weathering and CO_2 consumption in the Xijiang river basin, South China. Geomorphology, 106(3-4): 324-332.

Garrels R M, Mackenzie F T, Hunt C A, 1975. Chemical cycles and the global environment: Assessing human influencesc. La Revue Du Praticien, 37(23): 1321-1325.

Garzanti E, Andò S, Vezzoli G, et al., 2006. Petrology of Nile River sands (Ethiopia and Sudan): Sediment budgets and erosion patterns. Earth and Planetary Science Letters, 252: 327-341.

Ghiggi G, Humphrey V, Seneviratne S, et al., 2019. GRUN: An observation-based global gridded runoff dataset from 1902 to 2014. Earth System Science Data, 11: 1655-1674.

Gilbert M, Needoba J, Koch C, et al., 2013. Nutrient loading and transformations in the Columbia River estuary determined by high-resolution in situ sensors. Estuaries and Coasts, 36(4): 708-727.

Gislason S R, Arnorsson S, Armannsson H, 1996. Chemical weathering of basalt in Southwest Iceland: Effects of runoff, age of rocks and vegetative/glacial cover. American Journal of Science, 296(8): 837-907.

Gislason S R, Hans P E,1987. Meteoric water-basalt interactions. I: A laboratory study. Geochimica et Cosmochimica Acta, 51(10): 2827-2840.

Gislason S R, Oelkers E H,2003. Mechanism, rates, and consequences of basaltic glass dissolution: II. An experimental study of the dissolution rates of basaltic glass as a function of pH and temperature. Geochimica et Cosmochimica Acta, 67(20): 3817-3832.

Gislason S R, Oelkers E H,2014. Carbon storage in Basalt. Science, 344(6182): 373-384.

Gislason S R, Oelkers E, 2011. Silicate rock weathering and the global carbon cycle. Frontiers in Geochemisty: Contribution of Geochemistry to the Study of the Earth, 84-103.

Gislasona S R, Oelkers E H, Eiriksdottir E S, et al., 2009. Direct evidence of the feedback between climate and weathering. Earth and Planetary Science Letters, 277(1-2): 220-222.

Godderis Y, Brantley S, François L, et al.,2013. Rates of consumption of atmospheric CO_2 through the weathering of loess during the next 100 a of climate change. Biogeosciences, 10: 135-148.

Godderis Y, Roelandt C, Schott J, et al., 2009. Towards an integrated model of weathering, climate, and biospheric processes. Reviews in Mineralogy and Geochemistry, 70: 411-434.

Gombert P, 2002. Role of karstic dissolution in global carbon cycle. Global and Planetary Change, 33(1-2): 177-184.

Gong S, Wang S, Bai X, et al., 2021. Response of the weathering carbon sink in terrestrial rocks to climate variables and ecological restoration in China. Science of the Total Environment, 750: 141525.

Gregorich E G, Greer K J, Anderson D W, et al. 1998. Carbon distribution and losses: Erosion and deposition effects. Soil & Tillage Research, 47(3): 291-302.

Groemping U, 2006. Relative importance for linear regression in R: The package relaimpo. Journal of Statistical Software, 17(1): 925-933.

Guerra C A, 2020. Global vulnerability of soil ecosystems to erosion. Landscape Ecology, 2020, 35(4): 823-842.

Guo J, Wang F, Vogt R D, et al., 2014.Anthropogenically enhanced chemical weathering and carbon evasion in the Yangtze Basin. Sentific Reports, 5(1): 11941.

Hamilton M A, Russo R C, Thurston R V, 1977. Trimmed Spearman-Karber method for estimating median lethal concentrations in Toxicity Bioassays. Environmental Science & Thchnology, 11(7): 714-719.

Han G, Liu C Q, 2004.Water geochemistry controlled by carbonate dissolution: A study of the river waters draining karst-dominated terrain, Guizhou Province, China. Chemical Geology, 204(1-2): 1-21.

Han G, Song Z, Tang Y, et al., 2019. Ca and Sr isotope compositions of rainwater from Guiyang city, Southwest China: Implication for the sources of atmospheric aerosols and their seasonal variations. Atmospheric Environment, 214 : 116854.

Han G, Tang Y, Liu M, et al., 2020. Carbon-nitrogen isotope coupling of soil organic matter in a karst region under land use change, Southwest China. Agriculture, Ecosystems & Environment, 301: 107027.

Hansis E, Davis S J, Pongratz J, 2015. Relevance of methodological choices for accounting of land use change carbon fluxes[J]. Global Biogeochemical Cycles, 29(8): 1230-1246.

Harris I C, Jones P, 2017. Climatic Research Unit (CRU) Time-Series (TS) Version 4.01 of high-resolution gridded data of month-by-month variation in climate (Jan. 1901-Dec. 2016). University of East Anglia Climatic Research Unit, Centre for Environmental Data Analysis, England.

Harris I, Osborn T J, Jones P, et al., 2020. Version 4 of the CRU TS monthly high-resolution gridded multivariate climate dataset. Scientific Data, 7: 109.

Harrison J A, Caraco N, Seitzinger S P, 2005. Global patterns and sources of dissolved organic matter export to the coastal zone: Results from a spatially explicit, global model. Global Biogeochemical Cycles,19(4): 1-16.

Hart R C, 1987. Carbon transport in the upper Orange River, Transport of Carbon and Minerals in Major World Rivers, 4: 509-512.

Hartmann J, Dürr H H, Moosdorf N, et al., 2012. The geochemical composition of the terrestrial surface (without soils) and comparison with the upper continental crust. International Journal of Earth Sciences, 101(1): 365-376.

Hartmann J, Jansen N, Dürr H H, et al., 2009.Global CO_2 consumption by chemical weathering: What is the contribution of highly active weathering regions? Global Planetary Change, 69(4): 185-194.

Hartmann J, Lauerwald R, Moosdorf N, 2019. Glorich-Global river chemistry database. PANGAEA, https: //doi.org/10.1594/PANGAEA.902360, Supplement to: Hartmann, J et al. (2014): A Brief Overview of the GLObal RIver Chemistry Database, GLORICH. Procedia Earth and Planetary Science, 10, 23-27.

Hartmann J, Moosdorf N, 2012. The new global lithological map database (GLiM): A representation of rock properties at the earth surface. Geochemistry Geophysics Geosystems, 13: Q12004.

Hartmann J, Moosdorf N, Lauerwald R, et al., 2014. Global chemical weathering and associated P-release — The role of lithology, temperature and soil properties. Chemical Geology, 363: 145-163.

Hartmann J,2009. Bicarbonate-fluxes and CO_2-consumption by chemical weathering on the Japanese Archipelago — Application of a multi-lithological model framework. Chemical Geology, 265: 237-271.

He H, Liu Z Y, Chen Q,et al., 2020.The sensitivity of the carbon sink by coupled carbonate weathering to climate and land-use changes: sediment records of the biological carbon pump effect in fuxian lake, Yunnan, China, during the past century. Science Total Environment, 720: 137539.

Helmke P, Neuer S, Lomas M W, et al., 2010. Cross-basin differences in particulate organic carbon export and flux attenuation in the subtropical North Atlantic gae. Deep-Sea Research Part I: Oceanographic Research Papers, 57(2): 213-227.

Hilley G E, Porder S, 2008. A framework for predicting global silicate weathering and CO_2 drawdown rates over geologic time-scales. Proceedings of the National Academy of Sciences, 105(44): 16855-16859.

Hinson A L, Feagin R A, Eriksson M, et al., 2017. The spatial distribution of soil organic carbon in tidal wetland soils of the continental United States. Global Change Biology, 23(12): 5468-5480.

Hoffmann T, Glatzel S, Dikau R, 2009. A carbon storage perspective on alluvial sediment storage in the Rhine catchment. Geomorphology, 108(1-2): 127-137.

Houghton R A, Nassikas A A,2017. Global and regional fluxes of carbon from land use and land cover change 1850–2015. Global Biogeochem. Cy., 31: 456-472.

House J I, Prentice I C, Ramankutty N, et al., 2015. Reconciling apparent inconsistencies in estimates of terrestrial CO_2, sources and sinks. Tellus Series B–chemical & Physical Meteorology, 55(2): 345-363.

Howard A,1994. A detachment-limited model of drainage-basin evolution. Water Resources Research, 30(7): 2261-2285.

Huang Q B, Qin X Q, Liu P Y, et al., 2017. Impact of sulfuric and nitric acids on carbonate dissolution, and the associated deficit of CO_2 uptake in the upper-middle reaches of the Wujiang river, China. Journal of Contaminant Hydrology, 203: 18-27.

Huang T H, Fu Y H, Pan P Y, et al., 2012. Fluvial carbon fluxes in tropical rivers. Current Opinion in Environmental Sustainability. 4(2): 162-169.

Ibarra D E, Caves J K, Moon S, et al.,2016. Differential weathering of basaltic and granitic catchments from concentration–discharge relationships. Geochimica et Cosmochimica Acta, 190: 265-293.

IPCC. Climate Change,2013. The Physical Science Basis. Contribution of Working Group I to the Fifth Assessment Report of the Intergovernmental Panel on Climate Change//Cambridge, United Kingdom and New York, NY, USA: Cambridge University Press.

Jacobson A D, Blum J D, Chamberlain C P, et al.,2003. Climatic and tectonic controls on chemical weathering in the New Zealand Southern Alps. Geochimica et Cosmochimica Acta, 67(1): 29-46.

Jansen I M L, Painter R B, 1974. Predicting sediment yield from climate and topography. Journal of Hydrology, 21 (4) : 371-380.

Jiang Y J, Cao M, Yuan D X, et al., 2018. Hydrogeological characterization and environmental effects of the deteriorating urban karst groundwater in a karst trough valley: Nanshan, SW China. Hydrogeology Journal, 26: 1487-1497.

Jiang Y, 2013. The contribution of human activities to dissolved inorganic carbon fluxes in a karst underground river system: Evidence from major elements and $\delta^{13}C_{DIC}$ in Nandong, Southwest China. Journal of Contaminant Hydrology, 152 (sep.) : 1-11.

Jiang Z, Liu H, Wang H, et al.,2020. Bedrock geochemistry influences vegetation growth by regulating the regolith water holding capacity. Nature, Communication,11 (2392) : 1-9.

John A H, 2005. Global patterns and sources of dissolved organic matter export to the coastal zone. Global Biogeochem. Cy., 19: GB4S04.

Jones C, McConnell C, Coleman K, et al., 2005. Global climate change and soil carbon stocks; predictions from two contrasting models for the turnover of organic carbon in soil. Global Change Biology, 11 (1) : 154-166.

Kaiser K, Benner R, Amon R M W, 2017. The fate of terrigenous dissolved organic carbon on the Eurasian shelves and export to the North Atlantic. Jounal of Geophysical Research: Oceans, 122 (1) : 4-22.

Kang S J, Kim J H, Kim D, 2019.Temporal variation in riverine organic carbon concentrations and fluxes in two contrasting estuary systems: Geum and Seomjin, South Korea. Environ. Int., 133, 105126.

Kao S J, Liu K K, 1997. Fluxes of dissolved and nonfossil particulate organic carbon from an Oceania small river (Lanyang Hsi) in Taiwan. Biogeochemistry, 39 (3) : 255-269.

Kempe S, Degens E T, 1985. An early soda ocean. Chemical Geology, 53 (1) : 95-108.

Kempe S, Pettine M, Cauwet G, 1990. Biogeochemistry of European rivers//Biogeochem imistry of. major world rivers. SCOPE, 42: 169-211.

Kheshgi H S, Jain A K, & Wuebbles D J, 1996. Accounting for the missing carbon-sink with the CO_2-fertilization effect[J]. Climatic Change, 33 (1) , 31-62.

Kopprio G A, Kattner G, Freije R H, et al., 2014. Seasonal baseline of nutrients and stable isotopes in a saline lake of Argentina: biogeochemical processes and river runoff effects. Environmental monitoring and assessment, 186 (5) : 3139-3148.

Krishna M S, Prasad V R, Sarma V, et al., 2015. Fluxes of dissolved organic carbon and nitrogen to the northern Indian Ocean from the Indian monsoonal rivers. Journal of Geophysical Research: Biogeosciences, 120 (10) : 2067-2080.

Krissansen-Totton J, Catling D C, 2020. A coupled carbon-silicon cycle model over Earth history: Reverse weathering as a possible explanation of a warm mid-Proterozoic climate. Earth and Planetary Science Letters, 537: 116181.

Kump L R, Brantleys S L, Arthur M A, 2000. Chemical weathering, atmospheric CO_2 and climate. Annual Review of Earth and Planetary Science, 28 (1) : 611–667.

Kwon J, Jun S W, Choi S I, et al., 2019. FeSe quantum dots for in vivo multiphoton biomedical imaging. Science Advances, 5 (12) : eaay0044.

Lal R, 2001. World cropland soils as a source or sink for atmospheric carbon. Advances in Agronomy, 71: 145-191.

Lal R, 2003. Soil erosion and the global carbon budget. Environ. Int., 29 (4) : 437-450.

Lal R, 2004. Soil carbon sequestration impacts on global climate change and food security. Science, 3304 (5677) : 1623-1627.

Lal R, 2005. Forest soils and carbon sequestration. Forest Ecology and Managemeat, 220 (1-3) : 242-258.

Landschützer P, Gruber N, Bakker D C E, et al., 2015. Recent variability of the global ocean carbon sink. Global Biogeochemical Cycles, 28 (9) : 927-949.

Larsen I J, Almond P C, Eger A, et al., 2014. Rapid soil production and weathering in the Southern Alps, New Zealand. Science, 343(6171): 637.

Larsen S, Andersen T, Hessen D O, 2011. Predicting organic carbon in lakes from climate drivers and catchment properties. Global Biogeochem. Cycles, 25(3): 1-10.

Lauerwald R, Laruelle G G, Hartmann J, et al., 2015. Spatial patterns in CO_2 evasion from the global river network. Global Biogeochemical Cycles, 29(5): 534-554.

Laura S G, Alling V, Pugach S, et al., 2011. Inventories and behavior of particulate organic carbon in the Laptev and East Siberian seas. Global Biogeochemical Cycles, 25(2): 1-13.

Le Hir G, Donnadieu Y, Goddéris Y, et al., 2011. The climate change caused by the land plant invasion in the Devonian. Earth and Planetary Science Letters, 310(3-4): 203-212.

Le Quéré C, Andrew R M, Friedlingstein P, et al., 2018. Global carbon budget 2017. Earth System Science Data, 10(1): 405-448.

Le Quéré C, Andrew R M, Friedlingstein P, et al., 2019. Global Carbon Budget 2018. Earth System Science Data, 10: 2141-2194.

Lebedeva M I, Fletcher R, Brantley S,2010. A mathematical model of steady-state regolith production at constant erosion rate. Earth Surface Processes and Landforms, 35(5): 508-524.

Lee R M, Biggs T W, 2015. Impacts of land use, climate variability, and management on thermal structure, anoxia, and transparency in hypereutrophic urban water supply reservoirs. Hydrobiologia, 745(1): 263-284.

Leenheer J, 1982. United states geological survey data information service, Transport of Carbon and Minerals in Major World Rivers,1: 335-356.

Lehmann J, Kleber M, 2015. The contentious nature of soil organic matter. Nature, 528(7580): 60-68.

Lenton T M, Britton C, 2006. Enhanced carbonate and silicate weathering accelerates recovery from fossil fuel CO_2 perturbations. Global Biogeochemical Cycles, 20(3): 1-12.

Lerman A, Wu L, Mackenzie F T, 2007. CO_2 and H_2SO_4 consumption in weathering and material transport to the ocean, and their role in the global carbon balance. Marine Chemistry, 106(1-2): 326-350.

Lesack L F W, Marsh P, 2007. Lengthening plus shortening of river-to-lake connection times in the Mackenzie River Delta respectively via two global change mechanisms along the arctic coast. Geophysical Research Letters, 34(23): 229-241.

Lesack L R, Hecky R E, Melack J M,1984. Transport of carbon, nitrogen, phosphorus, and major solutes in the Gambia River, West Africa, Limnol. Oceanogr., 29(4): 816-830.

Lewis W M, Saunders J F, 1989. Concentration and transport of dissolved and suspended substances in the Orinoco River. Biogeochemistry,7(3): 203-240.

Li B, Gasser T, Ciais P, et al., 2016. The contribution of China's emissions to global climate forcing. Nature, 531(7594): 357-361.

Li C J,Wang S J, Bai X Y, et al.,2019. Assessment of carbonate weathered carbon sinks in major global river basins[J]. Acta Geographica Sinica, 74(7): 1319-1332.

Li C, Ji H, 2016. Chemical weathering and the role of sulfuric and nitric acids in carbonate weathering: Isotopes (^{13}C, ^{15}N, ^{34}S, and ^{18}O) and chemical constraints. Journal of Geophysical Research: Biogeosciences, 121(5): 1288-1305.

Li G, Hartmann J, Derry L A, et al., 2016. Temperature dependence of basalt weathering. Earth and Planetary Science Letters, 443: 59-69.

Li H W, Wang S J, Bai X Y, et al., 2018. Spatiotemporal distribution and national measurement of the global carbonate carbon sink. Science of Total Environment, 643: 157-170.

Li H W, Wang S J, Bai X Y, et al., 2019. Spatiotemporal evolution of carbon sequestration of limestone weathering in China[J]. Science China (Earth Sciences), 62(6): 974-991.

Li M X, Peng C H, Wang M, et al., 2017. The carbon flux of global rivers: A re-evaluation of amount and spatial patterns. Ecological Indicators. 80: 40-51.

Li M X, Peng C H, Zhou X L, et al., 2019. Modeling global riverine DOC flux dynamics from 1951 to 2015. Journal of Advances in Modeling Earth Systems, 11(2): 514-530.

Li N, 2006. Distribution and source of organic carbon and its coupling relationship with nitrogen and phosphorus in the Changjiang Estuary and Jiaozhou Bay. Graduate School of Chinese Academy of Sciences (Institute of Oceanography).

Li Q, Wang S J, Bai X Y, et al., 2020.Change detection of soil formation rate in space and time based on multi source data and geospatial analysis techniques. Remote Sensing,, 12(121): 1-21.

Li S L, Calmels D, Han G, et al., 2008. Sulfuric acid as an agent of carbonate weathering constrained by $\delta^{13}C_{DIC}$: Examples from Southwest China. Earth and Planetary Science Letters, 270(3-4): 189-199.

Li S L, Chetelat B, Yue F, et al., 2014. Chemical weathering processes in the Yalong River draining the eastern Tibetan Plateau, China. Journal of Asian Earth Sciences, 88(Jul.1): 74-84.

Li S L, Liu C Q, Li J, et al., 2010. Geochemistry of dissolved inorganic carbon and carbonate weathering in a small typical karstic catchment of Southwest China: Isotopic and chemical constraints. Chemical Geology, 277: 301-309.

Li S L, Lu X X, Min H, et al., 2011. Major element chemistry in the upper Yangtze River: A case study of the Longchuanjiang River. Geomorphology, 129(1-2): 29-42.

Li Y, Bai X Y, Zhou Y C, et al., 2016. Spatial–temporal evolution of soil erosion in a typical mountainous Karst Basin in SW China, based on GIS and RUSLE. Arabian Journal for Science and Engineering, 41: 209-221.

Liao H, Zhu Y D, 2010. Global carbon cycle and climate change in China over the past century. Quaternary Sciences, 30(3): 445-455.

Liu B Y, Nearing M A, Risse L M,2000. Slope gradient effects on soil loss for steep slopes. Soil Science Society of America Journal, 64(5): 1759-1763.

Liu C Q, Jiang Y K, Tao F X, et al., 2008. Chemical weathering of carbonate rocks by sulfuric acid and the carbon cycling in Southwest China. Geochimica, 37(4): 404-414.

Liu D, Bai Y, He X Q, et al., 2020. Changes in riverine organic carbon input to the ocean from mainland China over the past 60 years. Environment international,134: 105258.

Liu D, Delu P, Yan B, et al., 2015. Remote sensing observation of particulate organic carbon in the Pearl River Estuary. Remote Sensing, 7(7): 8683-8704.

Liu J K, Han G L, 2020. Major ions and $\delta_{34}S$ SO_4 in Jiulongjiang River water: Investigating the relationships between natural chemical weathering and human perturbations. Science of the Total Environment, 724: 138208.

Liu M, Han G, Zhang Q, 2019. Effects of soil aggregate stability on soil organic carbon and nitrogen under land use change in an erodible region in Southwest China. International Journal of Environment Research and. Public Health, 16(20): 3809.

Liu W, Shi C, Xu Z, et al., 2016. Water geochemistry of the qiantangjiang river, East China: chemical weathering and CO_2 consumption in a basin affected by severe acid deposition. Journal of Asian Earth Sciences, 127(sep.1): 246-256.

Liu Z H, Dreybrodt W, Wang H J, 2010. A new direction in effective accounting for the atmospheric CO_2 budget: Considering the combined action of carbonate dissolution, the global water cycle and photosynthetic uptake of DIC by aquatic organisms. Earth Science. Reviews, 99: 162-172.

Liu Z H, Macpherson G L, Groves C, et al., 2018. Large and active CO_2 uptake by coupled carbonate weathering. Earth Science Reviews, 182: 42-49.

Liu Z H, Zhao J, 2000. Contribution of carbonate rock weathering to the atmospheric CO_2 sink. Carsologica Sinica, 39(39): 1053-1058.

Liu Z, Dreybrodt W, 2015. Significance of the carbon sink produced by H_2O-carbonate-CO_2-aquatic phototroph interaction on land. Science Bulletin, 60: 182-191.

Liu Z, Dreybrodt W, Liu H, 2011. Atmospheric CO_2 sink: Silicate weathering or carbonate weathering? Applied Geochemistry, 26: S292-S294.

Liu Z, Li Q, Sun H, et al., 2007. Seasonal, diurnal and storm-scale hydrochemical variations of typical epikarst springs in subtropical karst areas of SW China: Soil CO_2 and dilution effects. Journal of Hydrology, 337: 207-223.

Louvat P, Allègre C J, 1997. Present denudation rates on the island of Réunion determined by river geochemistry: Basalt weathering and mass budget between chemical and mechanical erosions. Geochimica et Cosmochimica Acta, 61: 3645-3669.

Louvat P, Allègre C J, 1998. Riverine erosion rates on Sao Miguel volcanic island, Azores archipelago. Chemical Geology, 148(3-4): 177-200.

Lu F, Hu H F, Sun W J, et al., 2018. Effects of national ecological restoration projects on carbon sequestration in China from 2001 to 2010. Proceedings of the National Academy of Sciences, 115(16): 4039-4044.

Lu X X, Li S, He M, et al., 2012. Organic carbon fluxes from the upper Yangtze basin: an example of the Longchuanjiang River, China. Hydrological Processes, 26(11): 1604-1616.

Ludwig W, Luc P, Kempe S, 1996. Predicting the oceanic input of organic carbon by continental erosion. Global Biogeochem. Ical Cycles, 10(1): 23-41.

Ludwig W, Probst J L, 1998. River sediment discharge to the oceans: Present-day controls and global budgets. American Journal of Science, 298(4): 265-295.

Lv S, Yu Q, Wang F, et al., 2019. A Synthetic Model to Quantify Dissolved Organic Carbon Transport in the Changjiang River System: Model Structure and Spatiotemporal Patterns. Journal of Advances in Modeling Earth Systems, 11(9), 3024–3041.

Lyons W B, Carey A E, Hicks D M, et al., 2005. Chemical weathering in high-sediment-yielding watersheds, New Zealand. Journal of Geophysical Research: Earth Surface, 110: F01008.

Maavara T, Lauerwald R, Regnier P, et al., 2017. Global perturbation of organic carbon cycling by river damming. Nature Communication, 8(1): 1-10.

Macdonald F A, Swanson-Hysell N L, Park Y, et al., 2019. Arc-continent collisions in the tropics set Earth's climate state. Science, 364(6436): 181-184.

Maffre P, Ladant J B, Moquet J-S, et al., 2018. Mountain ranges, climate and weathering. Do orogens strengthen or weaken the silicate weathering carbon sink? Earth & Planetary Science Letters, 493: 174-185.

Maher K, Chamberlain C P, 2014. Hydrologic regulation of chemical weathering and the geologic carbon cycle. Science, 343(6178): 1502-1504.

Malcolm R L, Durum W H, 1976. Organic carbon and nitrogen concentrations and annual organic carbon load of six selected rivers of the united states. Water Supply Paper.

Manaka T, Ushie H, Araoka D, et al., 2015. Spatial and seasonal variation in surface water pCO_2 in the Ganges, Brahmaputra, and Meghna Rivers on the Indian subcontinent. Aquatic Geochemistry, 21(5): 1-22.

Mantoura R F C, Woodward E M S, 1983. Conservative behaviour of riverine dissolved organic carbon in the Severn Estuary: Chemical and geochemical implications. Geochimica et Cosmochimica Acta, 47(4): 1293-1309.

Martin J B, Brown A, Ezell J, 2013. Do carbonate Karst terrains affect the global carbon cycle? Acta Carsologica, 42: 2-3.

Martin J B, Yue Y, Pierre W J, et al., 2018. Satellite-observed major greening and biomass increase in South China Karst during recent decade. Earths Future,6: 1017-1028.

Martin J B,2017. Carbonate minerals in the global carbon cycle. Chemical Geology, 449: 58-72.

Mayer L M, 1994. Surface area control of organic carbon accumulation in continental shelf sediments. Geochimica et Cosmochimica Acta, 58(4): 1271-1284.

Mbaye M L, Gaye A T, Spitzy A, et al., 2016. Seasonal and spatial variation in suspended matter, organic carbon, nitrogen, and nutrient concentrations of the Senegal River in West Africa. Limnologica, 57: 1-13.

Meier J, Zabel F, Mauser W,2018. A global approach to estimate irrigated areas – a comparison between different data and statistics. Hydrology & Earth System Sciences Discussions, 22(2): 1-16.

Melesse A M, Abtew W, Setegn S G, 2011. Nile River Basin. Springe Berlin: 154-185.

Melnikov N B, O' Neill B C, 2006. Learning about the carbon cycle from global budget data. Geophysical Research Letters, 33(2): L02705.

Merchant C J, Hulley G C,2013. Sea surface temperature for climate applications: A new dataset from the European space agency climate change initiative// AGU Fall Meeting Abstracts, 2013: GC43F-01.

Meybeck M, 1987. Global chemical weathering of surficial rocks estimated from river dissolved loads. American Journal of Science, 287(5): 401-428.

Meybeck M, Cauwet G, Dessery S, et al., 1988. Nutrients (organic C, P, N, Si) in the eutrophic River Loire (France) and its estuary. Estaurine, Coastal and Shelf Science,27(6): 595-624.

Meybeck M, Ragu A, 1996. River discharges to the oceans: an assessment of suspended solids, major ions and nutrients. UNEP, Environment Information and Assessment, (draft): 240.

Meybeck M, Ragu A, 1997. Presenting the GEMS-GLORI, a compendium of world river discharge to the oceans. Freshwater Contamination (Proceedings of Rabat Symposium S4, April-May). IAHS Publications, 243, 3-14.

Meybeck M, Ragu A, 2012. GEMS-GLORI world river discharge database. Laboratoire de Géologie Appliquée, Université Pierre et Marie Curie, Paris, France, PANGAEA.

Meybeck M,1982. Carbon, Nitrogen and Phosphorus Transport by World Rivers. American Journal of Science, 282(4): 401-450.

Milliman J D, 1995. River discharge to the sea: a global river index(GLORI). LOICZ Reports and Studies, 2.

Milliman J, Syvitski J,1991. Geomorphic tectonic control of sediment discharge to ocean–The importance of small mountainous rivers. Journal of Geology, 100(5): 525-544.

Millot R, Erôrme Gaillardet, Bernard Dupré, et al., 2003. Northern latitude chemical weathering rates: Clues from the Mackenzie River Basin, Canada. Geochimica et Cosmochimica Acta, 67(7): 1305-1329.

Millot R, Gaillardet J, Dupré B, et al., 2002. The global control of silicate weathering rates and the coupling with physical erosion: new insights from rivers of the Canadian Shield. Earth and Planetary Science Letters, 196(1-2): 83-98.

Minasny B, Malone B P, McBratney A B, et al., 2017. Soil carbon 4 per mille. Geoderma, 292: 59-86.

Minaudo C, Meybeck M, Moatar F, et al., 2015. Eutrophication mitigation in rivers: 30 years of trends in spatial and seasonal patterns of biogeochemistry of the Loire River(1980-2012). Biogeosciences, 12(8): 2549-2563.

Montgomery D R, Brandon M T,2002. Topographic controls on erosion rates in tectonically active mountain ranges. Earth and Planetary Science Letters, 201: 481-489.

Moon S, Chamberlain C P, Hilley G E, 2014. New estimates of silicate weathering rates and their uncertainties in global rivers. Geochimica et Cosmochimica Acta, 134: 257-274.

Moon S, Huh Y, Qin J, et al., 2007. Chemical weathering in the Hong (Red) River basin: Rates of silicate weathering and their controlling factors. Geochimica et Cosmochimica Acta, 71: 1411-1430.

Moosdorf N, Hartmann J, Lauerwald R, et al., 2011. Atmospheric CO_2 consumption by chemical weathering in North America. Geochimica et Cosmochimica Acta, 75: 7829-7854.

Mora A, Laraque A, Moreira-Turcq P, et al., 2014. Temporal variation and fluxes of dissolved and particulate organic carbon in the Apure, Caura and Orinoco rivers, Venezuela. Journal of South American Earth Sciences, 54 (oct.) : 47-56.

Morse J W, Arvidson R S, 2002. The dissolution kinetics of major sedimentary carbonate minerals. Earth-Science Reviews, 58: 51-84.

Mortatti J, Probst J L, 2003. Silicate rock weathering and atmospheric/soil CO_2 uptake in the Amazon basin estimated from river water geochemistry: Seasonal and spatial variations. Chemical Geology, 197 (1) : 177-196.

Moulton K L, 2000. Solute flux and mineral mass balance approaches to the quantification of plant effects on silicate weathering. American Journal of Science, 300 (7) : 539-570.

Munhoven G, 2002. Glacial-interglacial changes of continental weathering: estimates of the related CO_2 and HCO_3^- flux variations and their uncertainties. Global and Planetary Change, 33 (1-2) : 155-176.

Navarre-Sitchler A, Brantley S,2007. Basalt weathering across scales. Earth and Planetary Science Letters, 261: 321-334.

Noh H, Huh Y, Qin J, et al., 2009.Chemical weathering in the Three Rivers region of Eastern Tibet. Geochimica et Cosmochimica Acta, 73 (7) : 1857-1877.

Norton K P, Molnar P, Schlunegger F, 2014. The role of climate-driven chemical weathering on soil production. Geomorphology, 204: 510-517.

Oliva P, Viers J, Dupré B, 2003. Chemical weathering in granitic environments. Chemical Geology, 202: 225-256.

Oost K V, Quine T A, Govers G, et al., 2007.The impact of agricultural soil erosion on the global carbon cycle. Science, 318 (5850) : 626-629.

Ouyang Z Y, Zheng H, Xiao Y, P,2016. Improvements in ecosystem services from investments in natural capital. Science, 352 (6292) : 1455-1459.

Pan Y D, Birdsey R A, Fang J Y, et al., 2011. A large and persistent carbonsink in the world' s forests. Science, 333: 988-993.

Papalexiou S M, Montanari A, 2019. Global and regional increase of precipitation extremes under global warming. Water Resources Research, 55 (6) : 4901-4914.

Parr T B, Inamdar S P, Miller M J, 2019. Overlapping anthropogenic effects on hydrologic and seasonal trends in DOC in a surface water dependent water utility. Water Res. 148, 407-415.

Pavia F J, Anderson R F, Lam P J, et al., 2019. Shallow particulate organic carbon regeneration in the South Pacific Ocean. Proceedings of the National Academy of Sciences, 116 (20) : 9753-9758.

Peel M, Finlayson B, Mcmahon T, 2007. Updated world map of the koppen-geiger climate classification. Hydrology and Earth System Sciences Discussions, 11 (5) : 1633-1644.

Pepper D A, Grosso S J D, Mcmurtrie R E, et al., 2005, Simulated carbon sink response of shortgrass steppe, tallgrass prairie and forest ecosystems to rising [CO_2], temperature and nitrogen input. Global Biogeochemical Cycles, 19 (1) : 1-20.

Perrin A S, Probst A, Probst J L, 2008. Impact of nitrogen fertlizers on carbonate dissolution in small agricultural catchments: implications for weathering CO_2 uptake at regional and global scales. Geochimica et Cosmochimica Acta, 72 (13): 3105-3123.

Peters G P, 2018. Beyond carbon budgets. Nature Geoscience, 11 (6): 378-380.

Peters G P, Marland G, Quéré C L, et al., 2012. Rapid growth in CO_2 emissions after the 2008–2009 global financial crisis. Nature Climate Change, 2 (1): 2-4.

Peters G P, Quéré C L, Andrew R M, et al., 2017. Towards real-time verification of CO_2 emissions. Nature Climate Change, 7 (12): 848-850.

Peterson B J, Holmes R M, Mc Clelland J W, et al., 2002. Increasing river discharge to the Arctic Ocean. Science, 298 (5601): 2171–2173.

Pettine M, T La Noce, Pagnotta R, et al., 1985. Organic and trophic load of major Italian rivers, in Transport of Carbon and Minerals in Major World Rivers, vol. 3, Mit. Geol. -Paldiont. Inst. Univ. Hamburg. SCOPE/UNEP Sonderbd. 58, edited by E.T. Degens, S. Kempe, and R. Herrera, pp. 417-429, Universitat Hamburg, Hamburg.

Piao S, Wang X, Park T, et al., 2019. Characteristics, drivers and feedbacks of global greening. Nature Reviews Earth & Environment, 1 (1763): 1-14.

Pimentel D, 2006. Soil erosion: A food and environmental threat. Environment, Development and Sustainability, 8 (1): 119-137.

Plummer L N, Busenberg E,1982. The solubilities of calcite, aragonite and vaterite in CO_2–H_2O solutions between 0 and 90°C, and an evaluation of the aqueous model for the system $CaCO_3$–CO_2–H_2O. Geochimica et Cosmochimica Acta, 46: 1011-1040.

Pokrovsky O S, Golubev S V, Schott J,2005. Dissolution kinetics of calcite, dolomite and magnesite at 25℃ and 0 to 50 atm pCO_2. Chemical Geology, 217 (3): 239-255.

Pokrovsky O, Golubev S, Schott J, et al., 2009. Calcite, dolomite and magnesite dissolution kinetics in aqueous solutions at acid to circumneutral pH, 25 to 150 °C and 1 to 55 atm pCO_2: New constraints on CO_2 sequestration in sedimentary basins. Chemical Geology, 265: 20-32.

Porada P, Lenton T M, Pohl A, et al., 2016. High potential for weathering and climate effects of non-vascular vegetation in the Late Ordovician. Nature Communications, 7: 12113.

Post W M, Chavez F, Mulholland P J, et al., 1992. Climatic Feedbacks in the Global Carbon Cycle. The Science of Global Change, 21: 392-412.

Poulter B, Frank D, Ciais P, et al., 2014. Contribution of semi–arid ecosystems to interannual variability of the global carbon cycle. Nature, 509 (7502): 600.

Poulter B, MacBean N, Hartley A, et al., 2015. Plant functional type classification for earth system models: Results from the European space agency' s land cover climate change initiative. Geoscientific Model Development, 8: 2315-2328.

Probst J L, Amiotte S P, Ludwig W,1994. Continental erosion and river transport of organic carbon to the world' s oceans. Research Trends: 453-468.

Pu J B, Jiang Z C, Yuan D X, et al., 2015. Some opinions on rock-weathering-related carbon sinks from the IPCC fifth assessment report. Advances in Earth Science, 30 (10): 1081-1090.

Pu J B, Liu W, Jiang G H, et al., 2017. Karst dissolution rate and implication under the impact of rainfall in a typical subtropic karst dynamic system: A strontium isotope method. Geological Review, 63 (1): 165-176.

Qiu D, Zhuang D, Hu Y, et al., 2004. Estimation of carbon sink capacity caused by rock weathering in China. Earth Science Journal of China University of Geosciences, 29: 177-183.

Qu B, Zhang Y, Kang S, et al., 2017. Water chemistry of the southern Tibetan Plateau: An assessment of the Yarlung Tsangpo river basin. Environmental Earth Sciences, 76(2): 74.

Quéré C L, Andrew R M, Friedlingstein P, et al., 2018. Global carbon budget 2017. Earth System Science Data, 10(1): 405-448.

Quinton J N, Govers G, Oost K V, et al., 2010. The impact of agricultural soil erosion on biogeochemical cycling. Nature Geoscience, 3: 311-314.

R Core Team, 2016. R: A language and Environment for Statistical Computing. R Fundation for Statistical Computing, Vienna, Austria.

Ran L, Lu X X, Sun H, et al., 2013. Spatial and seasonal variability of organic carbon transport in the Yellow River, China. Journal of Hydrology, 498: 76-88.

Raymond P A, Bauer J E, 2000. Bacterial consumption of DOC during transport through a temperate estuary. Aquatic Microbial Ecology, 22(1): 1-12.

Raymond P A, Bauer J E, 2001. Riverine export of aged terrestrial organic matter to the North Atlantic Ocean. Nature, 409(6819): 497-500.

Raymond P A, Oh N H, Turner R E, et al., 2008. Anthropogenically enhanced fluxes of water and carbon from the Mississippi River. Nature, 451(7177): 449-452.

Regnier P, Friedlingstein P, Ciais P, et al., 2013. Anthropogenic perturbation of the carbon fluxes from land to ocean. Nature Geoscience, 6: 597-607.

Ren X P, Nie J S, Saylor J E, et al., 2020. Temperature control on silicate weathering intensity and evolution of the neogene east asian summer monsoon. Geophysical Research Letters,47(15): e2020GL088808.

Riahi, K, Gruebler A, Nakicenovic N, 2007. Scenarios of long-term socio-economic and environmental development under climate stabilization. Technological Forecasting and Social Change, 74(7): 887-935.

Richey J E, Hedges J I, Devol A H, et al., 1990. Biogeochemistry of carbon in the Amazon River. Limnology & Oceanography, 35(2): 352-371.

Riebe C S, Kirchner J W, Finkel R C,2004. Erosional and climatic effects on long-term chemical weathering rates in granitic landscapes spanning diverse climate regimes. Earth and Planetary Science Letters, 224: 547-562.

Rodell M, Houser P R, Jambor U, et al., 2004. The global land data assimilation system. Bulletin of the American Meteorological Society, 85(3): 381-394.

Roelandt C Y, Godderis, Bonnet M P, et al., 2010. Coupled modeling of biospheric and chemical weathering processes at the continental scale. Global Biogeochemical Cycles, 24(2): 1-18.

Romankevitch E A, Artemyev V E, 1985. Input of organic carbon into seas and oceans bordering the territory of the Soviet Union, in Transport of Carbon and Minerals in Major World Rivers, 3: 459-469.

Romero-Mujalli G, Hartmann J, Borker J, 2019. Temperature and CO_2 dependency of global carbonate weathering fluxes-Implications for future carbonate weathering research. Chemical Geology, 527: 118874.

Romero-Mujalli G, Hartmann J, Borker J, et al., 2018. Ecosystem controlled soil-rock pCO_2 and carbonate weathering-constraints by temperature and soil water content. Chemical Geology, 527(118634): 1-11.

Rothman D H,2002. Atmospheric carbon dioxide levels for the last 500 million years. Proceedings of the National Academy of Sciences of the United States of America, 99: 4167-4171.

Safiullah S, Mofizuddin M, Iqbal-Ali S M. et al.,1987.Biogeochemical cycles of carbon in the rivers of Bangladesh//Degens E T,

Kempe S, Wei-Ben G.（Eds.）, Transport of Carbon and Minerals in Major World Rivers. University Hamburg,SCOPE/UNEP Sonderbd, 4: 435-442.

Sak P B, Fisher D M, Gardner T W, et al., 2004. Rates of weathering rind formation on Costa Rican basalt11Associate editor: E. H. Oelkers. Geochimica et Cosmochimica Acta, 68: 1453-1472.

Saliot A, Parrish C C, Sadouni N M, et al., 2002.Transport and fate of Danube Delta terrestrial organic matter in the Northwest Black Sea mixing zone. Marine Chemistry, 79: 243-259.

Schimel D S, House J I, Hibbard K A, et al., 2001. Recent patterns and mechanisms of carbon exchange by terrestrial ecosystems. Nature, 414(6860): 169-172.

Schindler D W, 1999. The mysterious missing sink. Nature, 398(6723): 105-107.

Schlesinger W H, Andrews J A, 2000. Soil respiration and the global carbon cycle. Biogeochemistry, 48(1): 7-20.

Schmidt M W I, Torn M S, Abiven S, et al., 2011. Persistence of soil organic matter as an ecosystem property. Nature,478(7367): 49-56.

Schneider U, Becker A, Finger P, et al., 2018. GPCC full data monthly product version 2018 at 0.25°: Monthly land-surface precipitation from rain-gauges built on GTS-based and historical data.

Schumacher B A, 2002. Methods for the determination of total organic carbon in soils and sediments. Carbon, 32(April): 25.

Schuur E A G, Mcguire A D, SchäDel C, et al., 2015. Climate change and the permafrost carbon feedback. Nature, 520(7546): 171-179.

Schwartzman D W, Volk T, 1989. Biotic enhancement of weathering and the habitability of Earth. Nature, 340(6233): 457-460.

Seitzinger S P, Kroeze C, Bouwman A F, et al., 2002. Global patterns of dissolved inorganic and particulate nitrogen inputs to coastal systems: Recent conditions and future projections. Estuaries, 25(4): 640-655.

Selemani J R, Zhang J, Wu Y, et al., 2018. Distribution of organic carbon: possible causes and impacts in the Pangani River Basin ecosystem, Tanzania. Environmental Chemistry, 15(3): 137-149.

Setia R, Gottschalk P, Smith P, et al.,2013. Soil salinity decreases global soil organic carbon stocks. Sic Total Environ, 465(nov.1): 267-272.

Shatilla N J, Carey S K, 2019. Assessing inter-annual and seasonal patterns of DOC and DOM quality across a complex alpine watershed underlain by discontinuous permafrost in Yukon, Canada. Hydrology and Earth System Sciences, 23(9): 3571-3591.

Shen T, Li W, Pan W, et al., 2017. Role of bacterial carbonic anhydrase during CO_2, capture in the CO_2-H_2O-carbonate system. Biochemical Engineering Journal, 123: 66-74.

Shen X, An R, Quaye-Ballard J A, et al., 2016. Evaluation of the European space agency climate change initiative soil moisture product over China using variance reduction factor. JAWRA Journal of the American Water Resources Association. 52(6): 1524-1535.

Shin W J, Ryu J S, Park Y, et al., 2011. Chemical weathering and associated CO_2 consumption in six major river basins, South Korea. Geomorphology, 129(3-4): 334-341.

Singh F P, 2017. Global climate change: The present scenario//American Journal of Life Sciences. Special Issue: Environmental Toxicology: 10-14.

Slayback D A, Pinzon J E, Los S O, et al., 2003. Northern hemisphere photosynthetic trends 1982–99. Global Change Biology, 9: 1-15.

Smith P, Martino D, Cai Z, et al., 2008. Greenhouse gas mitigation in agriculture. Philos. Philosophical Transactions of The Royal

Society B: Biological Sciences, 363(1492): 789-813.

Smith S J, Wigley T M L, 2006. Multi-Gas forcing stabilization with the MiniCAM. Energy Journal, 3: 373-391.

Sobek S, Tranvik L J, Prairie Y T, et al., 2007. Patterns and regulation of dissolved organic carbon: An analysis of 7,500 widely distributed lakes. Limnology and Oceanography, 52(3): 1208-1219.

Song K, Zhao Y, Wen Z, et al., 2016. A systematic examination of the relationship between CDOM and DOC for various inland waters across China. Hydrology and Earth System Sciences Discussions: 1-35.

Song Z, Liu H, Strömberg C A E, et al., 2018. Contribution of forests to the carbon sink via biologically-mediated silicate weathering: A case study of China. Science of Total Environment, 615: 1-8.

Spence J, Telmer K, 2005. The role of sulfur in chemical weathering and atmospheric CO_2 fluxes: evidence from major ions, $\delta^{13}C_{DIC}$, and $\delta^{34}S$ SO_4 in rivers of the Canadian Cordillera. Geochimica et Cosmochimica Acta, 69(23): 5441-5458.

Steven C W,2001. Climate change enhanced: Where has all the carbon gone ? Science, 292: 2261-2263.

Stocker T F, 2014. Climate change 2013: The physical science basis: Working group I contribution to the fifth assessment report of the intergovernmental panel on climate change. Computational Geometry.

Stocker T F, Qin D, Plattner G K, et al., 2013. Contribution of working group I to the fifth assessment report of the intergovernmental panel on climate change. Climate Change, 5: 1-1552.

Strefler J, Amann T, Bauer N, et al., 2018. Potential and costs of carbon dioxide removal by enhanced weathering of rocks. Environmental Research Letters, 13: 034010.

Subramanian V, Ittekkot V, 1991. Carbon transport by the Himalayan rivers//Degens, et al.（Eds.）, Biogeochemistry of Major World Rivers, Scope Report, 42: 157-168

Suchet P A, Probst A, Probst J L, 1995. Influence of acid rain on CO_2 consumption by rock weathering: Local and global scales. Water Air and Soil Pollution, 85(3): 1563-1568.

Suchet P A, Probst J L, Ludwig W,2003. Worldwide distribution of continental rock lithology: Implications for the atmospheric/soil CO_2 uptake by continental weathering and alkalinity river transport to the oceans. Global Biogeochemical Cycle,17（2）: 1038.

Suchet P, Probst J L, 2002. A global model for present-day atmospheric/soil CO_2 consumption by chemical erosion of continental rocks（GEM-CO_2）. Tellus B, 47: 273-280.

Sun H G, Han J, Lu X X, et al., 2010. An assessment of the riverine carbon flux of the Xijiang River during the past 50 years. Quaternary International, 226(1-2): 38-43.

Sweetman A K, Smith C R, Shulse C N, et al., 2019. Key role of bacteria in the short-term cycling of carbon at the abyssal seafloor in a low particulate organic carbon flux region of the eastern Pacific Ocean. Limnology and Oceanography, 64(2)： 694-713.

Syvitski J P M, Milliman J D, 2007. Geology, geography, and humans battle for dominance over the delivery of fluvial sediment to the Coastal Ocean. Journal of Geology, 115: 1-19.

Szramek K, Mcintosh J, Williams E, et al., 2007. Relative weathering intensity of calcite versus dolomite in carbonate-bearing temperate zone watersheds: Carbonate geochemistry and fluxes from catchments within the St. Lawrence and Danube river basins. Geochemistry Geophysics Geosystems, 8(4)： 1-26.

Taciana F G, Marijn V B, Gerard G, et al., 2019. Runoff, soil loss, and sources of particulate organic carbon delivered to streams by sugarcane and riparian areas: An isotopic approach. Catena.181: 104083.

Takagi K K, Hunter K S, Cai W J, et al., 2017. Agents of change and temporal nutrient dynamics in the Altamaha River Watershed. Ecosphere, 8(1): e01519.

Tao Z, Gao Q, Wang Z, et al., 2011. Estimation of carbon sinks in chemical weathering in a humid subtropical mountainous basin. Chinese Science Bulletin, 56: 3774-3782.

Taylor L L, Banwart S A, Valdes P J, et al.,2012. Evaluating the effects of terrestrial ecosystems, climate and carbon dioxide on weathering over geological time: a global-scale process-based approach. Philosophical transactions of the Royal Society of London. Series B, Biological Sciences, 367: 565-582.

Telang S A, Pocklington R, Naidu A S, et al., 1990. Carbon and mineral transport in major North American, Russian Arctic, and Siberian rivers: The St Lawrence, the Mackenzie, the Yukon, the Arctic Alaskan Rivers, the Arctic Basin Rivers in the Soviet Union, and the Yenisei. Biogeochem. major world rivers, 75-104.

Tifafi M, Guenet B, Hatté C,2017. Large differences in global and regional total soil carbon stock estimates based on SoilGrids, HWSD and NCSCD: Intercomparison and evaluation based on field data from USA, England, Wales and France. Global Biogeochemical Cycles, 32 (1) : 42-56.

Tipper E T, Bickle M J, Galy A, et al., 2006. The short term climatic sensitivity of carbonate and silicate weathering fluxes: Insight from Seasonal Variations in River Chemistry. Geochimica et Cosmochimica Acta, 70: 2737-2754.

Tomislav H, Mendes D J J, Macmillan R. A, et al., 2014. SoilGrids1km — Global Soil Information Based on Automated Mapping. PLoS ONE. 9 (8) : e105992.

Tong X W, Brandt M, Yue Y M, et al., 2018. Increased vegetation growth and carbon stock in China karst via ecological engineering. Nature Sustainability, 1 (1) : 44-50.

Tong X, Brandt M, Yue Y, et al., 2020. Forest management in southern china generates short term extensive carbon sequestration. Nature Communications, 11 (1) : 1-10.

Tong X, Wang K, Brandt M, et al., 2016. Assessing future vegetation trends and restoration prospects in the karst regions of Southwest China. Remote Sensing, 8 (5) : 357.

Tonini F, Lasinio G J, Hochmair H H. et al., 2012. Mapping return levels of absolute NDVI variations for the assessment of drought risk in Ethiopia. International Journal of Applied Earth Observations & Geoinformation, 18 (1) : 564-572.

Torres M A, West A J, Clark K E, et al., 2016. The acid and alkalinity budgets of weathering in the Andes–Amazon system: Insights into the erosional control of global biogeochemical cycles. Earth and Planetary Science Letters, 450: 381-391.

Toté C, Swinnen E, Sterckx S, et al., 2017. Evaluation of the SPOT/VEGETATION collection 3 reprocessed dataset: Surface reflectances and NDVI. Remote Sensing of Environment, 201: 219-233.

Tranvik L J, Downing J A, Cotner J B, et al., 2009. Lakes and reservoirs as regulators of carbon cycling and climate. Limnology and Oceanography, 54 (6) : 2298-2314.

Trumbore S E, Chadwick O A, Amundson R, 1996. Rapid exchange between soil carbon and atmospheric carbon dioxide driven by temperature change. Science, 272 (5260) : 393-.96.

UNFCCC, 2017. National Inventory Submissions. available at: http: //unfccc.int/national_reports/annex_i_ghg_inventories/national_inventories_submissions/items/10116.php, last access: 7 June 2017.

Vaillancourt R D, Marra J, Prieto L, et al. 2005. Light absorption and scattering by particles and CDOM at the New England shelfbreak front. Geochemistry Geophysics Geosystems, 6 (11) : 1-22.

Vauclin S, Mourier B, Tena A, et al., 2020. Effects of river infrastructures on the floodplain sedimentary environment in the Rhône River. Journal of Soils and Sediments, 20 (6) : 2697-2708.

Veizer J, Mackenzie F T, 2003. Evolution of Sedimentary Rocks. Treatise on Geochemistry, 271 (1551) : 369-407.

Verger A, Baret F, Weiss M, 2014. Near real–time vegetation monitoring at global scale. IEEE Journal of Selected Topics in Applied Earth Observations and Remote Sensing, 7: 3473-3481.

Viers J, Oliva P, Dandurand J L, 2014. Chemical weathering rates, CO_2 consumption, and control parameters deduced from the chemical composition of rivers. Treatise on Geochemistry, 7(1): 175-194.

Volta C, Laruelle G G, Regnier P, 2016. Regional carbon and CO_2 budgets of North Sea tidal estuaries. Estuarine Coastal & Shelf Science, 176: 76-90.

Walker J C G, Hays P B, Kasting J F, 1981. A negative feedback mechanism for the long - term stabilization of Earth' s surface temperature. Journal of Geophysical Research: Oceans, 86(C10): 9776-9782.

Wallmann K, 2001. Controls on the Cretaceous and Cenozoic evolution of seawater composition, atmospheric CO_2 and climate. Geochimica et Cosmochimica Acta, 65(18): 3005-3025.

Wang Q F, Zheng H, Zhu X J, et al., 2015. Primary estimation of Chinese terrestrial carbon sequestration during 2001-2010. Chinese Science Bulletin, 6(6): 577-590.

Wang X, Ma H, Li R, et al., 2012. Seasonal fluxes and source variation of organic carbon transported by two major Chinese Rivers: The Yellow River and Changjiang (Yangtze) River. Global Biogeochemical Cycles, 26(2): GB2025.

Watson R T, Noble I R, Bolin B, et al., 2000. Land Use, Land Use Change, and Forestry.Cambridge: Cambridge University Press.

Wen Z, Song K, Liu G, et al., 2019. Characterizing DOC sources in China's Haihe River basin using spectroscopy and stable carbon isotopes. Environmental Pollution, 258: 113684.

West A J, 2012. Thickness of the chemical weathering zone and implications for erosional and climatic drivers of weathering and for carbon-cycle feedbacks. Geology, 40: 811-814.

West A J, Galy A, Bickle M, 2005. Tectonic and climatic controls on silicate weathering. Earth and Planetary Science Letters, 235: 211-228.

White A F, Blum A E, 1995, Effects of climate on chemical weathering in watersheds. Geochimica et Cosmochimica Acta, 59(9): 1729-1747.

White A F, Brantley S L, 2003. The effect of time on the weathering of silicate minerals: why do weathering rates differ in the laboratory and field? Chemical Geology, 202(3-4): 479-506.

White A F, Bullen T D, Vivit D V, et al., 1999. The role of disseminated calcite in the chemical weathering of granitoid rocks. Geochimica et Cosmochimica Acta, 63(13-14): 1939-1953.

White A, Cannell M G R, Friend A D, 1999. Climate change impacts on ecosystems and the terrestrial carbon sink: A new assessment-challenges for the future. Global Environmental Change, 9(4): S21-S30.

Williams J R, Arnold J G,1997. A system of erosion—sediment yield models. Soil Technology, 11(1): 43-55.

Wilson T R S, 1975. Salinity and the major elements of sea water//Chemical Oceanography: Salinity and the major elements of sea water. Academic Press, New York: J. P. Riley and G. Skirrow: 365-413.

Wischmeier W H, Johnson C B, Cross B V, 1971. A soil erodibility nomograph for farmland and construction sites. Journal of Soil and Water Conservation, 26: 189-193.

Wise M A, Calvin K V, Thomson A M, et al., 2009. Implications of limiting CO_2 concentrations for land use and energy. Science, 324: 1183-1186.

Wissbrun K F, French D M, Patterson A, 1954. The true ionization constant of carbonic acid in aqueous solution from 5 to 45°. The Journal of Physical Chemistry, 58: 693-695.

WMO, 2016. Statement on the state of the global climate.[2020-02-19].https://library.wmo.int/index.php?lvl=notice_display&id=19835.

WMO,2018. Statement on the state of the global climate in 2017 //world Meteorological Organization（WMO）: 36.

Wu C Y, Peng D L, Soudani K, et al., 2017. Land surface phenology derived from normalized difference vegetation index (NDVI) at global FLUXNET sites. Agricultural and Forest Meteorology, 233: 171-182.

Wu D H, Wu H, Zhao X, et al., 2014. Evaluation of spatiotemporal variations of global, fractional vegetation cover based on GIMMS NDVI, data from 1982 to 2011. Remote Sensing, 6 (5) : 4217-4239.

Wu G, Liu D, Yan Y, 2017. Sustainable development and ecological protection associated with coal-fired power plants in China. International Journal of Sustainable Development & World Ecology, 24 (5) : 385-388.

Wu L H, Wang S J, Bai X Y, et al., 2017. Quantitative assessment of the impacts of climate change and human activities on runoff changes in a typical Karst watershed, SW China. Science of the Total Environment, 601-202 (1) : 1449-1465.

Wu L, Wang S, Bai X, et al., 2020. Climate change weakens the positive effect of human activities on karst vegetation productivity restoration in southern China. Ecological Indicators, 115: 106392.

Xenopoulos M A, Lodge D M, Frentress J, et al., 2003. Regional comparisons of watershed determinants of dissolved organic carbon in temperate lakes from the Upper Great Lakes region and selected regions globally. Limnology and Oceanography, 48 (6) : 2321-2334.

Xi, H P, Wang S J, Bai X Y, et al., 2021. The responses of weathering carbon sink to eco-hydrological processes in global rocks. Science of The Total Environment,788 (147706) : 1-13.

Xiao W, Xu Y, Haghipour N, et al., 2020. Efficient sequestration of terrigenous organic carbon in the New Britain Trench. Chemical Geology, 533: 119446.

Xie C, Gao Q, Tao Z, 2012. Reviewed and perspectives of the study on chemical weathering and hydro-chemistry in river basin. Tropical Geography, 32 (4) : 331-337.

Xu Y, Ge H, Fang J, 2018. Biogeochemistry of hadal trenches: Recent developments and future perspectives. Deep Sea Research Part II: Topical Studies in Oceanography, 155: 19-26.

Xu Z, Liu C Q, 2007. Chemical weathering in the upper reaches of xijiang river draining the yunnan–guizhou plateau, southwest China. Chemical Geology, 239 (1-2) : 83-95.

Yang G, Tian J, Chen H, et al., 2013. Spatiotemporal distribution of DOC and DON in water after damming of the three Gorges Reservoir. Fresenius Environmental Bulletin, 22 (11) : 3192-3198.

Yang M, Liu Z, Sun H, et al., 2016. Organic carbon source tracing and DIC fertilization effect in the Pearl River: Insights from lipid biomarker and geochemical analysis. Earth & Environment, 73: 132-141.

Yao Y T, Wang X H, Li Y, et al., 2018. Spatiotemporal pattern of gross primary productivity and its covariation with climate in China over the last thirty years. Glob Chang Biol, (24) : 184-196.

Yin R, Yin G. 2010. China's primary programs of terrestrial ecosystem restoration: Initiation, implementation, and challenges. Environmental Management, 45 (3) : 429-441.

Yu C, Xu Z F, Liu W J, et al., 2017. River water geochemistry of hanjiang river, implications for silicate weathering and sulfuric acid participation. Earth Environment, 45 (4) : 390-398.

Yuan D, 1997.The carbon cycle in karst. Geomorphology, 108: 91-102.

Zeng C, Liu Z, Zhao M, et al., 2016. Hydrologically–driven variations in the karst–related carbon sink fluxes: Insights from high–

resolution monitoring of three karst catchments in Southwest China. Journal of Hydrology, (533): 74-90.

Zeng C, Wang S J, Bai X Y, et al., 2017. Soil erosion evolution and spatial correlation analysis in a typical karst geomorphology, using RUSLE with GIS. Solid Earth, 8(4): 721-736.

Zeng Q, Liu Z, Chen B, et al., 2017. Carbonate weathering–related carbon sink fluxes under different land uses: A case study from the Shawan Simulation Test Site, Puding, Southwest China. Chemical Geology, 474: 58-71.

Zeng S B, Jiang Y J, Liu Z H, 2016. Assessment of climate impacts on the karst–related carbon sink in SW China using MPD and GIS. Global and Planetary Change, 144: 171-181.

Zeng S, Liu Z, Kaufmann G, 2019. Sensitivity of the global carbonate weathering carbon-sink flux to climate and land-use changes. Nature Communications, 10(5749): 1-10: .

Zhang C, 2011. Carbonate rock dissolution rates in different landuses and their carbon sink effect. Chinese Science Bulletin, 56(35): 3759-3765.

Zhang C, Jiang Z C, He S Y,et al., 2006a. The Karst dynamic system of vertical zoned climate region: A case study of the Jinfo Mountain State Nature Reserve in Chongqing. Acta Geoscientica Sinaca, 27(5): 510-514.

Zhang C, Xie Y Q, Lv Y, et al., 2006b. Impact of land-use patterns upon karst processes: Taking nongla fengcong depression area in Guangxi as an example. Acta Geographica Sinica, 61(11): 1181-1188.

Zhang J P, Zhang L B, Xu C, et al., 2014. Vegetation variation of mid–subtropical forest based on MODIS NDVI data—A case study of Jinggangshan City, Jiangxi Province. Acta Ecologica Sinica, 34: 7-12.

Zhang Q, Tao Z, Ma Z, et al., 2016. Riverine hydrochemistry and CO_2 consumption in the tropic monsoon region: A case study in a granite-hosted basin, Hainan Island, China. Environmental Earth Sciences, 75(5): 1-17.

Zhang S, Bai X, Zhao C, et al., 2021. Global CO_2 consumption by silicate rock chemical weathering: its past and future. Earth' s Future, 9(5): 1-20.

Zhang S, Gan W B, Ittekkot V, 1992. Organic matter in large turbid rivers: the Huanghe and its estuary. Marine Chemistry, 38(1-2): 53-68.

Zhang Y Z, Jiang Y J, Yuan D X, et al., 2020. Source and flux of anthropogenically enhanced dissolved inorganic carbon: a comparative study of urban and forest karst catchments in southwest China. Science of Total Environment, 725(138253): 1-13.

Zhang Y, Peng C H, Li W Z, et al., 2016. Multiple afforestation programs accelerate the greenness in the 'Three North' region of China from 1982 to 2013. Ecological Indicators, 61: 404-412.

Zhou L M, Tucker C J, Kaufmann R K, et al., 2001. Variations in northern vegetation activity inferred from satellite data of vegetation index during 1981 to 1999. Journal of Geophysical Research: Atmospheres. 106(D17): 20069-20083.

Zhu B, Yu J, Qin X, et al., 2013. Identification of rock weathering and environmental control in arid catchments (northern Xinjiang) of Central Asia. Journal of Asian Earth Sciences, 66(Complete): 277-294.

Zhu H Y, Wu LJ, Xin C L, et al., 2019.Impact of anthropogenic sulfate deposition via precipitation on carbonate weathering in a typical industrial city in a karst basin of Southwest China: A case study in Liuzhou. Applied Geochemistry: Journal of the International Association of Geochemistry and Cosmochemistry, 110(104417): 1-14.

Zhu K, Zhang J, Niu S L, et al., 2018. Limits to growth of forest biomass carbon sink under climate change. Nature Communications, 9(1): 2709.

Zhu Z, Piao S, Myneni R B, et al., 2016. Greening of the Earth and its drivers. Nature Climate Change, 6: 791-795.

Zoljargal K, 2013. Effect of soil redistribution on seasonal change in soil organic carbon fractions Beijing. Chinese Academy of Agricultural Sciences.